觀賞水產養殖學

（第2版）

鄭曙明 主編

松燁文化

前言

也許是我們人類最早的祖先起源於大海的緣故,也許是因為我們再也不能回到水裡像魚兒那樣生活,總之,人類始終對生活在水裡的生物充滿好奇,對水中世界情有獨鍾,這也許就是觀賞水生生物受到人類喜愛的原因。觀賞水生生物是指具有觀賞價值的水生動物及水生植物的總稱。觀賞水生動物包括:魚類、蝦、蟹類、螺、貝類、珊瑚、水母類、兩栖類、爬行類,甚至還包括哺乳動物(如:鯨、海豚、江豚)和鳥類(如:企鵝)等,觀賞水生植物包括有觀賞價值的沉水植物、浮水植物及挺水植物等。觀賞水生生物因其色彩豔麗、儀態萬千,又具有相互組合或者與山石園林組合成為動態畫卷的特性,常被用來點綴居室、庭院、辦公室、裝飾游覽場所等,以美化環境、修身養性、提高人們的生活情趣。近二十年來,以控溫設備、水質過濾淨化設備、光照設備、氣體使用擴散設備、供氧設備等為標誌的水族設備的改進和完善,加上以水草肥料、水族藥物、硝化細菌、光合細菌應用為標誌的新技術的普及,使得水族箱變得幾乎可以養殖任何一種水生生物,因此觀賞水生生物的種類還在不斷增多。隨著時代的進步,隨著人們物質生活水準和文化修養的提高以及消費觀念的更新,觀賞水生生物的養殖更為普及,養殖技術日趨完善,觀賞水產養殖業以更迅猛的速度發展並顯示出美好的前景。中國養殖觀賞魚的歷史非常悠久,已有 1700 多年的歷史,中國金魚名揚四海,素有"東方聖魚"之美譽;中國又具有發展觀賞水產養殖業優越的自然資源和技術優勢,相信不久的將來,中國將成為觀賞魚的養殖大國,並將成為世界觀賞魚貿易的中心。

本教材內容全面，體系構成完整，系統介紹了觀賞水生生物的類別、生物學特性與變異性狀、金魚、錦鯉、熱帶魚、海水魚、原生觀賞魚、觀賞龜、水生無脊椎觀賞動物及其觀賞水草的主要種類和形態特徵、水族景觀設計、觀賞水產動物的飼養、繁殖、飼料、疾病防治等養殖技術要點和最新技術等，反映了中國外觀賞水產養殖的概況、養殖意義及發展前景。本教材配有彩圖上百幅，書中黑白插圖具有典型性。教材編寫過程中充分利用了網路資源，彩圖絕大部分來源於多個網站，對各位原創者表示特別真誠的謝意。若原創者能證實確系原圖作者，請與我們聯繫，將付予稿酬。各章習題類型設計為研究性學習專題，引導學生自我拓展學習內容，培養其思維和綜合學習能力。本教材編寫人員為大學教師，長期從事水生生物養殖學專業的教學科研工作及生產實踐活動，積累了豐富的教學和實踐經驗，能合理把握觀賞水產養殖的基礎理論知識、學習和技能訓練的關係，並使理論寓於實用技術之中。鄭曙明編寫教材第三、四章；吳青編寫第一、八章；周興華編寫第五、六、七章；何利君編寫第二、九章；書中插圖由吳霜繪製。本教材力求做到圖文並茂、信息量大、文字表達流暢，並充分體現其科學性、先進性和實用性。由於編寫時間較短、經驗不足，難免有疏漏和欠缺之處，懇請讀者批評指正。

目錄 | Contents

第一章 緒論 1
　第一節　觀賞水生生物的分類 1
　第二節　觀賞水產養殖的意義 4
　第三節　觀賞水產養殖的概況 6
　第四節　觀賞水生生物的國際貿易 9
　第五節　觀賞水族業的發展 11

第二章 觀賞水生生物基礎知識 17
　第一節　觀賞水產動物的形態及變異性狀 17
　第二節　觀賞水生生物的生物學特性 24

第三章 觀賞水產動物的種類識別 29
　第一節　金魚 29
　第二節　錦鯉 41
　第三節　熱帶魚 50
　第四節　海水魚 76
　第五節　原生觀賞魚 84
　第六節　觀賞龜 90
　第七節　水生觀賞無脊椎動物 98
　第八節　水生觀賞高等脊椎動物 109

第四章 水族景觀設計 117
　第一節　水族箱及置景材料 117
　第二節　觀賞水草的種類及選擇 128
　第三節　觀賞水草的種植及製作 138
　第四節　水族景觀設計原理及技巧 143
　第五節　水族景觀佈置法及造景步驟 159
　第六節　水草造景風格及作品賞析 165

第五章　觀賞水生生物的養殖條件 179
　　第一節　　水質條件 179
　　第二節　　飼養設備與裝置 183

第六章　觀賞水產動物的營養和飼料 197
　　第一節　　觀賞水產動物的營養需求 197
　　第二節　　天然餌料 199
　　第三節　　配合飼料 205

第七章　觀賞水產動物的養殖 211
　　第一節　　觀賞水產養殖場建設 211
　　第二節　　觀賞水產動物的生產管理 221

第八章　觀賞水產動物的繁殖及品種培育 231
　　第一節　　觀賞水產動物的繁殖習性 231
　　第二節　　觀賞魚的繁殖原理與技術 234
　　第三節　　觀賞魚的苗種培育 244
　　第四節　　觀賞龜的人工繁殖和孵化 246
　　第五節　　觀賞水產動物的品種培育方法 250

第九章　觀賞水生生物的疾病防治 255
　　第一節　　疾病的發生及診斷 255
　　第二節　　傳染性疾病 266
　　第三節　　寄生性疾病 277
　　第四節　　其他疾病 286

實驗指導書 291
　　實驗一　金魚的主要品種及形態特徵 291
　　實驗二　錦鯉的主要品種及形態特徵 293
　　實驗三　熱帶魚（Ⅰ）的主要種類及形態特徵 294
　　實驗四　熱帶魚（Ⅱ）的主要種類及形態特徵 296
　　實驗五　熱帶觀賞水草的分類和主要種類識別 299

實驗六　觀賞魚鱗片色素細胞觀察 302
實驗七　金魚的人工繁殖 303
實驗八　觀賞魚養殖企業考察 305

序

　　《觀賞水產養殖學》出版已十年，其間觀賞水生生物新品種的層出不窮，觀賞水產呈規模化養殖的擴大遞增，水族造景創意無限重塑大自然的美麗景觀，水族設施設備的更新換代，觀賞水產養殖技術的普及提升，水族文化的弘揚光大，帶來了水族業蓬勃興旺的發展。水族業中觀賞水生生物產業鏈的發展延伸很廣，除了觀賞水產養殖業內高度關聯的種苗、飼料及魚藥等產業外，還可以帶動水族器材、娛樂競技、文化鑒賞、休閒養生等外部產業的發展。水族行業特點導致其產業運營模式需要整合技術、環境、文化等多重要素，集中體現在從傳統的產品行銷轉變到文化行銷，批發市場、零售的花鳥市場、專業會展銷售、民間自發的比試交流銷售、網上直銷等各種銷售模式。觀賞水族是全球最受歡迎的寵物之一，水族觀賞生物更注重色、形、態等個體特徵；隨著人類對生活品質和生活品位要求的不斷提高，觀賞水生生物與水族文化走向各國家庭已成為趨勢。養殖觀賞水生生物及擁有水族箱已成為家庭消費新時尚；在公園、廣場、娛樂場所等公共設施的水池或水族箱中放養色澤、形體獨特的金魚、錦鯉等觀賞水生生物，襯以相應的水族景觀，成為美化環境的大眾觀賞景點，給人們帶來心情愉悅舒暢。

　　《觀賞水產養殖學》包括觀賞水生生物的觀賞價值、形態分類、養殖及繁殖技術、品種培育、水族器材、景觀設計等教學內容，透過介紹觀賞水生生物的基礎知識和養殖的基本理論和技術，使學生能識別常見的觀賞水產動物和觀賞水草，掌握觀賞水產動物養殖及繁殖技術，熟悉觀賞水族養殖設備，認識水族景觀設計原理及置景方法。《觀賞水產養殖學》第二版的編寫，由第一版作者原班人馬進行相應章節的修訂；對觀賞水生生物典型代表種類進行詳細介紹的基礎上，對其所屬科(或類別)還盡可能多地列出常見種類名稱，使學生能夠以此進行搜索，極大地拓展其知識面；在水族景觀設計這章，結構體系及內容進行了較大幅度的調整，增加了水族造景構圖，選用造景優秀作品為案例進行分析，概述水草造景比賽，水草造景獲獎作品更是選擇了許多近年來湧現的佳作，以期增強學生水族造景的理論基礎和能力。特別增設了實驗指導書，通過開設實驗課程，使學生能基本掌握常見觀賞水產動物和水草的主要特徵，增強其實驗技能。

《觀賞水產養殖學》注意反映中國外觀賞水產養殖的新進展和發展趨勢，體現資訊社會的時代特徵，充分利用網路豐富的信息量延伸課程資源，列出了多個選用網址和微信公眾號，意在引導學生自我拓展學習內容。調整增加了獨特的研究性學習專題，要求學生透過從互聯網中尋找資料，完成其專題研究，增強其思維和綜合學習能力。ADA 世界水草造景大賽等賽事及作品、觀賞魚之家(http://www.cnfish.com/)等網站、《水族世界》雜誌等中國外刊物豐富的素材及圖片都為本書的寫作提供了幫助。本書選用的圖片其智慧財產權歸原作者所有，並特此致以深深的謝意。《觀賞水產養殖學》第二版圖文並茂，共計配有彩圖210幅，黑白圖片300餘幅。書中出現的疏漏和不足之處，還望讀者批評指正。

作者

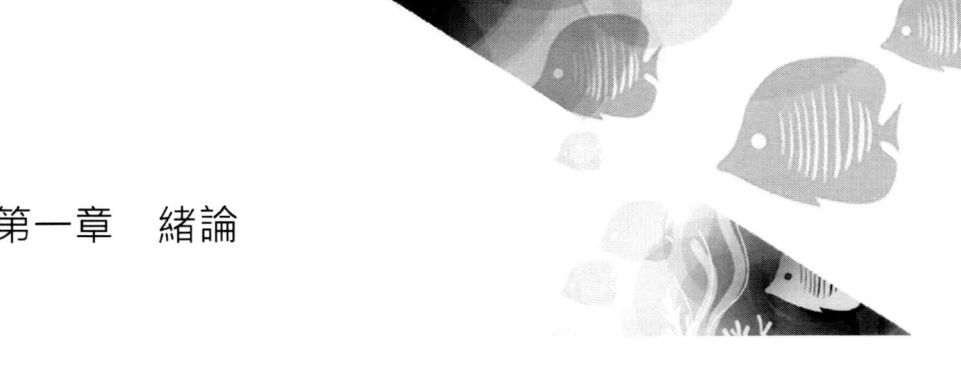

第一章 緒論

　　觀賞水生生物與人們的精神文化生活有著廣泛的聯繫，觀賞魚、蝦蟹、龜類等因其色彩豔麗、儀態萬千，常被用來點綴居室、庭院、裝飾游覽場所等，以美化環境，提高人們的生活情趣。中國養殖觀賞魚類的歷史悠久，中國金魚名揚四海，素有"東方聖魚"之美譽。近二十年來，以控溫設備、供氧設備、水質過濾淨化設備、蛋白質分離純化設備、光照設備、二氧化碳設備等為標誌的水族器材的改進和完善，以水草肥料、水族藥物、微生態製劑應用等為標誌的新技術的普及，使得水族箱幾乎可以養殖任何一種水生生物。隨著時代的發展，人們物質生活水準和文化修養的提高以及消費觀念的更新，觀賞水生生物的養殖更為普及，養殖技術也日趨完善，觀賞水產養殖業得以迅猛發展並顯示出美好的前景。

第一節　觀賞水生生物的分類

一　觀賞水生生物的概念及價值

　　據《現代漢語詞典》解釋："觀賞魚，形狀奇異、顏色美麗、可供觀賞的魚，如金魚和熱帶產的許多小魚"。觀賞水生生物，顧名思義就是具有觀賞價值，供人們觀看欣賞的水生生物。

　　觀賞水生生物的觀賞價值主要表現在色彩、體態、泳姿、習性等方面。觀賞魚類的體色光彩奪目、瑰麗非凡，例如黃金蝶魚，體為金黃色，上綴有橘紅色橫紋，眼下方有一塊大的紫斑，背鰭、臀鰭寬大延長至尾鰭基部，當其在珊瑚叢中游動時，就如美麗的蝴蝶在花叢中翩翩起舞，神采動人；又如神仙魚體形高而扁，腹鰭呈長絲狀，背鰭和臀鰭長、大，向後側斜舒展，游動輕盈瀟灑，好似掠空飛燕；又如金魚體形短圓豐滿，左右對稱，背鰭高大如帆，尾鰭為四開大尾，薄而透明，游動時體態端莊，尾鰭輕搖，姿態優美，柔軟飄逸；又如水中的巴西龜在光的映照下熠熠生輝，潛游時頭、背甲上出現紅、黃、白、棕、綠、灰、紫七種顏色，因外形美觀、色彩斑斕、行動敏捷、十分惹人喜愛。

二 觀賞水生生物的起源與分類

1.觀賞魚

觀賞水生生物中最主要的部分是觀賞魚，根據觀賞魚的形態構造、生活習性及養殖特徵一般分為金魚、錦鯉、熱帶魚、海水魚、原生觀賞魚五個類群。

(1)金魚 中國是金魚的故鄉，發源地為浙江嘉興和杭州。金魚發現於中國的晉朝(西元 265-420 年間)，金魚的放生池養始於距今 1000 餘年的北宋初期(西元 968 年)，家養始於南宋時期(西元1127年)。金魚是由野生鯽魚經過長期人工選種和定向培育成功的品種。在自然界生活的銀灰色的野生鯽魚突變為紅黃色的金鯽魚，經過幾百年的家養及人工選育，金鯽魚逐漸演變成為不同品種的金魚。世界各國飼養的金魚最初均來自中國。西元 1502 年 中國金魚傳入日本，並在日本培育出了獨具特色的新品種;西元 1611 年 中國金魚首次運往葡萄牙，之後傳入英國，到 18 世紀中葉，傳遍歐洲各國;西元 1874 年 中國金魚傳入美國，之後逐漸傳入美洲各國。現在中國金魚已遍及全球各地，成為世界性的觀賞魚種類。

(2)錦鯉 錦鯉原產於日本，發源地為新潟縣。錦鯉的原始種為紅色鯉魚，早期由中國傳入日本，錦鯉的養殖始於 200 多年前，將變種鯉魚人工改良為緋鯉等品種。在距今約 100 年前，養殖錦鯉盛行，此後透過人工選種以及將德國革鯉、鏡鯉等與錦鯉雜交，獲得了更多的新品種。1973 年日本錦鯉被引種到中國，目前在很多國家和地區錦鯉養殖甚為普及。

(3)熱帶魚 熱帶魚是指生活在熱帶和亞熱帶地區淡水中的觀賞魚，通常能夠正常存活的溫度在 20℃以上。熱帶魚主要分佈於距離赤道較近的南美洲(亞馬遜河流域)，如巴西、秘魯、哥倫比亞、委內瑞拉、圭亞那等;非洲，如剛果、薩伊、喀麥隆等;亞洲的東南亞地區，如泰國、印尼等;以及澳洲和新幾內亞一帶;出產的熱帶魚主要分佈在廣東和臺灣等省。20 世紀初國外開始馴養熱帶魚，1923 年德國人巴德著的《水族館淡水魚》是最早的專門介紹熱帶魚飼養的書。20世紀30年代熱帶魚從國外傳入中國，如今在世界範圍內熱帶魚養殖方興未艾，成為眾多家庭、辦公場所和賓館、飯店、娛樂場所等豪華高雅的裝飾物。

(4)海水魚 海水魚主要指生活於熱帶、亞熱帶海裡近岸岩礁間珊瑚叢中的小型魚類。中國海水魚主要產自南海，世界各地仍在不斷發現新種。海水養殖始於20世紀初，目前作為高檔觀賞魚越來越受到人們的歡迎，養殖區域日漸擴大。

2.觀賞龜

　　古今中外，龜是著名的觀賞動物，當今世界家庭養龜不斷升溫，也得到迅速發展。世界上所有龜類均可作為觀賞龜。中國的觀賞龜養殖始於20世紀80年代末，初期僅有國產的烏龜、黑頸烏龜、黃喉擬水龜、平胸龜、中華鱉等傳統種類；1987年引進了巴西龜，1997年引進了鱷龜等著名觀賞龜，在此之後潮龜、美洲箱龜、歐洲龜、星龜等國外稀有龜類也逐漸進入中國。龜類愛好者對觀賞龜的分類搜集和收藏，促進了觀賞龜寵物市場的快速成長。

3.水生觀賞無脊椎動物

　　腔腸動物中的珊瑚和海葵形狀奇特，色彩美麗多姿，主要作為海水魚養殖岩礁生態缸中搭養和置景之用。現今水族愛好也越來越呈多元化發展，甲殼動物的蝦蟹類、軟體動物的螺貝類和棘皮動物的海星等也成了很多水族愛好者的心愛之物。甲殼動物中一些蝦和蟹因外形特別、色彩豔麗而具有觀賞價值，近年來得以陸續開發，尤其是淡水觀賞蝦，有著精緻的花紋和色彩、獨特的生態行為，與水草和諧的互利關係，成了近來水族圈中的新寵。

4.水生觀賞高等脊椎動物

　　水生觀賞高等脊椎動物主要種類為水生哺乳動物，終生生活在水中，體形似魚，多數身體龐大，但因其行使肺呼吸，直接呼吸空氣中的氧氣，同時具有哺乳行為，包括各種鯨、海豚、海獅、海豹、海狗、海牛等。此外是極地動物，包括企鵝、北極熊、北極狐等。水生觀賞高等脊椎動物主要在水族館內展出，有的經過訓練後還可以為公眾表演精彩的節目，深受人們的喜愛。

5.觀賞水草

　　觀賞水草在水族行業中是一項較新型的類別，水草造景將美景藝術融入水族行業，以水中植物王國的魅力吸引廣大的愛好者，在水族行業中一枝獨秀。觀賞水草主要種類是熱帶觀賞水草，生長於熱帶和亞熱帶區域的河流、湖泊、沼澤及沿岸一帶，原產地主要分佈於亞馬遜河、東南亞和非洲流域；一般觀賞水草中只有少數種類適宜在水族箱中配置。觀賞水草進入家庭觀賞性培植有50餘年歷史，引入中國培植是20世紀90年代，廣州、上海、北京是較早引進的城市。在中國觀賞水草生產性培植主要分佈於華南地區的廣東、廣西和西南地區的雲南等地。

三　觀賞水生生物的命名原則

　　觀賞水生生物的命名遵循生物種名的命名原則，生物種名是按拉丁文的雙名法命名的，即每個種類的學名由拉丁文(斜體)的屬名和種名構成。屬名在前(動詞)，第一個字母大寫，種名在後(名詞)，第一個字母不大寫，最後為命名人姓氏。

例 1. 拉丁名　*Hyphessobrycon innesi* Myers　　2. 拉丁名　*Carassius auratus* L.
　　　英文名　Neon tetra　　　　　　　　　　　英文名　Goldfish
　　　中文名　紅綠燈 霓虹燈 胭脂鯉　　　　　　中文名　金魚

　　觀賞水生生物的中文名稱存在較多的同種異名現象 如神仙魚又名燕魚 天使魚等 藍星魚又名藍三星 絲足鱸等 因此對不同的稱謂 應根據拉丁文的學名確定是否為同一種魚。觀賞魚類的中文命名主要是依據不同品種或其色澤性狀等特徵進行的 如金魚通身潔白 唯眼球 吻部及各鰭為紅色的稱為"十二紅金魚"；紅頭紫身的稱"朱頂紫羅袍金魚"；魚體白底上生有紅色斑紋的錦鯉稱為"紅白錦鯉" 熱帶魚中有體為黑褐色 散佈著不規則的橙黃色斑塊 間鑲紅色花紋呈地圖狀的稱為"地圖魚"；體銀白色 胸腹寬大呈半圓形如圓斧頭狀的稱"銀斧魚" 頜延長似小管狀 能動並探覓食物如象鼻的稱"象鼻魚"。

　　金魚品種的命名近來較流行變異命名法 其命名的基本規律為：色澤+分類+頭部或其他變異(肉瘤 眼睛 鰓蓋 鼻膜等) 如體藍色 頭部肉瘤豐滿 眼睛突出 鼻膜發達呈球狀者稱"藍龍睛高頭球金魚"。

第二節　觀賞水產養殖的意義

一 觀賞水生生物與人類生活

　　在現代人類文明社會裡 人們在追求富裕的物質生活的同時也要求豐富多彩 有益身心 健康的精神生活 並不斷提高精神生活的品質和擴展其範圍和內容 觀賞水生生物也正是在這樣的前提下得以飼養繁殖 不斷開發和改進品種發展起來的。觀賞水生生物除供人們觀賞娛樂外 還在多個方面與人類生活密切相關。

1. 使人賞心悅目 有利於陶冶性情

　　觀賞水生生物的天然美色 純樸自然 將其飼養在豪華美觀的水族箱內 艷麗奪目。水族館式辦公室裡奇異多姿的各種水生生物與深邃 濃縮的自然景色渾然一體 別有情趣(彩圖1)。裝飾美觀的水族箱安放在居室裡 可以美化居家環境 提高人們的生活情趣(彩圖2)。在水族館 公園及娛樂場所 與幽美的環境相協調 設置各種富有特色的大眾化觀賞景點 人工瀑布下 清水游魚 擊波鬥浪 爭食戲耍 儼然一幅生機盎然的活畫面。水草造景藝術把大自然的美景濃縮在水族箱裡 展示出美妙的水中微縮園林景觀。觀魚賞景使人遐想無限 寄託情思 培養高尚的情操 ; 也讓人沉醉于魚景交融的美感之中 調劑和美化人們的精神生活。

2. 寄託美好願望 饋贈佳品

　　在出土的距今4000多年前的魚形圖案彩陶盆上 兩隻小魚親昵地依偎著太陽 寄託了

人們願子孫興旺發達的美好願望。古人常用的"金魚滿塘"還寫作"金玉滿堂"，借"魚"與"玉"、"塘"與"堂"的諧音來寓意人丁興旺，帶來家庭的興旺發達。銀龍魚在中國香港地區及東南亞等地被看作能逢凶化吉，遇難呈祥的"神魚"和"風水魚"，因而爭相飼養。胭脂魚因其背鰭起點處特別隆起，背鰭較高，基底很長，前部數鰭條延長，外緣內凹，猶如一艘揚帆遠征的航船，象徵著事業、生活一帆風順，而備受人們青睞。"龜鶴延年"表明了人對健康長壽的期盼，在人們眼裡龜是吉祥的象徵、長壽的標誌，更是生命力強的代表，具有崇高的威望，因而對其倍加寵愛。

觀賞魚作為友好往來饋贈對方的禮品是其他東西不能比擬的，新年佳節贈送金魚代表了"年年有魚(餘)"的良好祝福。中國金魚作為"東方聖魚"，多次為世界各地的人民送去了友誼。國外的一些觀賞魚也作為友誼的使者，給我們帶來了異國人民的友好情誼。

3.進行觀察研究，獲取科學知識

觀賞魚個體較小，容易飼養，繁殖迅速，在室內水族箱養殖中，便於觀察和控制實驗條件，因此是進行科學研究的優良試驗魚。對於一般觀賞水生生物愛好者，可以在飼養它們的過程中學會許多相關的知識，提高人的科學和文化素質。同時許多後來被人類作為食用魚飼養的種類，最先也是作為觀賞魚飼養開始的，如虎鯊魚。許多觀賞魚的養殖技術也逐漸被食用魚養殖應用，從一定意義上講，觀賞魚養殖走在了水產養殖的前面。

4.有趣的鍛煉，有益於身心健康

在欣賞觀賞水生生物時，需平心靜氣，去除雜念，注意力高度集中，意念始終停留在運動的生物身上，可收到與氣功異曲同工的效果，對於老年人來說這是一項不可多得的鍛煉身體的好方法。為水生生物換水投食，清洗水族箱(池)等，要花費一定的氣力，但勞動強度不大，有利於人活動筋骨，強身健體。勞動之餘，看著自由歡快游動的魚兒等，心情會分外舒暢，自然會延年益壽。

二 觀賞水產養殖業

1.觀賞水產養殖業的特點

觀賞水產養殖業，具有占地小、投資省、見效快、經濟效益和社會效益明顯、能出口創匯等特點，顯示出巨大的市場潛力和廣闊的發展前景，已經成為中國的新興產業——觀賞漁業。

食用魚和觀賞魚的價格差異懸殊，食用魚一般為 3 美元/kg，而觀賞魚一般按尾售賣，折算品質則高達 300 美元/kg，1 尾 0.15 美分的熱帶魚運到佛羅里達寵物商店售價可達 2.89 美元。中國觀賞魚近年來平均價格在 9 元/尾左右，高於食用魚售價數倍。巴西龜在寵物龜中銷量第一。目前中國觀賞的巴西龜苗5元/只左右。觀賞魚更注重色澤、形狀、體態等個體特征，不同的觀賞魚品種甚至個體間的價格差異都會很大，產品附加值高。珍稀或優質觀賞水生動物如紅龍魚、金錢龜、優質錦鯉等價格都是每尾(只)上萬元。

觀賞魚養殖效益好，單位水體的產出明顯高於其他水產品和農產品的種養生產，對養殖設施條件、技術、勞動力則有更高的要求，是典型的融生物技術和工廠化精細管理為一體的勞動密集型產業。觀賞水生生物零售價遠遠高於出場價，市場需求使許多專門進行觀賞水產養殖的漁場應運而生。2006 年美國總共有養殖公司 800 多家，其中在佛羅里達州就集中了 300 家；觀賞漁業成為美國養殖經濟的主要現金收入來源之一，年零售額約 10 億美元。2015 年中國觀賞魚行業規模以上企業 563 家，資產總計 267.84 億元。2015 年北京市觀賞魚養殖面積達到 783.8 hm²(1 hm²=10000 m²) 觀賞魚產業總產值達到 18.65 億元；其中年產銷優質錦鯉、宮廷金魚、熱帶魚等 20 餘萬尾，出口創匯 1000 餘萬美元。

2.中國發展觀賞水產養殖業的優勢

中國十分適宜發展觀賞水產養殖業，具有優越的自然資源和技術優勢。中國幅員遼闊，水域寬廣，其中絕大部分地區位於溫帶和亞熱帶，因而氣候溫暖，雨量適中，日照較長，水資源豐富，且有較多的地下熱水和工廠餘熱水可以利用，這為發展觀賞水產養殖提供了極其有利的條件。觀賞水產養殖業產業鏈延伸廣，除了內部高度關聯的種苗、飼料、漁藥等產業外，還與水族器材、娛樂競技、文化鑒賞、休閒養身等外部產業密切相關；有研究表明 1 名從事觀賞魚養殖的農民可創造 5 個相關產業的職位，1 萬元觀賞魚養殖直接衍生出 4 萬元相關產業產值。

中國的金魚養殖歷史悠久，有許多獨特的養殖技術得以繼承和發展。近20年來錦鯉、熱帶魚也獲得較大發展，並不斷擴大其養殖範圍和規模。各種觀賞龜、蝦、蟹等新養殖品種逐漸增多，養殖技術也日趨成熟。許多高等院校、科研院所一批素質較高的水產科技人員正在從事觀賞水生生物的科研開發及養殖，帶動了觀賞水產養殖業的發展。進行觀賞水生生物養殖和經營的個體專業戶也在不斷增多，為觀賞水產養殖的進一步發展打下了基礎；中國大、中、小城市的觀賞水族商店迅速增加，觀賞水生生物的品種、數量普遍供不應求。隨著人們消費觀念的更新，消費水準的提高，家庭觀賞水生生物飼養量正在持續增長，觀賞水產養殖業的市場潛力巨大。

第三節　觀賞水產養殖的概況

一、家庭擁有觀賞水生生物的情況

觀賞水生生物主要是為了滿足人類對美的追求，為了美化人類的居住環境，因此，家庭養殖觀賞魚及其他觀賞水生生物在一些發達國家和地區頗為流行，就購買者而言 99%是家庭養殖嗜好者，公眾水族館和研究機構僅占1%。美國是世界上擁有最大的觀賞魚市場的國家。據統計美國總人口的 12%喜歡觀賞魚，同時，美國家庭總數的 15%，大約 1200 萬戶家庭擁有水族箱，而他們當中4%的家庭擁有1個以上的水族箱，其中大約720萬個是恒溫水族箱。在 2100 萬英國人家庭中，飼養觀賞魚的近 14%，大約有 300 萬個家庭；荷蘭有20%的家庭養殖觀賞魚；水族箱已成為日本家庭中的重要擺設，全國約有 120 萬水族愛好者。此外，德國、法國、義大利、西班牙和澳大利亞等也是觀賞魚家庭養殖的主要國家；中國、南非及其他國家均盛行飼養觀賞魚類。目前被人們飼養的觀賞魚有數百種，而且新的品種仍逐年增加。在當今世界，家庭養龜持續升溫，養殖龜的品種也不斷增加。中國也不例外，有報導上海市僅 3 個月的時間就有 4 萬隻觀賞龜"爬"進了人們的居室，為眾多人的業餘文化生活增添了新的情趣。

二、中國外觀賞水產養殖生產的概況

1.中國觀賞水產養殖生產的概況

觀賞漁業是水產養殖業的一個分支，引自中國國家統計局及簡速產業研究院的資料資料顯示 2011 年至 2015 年中國觀賞魚總產量迅速上升，從 33.9 億尾增至 66.7 億尾(圖 1-1)。觀賞魚產業工業產值由 2011 年的 262.91 億元增至 2015 年的 555.12 億元。2011 年至 2015 年觀賞魚總產值年平均增速在 20%左右(圖 1-2)。

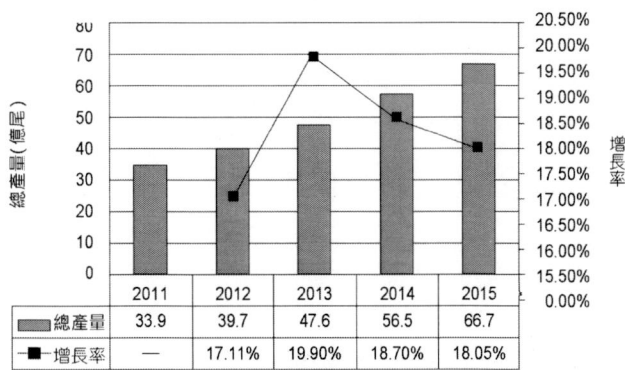

圖1-1 2011—2015年中國觀賞魚行業總產量及變化率

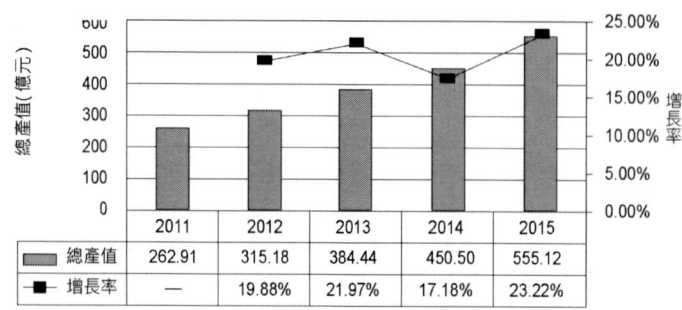

圖1-2 2011—2015年中國觀賞魚行業總產值及增速

中國金魚年產量約占全世界金魚年生產量的85%,養殖水準高、產量大的有北京、廣東、浙江等省市,各地生產的品種有所側重,但市場上通常只有數十種。許多名貴金魚在海內外享有盛譽,如"熊貓金魚""皇冠珍珠"等。中國養殖的熱帶魚100餘種,其中80餘種可自行繁殖,20~30種仍需進口,養殖水準較高的是廣東、天津等省市。中國所養的海水觀賞魚有90餘種,均為野生,產自中國南海、海南、廣東、福建等省市為主要生產銷售基地,飼養人數較多的地區為廣州、北京、上海等大城市。中國龜類市場銷售通常有幾十種龜,產量最大的是巴西龜,占龜類生產總量的75%左右;也有些銷售利潤極高的珍稀龜類如三線閉殼龜等,廣東、浙江、湖北等省市為主要生產銷售基地。2006年僅巴西龜一個品種就給全國帶來了1萬噸商品龜的年產量,4億元的年產值,在養龜業中獨佔鰲頭,2012年後中國年產商品龜(觀賞和食用)維持在4萬噸左右。引進龜類的品種也在不斷增加,產量較大的有大鱷龜和小鱷龜,以及安南龜、麝香龜、長頸龜、側頸龜等奇異種類。中國觀賞水草市場生產銷售通常有100餘種,廣東省是觀賞水草重要的原產地和物流中心,上海、北京、山東等省市也有較好的發展。

2.國外觀賞水產養殖生產的概況

新加坡既是觀賞魚的生產出口國,更是轉口貿易地,新加坡培育的觀賞魚、水族器材和藥物等暢銷世界各地。新加坡觀賞魚的生產規模不能滿足大量中轉出口的需要,主要從事觀賞魚進口再出口。新加坡從馬來西亞、中國和斯里蘭卡低價進口淡水觀賞魚品種,從印度尼西亞、菲律賓、斯里蘭卡和馬爾地夫低價收集海水觀賞魚。當觀賞魚進入新加坡後,經營商再加以暫養、精選、分級、包裝貼上商標,作為新加坡觀賞魚,然後以高價出口至西方發達國家等世界各地。中國香港已成為全球第二的觀賞魚出口地區和中轉貿易中心,生產與貿易方式同新加坡相似。

馬來西亞、印尼、菲律賓、斯里蘭卡、泰國、印度等是重要的觀賞魚生產出口地區。印尼和菲律賓是海水觀賞魚的主要生產出口國,出口種類大部分為海水觀賞魚。南美三國哥倫比亞、巴西、秘魯亦是觀賞魚主要生產出口地區,主要供應捕撈的野生淡水魚類,特別是在亞馬遜河捕獲的熱帶魚。

第四節　觀賞水生生物的國際貿易

一　觀賞水生生物國際貿易的概況

近40年來，國際市場上觀賞魚類進出口貿易額逐年增加。20世紀60年代以後觀賞魚的需求均以每年 10%~15%的速率增長。觀賞魚的貿易品種約 1600 種，亞洲觀賞魚供應量約占全球的 60%及以上，觀賞魚生產量是貿易額的 10~20 倍。分析 1993—2000 年的資料，發現這 8 年世界觀賞魚貿易發展是平穩的。8 年中世界平均進口金額 28 691 萬美元，出口金額 17 879 萬美元。據 Axelrod(1971)的估計，全世界觀賞魚類和水生觀賞物及相關產業的年貿易額為 40 億美元。Bruton 和 Impson(1986)估計該銷售額已增至 72 億美元。目前全球觀賞魚市場每年以8%左右的速率增長，貿易額超過年50億美元。由於觀賞魚主要是國內交易，實際貿易額遠遠大於海關統計，因此有人估計全球觀賞水生生物產值可超過 400 億美元，若加上水族器材、藥物、飼料等相關產業的產值，則全球觀賞水生生物相關產值總額可超過 800 億美元。

中國不同品種觀賞魚進出口比例相對比較穩定，引自國家統計局及簡速產業研究院的資料資料顯示，2011 年至 2015 年熱帶淡水觀賞魚占中國觀賞魚進出口量的半數以上，溫帶淡水觀賞魚和其他觀賞魚分別占進出口總量的四分之一左右(表 1-1)。溫帶淡水觀賞魚價格增幅不大，熱帶淡水觀賞魚增長幅度最大，其他觀賞魚則價格較高(圖 1-3)。

中國的觀賞魚類貿易主要是出口金魚、錦鯉、海水魚、原生觀賞魚，主要出口基地為廣州、北京、上海等。中國金魚在國際市場上深受歡迎，需求量大，如 1990 年中國僅金魚出口一項創匯約2億美元，上海、杭州、蘇州等地的金魚以品質較好而深受人們的喜愛。中國最大的觀賞魚進口基地為廣州，主要透過香港地區進口熱帶魚，因其氣候適宜、養殖水準高，成為觀賞魚市場的南方中心，並輻射全中國。

表1-1　2011-2015年中國觀賞魚行業進出口產業結構及變化

年份 品種	2011	2012	2013	2014	2015
其他觀賞魚	22.10%	23.00%	23.20%	23.90%	22.30%
熱帶淡水觀賞魚	56.30%	53.60%	55.00%	53.10%	54.20%
溫帶淡水觀賞魚	21.60%	23.40%	21.90%	23.00%	23.50%

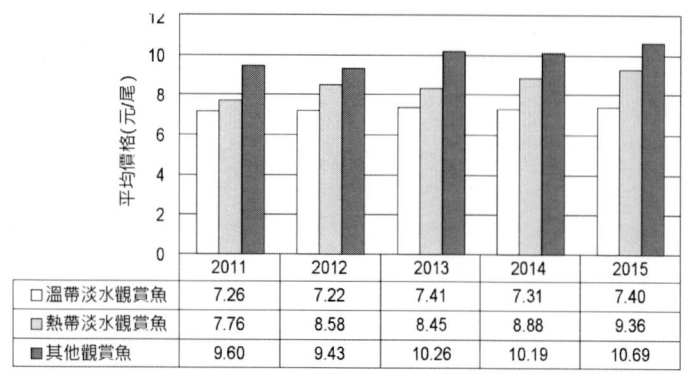

圖1-3 2011—2015年中國觀賞魚主要產品平均價格及走勢

二 觀賞水生生物國際貿易的特徵

世界觀賞水生生物生產及輸出的國家和地區主要是發展中國家,出口量占全球觀賞魚類的一半以上,包括亞洲的中國、馬來西亞、斯里蘭卡、菲律賓、泰國、印尼、印度等國;南美的巴西、秘魯、哥倫比亞、委內瑞拉、圭亞那等國;非洲的剛果、喀麥隆等國。中國年出口觀賞魚類約占世界總量的 10%,主要出口金魚、錦鯉、熱帶魚等,但出口產值僅為世界產值的2%左右;亞洲國家出口量占市場總量排位在中國之後依次為馬來西亞(約 5%)、斯里蘭卡(約 5%)、菲律賓(約 3.7%)、泰國、印尼等,主要出口熱帶魚。歐洲的捷克以及澳洲和新幾內亞的一些國家也出口觀賞水生生物,捷克是歐洲觀賞魚市場的重要供應國,出口量約占世界總量的 6%。

新加坡是全球最大的觀賞魚出口國,也是全球最大的觀賞魚貿易中心,有500種觀賞魚出口到世界各國,新加坡是世界第一的觀賞魚中轉貿易地,出口量占市場總量的25%左右,2005 年出口至 79 個國家的觀賞魚總值 9090 萬美元。香港是世界第二的觀賞魚中轉貿易地,出口量占市場總量的 6%左右。觀賞魚的最大進口市場為美國、加拿大、歐洲(德國、法國、英國、荷蘭等 13 國)、日本、澳大利亞等;美國、日本等國以進口消費為主,亦有生產與出口(表 1-2)。

由於觀賞水生生物生產是典型的勞動密集型產業,因此世界觀賞水生生物貿易的中心在不斷東移,先是以歐美為中心,再是以日本為中心,然後是新加坡,現在正在向中國轉移。據報導近年來中國觀賞水生生物出口品種為120多種,中國金魚在國際市場上享有盛譽,但我們在數量、品質以及新品種的培育等方面還遠遠不能滿足國際市場的需求。美國供應中國的觀賞水生生物約占總需求的 20%,歐洲約占 10%,所需的絕大部分觀賞水生生物主要從發展中國家進口,這為中國的金魚等觀賞水生生物出口提供了極佳的機會。為了進一步開拓國際市場,有必要建立和健全中國觀賞水生生物進出口機構和機制,重視國際市場的資訊收集和行銷研究,及時為養殖生產者提供有關資訊,做到產銷對路,使中國出口的觀賞水生生物能更多更快地佔領國際市場，同時進口部分觀賞水生生物，擴大觀賞水生生物養殖和銷售的品種及數量，增強其市場競爭力。

表1-2　世界觀賞魚市場與貿易的基本格局分析

觀賞魚貿易類別	代表國家和地區	占世界進口比例	占世界出口比例	特徵
生產出口國	亞洲7國：印度尼西亞、馬來西亞、斯里蘭卡、菲律賓、印度、泰國、中國	2.68%	26.80%	從事生產，進口少
生產出口國	歐洲 捷克	0.13%	5.64%	從事生產，進口少
生產出口國	南美 秘魯、巴西、哥倫比亞	0.12%	6.13%	從事生產，進口少
中轉貿易地	新加坡、香港地區	7.37%	33.32%	大量進口，中轉出口
消費兼產出	美國、日本	37.86%	9.19%	以進口消費為主，亦有生產與出口
消費進口國	歐洲13國：德國、法國、英國、比利時、義大利、荷蘭、西班牙、瑞士、瑞典、奧地利、葡萄牙、丹麥、愛爾蘭	43.00%	12.51%	進口消費為主，出口平均占世界1%，轉出口比重大
消費進口國	加拿大、墨西哥、澳大利亞	4.13%	0.55%	進口消費為主
普通國	其他國家和地區	4.71%	5.86%	無明顯特徵
合計	—	100.00%	100.00%	—

（注：資料來自 FAO 統計資料）

第五節　觀賞水族業的發展

一、水族館發展的特點及前景

1.水族館的起源及特點

水族館的發展始於18世紀後葉，1789年法國建設了世界上第一個水族館，費尼亞斯巴納姆於19世紀50年代在紐約建造了美國的第一個水族館。20世紀末美國、科威特、新加坡、中國等許多國家，都在進行水族館的設計、建造和擴建，這與19世紀末出現的水族館建造熱潮有很大不同。水族館是很好的旅游景點，所展示的水生生物獨特、新奇，具有趣味性、知識性，能滿足人們的好奇心，開闊眼界，同時可以不斷地進行補充、更新，有很強的吸引力。現代水族館更向高科技、大型化、綜合介紹水域生態等特點發展，使海洋世界、水底世界盡收眼底，有的還有水生哺乳動物表演。據 1993 年不完全統計，當時全球共有水族館 314 個。建設水族館除能創造良好的社會效益外，還可獲得很好的經濟效益。如美國佛羅里達州有 700 多種觀賞魚，年門票收入達 3370 萬美元。美國參觀海水觀賞魚門票售價一般為 6~10 美元；中國水族館的門票一般在 100~180 元人民幣。

美國位於田納西河畔的查塔努加水族館高 12 層，於 1992 年建成，耗資 4500 萬美元，是世界上規模最大的淡水水族館。它的展出內容不僅有水生動物，還有密西西比河流域的各種動植物，自開放以來每年吸引觀眾130萬至150萬人。葡萄牙里斯本海洋水族館是歐洲規模最大的水族館，1998 年對公眾開放。這個水族館的主館是一個能裝水 100 萬加侖(1 加侖=4.54609 L)的巨型水池，周圍分佈著4個與主館相連但又由透明的丙烯酸材料分隔開的水池，分別再現世界上 4 個海域的動植物生態環境——亞速爾群島、印度洋礁石、加利福尼亞海草叢、類似福克蘭群島的南大洋島嶼。觀眾從水族館的任何角度觀看在池中自由自在游弋的水生動物，都會產生置身於海洋之中的感覺。澳大利亞墨爾本水族館 2000 年建成並對公眾開放。館內共收集了大約 500 種 4200 只的海洋生物，展示了南太平洋的海洋生物，獨具地域特色。

新加坡海底世界是亞洲最大的熱帶水族館，耗資 2700 萬新元建成，於 1991 年對公眾開放。海底世界水容量為310萬升，還設有龜池、淺潮區、海豚館等，有350種6000多隻海洋生物。在海底隧道，游人站在電動行人道上環游一周，透過玻璃纖維罩可以盡情觀賞多種海魚在"天空"中飛翔，珊瑚和海藻在水波裡蕩漾(彩圖3)。世界上最大的水族館位於亞特蘭大市中心的水族館，投資約為2億美元，於2005年底對公眾開放，每年接待100萬名游客。新建水族館的外形為一艘巡洋艦，設計海水及淡水的儲量容積為800萬加侖，水族館中的展示池高達 33 英尺(1 英尺=0.304 8 m)，是世界上較大的展示池之一；而為鯨魚、鯊魚、海龜等海洋生物修建的棲息池(彩圖4)，規模也是空前，池高33英尺、長263英尺、寬126英尺，擁有 620 萬加侖的水。展示有 500 種不同種類海洋生物，總數達 10 萬餘隻。

2.中國水族館的發展歷程

中國最早建成的水族館是青島海產博物館，於1932年對公眾開放，儲水量150 t，僅有玻璃魚池 18 個，兩個露天水池。之後分別於 1950 年、1993 年等進行了擴建，現擁有水族館、陳列館、南極館、淡水魚館、珍稀保護動物陳列館5處展館。中國的水族館從1932—1994 年 62 年中共誕生了 13 個水族館。香港海洋公園在世界上久負盛名，建成於 1977 年，占地 87 萬平方米，開館以來已接待7000萬游客。海洋館為專用透明玻璃圍成的巨型水池，水體寬 22 m、長 38 m、水深達 7 m，分為 4 層，觀眾可由通道繞池壁環繞參觀。館內按珊瑚礁佈局，分深湖和潟湖兩部分，深湖依據堡礁設計，潟湖參照緣礁摹造，兩湖海水相通，共放養了太平洋島嶼及南中國海魚類 5000 多條，約 400 種。海洋館是一個巨型水池，寬 152 m、長 122 m、深 2.7 m，有各種不同的人工海岸，適合於不同的海洋動物生活。海洋劇場位於山上中央，能容納 4000 名觀眾，劇場中央是一個巨大水池，每日有鯨、海獅和海豚進行精彩表演(彩圖5)。

20世紀90年代以來，中國的水族館事業進入了高速發展階段。據不完全統計，到1999年中國大陸已建成大小水族館29個，有專家估計目前中國共建成水族館近百個。水族館的發展取得了巨大的進步。北京海洋館是世界最大的內陸水族館，投資1.3億人民幣，1999年3月開業。海洋館主體建築造型為一個巨大的"海螺"，占地12萬平方米，建築面積4.2萬平方米，水體總容量18 000 t，館內共設雨林奇觀、觸摸池、海底環游、白令小鎮、國寶中華鱘魚館、鯨豚灣、海洋劇院七大場館，飼養和展示的海洋魚類及其他生物達千餘種，數萬尾。

　　上海海洋水族館投資總額5 000萬美元，2002年對公眾開放後，每年平均接待游客超過100萬人。"透過水的世界跨越五大洲"這是上海海洋水族館的展示主題。館內有28個大型主題生物展示區，分亞洲、南美洲(亞馬孫)、澳洲、非洲、冷水、極地、海水、大洋深處八大展區，展出了來自五大洲、四大洋的300多個品種，1萬餘條珍稀魚類及瀕臨絕種的稀有生物。水族館擁有獨特的外觀，主輔樓兩幢建築呈大小金字塔形，總建築面積超過2萬平方米，還有4條堪稱世界之最的海底隧道，總長達168 m，特有的自動步行海底隧道，180°和270°的全方位景觀視窗，讓游客有身臨其境之感。中國知名的水族館還有深圳海洋世界、南京海底世界、台州海洋世界、廣州海洋館、武漢極地海洋世界、成都海昌極地海洋世界、重慶漢海極地海洋公園等。

　　水族館的發展正在從以往的水族館過渡到海洋館，再延伸到極地館。水族館促進了旅游業的發展，成為當今旅游業的重要組成部分，正在發揮著越來越重要的作用。如1995年6月開業的大連聖亞海洋世界到1997年底，共接待中國外游客200萬人，用不到三年的時間收回全部投資。此外，水族館在進行收集、研究、飼養、保藏和展覽水生生物的過程中，重塑和再現陸地水域、海洋及其生態環境的發展變化，並寓教於樂，使參觀者身臨其境並受到啟發，從而達到傳送科學技術和文化知識的目的(彩圖6)。可以預見水族館業的發展趨勢將是水族館的規模更加大型化；主題水族館成為發展潮流，創意及設計更新穎、奇特、獨到，如柏林雷迪森酒店水族館(彩圖7)、杜拜購物中心水族館(彩圖8)；動物選擇向大型化、微型化、特殊化等多方面延伸；人與水族動物的親和性更能得到體現。

二　觀賞水族業的發展前景

1.觀賞水族業的發展歷程

　　觀賞水族業主要指觀賞水生生物養殖，以及由此而衍生的水族箱、飼料、魚藥、增氧泵、篩檢程式、潛水泵、蛋白分離器、紫外燈等龐大的水族器材產業鏈條。國外水族行業發展較早，市場比較成熟。從2003年開始，國外水族業界逐漸在中國尋找合作廠家，至2008年，國際水族產品中國製造或者說廣東製造開始成型。從2009年末起，在金融危機的巨大影響下，國際水族行業也受到了相當大的波及，歐洲及日本影響較大，銷量下滑三成左右。目前全球主要的觀賞魚供應國都在積極發展觀賞漁業，隨著觀賞水生生物育種和繁殖，配合飼料加工以及包裝、運輸等技術的發展和完善，可以解決供應方面的大部分問題，能明顯改善不同參與者之間的關係，使得整個水族業發生了根本性的變化。

30年來,中國水族業逐步從狹隘的觀賞魚養殖朝著水族產業化方向發展,其間經歷了20世紀90年代初的孵化期、90年代中後期的繁榮期、21世紀初的高速發展期、2004年左右的激烈競爭期、2008年後的平穩發展期。總體來說,雖然中間波瀾不斷,但是水族產業一直都在向前發展。2011年,中國水族行業已經超過百億規模,其中廣東省水族行業產值超過50億,占全國水族業產值的一半以上。廣東省是水族廠家的集中地、器材生產地、觀賞魚養殖批發地,輻射全世界。中國水族行業重點市場有廣州越和花鳥魚藝大世界,占地面積達10萬平方米,雲集了上千家經營廠商,是世界水族行業的第一集散地及風向標,也是中國水族行業的南方中心。天津是北京的海上門戶,通往東北三省的要道,輻射華北地區,加上自然環境提供了大量的天然餌料,使天津成為中國繁殖觀賞魚的重要基地。天津中環花鳥魚蟲世界是中國水族批發零售重要的交易場所之一,占地面積達6萬平方米,歷來側重觀賞魚的養殖和銷售,是北方地區最大的水族器材與觀賞魚集散地,真正地帶動了中國整個北方地區水族業的發展。

觀賞水族業的快速發展還要得益於各種國際水族業博覽會及賽事。Aquarama自1989年在新加坡啟動至今,兩年一屆,已發展成為全球最頂尖的觀賞魚及水族器材博覽會之一,在國際水族界久負盛名。同期舉辦的包括龍魚、孔雀魚、鬥魚、水晶蝦、海水造景、水草造景等在內的16場國際賽事,更被譽為世界上最高規格的觀賞魚比賽。每屆,超過70個國家逾4000名國際尖端的水族行業專家和專業買家齊聚參加此項國際水族盛事。中國國際寵物水族用品展覽會(CIPS)每年在廣州、北京、上海輪流舉辦,已連續舉辦了20屆,經過20年的發展,中國國際寵物水族用品展覽會的規模已經達到亞洲第一、世界第二。展覽會專注於展示寵物、水族行業最新產品及趨勢,獲得國際企業的充分認可,成為中國外寵物水族行業人士必到的貿易平臺。此外,還有其他各種集商業貿易和文化為一體的觀賞水族展覽盛會,打造了一個打通全產業鏈、覆蓋活體觀賞魚進出口及器材貿易、專業買家和終端消費者相結合的綜合平臺,從根源上繁榮著水族行業。

2.觀賞水族業的發展趨勢

(1)世界觀賞魚的生產貿易中心正在向中國轉移,預計中國有可能成為世界觀賞魚生產貿易的中心。由於觀賞魚產業是典型的勞動密集型產業,中國是世界水產養殖業的"超級大國",因此中國將勢必成為觀賞魚的"製造業中心"。由中國人在東南亞國家開辦的觀賞魚養殖相關企業將異軍突起,成為觀賞魚行業的"中國海外兵團"。將來可能出現的一種格局是用南美洲的魚種、中國人的技術及勞動力,在老撾中國人辦的漁場進行生產,然後通過在中國的國際觀賞魚生產貿易中心銷到世界各地。

(2)水族設備的發展趨勢將是更加時尚化、智慧化、科學化、集成化,使用更加簡單、節能、環保。科學技術的進步、生活水準的提高、生活節奏的加快、一次性能源的枯竭、環保意識的增強對水族設備提出更高的要求。美國、日本、歐共體等工業化發達地區將逐漸退出觀賞水生生物的生產領域,但在高端水族設備上可能在未來若干年內將繼續引領國際潮流。

(3)先進的生物技術將迅速在觀賞水生生物領域得到應用,成為推動觀賞水產養殖業發展最強有力的動力。轉基因技術、克隆技術等新技術的廣泛運用，新型飼料、漁藥、有益微生物等應用技術的普及，透過育種手段對水生生物進行品種改良等技術進步，將使觀賞水產養殖業得以健康發展。

(4)各種觀賞水產養殖同業協會組織及各地區的同業協會組織將儘快組建起來，其作用會越來越大，因為這是 WTO 框架下國與國之間經濟貿易交往的需要，避免惡性競爭的需要，行業自律的需要。觀賞水生生物的通關手續將更加簡便快捷，但疫病預防及控制會更加嚴格，檢疫、防疫、生物安全、動物保護法規等將成為觀賞水生生物國際貿易中新的技術壁壘。

(5)隨著人類對生活品質和生活品位要求的不斷提高，觀賞水生生物和水族文化走向各國家庭已成為趨勢，以觀賞水產養殖為基礎的休閒漁業也得以發展。人類文化和審美標準的多元化，也使觀賞水生生物的鑒賞標準更加多元化。水族館的興起促進了觀賞水產養殖，也將推動觀賞旅遊業的快速發展。

研究性學習專題

① 分析新加坡成為全球最大觀賞魚貿易中心的原因，比較新加坡和中國的觀賞魚國際貿易特徵，探索中國提升觀賞魚國際貿易地位的可能途徑。
② 分析中國觀賞漁業具有的優勢和劣勢，提出發展中國觀賞水族業的對策及措施。
③ 比較幾個水族館，分析各自的展示主題和風格並做出評價，提出促進各展館特色發展的思路。
④ 分析中國國際寵物水族用品展覽會的發展過程，探索建立獲取世界水族市場訊息、瞭解行業動態、建立業務往來專業平臺的有效途徑。

第二章　觀賞水生生物基礎知識

　　水生生物直接生存的水環境是一個變化無窮的世界，每一個水生生物物種在其天然棲息地生存了上億年，各自形成了適應環境所特有的形態特徵和生活習性。必須先認識觀賞水生生物的形態特徵及變異性狀，瞭解其生活習性，提供適合它們的棲息環境、食物和其他生活條件，才能使觀賞水生生物在水族箱裡健康生長，展現其優美的特性。

第一節　觀賞水產動物的形態及變異性狀

一　觀賞魚的形態及變異性狀

1.外部分區

　　觀賞魚外形特徵和一般魚類相同，身體分為頭部、軀幹部和尾部三部分，常以鰓蓋骨的後緣作為頭部和軀幹部的分界線，以肛門或臀鰭的起點作為軀幹部和尾部的分界線（圖2-1）。魚體外形各部的測量：全長：從吻端至尾鰭末端的距離，也稱標準長；體長：從吻端至尾鰭基部的距離；體高：身體的最大高度；頭長：從吻端至鰓蓋骨後緣的距離；吻長：從吻端至眼眶前緣的距離；尾柄長：從臀鰭基部後端至尾鰭基部垂直線的距離；尾柄高：尾柄部分的最低高度；背鰭長：背鰭起點至背鰭末端最長鰭條的直線長度；胸鰭長：胸鰭起點至胸鰭末端最長鰭條的直線長度；腹鰭長：腹鰭起點至腹鰭末端最長鰭條的直線長度；臀鰭長：臀鰭起點至臀鰭末端最長鰭條的直線長度；

尾鰭長:尾鰭起點至尾鰭末端最長鰭條的直線長度。

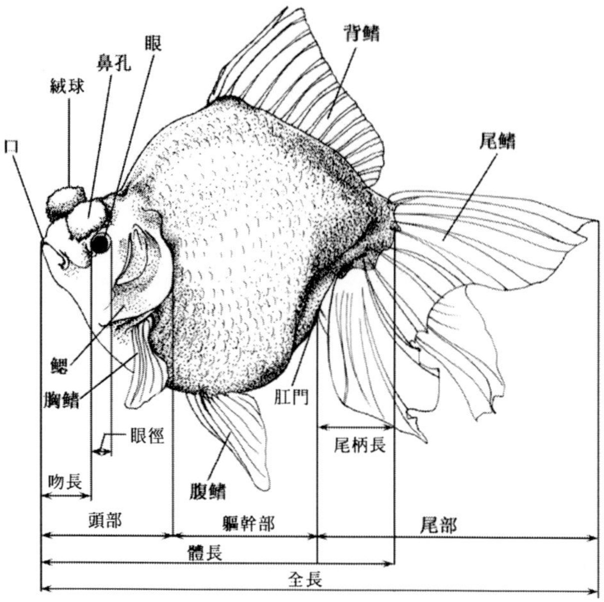

圖2-1 觀賞魚的外形

2.頭部器官

觀賞魚的頭部有口、鼻、眼、鰓等攝食、感覺和呼吸器官。口既是觀賞魚捕食的主要器官之一,也是水進入的通道,用以吸水和吞食。口的形狀和位置隨著魚類的食性不同可分為三種類型:上位口(如龍魚),口開於吻的前上方,下頜長於上頜,多是以中層生物為食的中上層魚或肉食性的底層魚;端位口(如孔雀魚),口開於吻端,上下頜等長,多為善游泳、獵捕食性的中上層魚或以吃中下層食物為主的魚;下位口(如清道夫魚),口開於吻的下方,上頜長於下頜,多以底棲生物或水底碎屑為食。

鼻通常位於眼的前方,左右兩側各一個,每側的鼻孔被中間一片皮膚褶(即鼻瓣)隔開而分成前、後兩個鼻孔。鼻有嗅覺作用,一般不與口腔相通,因而與呼吸無關。鼻瓣的形態變異可成為觀賞魚的一個觀賞點,如絨球品種的金魚就是其鼻瓣特別發達,變異成一束肉質小葉,凸出於鼻孔之外像絨質的花球而得名。

眼一般較大,因沒有眼瞼而完全裸露,不能閉合,位於頭部兩側,有視覺作用。金魚的眼變異很大,除草種金魚為正常眼之外,其他類別金魚因品種不同可分為龍睛眼、望天眼、蛤蟆頭眼和水泡眼4種。

頭部下方與軀幹部間開有鰓孔,外覆蓋骨質鰓蓋,可以張開和閉合,起到保護鰓和完成呼吸運動的作用。鰓蓋下是4對紅色的片狀鰓,溶解在水中的氧氣就是透過鰓吸入魚類的血液中去的。金魚的鰓蓋分為正常鰓蓋和翻鰓兩種,正常鰓蓋是能與鰓孔閉合的,翻鰓是由於主鰓蓋骨和下鰓蓋骨游離的後緣由內向外反轉，從而使部分鰓絲裸露於鰓蓋之外。

3.皮膚和鱗片

魚的皮膚由外層的表皮和內層的真皮組成。表皮薄而柔軟，由複層扁平上皮構成，其間有豐富的單細胞腺，能分泌大量黏液，使魚顯得滑膩，並免受病菌等的侵襲，也能減少魚游泳時的阻力。真皮較表皮為厚，由外膜層、疏鬆層和緻密層等多層結締組織構成，其間有豐富的血管和神經，縱橫交錯的結締組織纖維增加了皮膚的韌性和彈性。魚類皮膚具有保護身體、感覺外界刺激等作用，有些還具有輔助呼吸、吸收營養的作用。

大多數魚類皮膚上長有堅實的鱗片，由豐富的鈣質組成，通常呈覆瓦狀排列，將身體軀幹全部覆蓋，說明其維持體形，並對魚體有保護作用。在魚體兩側各有一條由許多透過鱗片的小孔所組成的側線，側線與神經相連，有測定方位和感覺水流的作用。隨著魚體的長大，鱗片也會同步生長，在鱗片的表面留下以鱗焦為中心向邊緣呈同心圓狀排列的環片，疏密相間，可用於鑒定魚類的年齡。一般水溫及食餌條件等適宜時，魚體生長快，鱗片的生長也快，形成較寬的環片帶；水溫及食餌條件等不適宜時，魚體生長慢，鱗片生長也慢，形成較窄的環片帶；當年形成的窄帶和寬頻之間的分界線即是年輪。金魚的鱗片有較大的變異，出現正常鱗、透明鱗和珍珠鱗等。

4.體色

體色是觀賞魚體現觀賞價值的一個主要方面。觀賞魚類身體顏色的變異很大，有紅、黃、白、黑、藍、紫、橙等純色以及由幾種顏色混合組成的色彩，可以說是五彩繽紛，美不勝收。體色觀賞的一般原則：一是色彩鮮豔，如墨龍睛，魚體純黑如墨，周身泛著黑色光芒；泰國鬥魚有鮮紅、紫紅、藍紫、豔藍、綠色、黑色、乳白色及雜色等各種豔麗的色彩；皇帝神仙魚，身體和尾鰭為檸檬黃色，間有豔藍色的橫紋，斑斕奪目。二是色彩搭配得當，如丹頂紅金魚，通體潔白，唯有頭頂正中長有一鮮紅色肉瘤；熊貓金魚，身體和各鰭的顏色黑白相間，宛如熊貓；昭和三色錦鯉，以黑色為底，白色和紅色斑紋和諧地陪襯著，顏色對比強烈；珍珠馬甲，體色基調藍灰色，上半部金黃色，腹鰭橘紅色，體側一條黑色縱條紋，尾鰭有一黑色圓斑，全身佈滿銀色珠點，游動時珠光閃爍，美麗無比；龍魚全身閃爍著青銀色的光芒，大鱗片受光線照射後發出粉紅色的光輝，各鰭也呈各種色彩，各種不同的龍魚也有其不同的色彩，例如東南亞的紅龍幼魚鱗片細小，白色微紅，成體時鰓蓋邊緣和舌呈深紅色，鱗片閃閃發光。黃金龍、白金龍和青龍的鱗片邊緣分別呈金黃色、白金色和青色，其中，紫紅色斑塊最為名貴。

觀賞魚體色形成的原因主要是存在著色素細胞，其來源於皮膚真皮層，色素細胞隨所顯示的顏色或所載色素的顏色而命名。觀賞魚類中色素細胞存在的種類、數量的多少，內含色素顆粒的密度及分佈的不同，構成其鮮豔多變的色彩。觀賞魚類色素細胞主要有4種，即黑色素細胞、黃色素細胞、紅色素細胞和虹彩細胞(彩圖9)，在許多觀賞魚的鱗片、皮膚(彩圖 10)背鰭、胸鰭、腹鰭、臀鰭和尾鰭都觀察到色素細胞及色素顆粒。載有一種以上色素的細胞稱為複合色素細胞，在曼龍魚、月光魚等中都發現了複合色素細胞(彩圖 11)。

(1)黑色素細胞：細胞隨體色的變化呈圓形至多突起的星形，直徑 100~300 μm，細胞核一個，圓形或卵圓形。細胞內含黑色素顆粒，黑色素顆粒呈球形，直徑0.3~0.7μm，由酪氨酸聚合而成。黑色素細胞收縮時為圓形黑點，則體色變淡，擴張時呈多分枝的星狀，則體色變深(彩圖 12)。

(2)黃色素細胞：細胞呈圓形或不規則的樹突狀，直徑 50~100 μm，細胞核一個，卵圓形。色素顆粒黃色，內含類胡蘿蔔素，屬脂色素族，可溶於酒精、福馬林中，故浸制標本黃色消失。

(3)紅色素細胞：細胞呈圓形或不規則的樹突狀，直徑 50~100 μm，細胞核一個，卵圓形。色素顆粒紅色或紅黃色，內含類胡蘿蔔素和蝶啶(彩圖 13)。

(4)虹彩細胞：細胞呈卵圓形或多邊形，細胞中央有一個長卵圓形的細胞核，細胞質中有許多六邊形的反射小板，長軸長1~2.1μm。內含結晶鳥糞素，為一種色淡或銀白色的反光物質，呈大的不能動的晶體，各具藍、紫、黃、紅色螢光(彩圖 14)。

對血鸚鵡魚鱗片中黑色素顆粒的超微結構進行觀察，發現黑色素顆粒的形態為球形，大小及光密度有較大的差異(彩圖15)；在血鸚鵡魚鱗片的虹彩細胞中觀察到長條狀的反射小板，為重疊或散在分佈(彩圖 16)。紅劍尾魚鱗片中紅色素顆粒的形態為球形，可見構成紅色素顆粒的基本物質(類胡蘿蔔素和蝶啶)逐漸聚集，色素顆粒顏色漸漸加深(彩圖17)，紅劍尾魚鰭膜的紅色素顆粒也在積累基本物質中不斷增大(彩圖 18)。黑、黃、紅三種基本色素細胞，經過適當的組合就產生出各種多樣的顏色，同時光干涉現象透過色素細胞的反光物質也能呈現一定的色彩效果。

一般來講，紅色金魚其黑色素細胞減少，體藍色的金魚缺少黃色素細胞；白色金魚，黃色素和黑色素細胞全部消失；體表黑色的金魚，黑色素和黃色素細胞都非常密集；紫藍色金魚沒有黑色素細胞，但黃色素細胞和淡藍色反光組織生長良好；而五彩金魚(又名五花金魚)，有由紅、黃、紫、白、黑5種色彩中任意3種色彩所構成的複雜色澤。

5.體形

觀賞魚在演化發展的過程中，由於生活習性和水環境的差異，形成了多種多樣與之相適應的體形。最基本的有如下四種體形。

紡錘形：為最常見的一種體形，又叫梭形，頭尾稍尖，中段肥大。大部分游動迅速的魚類具有此體形，如錦鯉、斑馬魚、非洲鳳凰。也有演變為亞紡錘形、卵圓形、橢圓形等，如金魚特化為體短且兩側較圓凸。

側扁形：體兩側很扁而背腹高，具有該體形的魚多棲息於水流較緩靜的水域中，如七星刀魚、五彩神仙魚。

平扁形：體呈左右寬闊，背腹平扁，該體形的魚常常底棲生活，行動遲緩，如清道夫魚、紅尾鯰魚。

圓筒形：體延長而頭尾尖細，呈棍棒狀。該體形的魚行動不甚敏捷，善於穴居和穿越礫石泥土，如鉛筆魚、雀鱔。

金魚的體形變化總的來說是表現為軀幹的縮短，整個軀幹多為橢圓形或紡錘形。頭形可分為平頭、鵝頭(頭頂部有肉瘤，如高頭金魚)和獅子頭(頭頂及兩頰部有肉瘤，如獅子頭金魚)。金魚頭部大小也因品種不同而差別較大。例如草金魚的頭部長度僅占該魚全長的 1/5，但獅子頭金魚，其頭部特別大，加上發達的肉瘤，其長度竟達全長的 1/3。

6.鰭形

鰭是魚體運動和維持身體平衡的主要器官，按其著生位置可分為背鰭、胸鰭、腹鰭、臀鰭和尾鰭，各鰭與軀幹相互配合，起著推進、升降、轉向、靜止和平衡等作用。

觀賞魚各種鰭隨不同品種常發生較大的變異，演變成許多形態，在游泳中展示出其特有的姿態。有的背鰭發達，張大如帆，例如金瑪麗魚、胭脂魚、清道夫魚;有的背鰭已退化消失，如望天龍、獅子頭等品種金魚;有的腹鰭變異如絲狀，柔軟飄逸，例如藍三星魚、珍珠馬甲魚、神仙魚、泰國鬥魚、黑裙魚;有的背鰭、臀鰭發達，排列對稱，例如七彩神仙魚、神仙魚、地圖魚、接吻魚、麗麗魚;有的尾大特化為扇形、劍形、三尾或四尾狀，例如孔雀魚、紅箭魚、金魚，大多數金魚品種的臀鰭是成對的，稱雙臀鰭，中國和日本金魚鑒賞家認為雙臀鰭是金魚的優良性狀特徵;金魚的尾鰭更有單、雙尾和長、短尾之分，依據形態還有扇尾、碟尾之分，而熱帶魚的鰭隨品種不同形態各異，劍形、叉形、弧形、三角形、絲帶形，不一而足。這些鰭有的柔軟飄逸，有的挺直如帆，有的時張時合，盡顯美麗風姿。

7.內部構造

隨觀賞魚種類或品種的不同，其內部構造也不盡相同，但其基本組成是相同的，有骨骼、肌肉、神經、內分泌、消化、呼吸、迴圈、排泄、生殖等器官。

骨骼分為主軸骨骼和附肢骨骼兩大部分，主軸骨骼包括頭骨、脊椎骨和肋骨，具有支持和保護作用，此外也是運動的支架，和肌肉配合產生各種形式的運動。附肢骨骼則包括鰭條骨、支鰭骨和帶骨，支持尾鰭、胸鰭、腹鰭、背鰭和臀鰭，配合肌肉完成各種鰭的運動。

神經系統由腦、脊髓和由它們所發出的神經組成，腦可分為端腦、間腦、中腦、小腦、延腦五個部分。魚類透過神經系統，控制各種器官的活動，調節整個身體與外界環境的關係。消化系統包括消化管和消化腺兩部分。消化管包括口腔、咽、食道、胃、腸、肛門等。口是取食器官，內有齒、鰓耙等構造，齒用於捕食時咬住食物，有的觀賞魚上下頜無齒，在喉部生有咽齒，鰓弓內側面有濾食用的鰓耙;食道寬短而直，其後方是膨大的胃，但有的魚類無胃;腸是消化食物和吸收養料的主要器官，一般雜食性魚類的腸較肉食性魚類的更細長，以增加對食物消化吸收的時間和面積，未消化的食物殘渣則經肛門排到體外。魚的消化腺有肝臟和胰腺，肝臟所分泌的膽汁先貯存在膽囊裡，然後透過膽管送進腸裡，膽汁能乳化脂肪，肝臟還具有解毒的功能，胰臟能分泌胰液，其中含有多種消化酶，運到腸裡後能使食物中的蛋白質、脂肪和碳水化合物被消化分解。魚類終生用鰓呼吸，鰓呈鮮紅色，由無數鰓絲組成，鰓絲裡密佈微血管，當水由口流進經過鰓時，水裡的氧氣滲入鰓絲中的微血管裡，血裡的二氧化碳滲出微血管，並從鰓孔排入水中，完成氣體交換。攀鱸科魚的4對鰓中，有一對鰓的上部變成迷路器官，叫作輔助呼吸器官——鰓上器官，可以直接吸取空氣中的氧氣，當魚離開水時，能在空氣中存活較長時間。龍魚也有鰓上器官。

　　魚類的循環系統主要包括心臟、動脈、靜脈等。透過血液迴圈，能夠把透過鰓獲得的氧氣和從消化管吸收來的營養物質輸送到身體各部分，同時各器官產生的二氧化碳和其他廢物也滲進血液裡，被送到排泄系統，即腎臟、輸尿管等。當血液經腎臟時，血裡的含氮化合物、礦物鹽類等廢物及多餘的水分進入腎臟形成了尿，尿由輸尿管輸送，從泄殖孔排到體外。

　　多數魚類具有鰾，鰾是魚體腔背側的一個白色的囊，多數分前後兩室，裡面充滿氣體。鰾的主要作用是調節魚體的比重，有助於上升或下降，鰾在鰭的協同下，可以使魚停留在不同的水層裡。龍魚的鰾為網眼狀。

二　觀賞龜的形態及變異性狀

　　觀賞龜屬爬行動物，它們與魚類相似的特徵是體表有鱗，體溫隨外界環境溫度而變化，也是變溫動物。但它們具有兩心房和兩心室，用肺呼吸；它們是體內受精，卵生或卵胎生，多數生活在陸地上，少數生活在水中。龜是吉祥、長壽的象徵，在古代，還被認為是很有靈性的動物，具有很高的觀賞價值。主要有黃喉擬水龜、烏龜、三線閉殼龜、巴西龜等。

1.外部形態

　　龜身體寬短，一般分為5個部分，即頭部、頸部、軀幹部、尾部和四肢。軀幹部包含在特殊的堅硬骨質甲殼裡面，即龜甲。龜甲主要由拱起的背甲和扁平的腹甲構成，腹甲在體側延伸，與背甲彼此以骨縫或韌帶連接——甲橋，使整個龜殼聯結成匣子狀，藉以保護身體。頭、四肢和尾可以從龜殼邊緣自由伸出，遇敵受驚時，能縮入殼內（平胸龜等例外）。背、腹甲均由內外兩層構成，內層由來源於真皮的若干骨板組成，外層由來源於表皮的角質盾片構成，盾片間的盾溝與骨板間的骨縫一般互不重疊，因而增強龜殼的堅固性（圖2-2）。

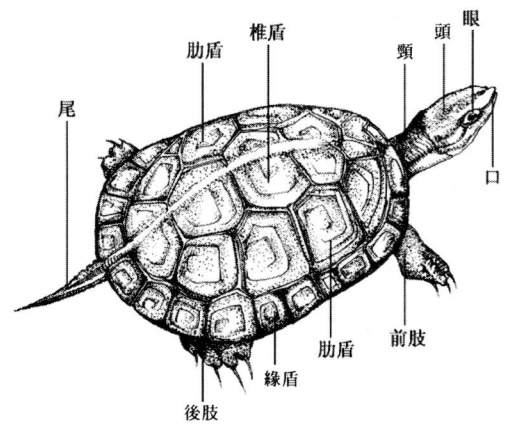

圖2-2　觀賞龜的外形

(1)頭部

龜的頭部呈三角形，其上有口、吻、鼻孔、眼等，口位於頭的前方，較大，口裂超過眼；口內沒有牙齒，有舌，舌寬厚且短，附於口腔底部，舌不能伸出口外。吻部位於眼前突出部分；吻上有一對小孔，這是龜的鼻孔；眼在頭的兩側，具有可動性的上、下眼瞼和瞬膜。儘管龜沒有牙齒，但可依靠上下頜角質的硬殼咬住食物，並可借助前肢的幫助撕斷吞下，儘管口內的舌不能像蛙類那樣伸出口外攝食，但可用來幫助咽下食物。

(2)頸部 頸較長，其皮膚呈灰細粒狀。頸的伸縮程度較大，龜可借助較長的頸部將頭部送至外界較大範圍尋覓食物，也可借助頸部的能力將反轉的身體翻正。當龜遇到外敵時，習慣借頸部的收縮能力將頭縮至殼內藏起來，只露出吻部呼吸空氣和一對眼睛觀察外界。在頭部收縮的同時，四肢和尾部也能同時收縮起來，故有"五藏、六收"之稱，五藏——四肢和尾收藏起來，加上頭部的收攏，就稱"六收"。

(3)軀幹部 軀幹部是龜身體的最大部分，橢圓形，為盒狀結構，其上為拱起的背甲，其下為扁平的腹甲，兩側有甲橋相連。甲的前後左右均有孔，可供頭部、四肢和尾的自由伸縮。龜甲即俗稱的龜殼，由兩層組成，外面的一層稱盾片，即從龜的背面和腹部殼看到的背甲和腹甲部分，分別可稱為背甲盾片和腹甲盾片。內面的一層稱骨板，即解剖可看到的背甲內面部分，分別稱為背甲骨板和腹甲骨板。背甲和腹甲的盾片和骨板是龜類分類的重要依據。

(4)尾部 龜類動物的尾部位於軀幹部的後端，與身體前端的頭相對應。多數龜的尾部較短，尾部靠近甲殼的地方有泄殖孔，是排解糞便和產卵的地方。有的龜尾部較長，如鷹嘴龜、鱷龜等種類。

(5)四肢 龜類動物有陸棲性的陸龜和山龜，有水陸兩棲的水陸兩棲龜(如各類淡水龜)，有海棲性的各類海龜。龜類由於所棲息的環境不同，在長期的進化中表現出不同的四肢。四肢也是區分不同龜類的重要依據。

2.內部結構

龜與其他脊椎動物一樣，身體內部的組織器官較為完整，透過攝取外界食物而獲得新陳代謝過程中所需的營養，食物經過腸道消化吸收，所獲取的營養物質和從肺部吸進的氧，經過血液循環系統輸送到機體的各部分，而機體各部分代謝所產生的廢物，透過血液迴圈排出體外，所以龜類的內部結構可分消化、骨骼、肌肉、呼吸、迴圈、排泄、生殖等系統。

三 觀賞蝦的形態及變異性狀

觀賞蝦屬於節肢動物門、甲殼綱、游泳亞目。蝦的全身分為頭胸部(由頭部和胸部癒合而成)和腹部。體外披一層堅韌的幾丁質甲殼,其化學成分中含有鈣鹽蛋白質和甲殼質等,由表皮細胞分泌而成,起到保護內部柔軟機體和附著肌肉的作用。甲殼在頭胸部形成頭胸甲,完整地覆蓋於頭胸部的背面及兩側,以凹下的溝和隆起的脊為界,依其所對應的內臟器官(蝦的內臟器官主要集中在頭胸部),把頭胸甲劃分為額區、眼區、胃區、肝區、心區、觸角區、頰區和鰓區。甲殼在腹部形成腹甲,分別覆蓋著各個腹節。頭胸部與腹部之間,以及各腹節之間,則以薄而柔韌的膜相連,使各個體節能自由活動。各體節上均有附肢(步足),分別執行著攝食(顎足)、游泳(游泳足)、爬行、防禦和維持身體平衡的功能,最後一個腹節的附肢演化為強大的尾扇,起著維持蝦體平衡、升降、後退及彈跳的作用。體節、附肢的數目及形態是分類的重要依據,而甲殼的顏色、亮度及婀娜多姿的體態使其成為觀賞價值極高的水族生物,如紅白相間的水晶蝦,即使在關燈之後,也清晰可見雪亮之白色(圖2-3)。

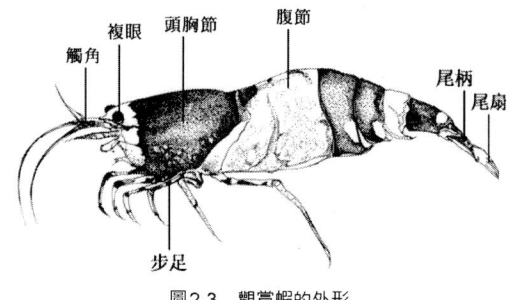

圖2-3　觀賞蝦的外形

第二節　觀賞水生生物的生物學特性

一　營養方式

　　觀賞水生植物的營養方式是自養,透過光合作用將無機物合成為有機物,即植物利用自身的葉綠素,在可見光的照射下,將二氧化碳和水轉化為葡萄糖,並釋放出氧氣的過程。觀賞水生植物生長中需要的其他養分氮、磷、鉀和各種微量元素可從水中獲取。

　　觀賞水生動物的營養方式是異養,它們不能將無機物質製造為有機物質,而是直接或間接地依賴自養生物所製造的有機物質,這種依賴是透過攝食來實現的。觀賞水生動物的攝食類型與自身消化系統的形態結構及所生活環境中的食物組成密切相關,根據其所攝食物件不同有下列幾種類型。

　　雜食性　這類動物食譜較廣,往往攝食兩種或多種食物,大多數觀賞魚、蝦和水棲龜類是以食動物性餌料為主的雜食性動物,如金魚、錦鯉、大多數熱帶魚、平胸龜科、鱷龜科及龜科中的大部分種類。

　　動物食性　這類動物較為兇猛,游動迅速,善於捕殺其他生物,常以活魚蝦、動物的肉、內臟等為食，如銀龍魚、地圖魚、刀魚、食人鯧魚。半水棲龜類的食性多為動物食性，如黃額盒龜、地龜等食螞蟻、麵包蟲、豬肉等，但不食魚肉。產于東南亞的馬來龜，食性單一，專食軟體動物。

植物食性：觀賞魚類基本上沒有純粹的植物食性，自然界的陸棲龜類以草、果實、植物莖葉為主，人工飼養條件下的陸棲龜類也能食一些肉類，如緬甸陸龜既食瓜果菜葉，也食瘦豬肉、豬肝等，但不食魚、蝦。

腐屑食性：主要是部分觀賞底棲魚類，攝食底層腐爛的動植物和有機質，常以舔食方式取食，如清道夫魚、花鼠魚。

濾食性：一些生活在水中上層，以浮游生物為主要食物的觀賞魚類，可用特化的濾食器官——鰓耙濾取浮游生物，如匙吻鱘。

二　生長

觀賞水產動物的生長首先受其內在遺傳性的控制，大、中、小型魚類的絕對大小相差很大。如銀龍魚、七星刀魚、虎鯊魚、紅尾鯰魚等為大型魚類，體長可達 100 cm，生長迅速，剛孵出的魚經2個月養殖可長到8~15cm；錦鯉、淡水白鯧、銀鯊、清道夫魚、地圖魚等為較大型魚類，體長可達 30~40 cm，孵出的魚經 2 個月養殖可長到 5~12 cm；七彩神仙魚、鳳梨魚、滿天星魚、金魚等為中型魚類，體長可達20 cm左右，剛孵出的魚經2個月養殖可長到3~6 cm；紅寶石魚、神仙魚、藍三星魚、接吻魚、劍尾魚、彩虹鯊魚等為中小型魚類，體長可達 10~15 cm，剛孵出的魚經 2 個月養殖可長到 3~6 cm；孔雀魚、紅綠燈魚、虎皮魚、斑馬魚、花鼠魚等為小型魚類，體長可達 5~8 cm，剛孵出的魚經 2 個月養殖可長到 2~4 cm。

龜的壽命究竟有多長，目前尚無定論，一般講能活100年以上，據有關考證也有活到 300 年的龜。烏龜的生長較為緩慢，在常規條件下，雌龜生長速度為：一齡龜體重多在 15 g 左右，二齡龜 50 g 左右，三齡龜 100 g 左右，四齡龜 200 g 左右，五齡龜 250~350 g 左右，六齡龜 400 g 左右。雄龜生長慢，性成熟最大個體一般為 250 g 以下。

水晶蝦的壽命約為 15 個月，小蝦到成蝦需 4~6 個月，體長 2~3 cm。pH5.0~8.0，水溫 15~28 ℃是其生存條件，水溫 24~26 ℃是其飼養繁殖條件，高溫下會降低蝦的壽命，而在低溫中飼養水晶蝦將有助於壽命的延長。

在不同的年齡、不同的生長階段，觀賞水生動物的生長速度往往不同。通常性成熟之前生長較快，性成熟後生長速度會逐漸減慢，因為這時動物攝入的食物，一部分為性腺的發育提供營養和能量，多數種類生長到一定階段就不再生長。

水生植物受水環境的影響，自然條件下春季較陸生植物萌發遲。就一般觀賞水生植物而論 4~10 月份，各種理化因數適宜，是生長的旺季。生長在叢林地區的蕨類植物，接受的光照很弱，生長一般較為緩慢；生長在開闊清潔水域的水草接受的光照強，生長一般較快。水生植物的生長與水環境的溫度、光照、水質、營養物質豐歉等密切相關，不同品種的水草生長速度差異較大。水族箱中應根據水草佈景的需要，對觀賞水生植物的生長進行人為的控制。

三 繁殖

1.觀賞水生動物的繁殖

絕大多數觀賞水生動物雌雄異體,雄性生殖腺為精巢,產生精子;雌性生殖腺是卵巢,產生卵子。溫度、光照、水質等外界環境因數作用於觀賞水生生物的神經系統,使下丘腦產生促黃體生成素釋放激素(LRH),該激素進入腦垂體使其分泌促性腺激素(GTH),在這類激素作用下,刺激性腺產生性激素,性激素促使魚類性腺發育成熟並表現出繁殖行為。動物達到性成熟之後,才能進行繁殖。通常在平均溫度高、光照時間長、餌料豐富、水質條件優良的水體中性成熟較早。觀賞水生動物達到性成熟年齡後,其性腺便呈週期性有規律的變化,金魚、錦鯉一般1歲達到性成熟,一年繁殖一次或兩次,大多數熱帶魚一年可繁殖多次,觀賞龜的性成熟一般在 4~5 歲,一年繁殖一次,體內受精,產卵繁殖,交配期為每年 5~8 月,一般龜類產卵 2~20 枚,海龜類產卵較多,最多可產 200~300 枚。水晶蝦 4~6 個月達到性成熟,成熟的母蝦一次 20~30 個卵(3 cm 長的大型母蝦甚至可以抱 60 個卵),pH6.2~6.8,水溫 25℃是孵卵的最適溫度。

(1)卵子的特性 觀賞魚類的卵有四種類型。浮性卵,卵產生後漂浮在水面,隨風向和水流而移動,如接吻魚、藍三星魚、麗麗魚;漂流性卵,卵產出後吸水膨脹,可懸浮在水層中,靜水中卵將緩慢下沉,如淡水白鯧;沉性卵,卵產出後沉在水底,如斑馬魚;黏性卵,卵產出後卵膜遇水具黏性,使卵黏附在水草、石塊等物體上,如地圖魚、錦鯉、金魚。觀賞龜的卵呈球形或橢圓形,具白色鈣質殼,均在陸地上產卵。

(2)繁殖方式 大多數觀賞魚類是卵生的,即體外受精、體外發育,胚胎營養來自卵黃;一般雌魚先排出卵粒,隨後雄魚排出精液。這種繁殖方式受精率、孵化率和幼魚成活率都不是很高,其繁殖策略是以數量多來保證物種得以延續。每條雌魚產卵的數量很多,少則上百粒,多則成千上萬粒。也有一部分觀賞魚是卵胎生的,即體內受精(雄魚的臀鰭演變成性交接器,直接插入雌魚泄殖孔內排精,使卵粒在體內受精),受精卵的胚胎發育在母體內完成,但胚胎發育的營養物質來源於卵黃囊內的卵黃,完全不吸收母體的營養。胚胎在母體內發育完全後,仔魚直接由母體產出。這種繁殖方式使卵的受精率和幼魚的成活率相對提高,因此,親魚每次產下的幼魚不是很多,一般第一胎產10尾左右,第二、第三胎依次增多,每產一胎,雌魚增大一次,最多的一次可以產 100 尾以上的仔魚。胎生的熱帶魚一般 3~4 個月性成熟,每隔1個月左右就會繁殖一次,所以,它們的繁殖量也特別驚人。

(3)繁殖行為 老鼠魚的產卵方式十分有趣。臨近繁殖期,雄魚會在雌魚周圍游弋,如果雌魚有所反應,則雄魚會仰臥身體顫動著吸引雌魚。雌魚將卵產在由腹鰭形成的囊袋中,接著用嘴從雄魚的生殖孔處吸取精液,然後找到具有寬葉水草(如皇冠草)或光滑石頭的地方,吐出精液,使其黏附在水草或石頭表面,然後將卵釋放在上面使其受精。

絲足鱸科魚的繁殖也很有特點 絕大多數魚繁殖時要吐泡營巢；麗麗魚繁殖時雄魚會游到水面吞咽空氣 並吐出泡泡堆積在水面漂浮物上形成"泡巢" 雌魚則待在底部觀看；雄魚不時會去追逐 驅趕雌魚到"泡巢"下方 並將雌魚卷住 使生殖孔緊貼 全身顫抖 此時雌魚排卵 雄魚排精 受精卵浮上水面泡沫巢中孵化；在人工配對繁殖情況下 有時會出現雌魚腹中卵成熟度不夠 雄魚不斷追逐造成雌魚受傷感染 甚至死亡的情況。仔魚在孵化出膜後的一段時間內 仍"吊掛"在泡沫巢上 以後隨著魚體發育才慢慢離開 自由活動。

麗魚科熱帶觀賞魚大多數魚具有"攻擊性" 在水族箱中常會對其他魚發起攻擊 但對自己的後代則關懷備至。在繁殖方面有兩種類型。一種是親魚產卵後 將卵全部含入口中 透過嘴的閉合 在口中形成水流 受精卵在口內孵化 待魚苗孵出後 吐出魚苗 如遇危急情況 親魚會將魚苗再次含入口中 等到危險過後 再吐出魚苗。另一種繁殖類型是親魚直接將卵產在光滑的石塊或寬葉水草上 親魚在產卵前 用嘴把這些石塊或水草舔刮乾淨 然後雌魚在上面一排排產卵 雄魚緊接著排精 使卵受精。產卵後 雌、雄魚在受精卵旁輪流護卵 不斷地劃動水流 使受精卵有充足的氧氣 促使胚胎發育。對有些未受精 顏色發白的卵 親魚有時還會將其吞食 以免產生黴菌而影響其他正常發育的受精卵。此外 雌、雄魚在配對方面也很挑剔 假如雌、雄魚性情不和 不但不能交配 產卵 還會相互廝殺。因此 挑選好合適的繁殖物件 也是繁殖成功的關鍵。最好的方法是將8~10尾魚養在一起 讓其自然配對。本科魚中比較容易繁殖的有神仙魚 地圖魚等 不易繁殖的有七彩神仙魚等。

有一種脂鯉科的灑水脂鯉 繁殖方式更加奇異。雌魚躍出水面將卵產在石頭或水草上 反復多次直至產完100多粒卵為止。雄魚也躍出水面排精 並將水灑到石頭上 使受精卵保持濕潤 直到仔魚孵出 蹦入水中為止。鰟鮍的繁殖方式也很奇特 雌魚性成熟以後長出長長的產卵管 將卵產於蚌殼裡 然後雄魚排出精液 使之受精。刺魚獨特的繁殖方式也很有名 發情的雄魚會用植物的莖葉和自身腎臟分泌出的黏液構築一個類似鳥巢的巢 然後跳出"之"字形的舞蹈動作 將一條條雌魚誘到巢中產卵 有時甚至咬它們的尾巴 產卵後由雄魚護卵。攀鱸科的攀鱸也有這種類似的衛草築巢現象。

當月亮剛上樹梢時 在塘埂湖邊 便可見到烏龜在相互追逐。有時一隻雌龜後面跟著1~3只雄龜。起初 雌龜不理睬 隨著時間的推移 力大 靈活的雄龜便騰起前身撲到雌龜 背上 用前肢抓住雌龜背部兩側 後肢立地進行交配。如在水中 則雌、雄龜上下翻滾 完成交配。產卵時 雌龜以後肢掘土 將卵產于掘成的洞穴中 然後用泥沙將卵蓋上 借自然溫度孵化出殼 整個孵化需 80~90 d。殼上方有一白點 即為受精卵。

2.觀賞水生植物的繁殖

水環境對花粉傳佈不及陸地可靠 觀賞水生植物進行無性繁殖較有性繁殖有利得多 所以 無性繁殖就成為其主要的繁殖方式了。無性繁殖多以植物的根 莖 葉等營養器官進行 因此 又稱營養繁殖。植物體大多生長有特殊的葡匐莖 球莖 根莖或冬芽 以此進行繁殖 也可由植物體斷片進行插枝繁殖。有性繁殖是透過開花 傳粉 授精和結實(形成種子)

的過程來完成的。水草有兩性花和單性花兩類,大多數水草都由異花授粉,所以它們的生活史要有傳粉的媒介如水、風、蟲等。授粉後子房發育成果實,而胚珠發育成種子,種子再萌發出新的植株。

四 對水環境的要求

觀賞水生動物(哺乳類除外)雖是變溫動物,它們的體溫可以隨外界溫度變化而變化,但這種變化的機能不是無休止的,相反,也與其他恒溫動物一樣有一定的可變範圍,其差別僅在於可變範圍比恒溫動物大十幾倍而已。觀賞水生動物也不能忍受瞬間的溫度劇烈變化,如換水或新購的動物馬上放入水中,水溫相差 2~3 ℃,或晝夜溫差達 5 ℃以上,以及運輸途中缺乏保溫措施,都易引起觀賞水生動物生病甚至死亡。

觀賞魚類的生存水溫是 0~35 ℃(熱帶觀賞水生生物的最低臨界溫度為 10 ℃),最佳生長溫度為 22~28 ℃,水溫高於 30 ℃或低於 5 ℃時,覓食活動明顯減少甚至停食。在 15 ℃以上時,觀賞魚類的覓食活動逐漸活躍。觀賞龜在水溫 10 ℃左右時進入冬眠,溫度 15 ℃左右時,觀賞龜開始活動,當環境溫度達 22 ℃時,多數龜類能大量攝食,爬動 25 ℃時,多數龜類攝食,活動正常,環境溫度為 30 ℃左右時,是多數龜類最佳進食、活動、生長的溫度。

植物的光合作用離不開陽光,觀賞水草對光照的需要也是必不可少的。觀賞魚、蝦類也需要適當量的光照,尤其是繁殖季節。光照是龜類生活中一個不可缺少的環境因素,它對龜的生存具有十分重要的作用。無論是陸棲龜類,還是水棲龜類,它們都需要日光浴,日光浴能使龜的體溫升高,促進維生素 D_3 的合成,殺滅或趕走龜身體上部分寄生蟲,防止龜甲長藻。給龜日光浴時,不能隔著玻璃,應讓陽光直接照射到龜身上。日光浴的時間長短隨龜體大小而定。夏季給龜日光浴,每次 10~15 min 即可;春、秋季可適當延長時間,照射 1~

研究性學習專題

① 如何利用觀賞水生生物的生物學特性,合理搭配飼養品種,以達到水族箱內生態系統和諧統一,具有較高觀賞價值?

② 分析觀賞魚的形態變異有哪些類型,列舉5種觀賞魚特有的變異特徵,闡述其所具有的觀賞價值(要有圖片)。

③ 選擇5種觀賞魚描述其體色特徵及所具有的觀賞價值,闡述觀賞魚體色形成的生物學意義,比較觀賞魚4種色素細胞的特點及作用(要有圖片)。

④ 從小型、中小型、中型、較大型、大型熱帶魚中各選擇1種魚,比較其生長的差異性,描述其繁殖特徵。

第三章 觀賞水產動物的種類識別

觀賞水產動物中佔據主要地位的是觀賞魚、觀賞龜、觀賞蝦蟹等，珊瑚和海葵、螺貝和海星等在水族箱中有特殊的陪襯作用，兩棲動物中的蛙、小鯢、大鯢(特許養殖)等偶爾被人飼養，水生哺乳動物則是在水族館等特定場所展出。要養好觀賞水產動物首先必須認識其相關的種類及特徵，為此對觀賞魚、觀賞龜等的分類體系及主要種類作概略的介紹。

第一節 金魚

一 金魚的家化史

金魚(*Carassius auratus*)的祖先是野生的鯽魚，經過從放生到家養，進行人工選擇和定向培育，逐漸產生了種類繁多的金魚品種。陳楨教授根據歷史資料，對中國金魚家化過程進行了研究分析，並出版了《金魚的家化與變異》一書，對此作了比較透徹的說明。

1. 半家養時期

自然界中的鯽魚為銀灰色，偶然可以發現變異產生的金黃色鯽魚。唐朝佛教盛行，開始設置專門的放生池，所捕到的金黃色鯽魚被作為放生對象，飼養于池中。放生池始于唐朝至北宋末年(西元618—1126年)浙江嘉興南湖和杭州西湖等地最早放生金鯽魚，這即是金魚的半家養時期，此時金鯽魚除顏色不同外，其他性狀均與野生鯽魚相同。"放生池"中金鯽魚受到保護，並彙集成群體，這為金鯽魚提供了一個極好的生存、生長及繁衍後代的優良環境。

2. 池養時期

南宋時期(西元1127—1279年)，金鯽魚的池育開始。南宋皇帝宋高宗趙構，建都杭州起名臨安，在宮中大造魚池，並廣集天下金鯽魚，金鯽魚成為宮廷觀賞魚種，並向民間普及。此時金鯽魚由單一的金黃色，發展成白色和花斑(即玳瑁色)金魚的飼養，繁殖技術得到發展，金鯽魚的野性減弱，不再怕人，習慣於攝食人投下的紅蟲或人工餌料了。

3.盆養時期

南宋以後至明朝中期(公元 1280—1546 年)是池養金魚到盆養金魚的過渡時代。1547 年以後,養殖金鯽魚又興盛起來,由於民間難以耗資造池飼養,金鯽魚被廣泛地飼養在陶盆、瓷缸等容器中,至此開始了金魚的盆養時期。盆、缸養育的金魚受到精心看護,餌料豐富,水質良好,為其生長發育提供了非常優越的生活條件。活動範圍的限制使其游動緩慢,體形逐步向短而圓的方向發展,為保持魚體靜止時在水中的平衡,魚鰭特別是尾鰭逐步發達。盆、缸養育的金魚顏色和體形產生的新的變異,就很容易被發覺並挑選留下來,這種選魚的過程起到選種的作用。盆養時期新產生品種有五花、雙尾、雙臀、長鰭、凸眼(龍睛)和短身(蛋魚)這時的金魚已近似現代的金魚,完全不同於古老的金鯽魚。經過這一時期,古老的金鯽魚已經由野生完成了家化歷程。

4.有意識人工選擇時期

西元 1848 年以後,中國金魚的飼養已經進行有意識的選種了。經過數代人的觀察、實踐,民間養魚家已經基本掌握了金魚的生長規律,摸索出了金魚遺傳的部分規律,改變了原來漫無目的的選魚階段,採取有針對性的選種。把具有優良或變異性狀的金魚選作種用,再在後代中持續挑選同一變異性狀最優者,並周而復始地進行下去。到 1925 年的 77 年中,新添了墨龍睛、獅頭、鵝頭、望(朝)天眼、水泡眼、絨球、翻鰓、黃珍珠、紫珍珠、珍珠鱗10個品種。

5.雜交育種時期

1925 年以後,人們除了有意識地進行人工選擇外,還利用金魚的各種不同品種進行雜交,透過許多性狀的重組來選育新品種。例如藍龍睛魚×紫龍睛魚→紫藍龍睛,龍睛魚×珍珠魚→龍睛珍珠,龍睛魚×蛋魚→龍背絨球。這一時期新品種層出不窮,品種性狀也明顯優於傳統金魚,近年來更出現了一些名貴品種,如菊花頭、四絨球、朝天龍水泡、黑虎頭、熊貓金魚、皇冠珍珠、口鑲紅四泡金魚等(表 3-1)。金魚自家養時期以來,已發展成一個名目繁多、奇姿異彩、有 300 多個品種的大家族(金魚的家養史引自王春之著《中國金魚》)。

表3-1　金魚的家養史

	時期	年代	出現的新品種
家養時期	野生時期	晉朝至隋朝 (西元265—618年)	在江湖中發現 紅黃色金鯽魚
	半家養時期(放生池生活時期)	唐朝至北宋末年 (西元619—1126年)	沒有新品種出現
	家池養時期	南宋(西元1127—1279年)	白色、花斑
	池—盆過渡時期	南宋至明朝 (西元1280—1546年)	沒有新品種出現

續表

	時期	年代	出現的新品種
家養時期	盆養時期	明朝至清朝 (西元1547—1847年)	五花、雙尾、雙臀、長鰭、凸眼、短身
	有意識人工選擇時期	清朝至中華民國 (西元1848—1925年)	墨龍睛、獅頭、鵝頭、絨球、黃珍珠、紫珍珠、翻鰓、珍珠鱗、望天眼、水泡眼
	雜交育種時期	1925年至現在	有260多個品種

二 金魚外部形態的變異

根據中國動物學家陳楨教授的研究,金魚的變異可以分為8個部分。金魚每一個單一性狀的變異,各個性狀的不同組合,互相搭配,組成了各個不同的品種。

1.體色

金魚有紅、橙、黃、白、青、藍、紫、墨8種單色;有幾種單色組成的複色,如花斑和五花色;有兩種單色鑲嵌的斑點或斑塊,如紅白相間的紅白花、黑黃相間的鐵包金、藍白分明的喜鵲花。

2.體形

金魚體形差異較大,但總的特徵為短圓,表現在軀幹的縮短和腹部膨大而肥圓,尾柄則往往陡然細小且短,身體呈橢圓形甚至球形,如紅白文魚等。

3.頭形

金魚按頭部肉瘤生長的不同,可分為平頭、獅頭、高頭3種類型(圖3-1),也有的分為平頭、獅頭、高頭、虎頭4種類型。頭部光著,不生長肉瘤的為平頭型,如墨蝶尾。頭部略呈長方形,肉瘤只生長在頭的頂部,為高頭型,俗稱鵝頭、帽子,如鶴頂紅。頭部大而圓,肉瘤發達,頭部及頰顎的表皮都有肉瘤,為獅頭(虎頭)型;細分時,獅頭型指有背鰭金魚,如黃獅頭;虎頭型指無背鰭金魚,如紅虎頭。

平頭型　　獅頭型　　高頭型

圖3-1　金魚的頭型

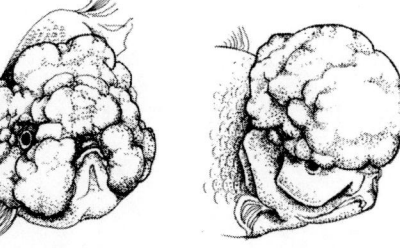

4.鰭形

金魚各鰭的形狀均有較大的變異，尤其表現在背鰭、臀鰭和尾鰭上。背鰭：分正常背鰭和無背鰭兩種類型；臀鰭：多數品種具有雙鰭，也有單臀鰭，上單下雙和無臀鰭的；尾鰭：有單尾鰭、雙尾鰭和長尾鰭、短尾鰭等之分。雙尾鰭中背葉相連、腹葉分離的稱"三尾"，背葉、腹葉分離的稱"四尾"，長尾鰭依其形態來分還有"扇尾""蝶尾""裙尾"等(圖3-2)。

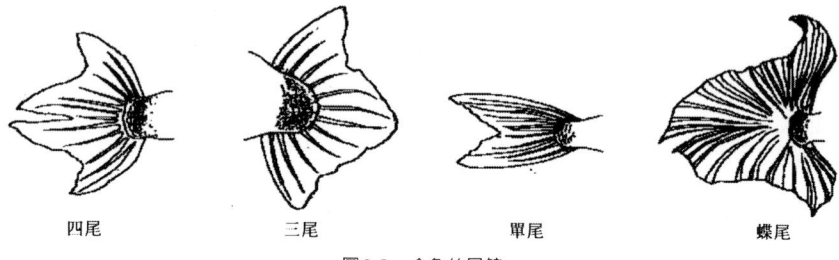

四尾　　　　三尾　　　　單尾　　　　蝶尾

圖3-2　金魚的尾鰭

5.鱗片

金魚鱗片分為正常鱗、珍珠鱗和透明鱗3種類型，也有分為正常鱗、珍珠鱗、透明鱗和半透明鱗4種類型。正常鱗中有色素細胞和反光物質存在，故呈現出各種顏色；珍珠鱗形狀特別，鱗片含有石灰質沉澱，邊緣色深而中央色淺外凸，像是鑲嵌在體表的珍珠，如大紅珍珠；透明鱗中無色素細胞和反光物質，猶如一片透明的塑膠，如透明鱗文魚；半透明鱗的鱗片以透明鱗為主，夾雜少量具反光物質的正常鱗，也稱為軟鱗珍珠，如軟鱗紅白蛋魚。

6.眼睛

金魚眼睛變異很大，可分為正常眼、龍睛眼、朝天眼、水泡眼4種類型(圖3-3)。眼睛長在頭部兩側當中，大小與鯽魚一樣，呈圓形且角膜透明，為正常眼，如黃獅頭；眼球過分膨大，部分突出於眼眶之外為龍睛眼，如紅龍睛；眼球膨大突出於眼眶，瞳孔向上反轉90°角為朝天眼，如紅白望天眼；眼球正常，兩眼外側形成半透明泡狀囊，並迫使眼球向上轉，皮質薄膜泡內含有淋巴液為水泡眼。水泡眼還可分為軟泡、硬泡，軟泡泡型大，泡膜很薄，像兩隻球分別掛在魚頭兩側，如黑白水泡；硬泡泡型小，頭部狀如蛤蟆，又名蛤蟆頭(圖3-3)。

正常眼　　　龍睛眼　　　朝天眼　　　水泡眼

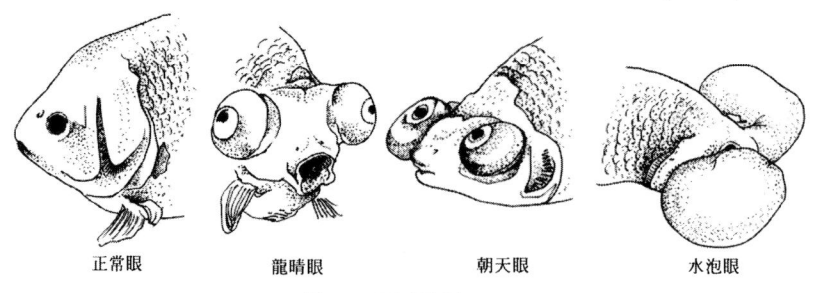

圖3-3　金魚的眼睛

7.鼻膜

金魚有正常鼻膜和絨球兩種。絨球是鼻隔膜變異，特別發達形成的肉質花球，2個或4個隔膜褶皺形成肉質小葉凸出鼻孔外就成為雙絨球或四絨球，如五花四絨球金魚。

8.鰓蓋

金魚有正常鰓蓋和翻鰓兩種。翻鰓是鰓蓋的後緣由內向外翻轉，使後部的鰓絲裸露出來，如紅龍睛翻鰓金魚。

三 金魚觀賞價值的鑒賞

金魚的觀賞價值主要體現在形態美、色彩美、動態美三方面。古人評選標準為"身粗而勻、尾大而正、睛齊而稱、體正而圓、口閉而闊"，將形態特徵的要求概括得十分準確形象。形態美應體態端正、體形勻稱、各鰭對稱能充分伸展、品種特徵明顯；色彩美應體濃豔鮮明、色彩搭配合理；動態美應游動時尾鰭輕搖、穩重優雅、靜止時尾鰭下垂、保持身體平衡。

選擇優質金魚時，應對各品種特徵突出的觀賞部位要求完美。例如蛋種魚要求體短而圓肥、全身微弓、脊背光滑、尾小而短；珍珠魚要頭尖腹圓、鱗片排列整齊、高度外凸、粒粒清晰；龍睛魚要求眼球大而飽滿、突出於眼眶、左右對稱；絨球魚要求球體緻密而圓大、左右對稱、緊貼鼻孔；獅頭魚要求頭形方寬、嘴唇齊平、頭部肉瘤發達、位置正中；水泡眼講究泡體柔軟而半透明、大而左右對稱、身圓尾大；朝天眼要求眼球外凸圓大、對稱、眼瞳孔在頭頂部位置並與頭部垂直、眼圈圓潤閃光。金魚的尾鰭、胸鰭、腹鰭、臀鰭講究對稱；背鰭高大如帆、尾鰭四開大尾；短尾鰭要求渾厚色深、近鰭端色漸淺、末端薄；長尾鰭要求色淺、薄而透明、好似蟬翼。

金魚體色的選擇也十分重要。單色魚要求色純無瑕斑，紅色魚要通體紅豔、無白色邊緣；黑色魚要烏黑閃亮；紫色魚要遍體金光；透明魚要通體透明、無雜斑。雙色魚要求色塊相間勻稱、圖案醒目；五花魚要通體五彩繽紛、以藍色或紅色為主色；鶴頂紅、鵝頭紅要全身很白、頭頂肉瘤端正、紅豔。

四 金魚品種的分類系統

金魚的分類方法，中國外還沒有統一規定。目前有兩類、三類、四類、五類、八類等分類法。兩類分類法分為龍種和蛋種；三類分類法分為文種、龍種、蛋種；四類分類法分為草種、文種、龍種和蛋種；五類分類法分為金鯽種、文種、龍種、蛋種和龍背種；八類分類法分為草種類、龍睛類、水泡眼類、望天眼類、絨球類、高頭類、翻鰓類及珍珠鱗類。

金魚品種的分類是以外部形態特徵作為依據，本書按四類分類法進行品種分類。

1.草種金魚

草種金魚體形和鰭形與鯽魚相似，是金魚中最古老的一種，身體側扁，呈紡錘形；有背鰭，有的有成雙的臀鰭，尾鰭較長，雙葉或三葉。現在中國養殖較多的錦鯽，均屬於草種金魚。

主要品種類別：金鯽、草金魚(彩圖 19)、燕尾金魚等。

2.文種金魚

文種金魚由草金魚演化而成，體形短縮而凸圓，頭有寬狹兩種，嘴尖，眼小；具有背鰭，臀鰭成雙，大尾，尾鰭分葉向左右兩側展開，尾鰭叉多在四葉以上；從整個魚體來看如一個"文"字形，故名"文種"。

主要品種類別：文魚、高頭、獅頭、珍珠、絨球、水泡、翻鰓金魚等。

3.龍種金魚

龍種金魚由文種金魚演化而來，體短，頭平而寬，眼球膨大而突出於眼眶之外，似龍的眼球，形狀有圓球形、梨形、圓筒形及葡萄形等，兩瞳孔有側向和朝天之分；有背鰭，臀鰭和尾鰭都成雙且延長，尾鰭四葉。

主要品種類別：龍睛、龍睛高頭、龍睛獅頭、龍睛球、龍睛珍珠、龍睛翻鰓、朝天龍、龍睛翻鰓球、龍睛高頭翻鰓球金魚等。

4.蛋種金魚

蛋種金魚由文種金魚演化而來，體短而肥，呈卵圓形，頭較寬而鈍，形如鴨蛋，無背鰭，背部平，尾鰭和臀鰭成雙，鰭的長短和形狀差異較大。一類鰭短小而圓，如蛋魚、虎頭等，一類鰭長大，如丹鳳、水泡、絨球等。

主要品種類別：蛋魚、虎頭、丹鳳、水泡、絨球、蛋球、朝天球、蛋球翻鰓、龍背珍珠金魚等。

20世紀80年代初，王占海、史平煒開始對金魚的演化和分類進行了比較詳細的調查研究，編制出金魚各部分變異表和金魚部分品種系統演化示意圖(圖3-4)。

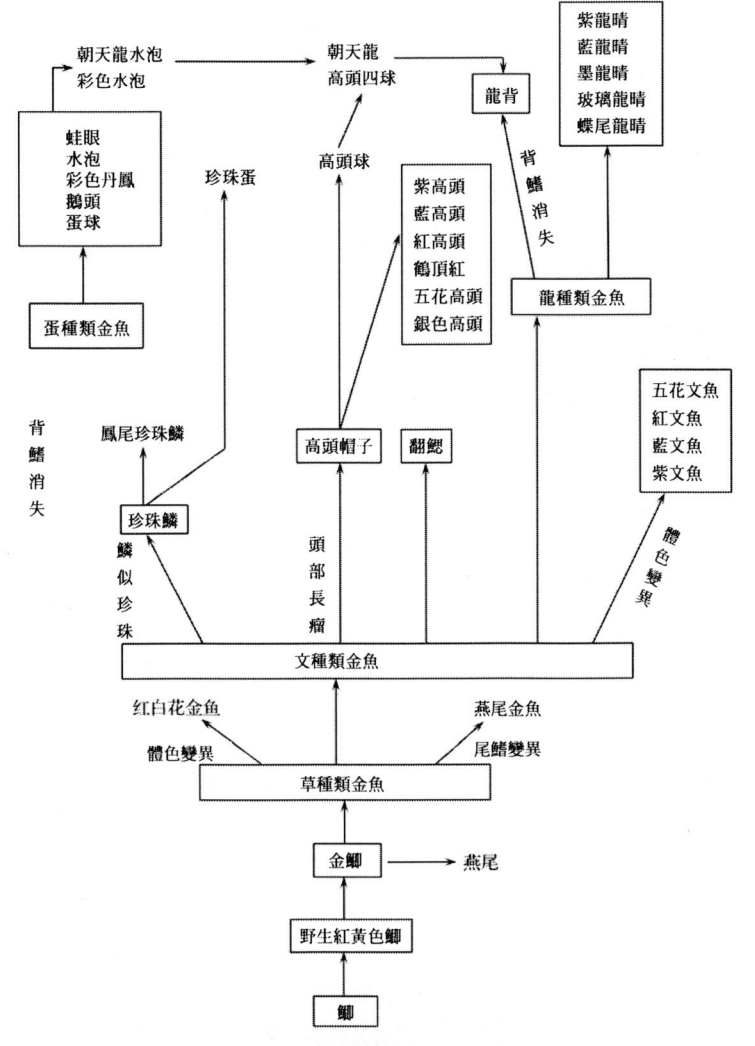

圖 3-4　金魚品種譜系演化示意圖

五　金魚的主要品種及其特徵

　　金魚的性狀變異和色澤變化有機地結合在一起，形成了眾多的品種。現按照其主要變異特徵，介紹常見類型及品種。

1.文魚(圖3-5)

品種特徵:頭尖、體短、腹圓、身體呈三角形、各鰭發達。中國金魚輸出後,在日本培育出琉金類,近年來引入中國並成為常見養殖品種。

常見品種:紅文魚、藍文魚、紅白文魚、五花文魚、花文魚、十二紅文魚、透明鱗文魚、朱砂眼文魚、紅琉金長尾、紅白琉金長尾、三色琉金、五花琉金等。

品種鑒賞:五花文魚(彩圖 20);十二紅文魚(彩圖 21);朱砂眼文魚;紅白琉金長尾。

圖3-5 文魚

2.高頭(圖3-6)

品種特徵:又稱帽子、體短而圓、頭寬、頭頂肉瘤高高隆起、呈方塊狀、並由數個小塊組成、各鰭很長。

常見品種:紅高頭、黃高頭、橘黃高頭、紅白高頭、五花高頭、十二紅高頭、鶴頂紅、皇冠珍珠、玉印頭、朱頂紫羅袍、紅高頭球、紫高頭球、紅高頭翻鰓球等。

品種鑒賞:皇冠珍珠(彩圖 22);鶴頂紅(彩圖 23);玉印頭;紫高頭球。

圖3-6 高頭

3.獅頭(圖 3-7)

品種特徵：體短而圓，頭部肉瘤呈草莓狀高高隆起，豐滿厚實，包裹兩頰，眼睛半陷於肉瘤中，各鰭發達。

常見品種：紅獅頭、黃獅頭、黑獅頭、鐵包金獅頭、紅白獅頭、三色獅頭、五花獅頭、十二黑獅頭、菊花頭等。

品種鑒賞：三色獅頭(彩圖 24)；五花獅頭；十二黑獅頭；菊花頭。

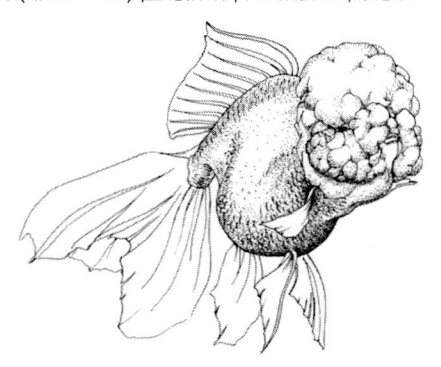

圖3-7 獅頭

4.珍珠(圖 3-8)

品種特徵：頭尖嘴小，腹圓膨大，身披珍珠鱗片，體形有球形和橄欖形兩類，以及大尾和短尾之分。

常見品種：紅珍珠、橘黃珍珠、白珍珠、紫珍珠、藍珍珠、紅白珍珠、紅白皮球珍珠、鐵包金珍珠、五花珍珠、軟鱗五花珍珠、紅白珍珠高頭、紅珍珠翻鰓等。

品種鑒賞：白珍珠(彩圖 25)；紅白皮球珍珠；軟鱗五花珍珠；紅白珍珠高頭。

圖3-8 珍珠

5.絨球(圖3-9)

　　品種特徵 吻端有一束肉質小球 有單絨球 雙絨球 三絨球和四絨球 球型大小不一，有或無背鰭 有文種 龍種 蛋種絨球。

　　常見品種 紅絨球 藍絨球 紫絨球 玉絨球 紅白絨球 五花絨球 鐵包金絨球 三色絨球 紅四絨球 紅白龍睛絨球 紅白虎頭絨球等。

　　品種鑒賞：玉絨球(彩圖　26) 鐵包金絨球 紅四絨球 紅白虎頭絨球。

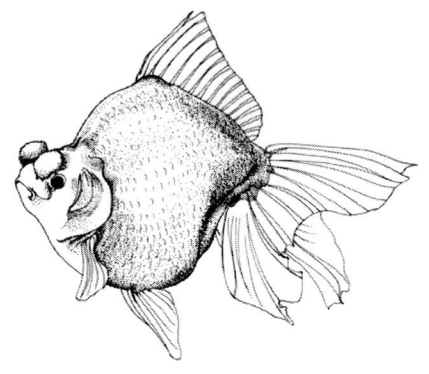

圖3-9　絨球

6.龍睛(圖3-10)

　　品種特徵 體短 眼為龍眼 眼球膨大而突出 眼仁烏黑明亮 有背鰭 各鰭發達。 常見品種 紅龍睛 墨龍睛 紫龍睛 紅白龍睛 十二紅龍睛 黑白龍睛 鐵包金龍睛 瑪瑙眼龍睛 五花龍睛 透明鱗龍睛 紅頂墨龍睛 喜鵲花龍睛 紅龍睛球 墨龍睛珍珠等。 品種鑒賞 熊貓金魚(彩圖　27) 紅白龍睛 紅頂墨龍睛 瑪瑙眼龍睛。

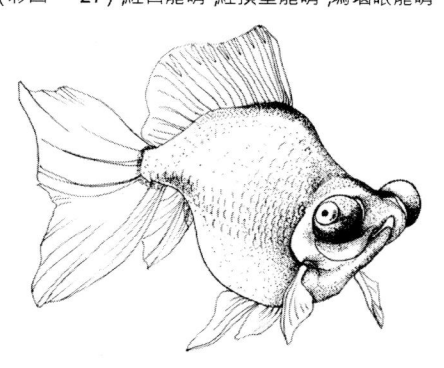

圖3-10　龍睛

7.蝶尾(圖3-11)

品種特徵：體短、肥胖、兩眼外凸、蝶尾、尾鰭邊緣硬括、略向前勾曲、尾鰭寬大薄似蟬翼。

常見品種：紅蝶尾、墨蝶尾、紫大蝶尾、透明鱗蝶尾、紅白蝶尾、黑白花蝶尾、鐵包金蝶尾、三色蝶尾、五花大蝶尾、朱砂眼墨蝶尾、算盤珠墨蝶尾、葡萄眼蝶尾等。

品種鑒賞：朱砂眼墨蝶尾(彩圖28)、紫大蝶尾、紅白蝶尾、五花大蝶尾。

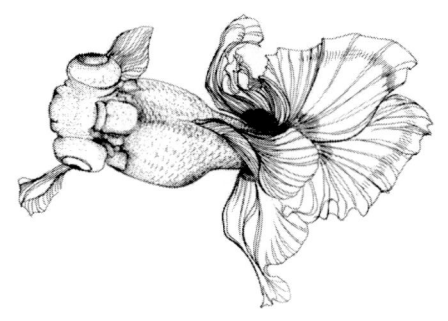

圖3-11 蝶尾

8.蛋魚(圖3-12)

品種特徵：體短而肥、呈卵圓形、無背鰭、一類鰭短小、稱蛋魚、一類鰭較長稱丹鳳。常見品種：紅蛋魚、紅白蛋魚、黑白蛋魚、三色蛋魚、五花蛋魚、紅丹鳳、紫丹鳳、透明丹鳳、五花丹鳳、紅蛋球、藍蛋球、紅蛋球、五花蛋球、紫丹鳳球等。品種鑒賞：藍蛋球(彩圖29)、五花蛋魚、紫丹鳳、紅白蛋球。

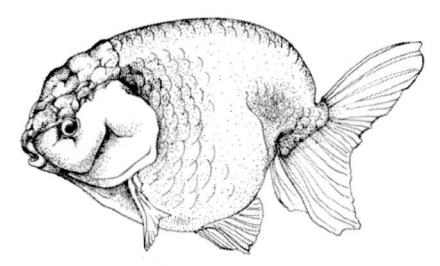

圖3-12 蛋魚

9.虎頭(圖3-13)

品種特徵：體形粗肥且短、頭部肉瘤隆起呈圓形或方形、無背鰭、有短尾或長尾。在日本培育出蛋魚型品種稱為蘭壽，20多年前引入中國後再次選育形成中國蘭壽(國壽)。

常見品種：紅虎頭、黃虎頭、黑虎頭、黑紅虎頭、紅頂銀身虎頭、金頭銀身虎頭、紅白虎頭、三色虎頭、五花虎頭、朱砂眼虎頭、紅蘭壽、紅白蘭壽、五花蘭壽、櫻花蘭壽、貓獅等。

品種鑒賞：五花虎頭(彩圖30)、紅頂銀身虎頭、金頭銀身虎頭、五花蘭壽。

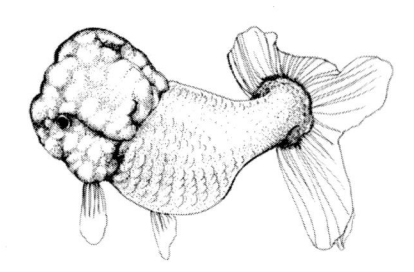

圖3-13 虎頭

10.水泡(圖 3-14)

品種特徵 體短而肥 ·眼球下方有半透明的大水泡 ·各鰭較長 ·有背鰭或無背鰭。 常見品種 紅水泡 ·黃水泡 ·銀身紅水泡 ·墨水泡 ·紫水泡 ·紅白水泡 ·黑白水泡 ·素藍水泡 ·五花水泡 ·朱砂水泡 ·口鑲紅四泡眼等。

品種鑑賞 銀身紅水泡(彩圖 31);口鑲紅四泡眼(彩圖 32);黑白水泡;五花水泡。

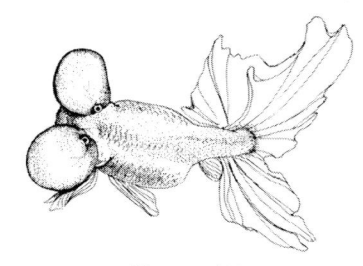

圖3-14 水泡

11.朝天龍(圖 3-15)

品種特徵 眼為朝天眼 ·眼球大 ·周圍有金色圓圈環繞 ·多數無背鰭 ·少數有背鰭 ·尾大。

常見品種 紅朝天龍 ·黃朝天龍 ·銀朝天龍 ·軟鱗朝天龍 ·紅白朝天龍 ·五花朝天龍 ·朱鰭白望天 ·紅白朝天龍絨球等。

品種鑑賞 紅朝天龍(彩圖 33) 紅白朝天龍;五花朝天龍。

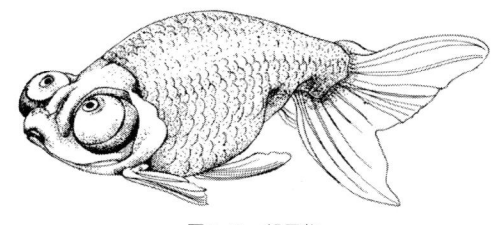

圖3-15 朝天龍

12.翻鰓(圖3-16)

品種特徵 頭部鰓蓋往外翻轉 鰓絲裸露 有文種 龍種 蛋種翻鰓。常見品種 紅文魚翻鰓 黃高頭翻鰓 紅珍珠翻鰓 紅白珍珠翻鰓 鶴頂紅翻鰓 紅龍睛翻鰓 紫黃龍睛翻鰓等。

品種鑒賞 紫黃龍睛翻鰓(彩圖 34) 黃高頭翻鰓 紅珍珠翻鰓。

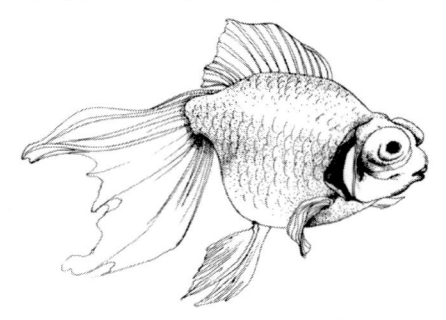

圖3-16 翻鰓

第二節 錦鯉

一 錦鯉的簡史和演變

錦鯉(*Cyprinus carpio*) 又名緋鯉 是變種的鯉魚。據中國文獻記載 1600 多年前被稱為真鯉的灰黑色魚發生變異產生出紅 白 青 黃的變色鯉。錦鯉的原始種為紅色鯉魚 早期由中國傳入日本 遠在200多年前 在日本越後地區 即今日新潟縣一處名叫"小千谷"的山野地帶 人們將鯉魚放于幹龍池中養殖 以後部分的鯉魚發生了變異出現了緋色或淺黃色 經過進一步改良 培育出黃斑錦鯉 大正三色 昭和三色等 此外又將德國革鯉 鏡鯉與日本錦鯉雜交 產生了新的品種 如德國黃金 秋翠等。從錦鯉的進化中分出了紅白系 三色系 淺黃系 雜色系 黃金系 白色魚身系 金銀鱗系 德國品種系等的大分類 再分出許多由中分類和小分類系統變化的鯉 並統稱為錦鯉(圖3-17) (錦鯉系統圖引自章之蓉等編著的《錦鯉》)

20世紀60年代初期 日本成立了全國性的"愛鱗會" 並於1968年12月在東京舉辦了第一屆全日本錦鯉品評會 以後每年開展品評會一次 中獎後的錦鯉價值數萬美元 由此人們逐漸認識到錦鯉特有的觀賞價值 錦鯉也逐漸走向世界。

錦鯉個性剛強有力 游姿雄健 具泰然自若 臨危不懼的風度 因此日本人將錦鯉推崇為"國魚"。錦鯉作為變種鯉魚 具有獨一無二性 即沒有兩條完全相同的錦鯉 錦鯉水中姿態優美、出神入化、形態各異,長期以來被稱為"水中活寶石",錦鯉久養有悟性、性情溫馴平和、壽命長。日本最長壽的錦鯉壽命已超過200年,錦鯉之美、品位之高雅吸引著世界各地無數的愛好者。

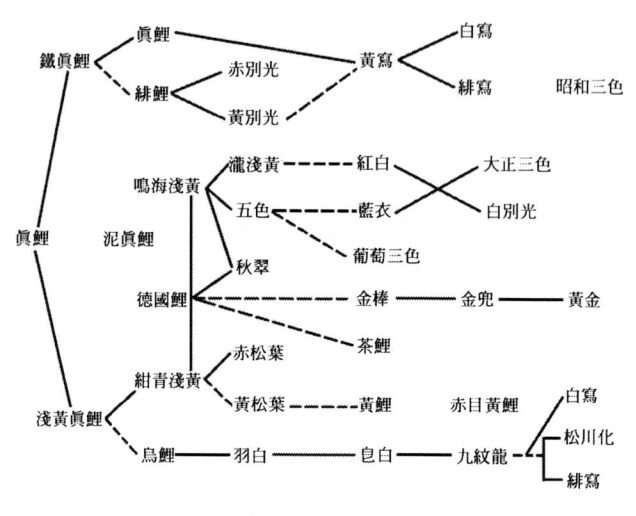

圖 3-17 錦鯉系統圖

二 錦鯉的觀賞方法

錦鯉是一種大型觀賞魚,表現出有別於其他觀賞魚類的獨具風格的美。它的色彩斑紋鮮豔、變化無窮,雄健的體魄軀幹,顯示出勃勃的生氣。姿態、氣質、色彩、格調有機地統一,更體現出其特有的魅力。日本"錦鯉品評會"上品評錦鯉的標準,以前是姿態50分、色彩30分、花紋、斑紋20分,合共100分為滿分。近年則增加部分指標,改為姿態30分、色彩20分、斑紋20分、姿質10分、品位10分、風格(風采)10分,合共100分。

1. 姿態

姿態主要是指錦鯉的體態和泳態。體態要求身體苗條、體形端正、身體雄健。泳態則應游姿優美、活潑、游動快速、魚背伸直不彎曲。優良品種必須是 ① 脊柱筆直、側面觀背部上下呈優美的曲線、泳姿穩重端正、身體顯得雄健有力 ② 魚鰭的大小比例應稍大於身體,背鰭、尾鰭要端正挺拔、胸鰭腹鰭要長得勻稱、強壯且對稱,尤其胸鰭必須靈活和完整; ③ 頭形端正、左右對稱、頭頂光滑無凹凸、面型和口都沒有歪斜、雙頜飽滿不凹下、眼睛、吻鬚、觸鬚無變形且漂亮 ④ 體高和體長最均衡的比例應為1:3~1:2.5,只有體長和體高比例合適、體形苗條的魚才是美態的魚。

2.色彩

要看色彩是否鮮豔,應是明豔的紅色、漆黑的黑色、無雜斑的白底色,色彩上還要求色澤光潤、濃厚、純正。錦鯉色彩的變化,按照其遺傳原理主要分成五種系統。第一種是紅色系統的白底有花紋品種,代表魚是紅白和大正三色;第二種是映照系統的墨底花紋的品種,代表魚是昭和三色;第三種是以淺黃為首的素色及接近素色的單色系統,代表魚是淺黃三色;第四種是以黃金為首的光澤系統,代表魚是黃金鯉;第五種是其他的變化品種,代表魚是藍衣、茶鯉、黃鯉、黃松葉等。

3.斑紋

斑紋的觀賞重點在頭部與背部之間以及尾柄處,魚體(尤其是背部)花紋圖案分佈要對稱、左右平衡、位置適中,在吻部及尾柄部要有白色部分。在色彩組合搭配上應主次分明,分佈均勻、花紋美麗。斑紋要清晰、圖案邊緣整齊,紅斑要求邊緣鮮明、質地均勻濃厚,基底以格調明朗的紅色為佳;黑斑的黑質要漆黑濃厚,要呈塊狀或尖銳狀,不可分散或濃淡不均勻。

4.資質

資質可以理解為錦鯉的氣質、潛質。其含義較廣,包括色彩的質地、體形、斑紋形狀位置、姿態等。資質的高低是評判一條錦鯉品質好壞的重要標準之一。

5.品位

品位指錦鯉的綜合素質及外貌形體,包括體態、斑紋、色彩、體質等。要求各方面要協調勻稱,能給人以優雅之感。如錦鯉的色彩豔麗、斑紋美麗協調、有大而圓的胸鰭,既有美感的位置,又有優雅的形狀,可以說品位高。

6.風格

風格指錦鯉的體格等。一般體形勻稱、粗壯的大型錦鯉具有穩重和雄偉的風格,屬上乘的表現,還要注意錦鯉氣質與色彩格調的搭配,兩者的有機統一,成為錦鯉的觀賞重點。錦鯉的風格是品選中最難掌握,但也是最重要的一個環節。主要原因是錦鯉的斑紋、色澤變化無窮,每一條都有不同的地方,幾乎沒有重複。使得它們風格迥異、各具特色,頗有動態美,往往讓人覺得錦鯉是世界上獨一無二、最有魅力的。

三 錦鯉品種的分類系統

錦鯉目前相對穩定的品種約 120 種,其中較受歡迎的有 20~30 種。一般根據錦鯉色彩和斑紋的特點及主要變異特徵劃分其品種。錦鯉的分類,根據鱗片的差異可分為兩大類,即普通鱗片型和無鱗型或少鱗型,無鱗的革鯉和少鱗的鏡鯉是從德國引進的,所以常叫作德國系統錦鯉。錦鯉按其斑紋的顏色即可分為三大類,單色類如淺黃、黃金、變種鯉等;雙色類如紅白、寫鯉、別光等;三色類如大正三色、昭和三色等。常用的分類系統有13類分類法和9大品系分類法。目前日本"愛鱗會"所採用的是日本黑木健夫提出的13類分類法，每類又根據錦鯉體表色彩和斑紋的不同分為很多品種。具體分類如下：

1. 紅白錦鯉

白底上有紅色斑紋。包含品種有二段紅白、三段紅白、四段紅白、閃電紋紅白、一條紅、口紅紅白、覆面、掩鼻、富士紅白、拿破崙、御殿櫻、金櫻、德國紅白、白無地、赤無地、緋鯉、紅鯉、緋紅、赤羽白等。

2. 大正三色錦鯉

白底上有緋斑及墨斑。包含品種有赤三色、口紅三色、富士三色、德國三色、德國赤三色、玉袍三色等。

3. 昭和三色錦鯉

墨底上有白斑及紅斑。包含品種有淡黑昭和、緋昭和、近代昭和、德國昭和等。

4. 寫鯉

以黑色為基底，上面有三角形的白斑紋、黃斑紋或紅斑紋。包含品種有白寫、黃寫、緋寫、德國寫鯉等。

5. 別光(甲)錦鯉

在潔白、緋紅、金黃的不同底色上呈現出黑斑的錦鯉，背部分佈有小塊墨斑，有如一塊塊甲片，稱為"別甲"。包含品種有白別光、赤別光、黃別光、德國別光等。

6. 淺黃錦鯉

淺黃素色或底色有緋色、藍色等斑紋，背部呈深藍色或淺藍色。包含品種有紺青淺黃、鳴海淺黃、水淺黃、淺黃三色、瀧淺黃、花秋翠、緋秋翠、黃秋翠、珍珠秋翠等。

7. 衣錦鯉

指在原色彩上再套上一層好像外衣的色彩，緋斑的每一片鱗片上都有墨，似穿藍或黑的衣服。包含品種有藍衣、墨衣、葡萄三色、衣三色、衣昭和等。

8. 黃金錦鯉

指體色呈金黃色的錦鯉，但廣義也指全身具有閃亮金屬光澤的錦鯉。包含品種有黃金、白金、灰黃金、白黃金、山吹黃金、橘黃金、緋黃金、金松葉、銀松葉、瑞穗黃金、金兜、銀兜、金棒、銀棒、德國黃金、德國白金、德國橘黃金等。

9. 花紋皮光鯉

具有兩色及兩色以上的花紋且體表有光澤的錦鯉(除寫鯉外)。包含品種有貼分(張分)、山吹貼分、橘黃貼分、貼分松葉、德國貼分、菊水、白金紅白、大和錦、錦水、銀水、松竹梅、虎黃金、孔雀、孔雀黃金、紅孔雀、德國孔雀等。

10.金銀鱗錦鯉

錦鯉體表的鱗片上有多棱反光面，為金色或銀色鱗片，閃閃發光，稱為金銀鱗。包含品種有金銀鱗紅白、金銀鱗三色、金銀鱗昭和、金銀鱗丹頂三色、金銀鱗別光、金銀鱗皮光鯉等。

11.丹頂錦鯉

頭部具有一塊鮮豔的圓形紅斑，身體無雜斑。包含品種有丹頂紅白、丹頂三色、丹頂昭和、衣丹頂、烏鯉丹頂、金丹頂等。

12.寫皮光(光寫)鯉

體表具有閃亮的金屬光澤，身上有大塊斑紋。包含品種有金昭和、銀昭和、銀白寫、金黃寫。

13.變種鯉

不屬於以上12個品種的錦鯉。包含品種有烏鯉、羽白、松川化、九紋龍、鹿子紅白、鹿子三色、影寫、影昭和、五色、黃鯉、綠鯉、茶鯉、紫鯉等。

錦鯉九大品系分類法將按照大分類、中分類和小分類體系構建錦鯉種類，見表3-2 錦鯉種類一覽表(引自陳蘇編著《錦鯉》)。

表3-2　錦鯉種類一覽表

大分類	中分類	小分類
紅白系	白無地 赤無地 紅白	白鯉 緋鯉、紅鯉(緋赤)、赤羽白 紅白、口紅紅白、三段紅白、四段紅白、御殿櫻、金櫻
大正三色系	大正三色、別光	大正三色、丹頂三色、赤三色 白別光、赤別光、黃別光
昭和系	昭和三色、寫物	昭和三色、近代昭和、丹頂昭和、緋昭和、影昭和、藍昭和 緋寫、黃寫、白寫、影寫
淺黃系	淺黃 秋水 五色衣	淺黃、淺黃三色 秋水、緋秋水、花秋水、三色秋水、昭和秋水 五色秋水、五色藍衣、羽衣、墨衣
變化品種系	松葉 黃鯉 綠鯉 茶鯉 烏鯉	赤松葉、黃松葉、白松葉 黃鯉、黃白 綠鯉、青鯉 茶鯉 烏鯉、羽白、四白、禿白、黑流、九紋龍、松川改良種

續表

大分類	中分類	小分類
黃金系	黃金鯉(一色)	白金、黃金、白黃金、鼠黃金、山吹黃金、橙黃金、緋黃金、金棒、銀棒、金兜、銀兜、黑黃金
	張分(二色)	張分、山吹張分、橙張分、菊水
光物花紋系	紅白系的光物	金富士
	大正三色系光物	大和錦
	昭和系的光物	金昭和、金黃寫、金白寫(銀寫)、錦水、銀水、孔雀黃金、松竹梅
	淺黃系的光物	金松葉(松葉黃金、金蓬萊)、瑞穗黃金、紅葉黃金
金銀鱗系	金鱗、銀鱗、金銀鱗	各種
德國鯉系	革鯉、鏡鯉、鎧鯉	各種

四 錦鯉的主要品種及其特徵

1.紅白錦鯉

紅白錦鯉被認為是錦鯉的正宗，育成時間為 1917 年。紅白錦鯉為"御三家"之一，以皮膚鱗片細滑、紅色斑紋油潤鮮豔、白質細嫩而出名(彩圖35)。紅白的基調底色為純白色，雪一樣白，加上鮮豔的紅色斑紋，給人以質潔高雅之感，其優美的姿態，更吸引人百看不厭。紅白錦鯉以大塊花紋均勻分佈、左右對稱為佳，頭部應有大塊紅斑，其位置應在眼部之上，吻部、頰部應為白色無花斑。要求斑紋的邊際整潔，紅斑和白色之間的分界線要清楚分明，沒有過渡色，稱為"切邊"整齊。魚體肩背前半部應有較大斑紋以形成觀賞的焦點，後半部則以小塊花紋襯托前半部，切忌倒置。

紅白錦鯉根據其背部斑紋的數量、形狀和部位特徵分成不同品種。常見品種有：二段紅白錦鯉，在潔白的魚體上，有2段緋紅色的斑紋，宛如紅色的晚霞，鮮豔奪目，軀幹部的紅斑，要左右對稱才算佳品；三段紅白錦鯉，在潔白的魚體背生有3段紅色的斑紋，非常醒目；四段紅白錦鯉在銀白色的魚體上散佈著4塊鮮豔的紅斑；閃電紋紅白錦鯉魚體上從頭至尾有一紅色斑紋，此斑紋形狀恰似雷雨天的閃電彎彎曲曲，因此而得名(圖3-18)。

二段紅白

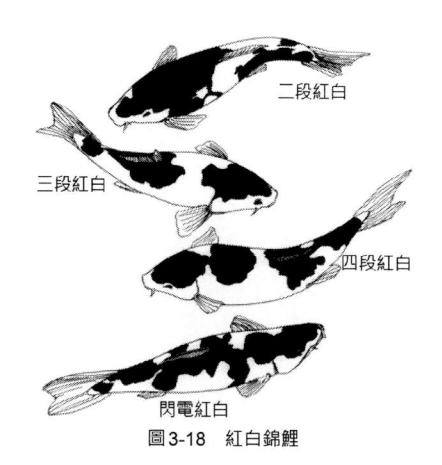

三段紅白

四段紅白

閃電紅白

圖3-18　紅白錦鯉

2.大正三色錦鯉

大正三色錦鯉是和紅白錦鯉並列的重要品種,也為"御三家"之一,育成時間為 1915 年(日本大正四年)。大正三色錦鯉體色有紅、黑、白三種顏色,在花色講究上要求底色純白,紅色鮮紅濃重,黑色部分如墨般黑(彩圖36)。身體上的墨斑要聚集,不要過分分散,以黑斑不進入頭部為標準,身上的墨斑在白色部位上出現的為上乘,稱為"穴墨"。背部有大的緋紅紋,墨色和斑紋和諧地配置,圖案邊緣清楚,所有顏色都顯現在背部上方,外形顯得穩重,顏色對比強烈,充滿朝氣。大正三色錦鯉有的以斑紋新奇的色彩而制勝;有的卻以姿態優雅、體形豐滿、格調奇特而引人注目。

3.昭和三色錦鯉

昭和三色錦鯉是由黃映種(黃寫)與紅白交配而出的品種,也為"御三家"之一,育成時間為1927年(日本昭和二年)。昭和三色錦鯉體色有紅、黑、白三種顏色,在花色構置上以大塊墨色為底色,有分佈勻稱的紅、白色斑,頭部有大塊紅色花斑,紅色純正邊緣清晰,純白色斑紋分佈於頭尾及魚體背部,觀賞的焦點在前半部,給人以十分穩重,色彩對比強烈之感(彩圖37)。墨斑進入頭部是昭和三色的品種特徵,也是與大正三色的主要區別之處。昭和三色華麗而矯健,墨色濃厚,紅白斑分佈勻稱,體形粗大,極具錦鯉所表現的力的美感。

4.白寫錦鯉

白寫錦鯉又稱為白移或白映,屬於寫物類,編入昭和系統分類中,是1925年從真鯉系統中培育出來的獨立品種。白寫錦鯉的體色只有黑白二色,魚身以黑色為底色,混有白色斑紋,腹部為全黑色,胸鰭多數混雜了白色的細狀紋,魚身以黑色和白色分明的為上選(彩圖38)。

5.緋寫錦鯉

　　緋寫錦鯉的體色只有黑色和橙赤色，魚身以黑色為底色，黑底上間隔分佈橙赤色斑紋，稱為緋寫。緋寫錦鯉色彩愈濃愈佳，胸鰭有美麗的條紋斑(彩圖　39)。

6.白別光(甲)錦鯉

　　白別光錦鯉以白色為底色，背部分佈有小塊墨斑，宛如一塊塊的甲片。魚體的底色潔白，其上的黑斑純黑，色濃，分佈於軀幹部和尾柄部，黑白相間，色彩極為明快清秀(彩圖40)。

7.淺黃錦鯉

　　淺黃錦鯉是錦鯉的原始品種，是由淺黃系統鯉和紅鯉交配出來的。魚體背部為藍色，左右頰顎，腹部和各鰭基部有緋色花紋，具有紺青色的鱗，鱗片粗大，外緣呈白色，整個魚體的魚鱗輪廓像網紋般整齊清楚，非常美麗(彩圖　41)。

8.秋翠錦鯉

　　秋翠錦鯉是德國鯉系統的淺黃錦鯉品種。背部光潤，呈鈷藍色，在魚背和側線處各有一條排列緊密的魚鱗，從頭通向尾部，下腹部有鮮豔的紅色斑紋。秋翠錦鯉外表上看起來光鮮亮麗，色彩斑爛，這種背部的藍色和下腹部的紅色花紋之間互相映襯，格外美麗(彩圖 42)。

9.藍衣錦鯉

　　藍衣錦鯉是紅白錦鯉與淺黃錦鯉雜交的後代。在魚體紅斑下有一層若隱若現的淺藍色稱為藍衣，紅斑上的鱗片後緣有半月形的藍色網狀花紋，非常漂亮。色彩濃厚，色斑分佈均勻，花邊柔和光滑的藍衣錦鯉為上品(彩圖　43)。

10.黃金錦鯉

　　黃金錦鯉是1946年從茶鯉系中引創出來的品種。黃金錦鯉全身呈金黃色，無雜斑，頭部輪廓清楚，具有豪華的體態，魚鱗粗大，延續到腹部，發出一片片金黃色的光澤，顯得高雅富貴(彩圖 44)。

11.白金錦鯉

　　白金錦鯉又稱白黃金錦鯉，是日本種黃金錦鯉和德國種鯉的混合種。白金錦鯉全身潔白無瑕，體態豪華，通體發出白金般燦爛的光澤，顯得高貴文雅(彩圖　45)。

12.金松葉錦鯉

　　金松葉錦鯉全身網底呈黃金色，頭部嘴吻上方有若隱若現的黑色斑點，頭頂為一片金黃色，背部及軀體腹部上一片片排列整齊的魚鱗形成松葉狀的黑斑紋。金松葉錦鯉長大後既能保持松葉狀又能保持黃金般美麗色調的是最完美的(彩圖　46)。

13.菊水錦鯉

　　菊水錦鯉是黃金鯉與除寫鯉外的錦鯉雜交而來的。魚體表皮光滑發亮，在白金色的底色上，浮現出黃色或緋紅色斑紋，胸鰭到尾鰭之間的銀白色特別醒目，頭部及胸鰭之間的背部常以大片緋紅或黃色盤踞，十分漂亮(彩圖 47)。

14.孔雀黃金錦鯉

　　孔雀黃金錦鯉是秋翠錦鯉背部有光亮的雌魚配上赤松葉錦鯉及貼分錦鯉的雄魚，全身佈滿五色，頭部的緋紋濃厚，體部的銀鱗明顯，極為美麗(彩圖 48)。

15.金銀鱗紅白錦鯉

　　金銀鱗紅白錦鯉白網底上有銀色發亮的鱗片稱為銀鱗，發亮的鱗片在紅斑紋上則稱為金鱗，也即金鱗和銀鱗同時呈現的紅白錦鯉。金銀鱗不會出現在魚體全身，優秀的從背鰭到側線部分出現4列，鱗片分佈大粒且整齊均勻，閃閃發光，就像嵌滿寶石一般(彩圖49)。

16.丹頂紅白錦鯉

　　丹頂紅白錦鯉全身銀白，僅頭頂有一塊鮮豔的圓形紅斑，身體其他部位不得有與頭部相同的色塊，堪稱一絕(彩圖 50)。

17.金昭和錦鯉

　　金昭和錦鯉是昭和三色錦鯉與黃金錦鯉交配而得的品種。魚體呈金色，體表鱗片具有閃亮的金屬光澤，身上有大塊斑紋，花紋分佈與昭和三色錦鯉相同，背部排列有大鱗片則為德國金昭和錦鯉，極為漂亮(彩圖 51)。

18.金黃寫錦鯉

　　金黃寫錦鯉是黃寫錦鯉或緋寫錦鯉與黃金錦鯉交配而得的品種，魚體呈金黃色，上面有墨斑，顏色分明，非常美麗(彩圖 52)。

19.鹿子三色錦鯉

　　紅白錦鯉的紅斑不集中，單獨呈現在各鱗片上的稱為鹿子，大正三色的紅斑一部分成為鹿子的，稱鹿子三色錦鯉。鹿子三色頭部有紅斑，在白底上有紅、黑斑紋，在胸鰭處會有黑色的條紋，顏色分佈不一定明確，常會有些渲染，能增加美感(彩圖 53)。

20.九紋龍錦鯉

　　九紋龍錦鯉是羽白系統的德國鯉。全身黑白斑紋交錯，墨黑濃淡相宜，左右對稱如流水狀的墨色斑紋繪成一條龍的形狀。周身的黑白斑紋易受水質、水溫等影響，墨黑濃淡形成鮮明而劇烈的變化，賦予九紋龍錦鯉有其他品種沒有的動態美，仿佛一條游於水中的蛟龍，更是增加了九紋龍錦鯉的魅力(彩圖 54)。

21.五色錦鯉

　　五色錦鯉由淺黃與赤三色交配產生。五色錦鯉淺黃的藍底上有一赤三色的斑紋，因身上有白、紅、黑、藍、靛五色而得名。優質的五色錦鯉鮮明豔麗、顏色厚重、斑紋邊緣切割整齊、光彩奪目、非常漂亮(彩圖 55)。

22.銀鱗茶鯉

錦鯉全身茶色為茶鯉,雖然是單色鯉,顏色也是豐富多彩,有帶紅色的茶褐色、藍綠色的茶色、黃色的茶色等。德國系統的茶鯉生長快速,出現過巨型茶鯉,又彌補了顏色單一的不足,巨鯉獎曾一度被茶鯉獨佔。茶鯉的身上有銀鱗閃閃發光即為銀鱗茶鯉,銀鱗給素色的茶鯉加上光彩,配以鮮明的茶色,更增加了茶鯉的魅力(彩圖 56)。

23.龍鳳錦鯉

龍鳳錦鯉是日本錦鯉的臺灣衍生品種,由引進的茶鯉在臺灣發生鰭變後選育而成,因形成龍頭鳳尾獨特的外形,故名龍鳳錦鯉。魚頭形似龍頭、擺動如龍嘯山搖;鼻頭開花、2對長鬚環繞;胸、腹鰭好似長而寬大的戰袍、舞動時剛中帶柔;尾部寬長、擺動時極像鳳舞於天(彩圖 57)。

第三節　熱帶魚

一、熱帶魚的演變與觀賞價值

熱帶魚產自熱帶和亞熱帶淡水水域,地理分佈廣、生活環境差異較大、種類繁多,它們的生活習性、食性、個性和繁殖特性等也比較複雜。今天人們養殖的熱帶魚是將大自然中的原始種類移植到水族箱內長期馴化的結果,它們經過物種的遺傳變異持續不斷地進行著演變,同時採用人工選擇、雜交等方法進行定向培育獲得了更多的新品種。熱帶魚種類繁多,已發現的熱帶魚有 2000 多種,其中可供觀賞的有 600 種左右,最常見的有 100 多種。熱帶魚一般個體較小,繁殖週期快,一年可繁殖多次,容易產生變異性狀,因而有利於品種的演變。有的種類原生活在河口半咸水水域,經馴化適應了淡水中的生活,成為淡水熱帶魚品種,如河豚;有的人為地使魚的體形變小,以適宜在小水體中飼養觀賞,如銀龍;有的透過對發生不同方向變異的種類進行人工定向選擇,從而獲得多個品種,如孔雀魚;有的經人為的雜交篩選獲得新的性狀,創造出新品種,如紅魔鬼魚與紫紅火口魚雜交獲得血鸚鵡魚。透過綿延不斷的自然演化和人工培育篩選,逐漸形成了現在這樣眾多的、千姿百態的熱帶魚種類。

熱帶魚的觀賞價值主要表現在五個方面:一是色彩豐富豔麗,如孔雀魚花紋色彩千變萬化,尤其是尾鰭以各種樣式鑲嵌著各色圓斑點,好似孔雀的尾羽開屏時豔麗多彩、燦爛奪目,珍珠馬甲魚體表似披珠寶、鑽石般璀璨閃爍,顯得無比高貴文雅。二是體態多種多樣,如血紅鸚鵡魚體短、背高、腹圓,有張鸚鵡式的嘴臉,游動時顯得憨態可愛,十分討人喜歡;

七彩神仙魚體側扁，呈圓盤形，遠觀難以分辨頭形、體形和鰭，其獨特的形體，輕盈的泳姿，高雅華貴。三是鰭形俏麗優美，如帆鰭燕尾紅劍魚，雄魚背鰭寬大，尾鰭延長似雙劍，柔軟飄逸，游動時像紅旗飄舞，悠然蕩漾；神仙魚背鰭和臀鰭上下對稱，中部幾根鰭條很長，向後側斜舒展，觀似凌空飛燕，腹鰭柔軟細長，恰如一對美麗的飄帶。四是泳姿多式多樣，如虎鯊魚體呈流線型，游動矯健快速，體格強壯，成群結隊時，蔚為壯觀；反游貓魚平常腹部向上，背鰭向下，緩緩游動或靜止仰臥，但在避敵或掠取食物的一剎那，它也會翻過身，腹部向下，快速游走，這種奇特的泳姿，別有情趣。五是習性各具特色，如接吻魚喜啃食固著藻類，刮食時上下翻滾成垂直倒立，極為活潑，它們的嘴唇上長著許多鋸齒狀的肉齒，兩條接吻魚相遇會嘴對嘴接吻，同時還要游動，並且保持平衡形成一字形、V字形或人字形，十分有趣，實質上這並非親昵行為，而是源於其進行領地之爭的習性；泰國鬥魚以好鬥聞名，兩雄相遇必定會展開一場決鬥，爭鬥時各鰭展開，張大鰓蓋，互相靠近或追尾旋轉，伺機攻擊撕咬對方，敗者滿身傷痕，鰭條殘破，甚至倒斃而亡，勝者則會炫耀自己的勝利，這種爭強好勝的習性，惹人喜愛。

二、常見熱帶魚的主要種類及其特徵

1.鱂形目Cyprinodontiformes花鱂科Poeciliidae

花鱂科魚類對環境的適應能力強，易產生變異性狀，均以卵胎生方式繁殖後代，雄魚臀鰭演化成棒狀輸精器，雌魚直接產出仔魚。

(1)孔雀魚(彩圖 58) 學名：

Poecilia reticulata 別名 虹鱂、彩

虹魚、百萬魚等。原產地 委內瑞

拉、圭亞那。

形態特徵：體呈長紡錘形，前部圓筒狀，後部側扁，體長 5~7 cm。雌雄魚外形及顏色差別很大，雄魚較雌魚瘦小，背鰭、尾鰭寬而長，臀鰭呈尖狀。體色豔麗，有紅、橙、黃、綠、青、藍、紫及雜色等。尾鰭上有如孔雀尾屏上的彩色斑點，故名孔雀魚。尾鰭形狀有10多種，有上劍尾、下劍尾、雙劍尾、圓尾、扁尾、琴尾、旗尾、三角尾、火炬尾、裙尾等。單尾鰭呈鮮豔的藍色、紅色、黃色、淡綠、淡藍，散佈著大小不等的黑斑點。

習性：性情溫和，活潑好動，宜於和其他熱帶魚混養。適宜水溫 20~24 ℃，耐低溫 10 ℃以上能存活，對水質要求不嚴，能耐受較髒的水質，喜微鹼性和中性水質。不擇食。4個月性成熟，雌魚較雄魚個體大，身體粗壯，體色單調為暗橄欖色，卵胎生，繁殖週期30 d左右。品種：孔雀魚經過百餘年的人工培育，形成了十幾個系列百餘個品種。改良的孔雀魚主要表現在體色、背鰭、尾鰭的形狀、色彩、花紋上的不同，有蛇紋、禮服、草尾、馬賽克、金

(2)金瑪麗魚(彩圖 59)

學名 *Poecilia latipinna* 別名 茉莉花
鱂、金瑪麗、金摩利等。原產地 墨西
哥、美國。

形態特徵 體呈寬紡錘形,側扁,體長可達 11~12 cm。雌雄魚差別較大,雄魚背鰭寬大,展開豎立如帆,並綴滿珍珠狀的小點子,臀鰭尖形;雌魚個體較大,臀鰭圓形。魚體側從鰓蓋後端至尾柄基部有10條縱向的條紋,體色有紅色、銀色等。選育出身體縮短、腹部圓形的變異品種,稱為皮球瑪麗魚。

習性 性情溫和、活潑好動,宜於和其他熱帶魚混養。適宜水溫 23~28℃,耐低溫,10℃ 以上能存活。喜歡弱鹼性的硬水。雜食性,可吃植物性食物,喜啃食固著藻類。6 個月性成熟,卵胎生,繁殖週期40 d左右。

品種 瑪麗魚因體色和花斑的變異,產生多個品種,有銀瑪麗魚、三色瑪麗魚、金頭瑪麗魚、金茶壺魚、銀茶壺魚、花茶壺魚等。

(3)月光魚(彩圖 60) 學名:
Xiphophorus maculatus 別名 花斑劍尾
魚、月魚、新月魚等。原產地 墨西
哥、瓜地馬拉。

形態特徵 體呈紡錘形,稍側扁,身體較粗壯,體長 5~6 cm。雌雄魚體色差別不大,雄魚臀鰭尖形,雌魚臀鰭圓形,體色多種,原種為褐色,體側有少數藍色斑點,尾柄上有半月形黑斑紋,故名月光魚,燈光下體色更加豔麗奪目。

習性 性情溫和、愛靜,適宜與其他熱帶魚混養。適宜水溫 22~26℃,能忍受 14℃的低溫,適應性較強,對水質要求不嚴,喜中性弱鹼性水質。雜食性,不擇食。5 個月性成熟,卵胎生,繁殖週期40 d左右。月光魚能與劍尾魚類雜交,不同品種間容易雜交。

品種 月光魚經過長期人工培育產生出眾多色彩繽紛的品種,主要表現在體色、鰭色上的差異以及色彩搭配、鰭形等的不同。常見品種有米老鼠魚、金月光魚、紅月光魚、藍月光魚、黑尾紅月光魚、黑尾黃月光魚、帆鰭紅月光魚、金頭月光魚、花月光魚等。

(4)劍尾魚(彩圖 61) 學名:
Xiphophorus hellerii 別名 劍魚、青
劍等。原產地 墨西哥、瓜地馬
拉。

形態特徵 體呈長紡錘形,稍側扁,體長 10~12 cm。劍尾魚原為綠色,體側各具一紅色 條紋。雌雄魚差別明顯,雄魚出生後約 3 個月,尾鰭下葉延伸呈長劍狀,故名劍尾魚。雌魚無劍尾,背鰭沒有紅點,身體比雄魚粗壯。

習性 性情溫和、喜跳躍,適於和其他熱帶魚混養。適宜水溫20~25℃,對水質要求不嚴,適應能力強。雜食性,不擇食。7個月性成熟,卵胎生,繁殖週期40 d左右,有性逆轉現

象，雌魚可轉化成雄魚。

品種：劍尾魚可與月光魚雜交，經過人工不斷選優培育出許多新品種。經過百餘年的人工養殖，劍尾魚已培育出許多華麗奪目的品種，顏色變化有紅、青、黑、白、花等，體態的變化有高鰭、帆翅、叉尾、雙尾等。常見品種有綠劍尾魚、紅劍尾魚、高鰭紅劍尾魚、紅白劍尾魚、黑劍尾魚、花劍尾魚、紅黑劍尾魚、鴛鴦紅劍尾魚、燕尾劍尾魚、蘋果劍尾魚、什錦劍尾魚等。

花鱂科常見熱帶魚種類還有：藍眼燈鱂(*Aplocheilichthys normani*)、尖嘴鰈魚(*Belonesox belizanus*)、藍珍珠鱂(*Lamprichthys tanganicanus*)、帆鰭花鱂(*Poecilia velifera*)、黑瑪麗魚(*Poecilia sphenops*)、雜色劍尾魚(*Xiphophorus variatus*)等。

2.鱂形目 Cyprinodontiformes 溪鱂科 Aplocheilidae

藍彩鱂(彩圖62) 學名：
Fundulopanchax gardneri 別名 愛琴魚、戈氏琴尾魚等。原產地：奈及利亞。

形態特徵：體形頭、背部及尾柄較平直，延長似梭，體長6~7 cm。背鰭、臀鰭後位，形狀相似(顏色不同)，對稱如八字形，尾鰭稍長寬不分叉。雄魚的體色、鰭形比雌魚鮮豔美麗。體色基調為淡綠色及黃色，佈滿紅色斑塊，背鰭、臀鰭、尾鰭有紅、藍、黃色帶構成花紋，色彩十分豔麗。

習性：性情溫和，能和其他熱帶魚混養。適宜水溫24~28℃，耐低溫，10℃以上能存活。喜歡弱酸性軟水。雜食性，可吃植物性食物，喜啃食固著藻類。6個月性成熟，卵生，產卵需有水草。

溪鱂科常見熱帶魚種類還有火焰鱂(*Aphyosemion australe*)、五線鱂(*Aphyosemion striatum*)、三叉琴尾鱂(*Aphyosemion sjoestedti*)、二線琴尾鱂(*Aphyosemion bivittatum*)、黃金鱂(*Aplocheilus lineatus*)、黃唇五線鱂(*Epiplatys dageti*)、懷特氏珍珠鱂(*Nematolebias whitei*)、漂亮寶貝鱂(*Nothobranchius rachovii*)、粉紅佳人鱂(*Nothobranchius rubripinnis*)、藍帶彩虹鱂(*Rivulus xiphidius*)等。

3.脂鯉目 Characiformes 脂鯉科 Characidae

脂鯉科是熱帶魚中種類最多的一個科，多產于美洲，主要特徵是背鰭後有一個小小的腹鰭，絕大多數為小型魚類，體色光亮，鮮豔美麗，均屬卵生魚類，繁殖需避光，卵多黏性，需放入水草等附著受精卵。

(1)黑裙魚(彩圖63) 學名：
Gymnocorymbus ternetzi
別名：裸頂脂鯉、黑褶魚、黑掌扇魚、半身黑魚等。原產地：巴西、巴拉圭、玻利維亞。

形態特徵：體高而側扁，呈卵圓形，體長7~8cm，前半身銀灰色，有3條黑長斑分別位於眼、鰓蓋後、背鰭起點、後半身包括背鰭、腹鰭、臀鰭均為黑色，老齡魚黑色褪變為深灰色。背鰭、臀鰭發達，臀鰭寬大，游泳時擺動如裙，故名黑裙魚。習性：黑裙魚，活潑好動，愛挑鬥，宜和溫和的大中型熱帶魚混養。對水質無嚴格要求，適宜水溫22~25℃，pH6.8左右。保持水質和水溫穩定，以減少"黑裙"褪色。雜食性，能爭食。6個月性成熟，雄魚體細長，背鰭、臀鰭黑色，鰭末端尖長，雌魚體肥壯，背鰭、臀鰭呈扇狀。卵生，黏性卵。

品種：黑裙魚經過人工培育可產出彩裙魚，身體呈半透明狀，人工鐳射處理後可以顯出淡藍色、淡粉色、淡黃色等。雄魚體小色豔，雌魚體大色淡。

(2)頭尾燈魚(彩圖64) 學名：

Hemigrammus ocellifer 別名 眼點半線脂

鯉、車頂魚、燈籠魚。原產地：圭亞那、亞

馬遜河流域。

形態特徵 體呈紡錘形，側扁，腹鰭、臀鰭呈微黃色，光線下發藍色螢光，體兩側中部有一條深藍色條紋，在眼緣處和尾端各有一塊金色斑，游動時閃爍不停，如燈照耀，故名頭尾燈魚。

習性 頭尾燈魚性溫和，嬌小美麗，活潑強健，喜結群游動於水體的中上層，可與其他熱帶魚混養，放養數量宜少。對水質要求不嚴，適宜水溫22~27℃，水的pH呈中性。不擇食。6個月性成熟，雄魚體色鮮豔，雌魚體態較雄魚寬，腹部膨大。卵生，黏性卵。

(3)紅鼻剪刀魚(彩圖65) 學

名 *Hemigrammus rhodostomus*

別名 紅鼻剪刀燈魚。原產

地 巴西、亞馬遜河流域。

形態特徵 體延長，梭形，體長5~6cm。體色銀白色略帶淡黃，尾鰭上下葉有5條黑條紋和4條白條紋，形似剪刀，頭部紅色，吻部鮮紅色，故稱紅鼻剪刀魚。

習性 紅鼻剪刀魚性情溫和，喜歡群居，單個水族箱裡的紅鼻剪刀魚數量最好不要少於3條，可與小型魚混養。適宜水溫為22~26℃，喜弱酸性軟水，pH5.4~6.8。不擇食。6個月性成熟，雌雄性別較難區分，雄魚體瘦小，雌魚腹部隆起。卵生，沉性卵，繁殖需要水草。

(4)檸檬燈魚(彩圖66) 學名：

Hyphessobrycon pulchripinnis

別名 麗鰭望脂鯉、檸檬翅魚、美鰭脂鯉、檸檬魚等。原產地 巴西、亞馬遜河流域。

形態特徵 體長梭形，側扁，體長4~5cm。全身呈檸檬色，體兩側中部有一條光亮耀眼的黃色條紋，背鰭和臀鰭前緣為鮮亮的檸檬色，邊緣有黑色條紋，眼上部為亮紅色。檸檬燈魚晶瑩剔透，色調和諧，色彩淡雅，故在熱帶魚中享有盛譽。

習性 檸檬燈魚性情溫和，喜群居，可與其他熱帶魚混養。適宜水溫22~28℃，喜弱酸性軟水，喜有水草的環境。不擇食。6個月性成熟，雌雄魚無明顯區別。卵生，黏性卵。

(5)玫瑰扯旗魚(彩圖 67)

學名 *Hyphessobrycon rosaceus* 別名 玫瑰鉛脂鯉 玫瑰魚 紅旗魚等。原產地 圭亞那 巴西。

形態特徵:體紡錘形 側扁 體長 4~5 cm。體半透明 可見其骨骼和內臟 鰓蓋後緣體上有一塊長菱形黑斑。體色基調紅中帶褐 繁殖期紅色漸深似玫瑰色 腹鰭 臀鰭及尾鰭為紅色 背鰭為黑色 邊緣為白色 高高豎起 像扯起一面三角形小彩旗 故名玫瑰扯旗魚。玫瑰扯旗魚因其色彩和諧豔麗 線條清晰明快而深受歡迎。

習性 玫瑰扯旗魚宜群養 性溫和 也可以和其他熱帶魚混養。適宜水溫22~28℃ 能耐 16 ℃低溫 喜弱酸性 pH6~6.8 硬度 8~10。不擇食。7 個月性成熟 雄魚各鰭較長 背鰭端尖 身體較細 顏色較深 雌魚各鰭短 背鰭末端呈圓形 身體粗壯 顏色較淺 卵生 卵黏性。

(6)紅十字燈魚(彩圖 68) 學名:

Hyphessobrycon anisitsi 別名 金十字燈魚 黑十字燈魚等。原產地 阿根廷。

形態特徵:魚體呈卵圓形 體高而側扁 頭短 吻圓鈍 體長可達 9~10 cm。體側由眼睛上線一直至尾鰭延伸一條藍綠色的線條 各鰭上遍佈著鮮紅色並穿插有金色條紋 尾鰭基部紅色和黑色構成十字花 於體軸上的金色條紋交相輝映 十分迷人。

習性:有追逐其他魚群的習性 不可與小型魚混養。適宜水溫 24～26 ℃ 硬度 5~8。不擇食 食量大。6個月性成熟 卵生 黏性卵。

(7)紅綠燈魚(彩圖 69) 學名:

Paracheirodon innesi 別名 霓虹脂鯉 霓虹燈魚 紅藍燈魚等。原產地 秘魯 哥倫比亞 巴西。

形態特徵:身體較細 體形嬌小 體長 3~4 cm 身體上半部有一條明亮的銀藍色縱帶 在光線折射下既綠又藍 身體下半部從腹部至尾部有一條紅色條紋。紅綠燈魚小巧玲瓏 晶瑩剔透 色彩豔麗 游動時紅綠藍交相輝映 頻頻閃爍 故得此名。

習性 紅綠燈魚性情溫和 活潑 喜歡集群游動 可與其他溫和熱帶魚混養。最適宜水溫 22~24 ℃ 弱酸性軟水 pH6.4~6.8 喜硬度 4~8 的老水 膽小易驚 喜歡幽靜的環境 光照不易過強 水中宜多植水草。對食物無苛求。6個月性成熟 雌雄鑒別較難 卵生。

(8)紅尾玻璃魚(彩圖 70) 學名:

Prionobrama filigera

別名 玻璃鋸脂鯿 紅尾水晶魚 紅鰭玻璃魚等。原產地 巴西 圭亞那 亞馬遜河流域。形態特徵:側扁 背鰭起點至吻端距離小於至尾鰭基部的距離 背鰭 胸鰭、腹鰭均較長 體長5～6 cm。體呈透明狀 全身銀白稍帶黃色 可清晰地看到骨骼和內臟 尾鰭鮮紅色。

習性：性情溫和，體形嬌小，動作敏捷，喜歡群游和生活在清澈透明且種植茂密水草的水族箱裡，喜在水的中下層游動。適宜水溫 22～26 ℃，喜歡弱酸性軟水。雜食性，不擇食。6 個月性成熟，雌魚體長，腹部膨大，雄魚臀鰭具鉤，尾鰭紅色。卵透明，微帶黏性，屬於沉性卵，可附著於水草或散落於水族箱底部。

(9)紅腹食人魚(彩圖 71) 學名：
Pygocentrus nattereri 別名：食人魚，紅肚食
人鯧。原產地 巴西，圭亞那。

形態特徵：魚體呈卵圓形，寬大側扁，體長可達20 cm。全身基調灰綠色，背部綠色，腹部為鮮紅色，長有鋒利的牙齒，能吞食誤入水中的人或動物，以其兇猛聞名於世。

習性：食人鯧性情兇猛，不宜與其他熱帶魚混養。能在 20 ℃以上水溫中生長，喜弱酸性軟水。肉食性魚類，不擇食。18 個月性成熟，雄魚體色鮮豔，雌魚肥大，卵生，沉性卵。

(10)黑白企鵝魚(彩圖 72) 學名：
Thayeria boehlkei 別名 拐棍魚，搏氏企
鵝魚，斜魚等。原產地 巴西 亞馬遜河
流域。

形態特徵，體呈長形，稍側扁，體長 5~6 cm。魚體為銀灰色，各鰭為透明的淺黃色，體兩側偏上各有一條黑帶，從鰓蓋後緣至尾基部拐向尾鰭下葉末端，加上它那傾斜的游姿，十分像一個憨態可掬的企鵝。

習性：黑白企鵝魚性情溫順，喜歡集群活動，適宜與其他小型熱帶魚混養。適宜水溫 22~27 ℃，喜歡弱酸性軟水，pH6.4~6.8。不擇食，喜食小型浮游動物。10 個月性成熟，雌雄鑒別較難，僅生殖期雌魚腹部較大，卵生，黏性卵。

脂鯉科常見熱帶魚種類還有：盲魚(*Anoptichthys jordani*)，紅翅燈魚(*Aphyocharax anisitsi*)，藍燈魚(*Boehlkea fredcochui*)，黃金燈魚(*Hemigrammus rodwayi*)，紅燈管魚(*Hemigrammus erythrozonus*)，紅頭剪刀魚(*Hemigrammus bleheri*)，火焰燈魚(*Hyphessobrycon flammeus*)、噴火燈魚(*Hyphessobrycon amandae*)，公主燈魚(*Hemigrammus ulreyi*)，黑蓮燈魚(*Hyphessobrycon herbertaxelrodi*)，紅背血心燈魚(*Hyphessobrycon pyrrhonotus*)，銀屏燈魚(*Moenkhausia sanctaefilomenae*)，帝王燈魚(*Nematobrycon palmeri*)，寶蓮燈魚(*Paracheirodon axelrodi*)，綠蓮燈魚(*Paracheirodon simulans*)，紅眼剪刀魚(*Petitella georgiae*)，胭脂水虎魚(*Pygocentrus piraya*)，紅肚鯧(*Piaractus brachypomus*)，黃金布蘭提魚(*Serrasalmus brandtii*)，黃鑽水虎魚(*Serrasalmus spilopleura*)，企鵝魚(*Thayeria obliqua*)等。

4.脂鯉目 Characiformes 短嘴脂鯉科 Lebiasinidae

紅肚鉛筆魚(彩圖 73) 學
名 *Nannostomus beckfordi*

别名:金色铅笔鱼、贝氏铅笔鱼、铅笔灯等。

原产地:圭亚那、委内瑞拉。

形态特征:体呈长形,体长 6~7 cm。一条黑带从吻部贯穿全身到尾柄,腹鳍、臀鳍为透明的,鳍外端显天蓝色,背鳍则完全是透明的。发情的雄鱼黑带上下方均出现平行的红色条纹,非常漂亮。

习性:性情温和,群游性,适合与其他温和的小型鱼混合饲养。适宜水温 22~28 ℃,喜欢水质中性。杂食性,会啄食清理丝藻。6个月性成熟,卵生,产卵需放宽叶水草。

5.脂鲤目 Characiformes 胸斧鱼科 Gasteropelecidae

银燕子鱼(彩图 74) 学名:

Gasteropelecus sternicla 别名:胸斧鱼、银

斧鱼等。原产地:圭亚那、巴西。

形态特征:体侧扁,体长 6~7 cm,鱼的腹部如同大肚般的突出,体形很像斧子,故名。全身银白色,体侧从身体中央至尾柄处有一条暗色的直条纹,具有很大的胸鳍,以奇特的体形吸引观赏者。

习性:性格温顺,能和其他热带鱼混养。适宜水温23~28℃,偏爱水质pH 5~6的弱酸性软水。喜欢在水的上层活动,有群游性,能够快速地摆动胸鳍。野生银燕子鱼可以跃出水面,飞行数米远的距离。杂食性,以动物性食物为主。繁殖比较困难,卵生,产卵于细叶水草上。

胸斧鱼科常见热带鱼种类还有:溅水鱼(*Copella arnoldi*)、珍珠溅水鱼(*Copella nattereri*)、二线铅笔鱼(*Nannostomus digrammus*)、褐尾铅笔鱼(*Nannostomus eques*)、五点铅笔鱼(*Nannostomus espei*)、金线铅笔鱼(*Nannostomus harrisoni*)、小型红铅笔鱼(*Nannostomus marginatus*)、火焰铅笔鱼(*Nannostomus mortenthaleri*)、三线铅笔鱼(*Nannostomus trifasciatus*)、一线铅笔鱼(*Nannostomus unifasciatus*)等。

6.鲤形目 Cypriniformes 鲤科 Cyprinidae

鲤科观赏热带鱼种类主要产于东南亚,主要特征为上下颌无齿,有咽喉齿1~3行,卵生鱼类,产黏性卵,需要水草等附着物附卵,亲鱼无护卵习性。

(1)银鲨(彩图 75) 学名:

Balantiocheilos melanopterus 别名:黑鳍

袋唇鱼等。原产地:泰国、菲律宾、印

尼。

形态特征:体呈纺锤形,稍侧扁,体长可达30 cm左右,鱼体呈银白色,背鳍、腹鳍、臀鳍和尾鳍外缘均有黑色宽边,内侧为淡灰色宽频,十分醒目。

习性:银鲨性情温和活泼,喜欢集群游动,体格健壮,游动迅速,适宜与大型热带鱼混养。适宜水温 22~26 ℃,能适应较低温度,对水质要求不严,喜欢弱酸性的软水。不择食,

攝食量大。卵生魚類，中國尚無繁殖成功經驗。

(2)斑馬魚(彩圖 76) 學名：

Danio rerio

別名 斑馬擔尼魚 花條魚 藍條魚等。原產地 印度 孟加拉。

形態特徵：體呈棱形，胸腹部較圓，尾部側扁，體長 5~6 cm。全身基調黃色，背部橄欖色，體側有數條深藍色縱條紋直達尾鰭，臀鰭較長，也有與體側相似的縱條紋，因滿身條紋似斑馬，故名斑馬魚。

習性 性情溫和 活潑友好 愛在水中結群快速游動 宜群養 能與其他熱帶魚混養。適宜水溫20~25℃ 能耐10℃以下低溫 對水質要求不嚴 pH中性。不擇食。6個月性成熟。雄魚偏黃色，體瘦小，雌魚偏藍色，腹部膨大，卵生 沉性卵。

品種 斑馬魚有多個品種 主要區別在於色彩的多樣 斑條紋的多少 寬窄 形狀 鰭形上的變異等 常見的有豹紋斑馬魚 長鰭斑馬魚 紅斑馬魚 金斑馬魚等。相近品種有閃電斑馬魚(*Danio albolineatus*) 虹帶斑馬魚(*Danio choprae*)等。運用基因工程等技術獲得了轉基因斑馬魚新品種 先後培育出各種螢光斑馬魚。

(3)紅尾黑鯊(彩圖 77) 學名 *Epalzeorhynchus bicolor*

別名 雙色角魚 二色野鯪 紅尾魚 黑金鯊等。原產地 泰國。

形態特徵：魚體呈長紡錘形 體長可達 10~12 cm 魚體全身墨黑 尾鰭為金紅色 其餘各鰭黑色 紅黑相配異常豔麗 當水環境不宜 營養不良時 尾鰭的顏色會變淺變黃。

習性 紅尾黑鯊魚性情野 活動水層為底層 有領地觀念 不宜同種群養 可與其大小相當的魚混養。適宜水溫 24~27 ℃ 對水質要求不嚴。雜食性 不挑食。卵生魚類 繁殖 難度大。

(4)彩虹鯊(彩圖 78) 學名：

Epalzeorhynchos frenatus 別名 須唇角魚 紅鰭鯊魚等。原產地 泰國。

形態特徵 魚體呈長紡錘形 體長可達 12 cm。魚體呈灰褐色或淺紅色 各鰭為橘紅色 在光線照射下紅光閃閃 美麗無比。

習性 彩虹鯊魚性情兇猛 有很強的領地觀念 不宜同種間群養 可和其他大小相當的魚混養。身體強健 游動迅速 適宜水溫24~28℃ 喜歡pH中性的水。不擇食。卵生魚類 中國尚無繁殖成功經驗。

(5)玫瑰鯽(彩圖 79) 學名：

Puntius conchonius

別名 玫瑰無須 玫瑰刺魚 印度鯽魚等。

原產地 印度。

形態特徵 體紡錘形 側扁 體長可達6cm。背部為銀白色 其餘部分均為紅 黃 綠相間色 在光線照射下閃閃發光。尾柄基部前有一塊黑斑 其背鰭 腹鰭 臀鰭和尾鰭均較寬大 游動起來非常好看。

習性 性情溫和 宜和小型熱帶魚混養。適宜水溫18~25℃ 喜歡中性水 水的pH6.5~7.5。不擇食。8個月性成熟 雄魚體色鮮豔 背 腹 臀鰭較雌魚寬大 卵生 沉性卵。

(6)一眉道人魚(彩圖 80) 學名：

Puntius denisonii 別名 丹尼氏無

須　紅眉道人等䱤 原產地 印度。

形態特徵 體紡錘形 側扁 體長可達15cm。長到5cm後體側出現清晰的黑色條紋，從吻部貫穿眼睛至尾部 緊貼黑色條紋上方為寬長的鮮紅色條紋 從吻部上方貫穿虹膜直至腹鰭的正上方 猶如紅色的眉毛 故名。背鰭上有一大塊紅斑 靠近尾鰭尖端有對稱排列的一塊黃斑和黑斑。體色豔麗 搭配恰當 十分美麗。

習性 性情溫和 膽怯 群游性特別強 游動速度快 喜歡在日間活動 宜和小型熱帶魚混養。適宜水溫22~25℃ 喜歡中性偏弱鹼性水 適宜pH6.8~7.8。不擇食 能清潔藻類。卵生魚類 繁殖難度較大 東南亞國家已能進行人工繁殖。

(7)虎皮魚(彩圖 81) 學名：

Puntius tetrazona

別名 四帶無須　四間魚 四間鯽等。原產地 馬來西亞 印尼。

形態特徵 體呈卵圓形 體高 側扁 體長 5~6 cm。體色基調淺黃 背部金黃色 背鰭 腹鰭 尾鰭 吻部為紅色 魚體兩側透過眼部 腹鰭前部 背鰭前部和尾鰭前部有四條垂直黑色條紋 斑斕似虎皮 故名虎皮魚。

習性 喜群居游動 活潑敏捷 經常襲擊游動緩慢的魚 尤愛咬絲狀體鰭條 不宜與神仙魚等混養。對水溫要求較高 最適宜水溫 24~26℃ 此時體色最豔麗 喜歡清澈的老水。雜食性 愛吃貪食。6個月性成熟 雌魚繁殖期間吻部鮮紅色 雌魚體態豐滿 腹部膨大 卵生 沉性卵。

品種 虎皮魚有多個品種 主要是體色和條紋的改變 常見的有金虎皮魚 紅虎皮魚等。相近品種有綠虎皮魚(*Puntius tetrazona*. var. *green*)等。

(8)白雲金絲魚(彩圖 82) 學名：

Tanichthys albonubes 別名 唐魚 金絲

魚 紅尾魚等。原產地 中國。

形態特徵 體紡錘形 稍側扁 頭小 眼大 吻鈍圓 體長 3~4 cm。魚的背部為茶褐色 略帶藍色．腹部銀白色．背鰭和尾鰭鮮紅色．腹鰭尖端呈黃色．尾部中央也為紅色。從吻端向後沿側線位置有一條金黃色帶紋．直至尾柄末端．此外還有一金色斑點．故得名金絲魚。

習性．性情溫和．活潑．喜歡在魚缸的上層游動．宜和小型熱帶魚混養．適宜水溫 20～25℃．能耐低溫．可在 5℃的水中生存．以弱酸或中性軟水為好．水的 pH6.5～7.5．硬度 6～8。雜食性．不擇食。6個月性成熟．雄魚體比雌魚小．但雄魚的背鰭和肛鰭較雌魚大．雄魚的體色也較雌魚的深而豔麗；雌魚較雄魚肥大．腹部膨大略帶白色．卵生．黏性卵．黏附於水草上孵化。

白雲金絲魚(唐魚)為中國特有種．分佈區窄．近代唐魚僅分佈於廣東省白雲山．花都區以及廣州附近的山溪中。唐魚為中國國家Ⅱ級保護野生動物．《中國瀕危動物紅皮書》(1998 年版)把唐魚瀕危等級列為"野生滅絕"。2004 年首先在廣東省從化市發現野生的唐魚種群．2007 年建立了從化唐魚縣級自然保護區．2011 年升格為廣州市級自然保護區．因而使唐魚自然資源得到了搶救性的保護。

(9)正三角燈魚(彩圖 83) 學名：

Trigonostigma heteromorpha 別名．正三角燈．三角燈魚．藍三角魚等。原產地．泰國．馬來西亞．印尼。

形態特徵．體紡錘形．稍側扁．體長 4～5 cm。背鰭．臀鰭．尾鰭均為紅色．胸．腹鰭無色透明．背部朱紅色．軀幹部至尾部有一塊黑色三角斑．故名。正三角燈魚體色及魚鰭顏色的搭配改變．表現出品種的差異。

習性．性情溫和．活潑．宜和小型熱帶魚混養。水溫 20～26℃．晝夜溫差不超過 3℃．對水質要求較嚴．適宜在軟水．老水中生活．水的 pH5.6～6.5．硬度 3～6.5。不擇食。8個月性成熟．雌雄魚鑒別較難．卵生．黏性卵。

鯉科常見熱帶魚種類還有．紅鰭銀鯽(*Barbonymus schwanenfeldii*)．火焰小丑燈(*Boraras brigittae*)．婆羅洲小丑燈(*Boraras merah*)．玫瑰小丑燈(*Boraras urophthalmoides*)．銀河斑馬魚(*Celestichthys margaritatus*)．大斑馬魚(*Devario*)．飛狐魚(*Epalzeorhynchos kalopteru*)．捆邊魚(*Oreichthys coasuatis*)．黃帆鯽(*Oreichthys cosuatis*)．綠虎皮魚(*Puntius tetrazona. var. green*)．五線鯽(*Puntius lineatus*)．皇冠鯽(*Puntius everetti*)．黑斑鯽(*Puntius filamentosus*)．長鰭熊貓鯽(*Puntius tambraparniei*)．櫻桃燈魚(*Puntius titteya*)．黑金線鉛筆燈魚(*Rasbora agilis*)．紅尾金線燈魚(*Rasbora borapetensis*)．一線長虹燈魚(*Rasbora pauciperforata*)．剪刀尾波魚(*Rasbora trilineata*)．亞洲紅鼻魚(*Sawbwa resplendens*)．金三角燈魚(*Trigonostigma es-*

7.鯉形目 Cypriniformes 鰍科 Cobitidae

三間鼠魚(彩圖 84) 學名：

Chromobotia macracanthus

別名．三間鼠．皇冠三間．皇冠泥鰍等。

原產地 印尼。

形態特徵 體呈圓筒形，稍側扁，體長可達 20 cm。體色呈淡橘黃色，體側有三條寬的黑色條紋，分別橫貫於眼睛、背鰭前部、尾柄基部。胸鰭、腹鰭、尾鰭為豔紅色。

習性：性情溫和，愛在水的底層活動，膽小怕人，宜和性情溫和的熱帶魚混養，要求水草多，以備休息和躲藏。適宜水溫 25~28 ℃，喜歡溶氧豐富的水質。眼下有刺，能彈出自衛。卵生。

鰍科常見熱帶魚種類還有：丫紋鰍(*Botia lohachata*)、斑馬鰍(*Botia striata*)、藍鼠魚(*Yasuhikotakia modesta*)、黃尾弓箭鼠魚(*Yasuhikotakia morleti*)、網球鼠魚(*Yasuhikotakia sidthimunki*)、蛇仔魚(*Pangio kuhlii*)等。

8.鯰形目 Siluriformes 長須鯰科 Pimelodidae

紅尾鯰(彩圖 85) 學名：

Phractocephalus hemioliopterus

別名 狗仔鯨、枕頭鯰、紅尾鴨嘴、紅尾貓等。原產地：南美洲亞馬遜河流域。

形態特徵：身體延長，寬而扁平，頭及吻部大，眼睛小，體長可達 100 cm。觸鬚雪白，3對，吻鬚極長，可後伸至胸鰭中部。背鰭與胸鰭均發達，前緣均具一根強壯硬棘，脂鰭發達。背部為灰黑色，頭背面有不規則黑色點紋，腹部為雪白色，從吻部一直延伸到尾部；尾鰭和背鰭為橘紅色。體態優雅，色澤明豔。

習性 生性懼光，習性為夜行性，愛在水的底層活動，白天常群居於水體的底層蔭蔽處。適宜水溫 22~28 ℃，生長速度很快，食量大，喜食動物性餌料，尤其是小魚。性成熟期的紅尾鯰能發出貓一樣的叫聲。卵生，黏性卵，受精卵黏附在魚巢上孵化。

長須鯰科常見熱帶魚種類還有：豹紋鴨嘴魚(*Aguarunichthys torosus*)、月光鴨嘴魚(*Brachyplatystoma flavicans*)、斑馬鴨嘴魚(*Merodontotus tigrinus*)、銀豹鴨嘴魚(*Platynematichthys notatus*)、狐狸鴨嘴魚(*Platystomatichthys sturio*)、巨型虎皮鴨嘴魚(*Pseudoplatystoma corruscans*)、大理石虎皮鴨嘴魚(虎紋鴨嘴鯰)(*Pseudoplatystoma tigrinum*)、虎皮鴨嘴魚(條紋鴨嘴鯰)(*Pseudoplatystoma fasciatum*)、麥克鴨嘴魚(*Sorubimichthys planiceps*)等。

9.鯰形目 Siluriformes 棘甲鯰科 Loricariidae

琵琶魚(彩圖 86) 學名：

Hypostomus plecostomus

別名：下口鯰、清道夫、吸石魚、吸盤魚等。原產地 巴西、委內瑞拉。

形態特徵：魚體呈半圓筒形，頭、胸、腹部扁平，尾部稍側扁，體長可達30 cm。口下位，口唇發達如吸盤，可吸附在石塊、玻璃等上，全身披盾鱗，使體表顯得堅硬。魚體呈灰褐色，佈滿黑色斑紋和小點。

習性 幼魚性情溫和，可以和大型熱帶魚混養，但有時會吸到患皮膚病魚的傷口上，成魚粗暴不宜混養。適宜水溫 22~28 ℃ 耐低溫 對水質要求不嚴。夜行性 體格強壯 生長快。雜食性 不擇食 喜吸食玻璃或池壁上的固著藻類。18 個月後性成熟 卵生 雌魚產一個透明膠狀卵袋 內有數百粒受精卵。

棘甲鯰科常見熱帶魚種類還有：大棘甲鯰(白珍珠異型)(*Acanthicus adonis*) 棘甲鯰(*Acanthicus hystrix*)、花大鬍子異型(*Ancistrus dolichopterus*)、管吻鯰(枝狀直升機)(*Farlowella acus*)、斑馬異形魚(*Hypancistrus zebra*)、長絲拉蒙特甲鯰(阿帕奇直升機)(*Lamontichthys filamentosus*)、兔甲鯰(彩鰭坦克異形)(*Leporacanthicus triactis*)、秘魯篩耳鯰(小精靈)(*Otocinclus vestitus*)、皇冠豹異型魚(*Panaque nigrolineatus*)、橘色副鉤鯰(金剛達摩異形)(*Parancistrus aurantiacus*)、耳孔鯰(*Parotocinclus maculicauda*)、金線老虎異性魚(*Peckoltia vittata*)、大帆紅琵琶魚(*Pterygoplichthys gibbiceps*)、橘點大帆琵琶魚(*Pterygoplichthys joselimaianus*)、黑氏銼甲鯰(七星噴射機魚)(*Rineloricaria hasemani*)、獅紋假棘甲鯰(紅尾坦克異型)(*Pseudacanthicus leopardus*)、鋸齒假棘甲鯰(綠裳劍尾坦克異型)(*Pseudacanthicus serratus*)等。

10.鯰形目 Siluriformes 美鯰科 Callichthyidae

寶貝鼠魚(彩圖 87) 學名：

Corydoras polystictus

別名：多點兵鯰 花鼠魚 花豹鼠魚等。原產地 巴西 阿根廷。

形態特徵 體呈圓筒形 背高 胸腹部平直 後半身稍側扁 口下位 口須2對 體長可達8 cm。魚體為灰白色 全身佈滿黑色小斑點 背鰭前部有一塊黑色斑塊。因魚體似小老鼠 故稱其為鼠魚。

習性 性情溫和、底棲、喜隱蔽 可與其他熱帶魚混養。適宜水溫20~26℃ 對水質要求不嚴 有上浮至水面吸空氣的習性。不擇食 愛尋覓沉底殘渣剩餌為食 有清掃魚之稱。9個月性成熟 雄魚小於雌魚 雌魚腹部較膨大 卵生 黏性卵。

美鯰科常見熱帶魚種類還有：金線黃花鼠魚(*Aspidoras pauciradiatus*)、青銅鼠魚(*Brochis splendens*)、紅頭鼠魚(*Corydoras adolfoi*)、咖啡鼠魚(*Corydoras aeneus*)、國王豹鼠魚(*Corydoras caudimaculatus*)、雙色鼠魚(*Corydoras bicolor*)、康帝斯鼠魚(*Corydoras condiscipulus*)、黑金紅頭鼠魚(*Corydoras duplicareus*)、新煙圈鼠魚(*Corydoras evelynae*)、迷你鼠魚(*Corydoras gracilis*)、皇冠黑珍珠鼠魚(*Corydoras haraldschultzi*)、月光鼠魚(*Corydoras hastatus*)、茱莉豹鼠魚(*Corydoras julii*)、巨無霸鼠魚(*Corydoras latus*)、金花豹鼠魚(*Corydoras leopardus*)、弓箭鼠魚(*Corydoras metae*)、熊貓鼠魚(*Corydoras panda*)、白棘豹鼠魚(*Corydoras pulcher*)、黑影鼠魚(*Corydoras semiaquilus*)、紫羅蘭鼠魚(*Corydoras similis*)、金珍珠鼠魚(*Corydoras sterbai*)、海盜鼠魚(*Corydoras sychri*)、一間鼠魚(*Corydoras virginiae*)、太空飛鼠魚(*Scleromystax barbatus*)等。

11.鯰形目 Siluriformes䱛科 Panfasidae

藍色巴丁魚(彩圖 88) 學名：
Pangasianodon hypophthalmus 別名 蘇氏
圓腹　虎鯊魚 藍鯊魚等。原產地 泰
國 印尼。

形態特徵：大型魚 體呈長梭形 前部較扁平 後部稍側扁 體長可達 100 cm。背鰭尖形 鰭基短 臀鰭大。體色青藍色 光照下閃閃發光 幼魚體側有三條藍黑色縱條紋 條紋間呈綠色。其白化種稱為水晶巴丁魚。

習性：性情溫和 喜集群 游動快速 適宜和大型熱帶魚混養。適宜水溫 20~28 ℃ 對水質要求不嚴 喜歡中性水 適應性強。不擇食 生長迅速。3年性成熟 卵生 卵微黏性。

12.鯰形目 Siluriformes鯰科 Siluridae

玻璃貓頭魚(彩圖 89) 學名：
Kryptopterus bicirrhis

別名：雙須缺鰭鯰 貓頭水晶魚 貓頭玻璃魚等。原產地 泰國 馬來西亞 印尼。形態特徵：體呈長橢圓形 形似柳葉 側扁 體長可達12 cm。口有長觸鬚2根 背鰭退化 臀鰭 腹鰭連為一體延長至尾柄基部。魚體及各鰭均呈無色透明狀 魚的骨骼及內臟等清晰可見。

習性：性情溫和 膽子小 水草宜多 喜歡同種相聚 適宜和小型熱帶魚混養。適宜水溫 22~28 ℃ 對水質水溫要求嚴格 喜歡弱酸性軟水 老水。不擇食 愛吃活餌料。卵生。

13.銀漢魚目 Atheriniformes 虹銀漢魚科 Melanotaeniidae

紅尾美人魚(彩圖 90) 學名：
Melanotaenia maccullochi

別名：澳洲彩虹魚 澳洲虹銀漢魚 彩虹魚 澳洲虹魚等。原產地 澳大利亞。

形態特徵：體呈紡錘形 側扁 頭尖 體長可達8 cm。背鰭分為前後兩個 背鰭和臀鰭上下對稱 鰭條低矮呈帶狀。體呈淺黃綠色 背部和頭部有天藍色 在光線照射下全身泛著金屬光澤 背鰭 臀鰭均為鮮紅色 尾鰭淡紅色 雄魚顏色比雌魚鮮豔 隨光線環境出現粉紅色 淡黃色 淺紫色 銀白色的色彩變化 外觀十分美麗 故名彩虹魚。

習性：性情溫和 活躍 宜群養 能與其他熱帶魚混養。適宜水溫 21~25 ℃ 喜歡弱鹼性的含鹽水質 水質 pH7.4。好食動物性活餌料。8 個月後性成熟 雄魚性成熟時顏色更加鮮豔 雌魚性成熟時腹部膨脹 卵生 產黏性卵。

虹銀漢魚科常見熱帶魚種類還有 紅蘋果魚(*Glossolepis incisus*) 燕子美人魚(*Iriatherina werneri*) 石美人魚(*Melanotaenia boesemani*) 藍美人魚(*Melanotaenia lacustris*) 電光美人

魚(*Melanotaenia praecox*) 鑽石彩虹魚(*Rhadinocentrus ornatus*)等。

14.銀漢魚目 Atheriniformes 鯔銀漢魚科 Pseudomugilidae

霓虹燕子魚(彩圖 91) 學名：

Pseudomugil furcatus 別名:叉尾鯔銀漢

魚 霓虹燕子等。原產地 巴布亞紐幾

內亞。

形態特徵 體呈長紡錘形 體態嬌小 體長可達6cm。背鰭分為前後兩個 背鰭和臀鰭上下對稱。體背部為淡綠色或藍色 腹部黃綠色 雄魚下腹部會泛現出鮮豔美麗的黃色。背鰭和臀鰭透明都帶有狹窄黃色邊沿 胸鰭和腹鰭為豔黃色或略帶橙紅色 尾鰭中間透明，兩側有寬大的黃色帶和較窄的黑色邊緣。霓虹燕子魚的透明感 鮮黃的體色 配上大大的藍眼睛 黃藍對比明顯 游動起來各鰭張開 非常美麗。

習性：性情溫和 活躍 喜歡集群生活 時常集結於水域中、上層空間 適合與其他中小型熱帶魚混養。適宜水溫 21~25 ℃ 喜歡鹼性弱硬水 最佳水質為弱鹼性的老水環境。好食動物性餌料。5個月達性成熟 繁殖期雄魚顏色更加鮮豔 雌魚腹部膨脹 卵生 產黏性卵。

鯔銀漢魚科常見熱帶魚種類還有：珍珠燕子魚(*Pseudomugil gertrudae*) 甜心燕子魚(*Pseudomugil mellis*) 藍眼燕子魚(*Pseudomugil signifer*)等。

15.鱸形目 Perciformes 麗魚科 Cichlidae

麗魚科(慈鯛科)魚類有許多常見種類體形較大 體形較小的則稱為短鯛類。麗魚科魚類背鰭 臀鰭前部分鰭條為硬棘 側線近體背緣中斷為二。多數種類要自擇配偶 有爭奪領地和護幼習性 喜產卵在石塊和池底上。

(1)三線短鯛(彩圖 92) 學名：

Apistogramma trifasciata 別名：三線

隱帶麗魚 藍三線短鯛。原產地 巴

拉圭 玻利維亞 巴西。

形態特徵 體呈紡錘形 體形短小 眼大 體長可達6cm。背鰭長 外側邊緣紅色 內側豔藍色 前端有三根硬棘高聳 腹鰭寬大向後延伸 端部尖長。背脊頂部與背鰭根部黑線、眼後至尾柄處的體軸側帶以及鰓後胸鰭上方至泄殖孔的縱條紋 是三線短鯛名字的由來。雄魚全身佈滿著驚人的天空藍光彩 並以令人炫目的金屬亮綠點綴其間 頭頂部有黃色光澤 非常美麗 雌魚則全身呈現出黃褐色。

習性：三線短鯛活潑好動 會掘洞 可與熱帶魚混養。適宜水溫22~27℃ 喜歡弱酸性軟水。肉食性。具有領域性 且一夫多妻。6個月性成熟 繁殖期雄魚身體上的三條線紋減退 體表顯現出奪目的強烈金屬藍色光澤 雌魚腹部膨大 卵生 口孵魚類。

(2)地圖魚(彩圖 93) 學名：

Astronotus ocellatus 別名：星麗魚 豬

仔魚 黑豬魚等。

原產地：圭亞那、委內瑞拉、巴西。

形態特徵：體呈橢圓形、側扁，體長可達30 cm。背鰭和臀鰭發達，寬長、對稱，背鰭前部是鋸齒狀短硬棘。尾鰭上有一個金色圓環，魚體黑褐色。體側有不規則的橙黃色斑塊和紅色條紋，呈地圖狀，故名地圖魚。

習性：性情兇猛，游泳快速，反應敏捷，不能和小型魚混養。適宜水溫22~30 ℃，對水質要求不嚴。肉食性，吃魚蝦或動物肉塊，食量大，生長快。18個月性成熟，雄魚頭厚而高，背鰭、臀鰭末端較尖而長，斑紋色澤鮮豔；雌魚頭薄而短，背鰭、臀鰭末端圓而短，腹部膨大。卵生，黏性卵。

品種：地圖魚因體色斑紋的不同有多個品種，常見的有紅地圖魚、白地圖魚、黃地圖魚、紅花地圖魚等。

(3)布隆迪六間魚(彩圖 94) 學名：

Cyphotilapia gibberosa (Burundi) 別名：駝背非鯽、皇冠六間、鵝頭六間等。原產地：

非洲坦幹伊克湖。

形態特徵：體呈近長方形，體幅寬闊，背部稍高，雄魚的額頭會有很高且圓潤的突起，體長可達35 cm。背鰭長，外部邊緣是藍色，邊緣內是淺黃色，背鰭、胸鰭、腹鰭、臀鰭末端尖形。體色基調淺藍色，體側有6條寬的黑帶，黑白間(也稱棟線)對比分明。習性：性情溫和，動作緩慢優雅，不宜和小型魚混養。適宜水溫24~29 ℃，適合生存的水質是鹼性硬水，pH9.0，硬度8~12。雜食性，食量不大。3年性成熟，卵生，口孵魚類。品種：坦幹伊克湖的周長2000多千米，由於地理位置不同，六間魚的生存環境差別很大，經常有變種，可以從鱗片、色澤或身體比例去區別種內差異性；並有11個不同的地域種，按照顏色的不同，可分為兩大類，即普通六間和藍色系的六間，最主要的有薩伊藍六間魚 [*Cyphotilapia gibberosa* (Blue Zaire)] 和曼波藍六間魚 [*Cyphotilapia gibberosa* (Blue Mpimbwe)]。

(4)金鳳梨魚(彩圖 95) 學名：

Heros severus

別名：英麗魚、莊嚴麗體魚、斑眶花鱸魚等。原產地：圭亞那、巴西。

形態特徵：體呈橢圓形，扁平寬大，體厚側扁形，口裂較小，體長可達20 cm。背鰭、臀鰭延長至尾柄，腹鰭尖形，胸位。魚體淡金黃色，眼眶金紅色，顯得華貴美麗。

習性：性情溫和，喜歡在水層底部游動，可與大型熱帶魚混養，缺食或發情期會變得兇殘，襲擊其他小型熱帶魚。適宜水溫22~30 ℃，對水質要求不嚴，pH7.0~7.2，要求寬大水體和砂石、水草環境。不擇食。12個月性成熟，雄魚較雌魚體色豔麗，有金紅色斑點。卵生，黏性卵。

品種：金鳳梨魚是黑鳳梨魚經人工培育的品種，全身密佈小點，有的魚還呈現鮮紅色小點。非常鮮豔美麗。

(5)非洲鳳凰魚(彩圖 96)

學名 *Melanochromis auratus* 別名 縱帶黑麗魚 黃線鳳凰魚等。原產地：非洲馬拉威湖。

形態特徵 體呈梭形 稍側扁 體長可達12cm。背鰭長 臀鰭短。體呈黃色 從背鰭到體側中部有三條黑色縱帶 尾鰭上散佈著不規則黑點。體色不穩定 成長後體色與斑紋黃黑互換或互為增減 繁殖期有婚姻色。

習性 性惡好欺侮弱小 成熟雄魚間會為雌魚相鬥 適於單養。對水質要求不嚴 適宜水溫22~30℃。雜食性 不擇食。10個月性成熟 雄魚變為灰黑色 背鰭與尾鰭上部為黃色 黑色縱帶變成淺藍色 雌魚保持原來的色彩與斑條紋 略顯淺藍色 卵生 口孵化。

(6)荷蘭鳳凰魚(彩圖 97) 學名：*Mikrogeophagus ramirezi* 別名 拉氏小噬土麗鯛 七彩鳳凰魚等。原產地 委內瑞拉。

形態特徵 體呈長橢圓形 側扁 背鰭前方有 4 條黑色的棘刺 體長可達 8 cm。體呈藍灰色 鰓蓋上透過眼睛有一長條黑色斑塊 前半身有1到3個黑斑 身體和鰭上佈滿淡藍色斑點 在光線照射下像藍寶石一樣閃閃發光。雄魚的腮部下方有黃色渲染 鰭上有漂亮的紅邊 背上的黑斑加上紅色的眼睛可謂靚麗非凡 展開背鰭上的四根黑色的棘條非常美麗 體側黑斑周圍藍色噴點規則排列 整體噴點較粗大；雌魚各鰭略短小 腹部線條突出 並有紅暈 體側黑斑周圍的藍色噴點排列不規則 整體噴點較細小。

習性 性情溫和 在水中底層活動 需要單養在植有綠色水草的水族箱內。適宜水溫25~28℃。喜歡硬度10左右的弱酸性軟水 pH6.5~6.8。肉食性。10個月性成熟 雄魚泄殖腔只有在繁殖前一小時內和繁殖後幾小時突出 淡白色 相對尖細 雌魚發情時泄殖腔突出 乳白色 相對粗圓 卵生 黏性卵。

品種 荷蘭鳳凰魚由七彩鳳凰魚改良而來 以其豔麗的色彩 獨特的個性成為南美短鯛類的佼佼者。德系的荷蘭鳳凰魚更具有高品質 有的變異種魚身變形為圓形 如金波子。常見品種有特藍荷蘭鳳凰魚 黃金荷蘭鳳凰魚 紅色荷蘭鳳凰魚 皮球荷蘭鳳凰魚 波子荷蘭鳳凰魚等。

(7)神仙魚(彩圖 98) 學名：*Pterophyllum scalare* 別名 小神仙魚、燕魚 天使魚等。原產地 圭亞那 巴西。

形態特徵 體呈菱形 很高很扁 體長可達15cm。背鰭 臀鰭很長大 上下對稱 中部鰭條長 張開如帆 腹鰭呈絲狀 柔軟細長 白色。體色基調銀白帶黃 兩側各有四條間距相等 黑色明顯的分隔號紋 眼眶為紅色。

習性　性情溫和，愛在水中上層游動，可與習性相同的熱帶魚混養，但不能與虎皮魚放在一起。適宜水溫 22~26 ℃，要求水體寬大，水質清潔，喜歡弱酸性的軟水，有水草和光線照射，pH6.5~7.4。不擇食，喜食動物性餌料。10 個月性成熟，雄魚頭頂凸起，個頭較大，雌魚頭頂平滑，腹部膨大，卵生，黏性卵。

品種　神仙魚經過人工培育產生了許多不同的品種，主要表現在體色、花色、體態、鰭形的不同。常見品種有黑神仙魚、鑽石神仙魚、藍神仙魚、金神仙魚、陰陽神仙魚、豹點神仙魚、大理石神仙魚、珍珠鱗金神仙魚、紅眼神仙魚、紅頂神仙魚、皇冠神仙魚、紅面神仙魚、銀神仙魚、玻璃神仙魚、虎皮神仙魚、斑馬神仙魚、三色神仙魚等。運用基因工程等技術獲得了轉基因粉紅色神仙魚新品種。

(8)七彩神仙魚(彩圖 99) 學名：
Symphysodon aequifasciatus 別名 盤麗
魚、七彩燕魚、鐵餅魚等。原產地　委
內瑞拉、巴西、圭亞那。

形態特徵　體呈圓盤，側扁，體高可達 18 cm，體長可達 20 cm。背鰭、臀鰭對稱地分別起於背部前和腹鰭基處直至尾柄。體色基調藍色，從鰓蓋後端至尾柄基部分佈有 8 條間距相等的棕紅色橫條紋，從頭、體、背鰭至臀鰭有無數條不規則的、彎曲的、波浪形的紅色縱向條紋，體色受光線影響而變化，亮光下色彩豔麗，五彩繽紛。七彩神仙魚以它滿圓獨特的形體、豐富爛漫的光紋、閃爍變幻的色彩、高雅輕盈的泳姿，被冠以熱帶魚之王。

習性　七彩神仙魚喜靜怕驚，要求有水草，水體寬大，雖性情溫和，但適於單養，也可和小型文靜的中上層魚混養。對水質要求高，屬高溫高氧魚，水溫需要長期保持在 26~30 ℃，含氧量豐富。要求弱酸性軟水 pH6~6.6，水質潔淨，光照適宜。對餌料要求苛刻，好食動物性餌料和活餌料，並經常變換口味。1.5年到2年性成熟，雌雄鑒別較難，卵生，黏性卵，仔魚要吸食親魚體表的黏液。

品種　七彩神仙魚是五彩神仙魚的變種，經多年的人工選育後已產生許多新品種，有體色(紅、綠、藍綠、藍)之分，花紋的差別，體形、鰭形的差異等。七彩神仙魚一般分為九大派系，其中原種 4 系：黑格爾七彩神仙魚(*Symphysodon discus* "Heckel")、棕七彩神仙魚(*Symphysodon aequifasciatus axelrodi*)、藍七彩神仙魚(*Symphysodon aequifasciatus haraldi*)、綠七彩神仙魚(*Symphysodon aequifasciatus*)；人工育成 5 系 條紋藍綠七彩神仙魚、純藍綠七彩神仙魚、紅藍綠七彩神仙魚、紅色型七彩神仙魚、雜交七彩神仙魚。臺灣將七彩神仙魚分為七大品系 紅松石(全紅)七彩神仙魚、藍松石(全藍)七彩神仙魚、紅點(豹紋)七彩神仙魚、鴿子(蛇鴿、點鴿、全紅萬寶路、棋盤鴿、白鴿)七彩神仙魚、蛇紋(紅蛇、點蛇、豹蛇)七彩神仙魚、魔鬼(熊貓)七彩神仙魚、其他不可分類(雪玉、黃金、棋盤、珍珠)七彩神仙魚。七彩神仙魚主要品種有黑格爾七彩神仙魚、棕七彩神仙魚、藍七彩神仙魚、綠七彩神仙魚、鴿子紅七彩神仙魚、藍松石七彩神仙魚、綠松石七彩神仙魚、條紋型松石七彩神仙魚、一片綠七彩神仙魚、一片藍七彩神仙魚、松石七彩神仙魚、紅松石七彩神仙魚、一片紅七彩神仙魚、一片黃七

彩神仙魚 一片棕七彩神仙魚等。

(9)血鸚鵡魚(彩圖 100)

學名:*Vieja synspila*♀ × *Amphilophus citrinellus*♂

別名:發財魚。原產地 雜交種 父母本原產地為中美洲的尼加拉瓜和哥斯達尼加。在1986 年中國台灣的水族飼養業者,無意中將紅魔鬼魚(*Amphilophus citrinellus*)和紫紅火口魚(*Vieja synspila*)養在一起,結果獲得了形態性狀差異較大的雜交種即血鸚鵡魚。

形態特徵 體呈橢圓形 背厚 體幅寬闊 長寬比約為3:2.5 體長可達25cm。成年魚體態臃腫 嘴巴呈心形 嘴部常無法閉合。隨著幼魚的長大體色由灰黑轉變為黃色 攝食增色餌料後轉變成血紅色 故名血鸚鵡魚。

習性 性情溫和 活潑 喜好活動於中下層水域,可以和體形相似的魚混養。適宜水溫25~28 ℃,喜愛弱酸性且硬度較低的軟水 pH6.5~7.5。雜食性,食量大。10 個月性成熟,卵生 黏性卵。

品種 專業水族研究者經研究和再度進行品種改良,又創造出姿態 色彩更為豐富的變種血鸚鵡。常見品種有金剛鸚鵡魚 紅白鸚鵡魚 紫鸚鵡魚 雪鸚鵡魚 紅元寶鸚鵡魚 還有用鐳射染色出吉 福 財 壽等字樣的人工鸚鵡(糖果鸚鵡 雜色鸚鵡) 剪掉仔魚尾巴的一顆心鸚鵡 修剪仔魚背鰭成犀牛角的獨角仙鸚鵡等品種。

(10)羅漢魚(彩圖 101) 學名:

Cichlasoma sp. 別名:彩鯛 花羅漢等。

原產地 雜交種,1996 年馬來西亞的水族業者經過不斷的雜交選育出來的。配種上均由青金虎魚(*Cichlasoma trimaculatus*) 藍火口魚(*Cichlasoma festae*) 九間菠蘿魚(*Cichlasoma nigrofasciatum*) 金錢豹魚(*Cichlasoma acrpinte*)和金剛鸚鵡魚等透過複雜的雜交過程,才配出了羅漢魚。

形態特徵,體呈近四方形 健壯有力 身體的闊度與體長比例應約為2:3 一般體長在30 cm左右 最大體長可達42 cm 高18 cm 厚可達 10 cm。頭上額頭高聳 圓潤飽滿 背鰭、臀鰭鰭大 末端尖長 尾鰭呈扇形。體色豔麗 分別有紅色 黃色 藍色 白色等以及幾種顏色的搭配色 多數品種身體兩側有形態各異的墨斑 各鰭及體側珠點多而粒粒清晰可見。

習性 性情兇猛 體格強壯剽悍 同種間格鬥劇烈 對不同種的魚有極強的攻擊性,不宜混養。適宜水溫 26~28 ℃ 對水質要求不嚴,水質 pH6.5~7.5的軟水最合適,有翻砂習性。不挑食,食量巨大。10個月性成熟 通常雄魚身體較為粗大,腹鰭硬化,生殖孔突出呈V形的為雄性,腹鰭較軟,生殖孔突出呈U形為雌性。卵生 黏性卵。

品種 羅漢魚通常分為四大品系 每個品系又能分出許多個品種。花羅漢魚品系:代表品種有笑佛羅漢魚 金剛羅漢魚 花財神羅漢魚 千僖羅漢魚 花和尚羅漢魚 紅花壽星羅漢魚 花羅漢魚等 金花羅漢魚品系:代表品種有七彩鳳凰羅漢魚 金鳳凰羅漢魚 金花財神羅漢魚、金花羅漢魚、壽星羅漢魚等;花角羅漢魚品系:代表品種有七間虎頭羅漢魚、火玫瑰羅漢魚、煥然一新羅漢魚、燎原之火羅漢魚、高吉花角羅漢魚、五色財神羅漢魚等;珍珠羅漢魚品系:代表品種有東姑羅漢魚、珍珠羅漢魚、金水銀羅漢魚、七彩羅漢魚、汗血寶馬羅漢魚、福星羅漢魚、黃金珍珠羅漢魚、金縷衣羅漢魚、珍珠麒麟羅漢魚;其次還有寶石品系、臺灣品系、紅財神品系、水晶品系、黃金品系等。

麗魚科常見熱帶魚種類還有 紅尾皇冠魚(*Aequidens rivulatus*)、火鶴魚(*Amphilophus citrinellus*)、紅魔鬼魚(*Cichlasoma citrinellum*)、九間鳳梨魚(*Amatitlania nigrofasciata*)、月亮寶石魚(*Biotodoma cupido*)、皇冠三間魚(*Cichla ocellaris*)、銀河星鑽魚(*Cichlasoma octofasciatum*)、黃金三間魚(*Cichla orinocensis*)、七彩鳳梨魚(*Cichlasoma salvini*)、帝王三間魚(*Cichla temensis*)、八線火口魚(*Cichlasoma urophthalmus*)、紅翅孔雀龍魚(*Crenicichla johanna*)、蘭提孔雀龍魚(*Crenicichla lenticulata*)、鑽石孔雀龍魚(*Crenicichla lepidota*)、珍珠火口魚(*Hypsophrys nicaraguensis*)、和尚魚(*Gymnogeophagus balzanii*)、牛頭鯛(*Geophagus steindachneri*)、紅珍珠關刀魚(*Geophagus surinamensis*)、德州豹魚(*Herichthys cyanoguttatus*)、綠巨人魚(*Herichthys carpintis*)、道氏火口魚(*Parachromis dovii*)、紅老虎魚(*Petenia splendida*)、畫眉魚(*Mesonauta festivus*)、古巴酋長魚(*Nandopsis tetracanthus*)、花老虎魚(*Parachromis managuensis*)、埃及神仙魚(*Pterophyllum altum*)、藍寶石魚(*Geophagus jurupari*)、非洲十間魚(*Tilapia buttikoferi*)、紅肚火口魚(*Thorichthys meeki*)、黑雲魚(*Uaru amphiacanthoides*)、黃金二線黑雲魚(*Uaru fernandezyepezi*)、銀翡翠魚(*Vieja argentea*)、網紋獅頭魚(*Vieja fenestrata*)、胭脂火口魚(*Vieja maculicauda*)、紫紅火口魚(*Vieja synspila*)等。麗魚科常見南美短鯛還有 阿凱西短鯛(*Apistogramma agassizii*)、火焰短鯛(*Apistogramma atahualpa*)、酋長短鯛(*Apistogramma bitaeniata*)、黃金短鯛(*Apistogramma borellii*)、裴莉短鯛(*Apistogramma brevis*)、鳳尾短鯛(*Apistogramma cacatuoides*)、二線短鯛(*Apistogramma diplotaenia*)、伊莉莎白短鯛(*Apistogramma elizabethae*)、吉菲拉短鯛(*Apistogramma gephyra*)、黑間短鯛(*Apistogramma gibbiceps*)、四線短鯛(*Apistogramma gossei*)、女王短鯛(*Apistogramma hongsloi*)、紅帆短鯛(*Apistogramma inconspicua*)、裘諾公主短鯛(*Apistogramma juruensis*)、熊貓短鯛(*Apistogramma nijsseni*)、霸王短鯛(*Apistogramma panduro*)、雙帶短鯛(*Apistogramma paucisquamis*)、紅珍珠短鯛(*Apistogramma pertensis*)、僕卡短鯛(*Apistogramma pulchra*)、維吉塔短鯛(*Apistogramma viejita*)、T字短鯛(*Apistogrammoides pucallpaensis*)、綠寶石短鯛(*Biotoecus opercularis*)、鑰匙洞短鯛(*Cleithracara maronii*)、棋盤短鯛(*Dicrossus filamentosus*)、皇冠棋盤短鯛(*Dicrossus maculatus*)、紫肚皇冠魚(*Laetacara dorsigera*)、玻利維亞鳳凰魚(*Mikrogeophagus altispinosus*)、龍紋短鯛(*Nannacara adoketa*)、金眼短鯛(*Nannacara anomala*)、藍袖鯛(*Taeniacara candidi*)等。

麗魚科常見西非短鯛還有:噴點珍珠虎魚(*Altolamprologus calvus*)、珍珠虎魚(*Altolamprologus compressiceps*)、鷹嘴鯛(*Aristochromis christyi*)、紅肚藍天使魚(*Aulonocara hansbaenschi*)、藍太陽孔雀鯛(*Aulonocara hueseri*)、帝王豔紅魚(*Aulonocara jacobfreibergi*)、金頭

孔雀鯛(*Aulonocara maylandi*)、藍黎明魚(*Aulonocara steveni*)、航空母艦魚(*Benthochromis tricoti*)、金火令魚(*Buccochromis nototaenia*)、金衣女王魚(*Chalinochromis brichardi*)、帝王鯛(*Chilotilapia rhoadesii*)、藍王子魚(*Copadichromis chrysonotus*)、帝王鯛藍波魚(*Cyathopharynx furcifer*)、藍劍沙魚(*Cyprichromis leptosoma*)、藍茉莉魚(*Cyrtocara moorii*)、孔雀眼藍波魚(*Ectodus descampsii*)、雪花豹魚(*Fossorochromis rostratus*)、紅寶石魚(*Hemichromis bimaculatus*)、紫衫鳳凰魚(*Julidochromis dickfeldi*)、棋盤鳳凰魚(*Julidochromis transcriptus*)、非洲王子魚(*Labidochromis caeruleus*)、鑽石貝魚(*Lamprologus meleagris*)、紫藍叮噹魚(*Neolamprologus ocellatus*)、藍眼貝魚(*Neolamprologus signatus*)、綠遺鼻鯛(*Lethrinops furcifer*)、黃金閃電魚(*Pseudotropheus greshakei*)、厚唇朱古力魚(*Melanochromis labrosus*)、女王燕尾魚(*Neolamprologus brichardi*)、黃帆天堂鳥魚(*Neolamprologus caudopunctatus*)、藍九間魚(*Neolamprologus cylindricus*)、黃天堂鳥魚(*Neolamprologus longior*)、九間貝魚(*Neolamprologus multifasciatus*)、斑馬貝魚(*Neolamprologus similis*)、五間半魚(*Neolamprologus tretocephalus*)、象鼻鯛(*Nimbochromis linni*)、維納斯魚(*Nimbochromis venustus*)、藍帝提燈魚(*Ophthalmotilapia ventralis*)、靚三點魚(*Otopharynx tetrastigma*)、藍翼藍珍珠魚(*Paracyprichromis nigripinnis*)、夜明珠魚(*Paratilapia polleni*)、紅肚鳳凰魚(*Pelvicachromis pulcher*)、翡翠鳳凰魚(*Pelvicachromis taeniatus*)、珍珠龍王鯛(*Petrochromis trewavasae*)、特藍斑馬魚(*Pseudotropheus demasoni*)、閃電王子魚(*Pseudotropheus elongatus*)、阿裡魚(*Sciaenochromis ahli*)、藍點狐狸魚(*Spathodus marlieri*)、珍珠蝴蝶魚(*Tropheus duboisi*)、火鳥魚(*Tyrannochromis macrostoma*)等。

16.鱸形目 Perciformes 絲足鱸科 Osphronemidae

絲足鱸科魚類具有輔助呼吸器官——褶鰓，可用褶鰓吞咽空氣中的氧氣，一般不易因水中缺氧而窒息死亡。腹鰭一般有絲狀延長鰭條。繁殖期間出現婚姻色，雄魚更為明顯。卵生魚類，雄魚有吐泡營巢和護幼的特性。

(1)暹羅鬥魚(彩圖 102) 學名：

Betta splendens

別名 五彩搏魚、泰國鬥魚、搏魚等。

原產地 泰國、馬來西亞。

形態特徵 魚體呈長紡錘形，稍側扁，體長可達8cm。背鰭、臀鰭、尾鰭寬大，身體及各鰭色彩豔麗，主要有鮮紅、紫紅、藍紫、豔藍、綠色、黑色、乳白色及其他雜色和複色，因其色彩繽紛，游姿飄逸穩健，深得人們喜愛。

習性 暹羅鬥魚好鬥，故名鬥魚，爭鬥一般在雄魚間進行，因此不能把兩尾以上成年雄魚放在一起；雌魚間、泰國鬥魚與其他魚之間不會發生爭鬥，可以混養。適宜水溫22～24℃，不能低於 20℃。對水質不苛求。不擇食。6個月性成熟，雄魚顏色鮮豔，各鰭較長；雌魚顏色淺，各鰭較短。繁殖時雄魚用身體將雌魚緊緊圍住，卵生，浮性卵，以泡巢產卵(彩圖 103)。

品種 暹羅鬥魚經人工選擇、雜交等定向培育使其體形、體色、鰭形，尤其是尾鰭產生較大差異而產生不同品種，主要有將軍鬥魚、馬尾鬥魚、三角尾鬥魚、雙尾鬥魚、冠尾鬥魚、半月鬥魚等。

(2)珍珠馬甲魚(彩圖 104) 學名：

Trichogaster leeri 別名 珍珠毛足鱸、珍珠

魚等。原產地 泰國、印尼、馬來西亞。

形態特徵：魚呈長橢圓形、側扁、體長可達14cm。腹鰭長絲狀，金黃色，有觸角作用，臀鰭長而寬，呈金黃色。體為銀灰色，體側中部有一條齒形的黑色縱條紋，其末端有一個大的黑色圓斑點，全身和各鰭佈滿珍珠樣銀色斑點，游動時珠光閃爍，美麗無比，故名珍珠馬甲魚。

習性：平時性情溫順，可以和其他熱帶魚混養，但繁殖期間變得暴躁好鬥，宜分開養。適宜水溫 21~30 ℃，對水質要求不高，喜歡藏匿在水草中。不擇食，喜食高蛋白活餌料。10個月性成熟，雄魚各鰭長，體色豔麗，雌魚各鰭短，腹部較膨脹，卵生，浮性卵，以泡巢產卵。

(3)麗麗魚(彩圖 105) 學名：

Colisa lalia

別名 蜜鱸、桃核魚、小麗麗魚等。原

產地 印度。

形態特徵：體呈長橢圓形、側扁、腹鰭演化成絲狀體，體長可達6cm。體色豔麗，雄體呈紅、橙、藍三色，相間的紅、藍色條紋斜向體側，背鰭、臀鰭、尾鰭上飾有紅藍色斑點，鑲紅色邊，雌魚體色較暗，呈銀灰色，體側淺黃、藍色斜向條紋相間為主。

習性：性情溫和，膽小，喜歡躲在水草中，可以和其他熱帶魚混養。適宜水溫 23~26 ℃，18℃以上能生長，對水質要求不嚴，喜歡生活在弱酸性的硬水裡，愛清澈的老水。不擇食。6個月性成熟，雌、雄魚除顏色差異外，雄魚背鰭末端尖，雌魚背鰭末端圓，腹部膨脹，卵生、浮性卵，以泡巢產卵。

品種：因體色差異產生不同品種，主要有電光麗麗魚、藍麗麗魚、紫麗麗魚、金麗麗魚等。

(4)藍星魚(彩圖 106) 學名：

Trichogaster trichopterus 別名 毛足鱸、

藍三星、三星魚。

原產地 泰國、印度、馬來西亞、印尼。

形態特徵：體呈橢圓形、側扁、體長可達 15 cm。腹鰭長絲狀達尾鰭、淺黃色，臀鰭寬長，鰭基起自胸下至尾鰭基部，淺黃色有金紅色的邊緣。遍體藍灰色，體側有2~3個大的黑色圓斑點。

習性：性情溫和，可和其他大中型熱帶魚混養。適宜水溫 22~28 ℃，對水質無嚴格要求。雜食性，不擇食。6個月性成熟，雄魚背鰭長而尖，體色鮮豔，雌魚背鰭短而圓，腹部膨

大，卵生，浮性卵，以泡巢產卵。

品種：藍曼龍魚是藍星魚的變種，不同的是全身散佈著雲石狀淺藍色斑紋和大塊不規則黑斑。其他表現為體色不同的品種有黃曼龍魚、咖啡曼龍魚、銀曼龍魚等。

(5)古代戰船魚(彩圖 107) 學名：

Osphronemus goramy 別名 絲足鱸、

長絲鱸、戰船魚等。原產地 南美

亞馬遜河。

形態特徵 體呈橢圓形，頭大、嘴大，體長可達30cm。胸鰭寬大，背鰭前部較低，後部挺拔，臀鰭由後腹部一直延伸到尾柄，胸鰭、背鰭、臀鰭、尾鰭橘紅色。古代戰船魚在原產地是一種重要的食用魚，其白化變異種稱為金戰船魚或招財魚，魚體全身金黃色或銀白色，體表鱗片邊緣透著淡淡的紅色，有金屬光澤，更增加了美感。有時可見到魚體兩側閃爍著桃紅色、天藍色、嫩綠等鮮艷色彩，其色彩是靠人工處理用鐳射打在魚體上或注射人工染料而成。

習性：具有一定的攻擊性，只能和大型魚類混養。適宜水溫 24～27 ℃。對水質要求不嚴，水質為中性或微酸性軟水。雜食性，食量大。4年左右性成熟，雄魚頭部有像鵝一樣的隆起，雌魚頭部較為平順。卵生，浮性卵，以泡巢產卵。

絲足鱸科常見熱帶魚種類還有：貝利卡鬥魚(*Betta bellica*)、科琪娜鬥魚(*Betta coccina*)、艾迪賽亞鬥魚(*Betta edithae*)、和平鬥魚(*Betta imbellis*)、藍月鬥魚(*Betta simplex*)、潘卡拉朋鬥魚(*Betta* sp. *pankalanbun*)、紅戰狗鬥魚(*Betta macrostoma*)、藍戰狗鬥魚(*Betta unimaculata*)、紅麗麗魚(*Colisa chuna*)、印度麗麗魚(*Colisa fasciata*)、古代戰船魚(*Osphronemus goramy*)、紫紅戰船(*Osphronemus laticlavius*)、安瓊二線鬥魚(*Parosphromenus anjunganensis*)、巧克力飛船魚(*Sphaerichthys osphromenoides*)、小扣扣魚(*Trichopsis pumila*)等。

17.鱸形目 Perciformes 吻鱸科 Helostomatidae

接吻魚(彩圖 108) 學名：

Helostoma temminckii 別名 吻鱸、

吻嘴魚、桃花魚等。

原產地 印尼、馬來西亞、泰國。

形態特徵 體呈卵圓形，側扁，體長 10~15 cm。口唇發達能伸縮，上有鋸齒。體呈乳白色，微透粉紅，吻端淺肉紅色，各鰭均透明。

習性：性情溫順，好成群游動，宜與好動的熱帶魚混養。兩條魚相遇會嘴對嘴接吻，可長達幾分鐘，故名接吻魚。接吻是它們一種保衛領土的爭鬥。適宜水溫 21~28 ℃。對水質適應性廣，喜歡弱酸性的軟水。雜食性，喜歡刮食固著藻類。8個月性成熟，雌雄鑒別困難，卵生，浮性卵。

品種：接吻魚野生種為長橢圓形，變異種魚身變形為圓形，因而有長接吻魚和短接吻魚之分。

18. 鱸形目 Perciformes 射水魚科 Toxotidae

射水魚(彩圖 109) 學名 :Toxotes jaculatrix

別名 :高射炮魚。

原產地 :印度 泰國 緬甸 印尼 菲律賓。形態特徵 :體呈長橢圓形 側扁 體幅後寬於前，頭背部較平 體長可達 20 cm。背鰭後位與臀鰭對稱 都有黑色邊緣 尾鰭為淡茶黃色 魚體呈淡黃色 體側有6條黑色垂直帶紋，從眼中央至尾柄基部相間分佈。上頜中央有一凹槽 在口舌的壓力下可以射出水柱 故名射水魚。

習性 :具有射水的特異功能 射出的水柱可擊落2m以內水面附近樹枝草葉上的昆蟲，然後捕食落水的昆蟲。性情溫和 宜與大中型熱帶魚混養。此魚原生活在河口地區 故喜食微鹽水 適宜水溫 23~28 ℃ 能適應弱鹼性硬水 除愛食昆蟲外 也食水中浮游生物 底棲動物。卵生。

19. 鱸形目 Perciformes 鱧科 Channidae

七彩雷龍魚(彩圖 110) 學名 :

Channa bleheri 別名 :布氏鱧等。

原產地 印度。

形態特徵 :體前部呈圓筒形 後部側扁。頭長 前部略平扁 口大。體長可達20cm。背鰭 臀鰭長 幾乎與尾鰭相連。體側有不規則黑色 棕色 紅色 藍色 綠色斑塊 背鰭鰭膜間有黑色或棕色條帶 邊緣為橙黃色 臀鰭為淺藍色並有白邊 胸鰭和尾鰭鰭膜間有黑色橫紋和橙紅色斑點。因其色彩斑斕 顏色豐富而受到歡迎。

習性 :性情活潑 擅於跳躍 只能與大型熱帶魚混養。適宜水溫22~26℃ 適合水質為弱酸性軟水。肉食性 喜歡吃活魚蝦 也可吃豐年蝦 紅蟲 麵包蟲及人工飼料。卵生。

鱧科常見熱帶魚種類還有 :珍珠赤雷龍魚(Channa asiatica) 黃金眼鏡蛇雷龍魚(Channa aurantimaculata) 鉛筆雷龍魚(Channa micropeltes)等。

20. 鱸形目 Perciformes 雙邊魚科 Ambassidae

玻璃拉拉魚(彩圖 111) 學名 :

Chanda lala 別名 :藍加雙邊魚 印度玻璃魚等。原產地 :印度 孟加拉、緬甸 泰國。

形態特徵 :體呈卵圓珠筆形 高而側扁 體長可達6cm。魚體玻璃狀透明 可見其內臟和骨骼。背鰭分離成兩個 前背鰭高聳。雄魚淺黃色 背鰭和臀鰭有青藍色邊 雌魚體色暗淡呈銀黃色 背鰭和臀鰭無青藍色邊 當此魚背部等處閃爍著桃紅色 天藍色 嫩綠色 金黃

色 紫紅色等鮮豔色彩時 是靠人工處理用鐳射打在魚體上或注射人工染料而成 但此著色方式並不持久。

習性 性情溫順 喜聚群 游動較少 宜與其他熱帶魚混養。適宜水溫23~27℃ 能耐10℃低溫 適應性較強 對水質無嚴格要求 喜歡弱鹼性的老水 喜歡強光照射。不擇食。5個月性成熟 卵生 黏性卵。

21.骨舌魚目 Osteoglossiformes 骨舌魚科 Osteoglossidae

(1)銀龍魚(彩圖 112) 學名：

Osteoglossum bicirrhosum

別名 雙須骨舌魚 龍吐珠魚 銀帶魚等。原產地 巴西 圭亞那。

形態特徵 體呈長寬頻形 側扁 體長可達 100 cm。口上位 口裂大而下斜 下顎比上顎突出 長有一對短而粗的須。背鰭和臀鰭長 呈帶狀 沿背鰭部向後延長至尾柄基部。全身銀白色 體側排列著五排大鱗片 至尾部為較小的鱗片。

習性 性情兇猛 喜歡在水表層游弋 個體大 生長迅速 不適宜混養。適宜水溫24~28℃ 水質要清潔 喜歡中性水。肉食性 喜吃活魚蝦 也可攝食肉塊 昆蟲等。雄魚 5~6年性成熟 雌魚6~7年性成熟 雄魚腹鰭尖長 雌魚腹部膨大 卵生 口孵化。

(2)紅龍魚(彩圖 113) 學名 *Scleropages formosus*

別名 美麗硬僕骨舌魚 美麗骨舌魚等。

原產地 印尼 馬來西亞。

形態特徵 體呈長寬頻形 側扁 體長可達50cm。口上位 口裂大而下斜 下顎比上顎突出 長有一對短而粗的須。背鰭起點在臀鰭之後 體側排列著五排大鱗片 至尾部為較小的鱗片。魚的鱗片 吻部 鰓蓋 鰭與尾均呈不同程度的紅色。

習性 性情兇猛 喜歡在水表層游弋 個體大 不適宜混養。適宜水溫 24~28℃ 水質要清潔 喜歡中性水 pH6.5~7.5 硬度 3~12。肉食性 喜吃活魚蝦 也可攝食肉塊 昆蟲等。雄魚5~6年性成熟 雌魚6~7年性成熟 雄魚腹鰭尖長 雌魚腹部膨大 卵生 口孵化。

品種 紅龍魚常見品種類別有橙紅龍魚 過背金龍魚 紅尾金龍魚 青龍魚 各類別還可以分出多個品種 有的品種為原產地保護種類而十分珍稀。

(3)海象魚(彩圖 114) 學名：

Arapaima gigas 別名 巨骨舌魚 象魚等。原產地 南美洲亞馬遜河流域。

形態特徵 體呈長形 背厚 近圓柱形 淡水魚中體形最大者 最長可達5m 最重可達200 kg 以上。吻端尖 頭部有許多感覺管 魚鰾具有和肺相同的功能 有時會將頭部伸到水面上呼吸 背鰭和臀鰭對生 延長至尾柄基部。鱗片粗大而堅硬 隨著成長 身體後半部的鱗片邊緣會由尾部開始逐漸變為鮮紅色,一直到尾部全體及背、腹部等處。

習性:性情兇猛,喜歡在水表層游弋,個體大,不適宜混養。適宜水溫 24~28 ℃,水質要清潔,喜歡中性水。肉食性,食量大。卵生,築巢產卵。

骨舌魚科常見熱帶魚種類還有:黑龍魚(*Osteoglossum ferreirai*)、珍珠龍魚(*Scleropages jardinii*)、星點珍珠龍魚(*Scleropages leichardti*)等。

22.骨舌魚目Osteoglossiformes 長頜魚科 Mormyridae

象鼻魚(彩圖 115) 學名:

Gnathonemus elephas 別名 鸛嘴

長頜魚、象鼻子魚等。原產地:

剛果、薩伊、喀麥隆。

形態特徵:體呈長形、側扁,尾柄基部呈細長的圓柱形,體長可達20cm。背鰭和臀鰭對稱,均在身體後半部。魚體黑色,身體後部有兩條弧形白色橫條紋,尾鰭有白邊。吻延長呈管狀,形如象鼻,故名象鼻魚。

習性:性情溫和,喜歡跳躍,成魚同種間常爭鬥。可與其他熱帶魚混養。對水質要求不嚴,喜歡弱酸性的軟水,適宜水溫 22~28 ℃,夜行性魚類,尾部骨肉衍生出能發電的發電器,用以自衛。不擇食,愛吃小型活餌料。卵生,黏性卵。

23.骨舌魚目Osteoglossiformes 駝背魚科 Notopteridae

七星刀魚(彩圖 116) 學名:

Chitala ornata

別名:飾妝鎧甲弓背魚、鮑孔駝背魚、七星飛刀魚、東洋刀魚等。原產地:印度、泰國、緬甸。形態特徵:體呈長刀形,頭部尖小,前半身體幅寬,至尾鰭呈尖刀形,體長可達 100 cm。臀鰭很長,與尾鰭連在一起,形成一個薄邊如刀刃,故名。魚體銀灰色,體側臀鰭上方有3~10個鑲白邊的橢圓形黑色斑點,從腹部開始排列至尾部。嘴裡有細小的牙齒,還有輔助呼吸器官氣囊。

習性:夜行性魚類,個體大,生長迅速,只能與大型熱帶魚混養。適宜水溫 20~28 ℃,適應性強,喜弱鹼性軟水。性情兇猛,喜歡吃食活魚蝦,也可吃碎肉、魚塊。卵生。

駝背魚科常見熱帶魚種類還有:虎紋弓背魚(*Notopterus blanci*)、非洲飛刀魚(*Xenomystus nigri*)等。

24.雀鱔目 Lepisosteiformes 雀鱔科 Lepisosteidae

長吻鱷魚火箭魚(彩圖 117) 學名 *Lepisosteus osseus* 別名:雀鱔、長嘴鱷、鴨嘴鱷等。原產地:墨西哥、美國。

形態特徵：體延長，筒形，披棱狀硬鱗，頭吻扁平，上下頜突出延長，並具有堅齒，如鱷魚嘴，體長可達90 cm。背鰭和臀鰭短小，上下對稱，形狀相似，位於體的遠後方。體色基調青灰色，背部及體側具暗色縱列狀斑紋。

習性：性情溫和，生長快，適應性強，可與其他大型魚混養。鰾間隔多，在水中用鰓呼吸，缺氧時將長嘴伸出水面直接呼吸空氣，耐低氧。適宜水溫24~30℃，適宜中性、弱鹼性硬水。肉食性，愛吃小魚等活餌料，也食肉塊、魚塊。卵生。

雀鱔科常見熱帶魚種類還有：鱷魚火箭魚(*Atractosteus spatula*)、熱帶鱷魚火箭魚(*Atractosteus tropicus*)等。

25.鱝形目 Myliobatiformes 江魟科 Potamotrygonidae

黑白魟(彩圖118) 學名：
Potamotrygon leopoldi 別名：豹點河魟。原產地：巴西。

形態特徵：體呈扁圓形，為一圓片狀，最大盤徑可達60 cm，尾部為一短棒狀。體色為黑色的底盤與亮白的斑點，斑點都集中在體盤上，特別是體盤中央有六個白點由頭部至尾部方向排列為3 2 1的倒三角形狀。

習性：性情活潑好動。尾柄上分佈有盾鱗演化出的盾鱗丘，最長的一根特化為尾刺，內有溝槽，遇敵時會以尾刺螫刺敵害，同時透過溝槽注射毒液，其毒液為劇毒，非常危險。適宜水溫24~30℃，喜歡中性、弱酸性水質，適宜pH 5.5~7.2。要求水中溶氧較高，水質穩定。肉食性，不挑食，愛吃蝦、泥鰍、小魚等餌料。卵生。

26.螢光魚

螢光魚是在21世紀初由科研人員經過十幾年的攻關，運用基因工程等技術獲得的轉基因觀賞魚，是對斑馬魚、神仙魚等進行基因工程育種創造的新品種。先後培育出來紅熒光、綠螢光、黃螢光等基因魚以及雙螢光基因魚，如紅黃螢光斑馬魚(彩圖119)、粉紅螢光神仙魚(彩圖120)。

第四節　海水魚

一 海水魚的特點與觀賞價值

海水魚是指生活在海洋裡的觀賞魚類，主要是指一些體色鮮豔的熱帶、亞熱帶珊瑚礁小型魚，故名珊瑚魚。海水魚有200多種，中國沿海地區有90種左右。長期生活在珊瑚叢中的海水魚，為了適應環境、躲避外來敵人的攻擊，經過長久的演變，使得體色豔麗、外形奇

特 游動靈活 當它們在珊瑚叢中穿梭不停地游動時 猶如一群群斑斕的彩蝶在林間飛舞，使人感到美不勝收。海水魚的觀賞價值表現在色彩 斑紋 姿態 形態 游姿等方面 海水魚色彩和斑紋的美麗表現在其體色絢麗 斑紋奇異 變化多端 如藍圈神仙魚 透紅小丑魚 古巴三色龍魚 狐狸魚等 較其他種類的觀賞魚更為漂亮;姿態和形態之美表現為許多海水魚奇形怪狀 形態各異 如三間火箭蝶魚 黃肚藍魔鬼魚 大帆倒吊魚 木瓜魚等 游姿之美則表現出了海水魚的游動不息 且游姿各具特色 如鴛鴦炮彈魚 長鬚獅子魚 黑白關刀魚等。

二 常見海水魚的主要種類及其特徵

1.鱸形目 Perciformes 蝴蝶魚科 Chaetodontidae

體側扁而高 呈菱形或亞圓形 口小 略向前伸 體色特別豔麗。游動靈活 喜安靜 稍有驚動則迅速潛藏。常以浮游甲殼動物 珊瑚蟲 軟體動物等為食 也吃藻類。

(1)黃金蝶魚(彩圖 121) 學名：
Chaetodon semilarvatus 別名 紅海黃金蝶
等。

形態特徵 魚體卵圓形側扁 頭三角形 嘴尖前突 眼睛靠近頭前方 體長 15~20 cm。眼睛和鰓蓋附近有一個黑斑 全身金黃色 體側有數十條暗紅色的垂直環帶。

(2)三間火箭蝶魚(彩圖 122) 學名：
Chelmon rostratus 別名 鑽嘴魚等。

形態特徵 體呈卵圓形側扁 頭三角形 嘴向前突出 管狀 尖而細長 體長 15~20 cm。體銀白色 體側有三條橫排列的金黃色帶紋 尾柄和背鰭末端各有一個黑色斑點。

(3)馬夫魚(彩圖 123) 學名：
Heniochus acumainatus 別名 黑白關刀
魚等。

形態特徵 體扁圓盤形 嘴尖 頭三角形 體長 20~25 cm。兩眼間有一條黑帶 背鰭第一棘條尖長且銀白色 第二背鰭金黃色 尾鰭金黃色。全身銀白色 背鰭前端到胸鰭腹鰭有一條黑色環帶 第一背鰭後到臀鰭末端有一條黑色環帶 魚體黑白分明 非常漂亮。

蝴蝶魚科常見種類還有：人字蝶魚(*Chaetodon auriga*) 月光蝶魚(*Chaetodon ephippium*) 金雙印蝶魚(*Chaetodon falcula*) 黑背蝶魚(*Chaetodon melannotus*) 樸蝶魚(*Chaetodon modestus*) 八線蝶魚(*Chaetodon octofasciatus*) 金風車蝶魚(*Chaetodon ornatissimus*) 網紋蝶魚(*Chaetodon rafflesi*) 三帶蝴蝶魚(*Chaetodon trifasciatus*) 紅尾蝶魚(*Chaetodon xanthurus*)、冬瓜蝶魚(*Chaetodon trifasciatus*) 褐帶少女魚(*Coradion altivelis*) 西澳三間火箭魚(*Chelmon marginalis*) 澳洲東泰麻蝶魚(*Chelmonops truncatus*) 黃火箭魚(*Forcipiger flavissimus*) 多磷霞蝶魚(*Hemitaurichthys polylepis*) 紅海關刀魚(*Heniochus intermedius*) 黑面關刀魚(*He-*

niochus monoceros）、長嘴檸檬蝶魚（*Johnrandallia nigrirostris*）、副瑚蝶魚（*Parachaetodon ocellatus*）、肩環刺蓋魚（*Pomacanthus annularis*）、半環刺蓋魚（*Pomacanthus semicirculatus*）等。

2.鱸形目 Perciformes 棘蝶魚科 Pomacanthidae

體側扁、體形不規則或長橢圓形、鰓蓋上有棘刺，為海洋神仙魚類。體色豔麗、全身富有鮮明、豐富的花紋，幼魚和成魚體色有所不同。以水中的微生物及水藻、水草為食。

(1)女王神仙魚(彩圖 124) 學

名 *Holacanthus ciliaris* 別名：

形態特徵：體呈橢圓形側扁，背鰭、臀鰭末梢尖長直達尾鰭末端，體長可達25cm。體金黃色、全身密佈網格狀有藍色邊緣的珠狀黃點、背鰭前有一個藍色邊緣的黑斑、鰓蓋上有藍點、眼睛周圍藍色、尾鰭和胸鰭均為鮮黃色、胸鰭基部有藍色和黑色斑。幼魚體深藍色並有數條鮮藍色豎紋、吻部、胸部、胸鰭、腹鰭以及尾鰭為橙黃色、背鰭和臀鰭帶寶藍色的邊線。

(2)皇后神仙魚(彩圖 125)

學名 *Pomacanthus imperator*

別名：主刺蓋魚等。

形態特徵：魚體呈卵圓形、體長可達38cm。幼魚在藍黑色的底色上有白色弧紋形成環狀、成魚體金黃色、全身佈滿 15～25 條斜形藍色縱條紋。嘴部乳白色、兩眼間有一條藍邊的黑色環帶、胸部黑色。尾鰭和背鰭金黃色、臀鰭天藍色、有黃色花紋。因魚體色華麗、體態高雅、故名皇后神仙魚。

(3)皇帝神仙魚(彩圖 126) 學名：

Pygoplites diacanthus 別名：雙棘甲尻

魚等。

形態特徵：魚體呈橢圓形、體長可達30cm。體金黃色、體側有9~10條具有棕色邊緣的銀白色環帶、眼睛後各有一條藍色環帶。尾鰭金黃色、背鰭和臀鰭天藍色、有藍色和黃色相間的波狀花紋、胸鰭、腹鰭黃色。因魚體金碧輝煌、體態高雅、故名皇帝神仙魚。

棘蝶魚科常見種類還有：蒙面神仙魚（*Apolemichthys arcuatus*）、藍嘴新娘神仙魚（*Apolemichthys trimaculatus*）、金點藍嘴神仙魚（*Apolemichthys zanthopunctatus*）、火背神仙魚（*Centropyge aurantonotus*）、石美人魚（*Centropyge bicolor*）、檸檬神仙魚（*Centropyge flavissima*）、可可神仙魚（*Centropyge joculator*）、火焰神仙魚（*Centropyge loriculus*）、八線神仙魚（*Centropyge multifasciata*）、黑尾神仙魚（*Centropyge vrolikii*）、澳洲神仙魚（*Chaetodontoplus duboulayi*）、澳洲花面神仙魚（*Chaetodontoplus personifer*）、金蝴蝶神仙魚（*Chaetodontoplus septentrionalis*）、馬鞍神仙魚（*Euxiphipops navarchus*）、六間神仙魚（*Euxiphipops sexstriatus*）、藍面神仙魚（*Euxiphipops xanthometapon*）、虎皮新娘神仙魚（*Genicanthus melanospilus*）、藍神仙魚（*Holacanthus bermudensis*）、橙神仙魚（*Holacanthus clarionensis*）、國王神仙魚（*Holacanthus passer*）、美國石美人魚（*Holacanthus tricolor*）、藍環神仙魚（*Pomacanthus annularis*）、阿拉伯神仙魚（*Poma-*

canthus asfur)、耳斑神仙魚(*Pomacanthus chrysurus*)、紫月神仙魚(*Pomacanthus maculosus*)、法國神仙魚(*Pomacanthus paru*)、藍紋神仙魚(*Pomacanthus semicirculatus*)、金圈神仙魚(*Pomacanthus zonipectus*)等。

3.鱸形目 Perciformes 雀鯛科 Pomacentridae

魚體稍側扁，呈長圓形或卵圓形，口小，吻短而鈍圓，有堅硬的魚鱗，發達的魚刺。有的種類體色美麗而具有觀賞價值，行動活潑迅速，以小型無脊椎動物為食。

(1)紅小丑魚(彩圖 127)

學名：*Amphiprion frenatus*

別名：番茄小丑魚等。

形態特徵：體呈橢圓形，體長可達12 cm。體色有鮮紅、紫紅、紫黑等，眼睛後方有一條銀白色環帶，似一個發光的項圈。紅小丑魚是目前可進行人工繁殖的少數海水魚品種之一。

(2)透紅小丑魚(彩圖 128)

學名：*Premnas biaculeatus*

別名：棘頰小丑魚等。

形態特徵：體呈橢圓形，體長可達15 cm。全身紫黑色，各鰭紫紅色，體側在眼睛後、背鰭中間、尾柄處有三條銀白色環帶，非常美麗。

(3)黃肚藍魔鬼魚(彩圖 129)

學名：*Pomacentrus coelesti*

別名：半藍魔魚等。

形態特徵：魚體呈橢圓形，體長可達12 cm。體色天藍，嘴部有藍色或黑色花紋，胸鰭下方的腹部一直到尾柄上方都是鮮黃色，尾鰭、臀鰭鮮黃色，鰭邊緣白色，魚體藍黃相襯，非常漂亮。

雀鯛科常見種類還有：七帶雀鯛魚(*Abudefduf bengalensis*)、五線雀鯛魚(*Abudefduf saxatilis*)、印度洋銀線小丑魚(*Amphiprion akallopisos*)、藍紋小丑魚(*Amphiprion chrysopterus*)、紅雙帶小丑魚(*Amphiprion clarki*)、黑紅小丑魚(*Amphiprion melanopus*)、公子小丑魚(*Amphiprion ocellaris*)、咖啡小丑魚(*Amphiprion perideraion*)、鞍背小丑魚(*Amphiprion polymnus*)、黑公子小丑魚(*Amphiprion percula*)、太平洋銀線小丑魚(*Amphiprion sandaracinos*)、黑雙帶小丑魚(*Amphiprion sebae*)、三帶小丑魚(*Amphiprion tricinctus*)、藍魔鬼魚(*Chrysiptera cyanea*)、藍刻齒雀鯛(*Chrysiptera cyaneus*)、黃尾藍魔鬼魚(*Chrysiptera parasema*)、三間雀魚(*Dascyllus aruanus*)、四間雀魚(*Dascyllus melanurus*)、三點白魚(*Dascyllus trimaculayus*)、金燕子魚(*Neoglyphidodon nigroris*)、藍線雀魚(*Paraglyphidodon oxyodon*)等。

4.鱸形目 Perciformes 粗皮鯛科 Acanthuridae

體側扁，體形不規則或卵圓形，頭部有隆起的前額。尾部有鋒利的棘或硬骨，背鰭和臀鰭發達，常稱為倒吊魚類。用腹鰭游動快速，多在珊瑚礁的外緣巡游。草食性，以藻類為食。

(1)紅海倒吊魚(彩圖 130)

學名 :*Acanthurus sohal*

別名 紅海騎士等。

形態特徵 體蛋圓形側扁 體長可達 35 cm。體色灰白 體表密佈天藍色和黑色細花紋，臉部佈滿淺藍色花紋 下頜銀白色。尾柄兩側各有一個鮮黃色刺尾鉤 體側中央鰓蓋後方有一個鮮黃色斑。背鰭從頭頂到尾柄 胸鰭淺黃色黑邊 尾鰭淡黃色藍邊。

(2)藍倒吊魚(彩圖 131)

學名 *Paracanthurus hepatus*

別名 國王刺尾魚等。

形態特徵 體呈橢圓形 體長可達25cm。體色天藍 臉部有深藍色花紋 背鰭 臀鰭藍色有黑邊 眼睛有一條黑色帶在眼後方胸鰭上方一分為二 分別沿著背鰭基部和側線匯合在尾柄處 兩條黑帶間有一個橢圓形藍斑 尾鰭上下葉邊緣黑色 尾鰭和尾柄鮮黃色。藍倒吊魚已人工繁殖成功。

(3)大帆倒吊魚(彩圖 132) 學名：
Zebrasoma veliferum 別名 太平洋帆吊魚
等。

形態特徵 體蛋圓形側扁 體長可達 35 cm。頭三角形 吻前突有細碎白點 體色灰白色 體側從眼睛到尾柄間有7~8條白色垂直環帶並間隔黑色或暗褐色花紋。背鰭從頭頂到尾柄 鰭條寬大高聳如帆 密佈黑色和白色花紋 臀鰭寬大密佈白色黑色花紋 尾鰭鮮黃色，尾柄有刺尾鉤。

粗皮鯛科常見種類還有 雞心倒吊魚(*Acanthurus achilles*) 花倒吊魚(*Acanthurus japonicus*) 白點大帆倒吊魚(*Acanthurus guttatus*) 七彩倒吊魚(*Acanthurus japonicus*) 粉藍倒吊魚(*Acanthurus leucosternon*)、紋倒吊魚(*Acanthurus lineatus*)、五彩倒吊魚(*Acanthurus nigricans*) 一字吊魚(*Acanthurus olivaceus*) 耳斑吊魚(*Acanthurus tennenti*) 斑馬吊魚(*Acanthurus triostegus*) 橙眼吊魚(*Ctenochaetus strigosus*) 火箭吊魚(*Ctenochaetus tominiensis*) 短吻鼻魚(*Naso brevirostris*) 天狗倒吊魚(*Naso lituratus*) 黃三角倒吊魚(*Zebrasoma flavescens*) 珍珠吊魚(*Zebrasoma gemmatum*) 絲絨吊魚(*Zebrasoma rostratum*)等。

5.鱸形目 Perciformes 隆頭魚科 Labridae

魚體稍側扁 長紡錘形 口向前伸出 魚唇通常較厚 牙齒銳利有力 頭部兩側各有一對鼻孔 背鰭一個前端有尖棘。體色豔麗 幼魚 成魚 雌魚及雄魚的斑紋和色彩都不相同。用胸鰭快速地游動 肉食性或雜食性。有性別轉換的現象。

蕃王魚(彩圖 133) 學
名 :*Choerodon fasciatus*
別名 橫帶豬齒魚等。

形態特徵 體長紡錘形 體長可達 30 cm。上頜犬齒 6 枚 下頜犬齒 4 枚 向後外方伸出彎曲。眼睛紅色，頭部有藍色花紋，體表銀白色，從嘴部到尾柄有8~9條紅棕色垂直環帶。尾鰭截形，白色有橙黃色邊，胸鰭黃色，背鰭、腹鰭和臀鰭橙紅色。隆頭魚科常見種類還有：珍珠龍魚(*Scleropages jardinii*)、腋斑普提魚(*Bodianus axillaris*)、雙帶普提魚(*Bodianus bilunulatus*)、雙斑普提魚(*Bodianus bimaculatus*)、斜斑普提魚(*Bodianus hirsutus*)、古巴三色龍魚(美普提魚)(*Bodianus pulchellus*)、三色龍魚(中胸普提魚)(*Bodianus mesothorax*)、橫帶唇魚(*Cheilinus fasciatus*)、波紋唇魚(*Cheilinus undulatus*)、尾斑絲隆頭魚(豔麗絲鰭鸚鯛)(*Cirrhilabrus exquisitus*)、紅腹絲隆頭魚(*Cirrhilabrus rubriventralis*)、模里西斯絲隆頭魚(*Cirrhilabrus sanguineus*)、舒氏豬齒魚(*Choerodon schoenleinii*)、尾斑盔魚(*Coris caudimacula*)、臺灣盔魚(*Coris formosa*)、露珠盔魚(*Coris gaimard*)、雜斑盔魚(*Coris julis*)、尖嘴龍魚(*Gomphosus varius*)、金色海豬魚(*Halichoeres chrysus*)、黃花龍魚(*Halichoeres hortulanus*)、橫帶粗唇魚(*Hemigymnus fasciatus*)、黑白龍魚(*Hemigymnus melapterus*)、狹帶細鱗盔魚(*Hologymnosus doliatus*)、裂唇魚(飄飄魚)(*Labroides dimidiatus*)、花尾連鰭魚(*Novaculichthys taeniourus*)、卡氏副唇魚(*Paracheilinus carpenteri*)、麥氏副唇魚(*Paracheilinus mccoskeri*)、八線副唇魚(*Paracheilinus octotaenia*)、長鰭鸚鯛(*Pteragogus aurigarius*)、新月錦魚(*Thalassoma lunare*)等。

6.鱸形目 Perciformes 笛鯛科 Lutjanidae

紅笛鯛(彩圖 134) 學

名 :*Lutjanus sanguineus*

別名 紅曹魚等。

形態特徵 體長橢圓形，稍側扁，體長可達40 cm。頭較大，背鰭2個連續，前鰓蓋骨後緣具一寬而淺的缺口。背鰭和臀鰭鰭條部後緣圓，胸鰭大，鐮刀狀，尾柄上緣有一暗色鞍狀斑點，體為深紅色，腹部較淺。

笛鯛科常見種類還有 :金帶笛鯛(*Lutjanus fulvus*)、隆背笛鯛(*Lutjanus gibbus*)、四線笛鯛(*Lutjanus kasmira*)、單斑笛鯛(*Lutjanus monostigma*)、六線笛鯛(*Lutjanus quinquelineatus*)、川紋笛鯛(*Lutjanus sebae*)、縱帶笛鯛(*Lutjanus vitta*)、斑點羽鰓笛鯛(*Macolor macularis*)、黃背若梅鯛(*Paracaesio xanthura*)、絲條長鰭笛鯛(*Symphorus nematophorus*)、帆鰭笛鯛(*Symphorichthys spilurus*)等。

7.鱸形目 Perciformes 蝦虎魚科 Gobiidae

斑點蝦虎魚(彩圖 135)

學名 :*Amblyeleotris guttata*

別名 點紋鈍塘鱧等。

形態特徵 體長圓柱形，體長可達 11 cm。胸鰭基底發達成臂狀，兩眼背位，靠得很近。身體上披有大小不一的金黃色圓點，排列有序呈橫帶狀，腹鰭及臀鰭下緣黑色，腹鰭前後身體腹部有向上漸狹的黑帶，各單鰭上有金黃圓點散佈。

蝦虎魚科常見種類還有 :條帶鈍塘鱧(*Amblyeleotris fasciata*)、紅線蝦虎魚(金線鈍蝦虎魚)(*Amblygobius rainfordi*)、金色條紋蝦虎魚(*Ctenogobiops aurocingulus*)、黑唇絲蝦虎魚(*Cryptocentrus cinctus*)、綠紋蝦虎魚(*Elacatinus multifasciatus*)、藍條蝦虎魚(*Elacatinus oceanops*)、橙色葉蝦虎魚(*Gobiodon citrinus*)、華麗線塘鱧(*Nemateleotris decora*)、大溪地火鳥魚(赫氏線塘鱧)(*Nemateleotris helfrichi*)、雷達魚(絲鰭線塘鱧)(*Nemateleotris magnifica*)、金頭蝦虎魚(*Opistognathus aurifrons*)、副葉蝦虎魚(*Paragobiodon lacunicolus*)、橫帶鋸鱗蝦虎魚(*Priolepis cinctus*)、黑尾鰭塘鱧(*Ptereleotris evides*)、尾斑鰭塘鱧(*Ptereleotris heteroptera*)、斑馬鰭塘鱧(*Ptereleotris zebra*)、點帶范氏塘鱧(*Valenciennea Puellaris*)、雙斑顯色蝦虎魚(*Signigobius biocellatus*)、黑天線蝦虎魚(*Stonogobiops nematodes*)、白天線蝦虎魚(*Stonogobiops yasha*)、綠麒麟(五彩青蛙魚)(*Synchiropus splendidus*)、磨塘鱧(*Trimma cana*)、橙點蝦虎魚(*Valenciennea puellaris*)、金頭蝦虎魚(絲條凡塘鱧)(*Valenciennea strigata*)等。

8.鱸形目 Perciformes 藍子魚科 Siganidae

狐狸魚(彩圖 136) 學名：

Siganus vulpinus 別名 狐籃子魚

等。

形態特徵 體呈長橢圓形 側扁 體長可達16cm。頭小。吻略尖突或突出呈管狀 口小 不能伸縮。頭部外形像狐狸的頭部 有黑 灰條紋 體色為黃色 背鰭 腹鰭 臀鰭的硬棘有毒性。

藍子魚科常見種類還有：藍點狐狸魚(*Siganus corallinus*)、金點狐狸魚(*Siganus chrysospilos*)、兩間狐狸魚(*Siganus doliatus*)、星狐狸魚(*Siganus guttatus*)、印度狐狸魚(*Siganus magnificus*)、黃斑狐狸魚(*Siganus puellus*)、一點狐狸魚(*Siganus unimaculatus*)、雙色狐狸魚(*Siganus uspi*)、二線狐狸魚(*Siganus virgatus*)等。

9.鮋形目 Scorpaeniformes 鮋科 Scorpaenidae

長鬚獅子魚(彩圖 137) 學名：

Pterois volitans 別名 翱翔蓑鮋

等。

形態特徵 體長紡錘形 體長可達35cm。頭扁平 眼睛位於頭頂。胸鰭大 由數十根硬條組成 背鰭由數根硬刺條組成 其後半部分是軟鰭條 背棘有劇毒。身體白色 頭部有棕色花紋 全身有數十條棕色環帶 胸鰭和背鰭有白色與棕色相間的條紋 尾鰭和臀鰭銀白色並有黑色圓點。

鮋科常見種類還有：觸鬚蓑鮋(*Pterois antennata*)、環紋蓑鮋(*Pterois lunulata*)、輻紋蓑鮋(*Pterois radiata*)、擬蓑鮋(*Parapterois heterurus*)、美麗短鰭蓑鮋(*Dendrochirus bellus*)、雙斑短鰭蓑鮋(*Dendrochirus biocellatus*)、短鬚獅子魚(短鰭多臂蓑鮋)(*Dendrochirus brachypterus*)、花斑短鰭蓑鮋(*Dendrochirus zebra*)等。

10.鮋形目Tetraodontiformes 鱗鲀科Balistidae

鴛鴦炮彈魚(彩圖 138) 學
名:Rhinecanthus aculeatus
別名:叉斑銼鱗鲀等。

形態特徵 體呈橢圓形,頭部圓錐形,頭大,嘴尖,體長可達30cm。體披菱形鱗片似全身披掛盔甲,第一枚背鰭由三根棘刺構成,第一棘較長,強韌且可自由伏臥。眼睛位於頭頂,周圍有三條藍色環帶,嘴部有黃帶和藍斑。鰓蓋後身體中央有一塊大的暗黑色圓斑,第二背鰭基部有兩條暗黑色環帶到達身體中央黑斑,臀鰭基部有7~8條黑白相間的環帶到達身體中央黑斑。

鱗鲀科常見種類還有:星點炮彈魚(*Abalistes stellaris*)、斜紋炮彈魚(*Balistapus undulatus*)、藍點鱗鲀(*Balistes punctatus*)、女王炮彈魚(*Balistes vetula*)、小丑炮彈魚(*Balistoides conspicillum*)、泰坦炮彈魚(*Balistoides viridescens*)、印度炮彈魚(*Melichthys indicus*)、玻璃炮彈魚(*Melichthys vidua*)、阿氏銼鱗鲀(*Rhinecanthus assasi*)、三角炮彈魚(*Rhinecanthus rectangulus*)、黑肚炮彈魚(*Rhinecanthus verrucosus*)、魔鬼炮彈魚(*Odonus niger*)、黃邊炮彈魚(*Pseudobalistes flavimarginatus*)、藍紋炮彈魚(*Pseudobalistes fuscus*)、藍面炮彈魚(*Xanthichthys auromarginatus*)等。

11.鮋形目Tetraodontiformes 箱鲀科Ostraciontidae

木瓜魚(彩圖 139)學名:
Ostracion cubicus 別名 粒突箱鲀
等。

形態特徵,體呈長矩形,體長可達15cm。魚體密披六角形骨質盾板,組成不能活動的堅硬外殼。幼時體形為圓球形,體色鮮黃上有黑點,隨成長體形拉長而成為長矩形,體色也變為暗棕色,黑點變小。雄魚體色略帶藍灰色,雌魚則略帶暗綠色。魚的皮膜會分泌毒液。

箱鲀科常見種類還有 金黃六棱箱鲀(*Aracana aurita*)、麗六棱箱鲀(*Aracana ornata*)、牛角魚(角箱鲀)(*Lactoria cornuta*)、牛角箱鲀(*Lactoria concatenatus*)、棘背角箱鲀(*Lactoria diaphana*)、福氏角箱鲀(*Lactoria fornasini*)、花木瓜魚(白斑箱鲀)(*Ostracion meleagris*)、吻鼻箱鲀(*Ostracion rhinorhynchos*)、藍帶箱鲀(*Ostracion solorensis*)、惠氏箱鲀(*Ostracion whitleyi*)、駝背三棱箱鲀(*Tetrosomus gibbosus*)等。

12.海龍目Syngnathiformes 海龍科Syngnathidae

帶紋斑節海龍(彩圖 140) 學名:
Dunkerocampus dactyliophorus 別
名:帶紋矛吻海龍等。

形態特徵 體呈長圓柱形,體長可達 20 cm。魚體淡黃色,從嘴部到尾柄有數十條黑色環帶。嘴似管狀向前突出,眼睛有一條黑環,尾鰭鮮紅色有白邊,中間有白色的斑點,酷似閃亮的燭光。帶紋斑節海龍已人工繁殖成功。海龍科常見種類還有 紅鰭冠海龍(*Corythoichthys haematopterus*)、藍帶海龍(*Doryrhamphus excisus*)、日本矛吻海龍(*Doryrhamphus japonicus*)、金海龍(*Entelurus aequoreus*)、葛氏海龍(*Halicampus grayi*)、帶紋多環海龍(*Hippichthys spicifer*)、大肚海馬(膨腹海馬)(*Hippocampus abdominalis*)、冠海馬(*Hippocampus coronatus*)、刺海馬(*Hippocampus histrix*)、大海馬(*Hippocampus kelloggi*)、管海馬(*Hippocampus kuda*)、吻海馬(*Hippocampus reidi*)、三斑海馬(*Hippocampus trimaculatus*)、懷氏海馬(*Hippocampus whitei*)、小海馬(*Hippocampus zosterae*)、枝葉海馬(*Phycodurus eques*)、草海龍(*Phyllopteryx taeniolatus*)、澳洲葉海馬(*Phyllopteryx taeniolatus*)、絲枝海馬(*Stipecampus cristatus*)、擬海龍(*Syngnathoides biaculeatus*)、短吻粗吻海龍(*Trachyrhamphus bicoarctatus*)等。

第五節　原生觀賞魚

一 原生觀賞魚的概念及價值

原生觀賞魚是指有一定觀賞價值但尚未被作為觀賞魚進行養殖或市場交易的野生淡水魚類。原生觀賞魚中絕大多數是小型魚類,在以食用價值作為評判標準時往往得出其無經濟價值的結論,常常棄之或被當作野雜魚淪為飼料。但是,原生觀賞魚在色彩、體態、習性等方面顯示出獨特的觀賞價值,尤其是許多種類在繁殖期(發色)更是色澤豔麗,變幻無窮,深受人們的喜愛,尤其是一大批愛好者更是對其情有獨鍾。在中國 1300 餘種淡水魚類中,可以作為原生觀賞魚的有 400 多種。隨著近年來原生觀賞魚的價值逐漸被人們所認識,原生觀賞魚在水族界的地位也得到了明顯的提升。

二 選擇原生觀賞魚的標準

1.體色和花紋

作為原生觀賞魚的體色標準可分為色彩和花紋兩類,即要求色彩鮮豔或花紋美麗、奇特。色彩方面,較受人們喜愛的顏色是:(1)紅色,尤以玫瑰紅、桃紅、大紅最受歡迎;(2)黃色,尤以金黃、橘黃最受歡迎;(3)藍色尤以深藍、天藍最受歡迎;(4)綠色,以翠綠、草綠為好;(5)白色,以雪白為最好;(6)黑色,以漆黑為最好;(7)咖啡色;(8)透明及一些豔麗的混合色等。其中"燈魚"類的反光點(帶)也當歸於顏色一類。花紋則以色彩豔麗的最受歡迎;從花紋的圖形上看,一般帶狀、點狀、塊狀花紋更受歡迎。

2.特殊體形或鰭形

有的原生觀賞魚雖無豔麗的體色、花紋,但其體形、頭部、鰭形特殊,同樣具有觀賞價值。體形上較受歡迎的特殊性通常有:(1)長吻、眼突出、大嘴、大頭,如馬口魚等;(2)鱗片怪異、無某一器官,如鴨嘴金錢鮰等;(3)體形蛇狀、刀狀、球狀、羽毛狀,如刺鰍等;(4)體形巨大、會變形,如中華鱘等。較受歡迎的鰭形通常有:(1)鰭變大、分葉;(2)鰭呈絲狀、針狀、刺狀、爪狀;(3)鰭扁平狀、吸盤狀,如爬岩鰍等。

3.有趣生物學習性

較受人們注意的有趣生物學習性有:(1)求偶、築巢、口孵、護幼等,如中華多刺魚;(2)射水、會叫、放電、接吻等,如蝦虎魚類;(3)反游、倒游、打鬥、誘捕等,如叉尾鬥魚;(4)變色、偽裝、擬態,如銀線彈塗魚等;(5)清除殘餌、清除糞便等;(6)專食青苔,能清潔魚缸玻璃等。

三、中國原生觀賞魚的資源狀況

1.中國原生觀賞魚的種類分佈

根據原生觀賞魚的評價標準並結合流行的審美觀念,2000年本書作者提出了"中國淡水野生觀賞魚建議名錄"(在第一屆中國觀賞魚專業委員會成立即學術年會上宣講),首次建立了原生觀賞魚(淡水野生觀賞魚)的概念及選擇標準,初步明確了中國原生觀賞魚的種類(28科368種),構建了其相對獨立的體系。2015年本書作者出版了《中國原生觀賞魚圖鑒》,系統收錄了中國的463種原生觀賞魚,並對其中具有代表意義的163種原生觀賞魚進行了圖文並茂的詳細介紹。在此書中統計的中國原生觀賞魚共計12目33科151屬463種,占中國淡水魚類的35.02%,占世界淡水魚類的3.77%,中國原生觀賞魚在中國和世界淡水魚類中有其特別的意義。

中國原生觀賞魚的種類分佈按照種類數由多到少依次為鯉科(151種)>鰍科(92種)>平鰭鰍科(60種)>鮡科(33種)>蝦虎魚類(31種)>鱨科(16種)>鯰科>鱘科>沙塘鱧科>塘鱧科>鮠科>鈍頭鮠科>杜父魚科>鱧科>鮭科>彈塗魚科>絲足鱸科,只有2種魚的有鮟科、鯰科、鰧科、刺魚科、刺鰍科、舌鰨科,只有1種魚的有匙吻鱘科、胭脂魚科、裸吻魚科、長臀鮠科、鱈科、鱸科、變色魚科、溪鱧科、攀鱸科、鰈科。

2.中國原生觀賞魚的區域分佈

中國原生觀賞魚有的種類分佈區域廣,分佈於多個水系及水域;有的種類分佈區域窄,僅分佈於1個水系或特定水域;有很多種類喜棲息在清澈的小溪河中。中國原生觀賞魚分佈較多的水系有長江水系、珠江水系、瀾滄江水系、閩江水系、伊洛瓦底江水系、黃河水系、黑龍江水系等。

四、中國原生觀賞魚的保護與利用

1.中國原生觀賞魚的資源保護

中國原生觀賞魚的物種區域分化強烈、食性分化明顯、繁殖習性獨特，這些基本的生物學特點決定了其競爭能力和生存能力較低，物種更為脆弱，因而在生存競爭中往往處於劣勢。隨著人類活動對水域生態環境的破壞，中國原生觀賞魚普遍面臨生存條件惡化，稀有物種資源走入困境的狀況。中國原生觀賞魚中有許多物種，長期以來受外來魚類、水利工程、圍湖造田、酷漁濫捕等多方面人為因素的影響，使得不少原生觀賞魚數量銳減，有的種類已瀕臨滅絕。中國歷來對原生觀賞魚資源的保護都很欠缺，但隨著社會的進步，人與自然和諧相處正在成為人們的共識，探求人與生態物種之間的和諧共生，將是中國原生觀賞魚物種得以保護的希望，透過建立珍稀原生觀賞魚物種的養殖繁育基地，是從根本上解決中國原生觀賞魚資源保護的正確道路。

2.中國原生觀賞魚的合理開發利用

中國原生觀賞魚的開發利用應該與資源保護結合起來，必須在不破壞魚類資源的前提下進行合理利用；開發利用應該與經濟效益結合起來，許多原生觀賞魚資源為中國特有種，具有出口創匯價值，合理開發可以做到開發者和國家都能得到經濟利益；開發利用應該與地方經濟發展結合起來，原生觀賞魚的資源分佈地大都經濟較為落後，利用得好，會對這些地方的百姓致富和經濟發展起到促進作用。

中國原生觀賞魚大多數種類的生活習性、繁殖習性、飼養條件等均不太清楚，且大都未經過家養馴化階段，更未進行人工繁殖及人工育苗工作，所以暫養成活率、運輸成活率、飼養成活率均很低，有的原生觀賞魚的不良性狀尚未改良，嚴重影響銷售價格及市場需求。中國原生觀賞魚的出口管道未完全打開，由於中間環節的層層加價，使原生觀賞魚的出口價格優勢受到嚴重影響，從而失去市場競爭力。

中國原生觀賞魚合理開發利用的方式可從這幾方面考慮：(1)對於那些資源豐富又易於飼養的低質魚類，如鯉科、鰍科、平鰭鰍科、鮠科的部分魚類，可以採用收購馴養後直接銷售的方式上市，使這些沒有食用價值的非經濟魚類，直接變成有觀賞價值的商品魚類。(2)對於那些資源量少或較難飼養但有開發價值的魚類，可在原產地或相關區域建立馴化繁育基地，完成原生觀賞魚的家化過程，攻破人工繁殖及規模化育苗關後，擴大養殖數量並銷售，實現有效益的合理利用，如蝦虎魚類。(3)注意拓展外銷市場，原生觀賞魚往往在當地習以為常，只有到了異國他鄉才會讓那裡的人感到奇異，所以經營者當把開發利用的重點放在拓展國外市場。中國原生觀賞魚有相當數量屬於溫水性或冷水性魚類，主要市場應在歐洲、北美洲、日本等，如中國鬥魚、鰟鮍魚類、鰍魚類。(4)注意給準備開發的中國原生觀賞魚取一個恰當、動聽、便於記憶的"藝名"，並配以高品質的寫真照片和真實生動的文字介紹，將原生觀賞魚的"美麗"之處及相關生物學特徵介紹給世界，如胭脂魚被取名為"一帆風順"，對於打開國際市場起到了舉足輕重的作用。

五、中國原生觀賞魚的主要種類及其特徵

1.鯉形目 Cypriniformes 胭脂魚科 Catostomidae

胭脂魚(彩圖 141) 學名：

Myxocyprinus asiaticus 別名 黃排、血

排、粉排、火燒鯿等。

形態特徵 體側扁、體形隨生長而變化、幼時體高、成年體長。頭短、吻鈍圓。口小、下位、呈馬蹄狀、唇厚、上有小乳突。有高聳的三角形背鰭、並延伸至臀鰭基部後上方。幼年胭脂魚為棕色、體側各有三條黑色橫條紋。成年雄魚與雌魚的顯著區別是雄魚體色為胭脂紅色、而雌魚的體色是深紫色、都長有寬闊的黑色或紅棕色豎條紋。

2.鯉形目 Cypriniformes 鯉科 Cyprinidae

高體鰟鮍(彩圖 142) 學名：

Rhodeus ocellatus 別名 鰟鮍、菜板

魚、火片子等。

形態特徵 體高而側扁、呈卵圓形、體長為體高的 2.0~2.3 倍。頭小、頭後背部向上隆起甚高。口小、眼大。胸鰭末端不越過腹鰭起點、背鰭基底長於從背鰭末至尾柄基部的距離。體側上部帶有淺綠色光澤、魚尾柄正中有一條縱行的黑色條紋向前延伸、鰓蓋後上方有一黑綠色的斑塊。幼魚背鰭上有一個黑色斑塊、雄魚背鰭和臀鰭色彩豔麗、常具有黃、橙、紅與黑色的搭配。

鯉科常見種類還有：棒花魚(*Abbottina rivularis*)、大鰭鱊(*Acheilognathus macropterus*)、峨眉鱊(*Acheilognathus omeiensis*)、越南鱊(*Acheilognathus tonkinensis*)、光唇魚(*Acrossocheilus fasciatus*)、虹彩光唇魚 *Acrossocheilus iridescens*、麗色低線鱲(*Barilius pulchellus*)、金線[魚丹](*Danio chrysotaenitus*)、南方鰍鮀(*Gobiobotia meridionalis*)、董氏鰍鮀(*Gobiobotia tungi*)、花斑裸鯉(*Gymnocypris eckloni*)、厚唇裸重唇魚(*Gymnodiptychus pachycheilus*)、裂峽舥(*Hampala macrolepidota*)、花魚骨(*Hemibarbus maculatus*)、建德小鰁鮈(*Microphysogobio tafangensis*)、馬口魚(*Opsariichthys bidens*)、革條副鱊(*Paracheilognathus himantegus*)、彩副鱊(*Paracheilognathus imberbis*)、拉氏鱥(*Phoxinus lagowskii*)、長麥穗魚(*Pseudorasbora elongata*)、似鮈(*Pseudogobio vaillanti*)、扁吻鮈(*Pungtungia herzi*)、條紋小舥(*Puntius semifasciolatus*)、異斑小舥(*Puntius ticto*)、方氏鰟鮍(*Rhodeus fangi*)、彩石鰟鮍(*Rhodeus lighti*)、黑鰭鰁(*Saroocheilichthys nigripinnis*)、小鰁(*Sarcocheilichthys parvus*)、華鰁(*Sarcocheilichthys sinensis*)、滇池金錢舥(*Sinocyclocheilus grahami*)、寬鰭鱲(*Zacco platypus*)等。

3.鯉形目 Cypriniformes 鰍科 Cobitidae

美麗小條鰍(彩圖 143) 學

名 *Traccatichthys pulcher*

別名 美麗條鰍、竹葉魚、花鰍、錦鰍等。

形態特徵 體側扁、頭小、吻長。口下位、唇周有乳突。須3對、吻須2對位於吻端、頷須1對位於口角。背鰭起點在腹鰭起點的前上方、尾鰭微凹。背部和體側多紅褐色斑塊、沿側線有一行呈孔雀綠的橫斑條、並有亮藍色閃光。各鰭均為橘紅色、尾鰭基部有一深褐色圓斑。

鰍科常見種類還有：北方須鰍(*Barbatula barbatula nuda*)、美麗沙鰍(*Botia pulchra*)、寬體沙鰍(*Botia reevesae*)、壯體沙鰍(*Botia robusta*)、中華沙鰍(*Botia superciliaris*)、斑條花鰍(*Cobitis laterimaculata*)、中華花鰍(*Cobitis sinensis*)、長薄鰍(*Leptobotia elongata*)、盈江條鰍(*Nemacheilus yingjiangensis*)、花斑副沙鰍(*Parabotia fasciata*)、短須副鰍(*Paracobitis potanini*)、紅尾副鰍(*Paracobitis variegatus*)、戴氏南鰍(*Schistura dabryi*)、橫紋南鰍(*Schistura fasciolatus*)、貝氏高原鰍(*Trilophysa bleekeri*)、似鯰高原鰍(*Triplophysa siluroides*)、麗紋雲南鰍(*Yunnanilus pulcherrimus*)等。

4.鯉形目 Cypriniformes 平鰭鰍科 Balitoridae

犁頭鰍(彩圖144)學名：

Lepturichthys fimbriata

別名：長尾鰍、細尾魚、鐵掃把、細尾琵琶魚等。形態特徵 體延長、體高小於體寬、腹部平、尾柄細長呈鞭狀。頭呈犁頭狀、吻長、口下位、唇上乳突發達、口角須3對。鰓孔自胸鰭基上方擴展到頭的腹面。腹鰭左右分開、末端遠不及肛門。體色通常為灰褐色散佈有塊狀、點狀花紋。

平鰭鰍科常見種類還有：貴州爬岩鰍(*Beaufortia kweichowensis*)、爬岩鰍(*Beaufortia leveretti*)、纓口鰍(*Crossostoma davidi*)、臺灣纓口鰍(*Crossostoma lacustre*)、少鱗纓口鰍(*Crossostoma paucisquama*)、短身金沙鰍(*Hemimyzon abbreviata*)、中華金沙鰍(*Hemimyzon sinensis*)、擬平鰍(*Liniparhomaloptera disparis*)、峨眉後平鰍(*Metahomaloptera omeiensis*)、厚唇原吸鰍(*Protomyzon pachychilus*)、中華原吸鰍(*Protomyzon sinensis*)、東坡擬腹吸鰍(*Pseudogastromyzon changtingensis tungpeiensis*)、方氏擬腹吸鰍(*Pseudogastromyzon fangi*)、麥氏擬腹吸鰍(*Pseudogastromyzon myersi*)、西昌華吸鰍(*Sinogastromyzon sichangensis*)、四川華吸鰍(*Sinogastromyzon szechuanensis*)、海南原纓口鰍(*Vanmanenia hainanensis*)、浙江原纓口鰍(*Vanmanenia stenosoma chekianensis*)等。

5.鯰形目 Siluriformes 䰻科 Sisoridae

福建紋胸䰻(彩圖145)學名：

Glypothorax fukiensis 別名：石黃姑、骨釘、黃牛角、羊角魚等。

形態特徵 體較粗壯、尾柄較高、頭寬扁、口下位、略呈弧形。須4對、上頷須有寬闊的皮褶與吻部相連、鰓孔較大、下角擴展至腹面。皮膚表面具疏密不等的顆粒、胸部吸著器為斜紋狀、後端開放。全身灰色或黃白色、頭背部灰棕色、背鰭、脂鰭、尾鰭基處各有一寬的棕黑色斑紋，體側及各鰭上均有許多棕黑色小斑點。

鮡科常見種類還有：巨鮡(*Bagarius yarrelli*)、中華紋胸鮡(*Glyptothorax sinensis*)、大斑紋胸鮡(*Glyptothorax macromaculatus*)、平吻褶鮡(*Pseudecheneis paviei*)、黃石爬鮡(*Euchiloglanis kishinouyei*)等。

6.鯰形目 Siluriformes 鱨科 Bagridae

白邊擬鱨(彩圖 146) 學名：
Pseudobagrus albomarginatus 別
名：白邊鮠、別耳姑等。

形態特徵：體胸部粗圓，向後漸側扁，吻圓鈍、寬扁。口下位、唇稍厚、邊緣有皺褶。鬚4對，上頜鬚稍超過眼後緣。背鰭短，稍偏於體前部，硬刺後緣稍粗糙，胸鰭刺前緣光滑，後緣鋸齒明顯；尾鰭發達，圓形。體灰黑色，腹部灰白，胸鰭色淡，其餘各鰭灰黑色，尾鰭邊緣鑲有明顯的白邊。

鱨科常見種類還有：黃顙魚(*Pelteobagrus fulvidraco*)、條紋鮠(*Leiocassis virgatus*)、粗唇鮠(*Leiocassis crassilabris*)、切尾擬鱨(*Pseudobagrus truncatus*)、瓦氏擬鱨(*Pseudobagrus ussuriensis*)、越南擬鱨(*Pseudobagrus kyphus*)、斑鱯(*Mystus guttatus*)等。

7.鱸形目 Perciformes 蝦虎魚科 Gobiidae

褐吻蝦虎魚(彩圖 147)
學名 *Rhinogobius brunneus*
別名：褐櫛蝦虎魚等。

形態特徵：體延長，近圓筒狀，後部側扁。吻長、口端位、口裂傾斜。眼大、上位。背鰭兩個、分離，雄魚第一背鰭第三、四鰭棘常延長呈絲狀。腹鰭胸位癒合成圓吸盤形。身體黃褐色，體側上部各鱗具紅點，常有5～7個排成一列的黑褐色圓斑、眼下緣和眼前各有一深色縱紋，頭、頰部有紅色蟲狀紋及斑點，背部有深淺不同的網狀斑紋及斑塊。

蝦虎魚科常見種類還有：波氏吻蝦虎魚(*Rhinogobius cliffordpopei*)、戴氏吻蝦虎魚(*Rhinogobius davidi*)、絲鰭吻蝦虎魚(*Rhinogobius filamentosus*)、子陵吻蝦虎魚(*Rhinogobius giurinus*)、李氏吻蝦虎魚(*Rhinogobius leavelli*)、神農吻蝦虎魚(*Rhinogobius shennongensis*)、四川吻蝦虎魚(*Rhinogobius szechuanensis*)、溪吻蝦虎魚(*Rhinogobius duospilus*)、周氏吻蝦虎魚(*Rhinogobius zhoui*)等。

8.鱸形目 Perciformes 沙塘鱧科 Odontobutidae

薩氏華黝魚(彩圖 148) 學名：
Sineleotris saccharae 別名：側扁黃黝魚
等。

形態特徵：體延長，略側扁、吻尖突。口小、斜裂，兩頜具絨毛狀細齒。背鰭2個，相距接近，左右腹鰭靠近，不癒合成吸盤。身體淺棕色，體側約有10條暗色橫帶，並常有不規則黑色斑塊，眼前下方至口角上方有一暗紋，鰓蓋骨後上角有一較大黑斑，背鰭第2~6鰭棘有一長黑斑。

沙塘鱧科常見種類還有：小黃黝魚(*Micropercops swinhonis*)、中華沙塘鱧(*Odontobutis sinensis*)、鴨綠沙塘鱧(*Odontobutis yaluensis*)、葛氏鱸塘鱧(*Perccottus glehnii*)等。

9.鱸形目Perciformes鮨科Serranidae

大眼鱖(彩圖149) 學名：

Siniperca kneri

別名：母豬殼、刺薄魚、羊眼鱖魚等。形態特徵：體較高而側扁，背部隆起。頭大，口大，口裂略傾斜。下頜突出，上頜骨僅伸達眼後緣之前的下方，上下頜前部有犬齒狀小齒，下頜明顯長於上頜。眼較大，前鰓蓋骨後緣呈鋸齒狀，下緣有4個大棘，後鰓蓋骨後緣有2個大棘。背鰭分兩部分，彼此連接，前部為硬刺，後部為軟鰭條。體黃綠色，體側具有不規則的暗棕色斑點及斑塊，自吻端穿過眼眶至背鰭前下方有一條狹長的黑色帶紋。

鮨鯛科常見種類還有：中國少鱗鱖(*Coreoperca whiteheadi*)、鱖(*Siniperca chuatsi*)、長身鱖(*Siniperca roulei*)、斑鱖(*Siniperca scherzeri*)、波紋鱖(*Siniperca undulata*)等。

10.鱸形目Perciformes鬥魚科Belontiidae

叉尾鬥魚(彩圖150) 學名：

Macropodus opercularis 別名：中國鬥魚、燒火佬、天堂魚等。

形態特徵：體側扁，呈長橢圓形。頭較大，側扁，吻短突。口小，上位，裂斜。眼大，側上位，眼眶為金黃色。背鰭長，起於胸鰭基後上方，臀鰭與背鰭同形略長於背鰭，腹鰭胸位，尾鰭叉形。魚體呈淺褐色，額頭部分有黑色條紋，鰓蓋後緣有一藍綠色斑塊，眼部有一道橫的細短黑紋。雄魚體側有紅藍或紅綠相間的縱紋，雌魚體側縱紋不鮮豔且不明顯。背鰭與臀鰭呈深藍色，有淺藍色或白色邊緣，尾鰭紅色，有藍色斑點。

鬥魚科常見種類還有：圓尾鬥魚(*Macropodus chinensis*)、黑叉尾鬥魚(*Macropodus erythropterus*)、香港黑叉尾鬥魚(*Macropodus hongkongensis*)、越南黑叉尾鬥魚(*Macropodus spechti*)等。

第六節　觀賞龜

一　觀賞龜的特點與觀賞價值

龜的外部形態可分為頭、頸、軀幹、四肢、尾5部分。頭部窄小，略呈三角形，口較大，口裂延伸至眼後，頜緣有角質硬鞘稱"喙"。鼻孔位於頭的前端，眼位於頭兩側上半部。頸部粗長，能伸縮，可呈 U 形彎曲入殼內。軀幹部寬短而略扁，背面呈橢圓，外層是角質盾片，內層是骨板，由若干塊組成，且上下兩層骨縫互不重疊，因而增強了龜殼的堅固性。四肢粗短而扁平，陸棲龜類腿為圓柱形，均具爪，能縮入殼內；海龜類則不同，四肢不能縮回體內，而且指趾間具有蹼，便於在水中游動。大多數龜的尾巴短而細小。側頸龜類由於頸部較長(甚至超過自身背甲長度)，頭部收縮時，頭頸部不能縮入殼內，頸部只能側向體側的腋窩中。

從遠古開始，中華民族就形成一個牢固的傳統觀念：龜類是解危避難、消災降福的吉祥、長壽神靈之物。數千年來，古人一直對它們頂禮膜拜。龜類的觀賞價值表現在其體形特殊、體態端莊、行動悠然，進行室內養殖能有效點綴和美化環境，陶冶情趣，增添休閒雅興；可作為健康、長壽的吉祥物飼養，增強人們的長壽信心和滿足避邪意念；在旅游勝地、公園及娛樂場所，將龜類作為觀賞動物飼養往往令游人樂意前去欣賞。所有的龜類都可以被列為觀賞龜，但有的龜類在形態、色彩、斑紋、特性等方面更具有觀賞性而受到人們的特別關愛。如鸚鵡龜(平胸龜)長有較長的尾巴，生有鱗甲，其頭、眼、嘴都似鸚鵡而得此名，因其獨具的相貌特徵，令人發笑的姿態，奇特的舉動而惹人生樂；四眼斑龜的頭背面兩對環中套環，色彩絢麗的斑紋，像四隻直直盯著人的眼睛。這種奇妙的龜，因個體小、性機敏及頭背特殊的彩色斑紋而備受人們的珍愛。綠毛龜是人們精心培育的一種珍貴觀賞水生動物，有水中"翡翠"的美稱，翠毛飄曳、古樸幽雅、人見人愛(彩圖 151)。側頸龜類是相當特別和特化的龜類，都是淡水棲龜類，僅在南半球能見其蹤影，因奇特的相貌和行為而受到人們的喜愛。

二 觀賞龜的分類系統

觀賞龜都屬於龜鱉目 Testudoformes，共有13科87屬257種(趙爾宓，1997)，其中有龜類230多種。龜鱉目有兩個亞目，曲頸龜亞目 Cryptodira 現存有10科72屬192種，其中龜類有9科58屬169種，鱉類1科14屬23種，包括兩爪鱉科 Carettochelyidae、海龜科 Cheloniidae、鱷龜科 Chelydra、泥龜科 Dermatemydidae、稜皮龜科 Dermochelyidae、龜科 Emydidae、動胸龜科 Kinosternidae、平胸龜科 Platysternidae、陸龜科 Testudinidae 和鱉科 Trionychidae；側頸龜亞目 Pleurodira 有龜類2科15屬65種，包括蛇頸龜科 Chelidae 和側頸龜科 Pelomedusidae。

研究中國龜鱉動物分類的外國學者最著名的當屬英國人 John Edward Gray(1800-1875)，他長期在不列顛自然歷史博物館工作，中國龜鱉動物有11個屬及10個種系由他描記命名。中國的龜類均屬於曲頸龜亞目。對中國現存龜的種類有不同說法，有學者(謝覺明，1999)認為有5科18屬31種(圖3-19)，也有學者認為有6科22屬40種(周婷，2001)。

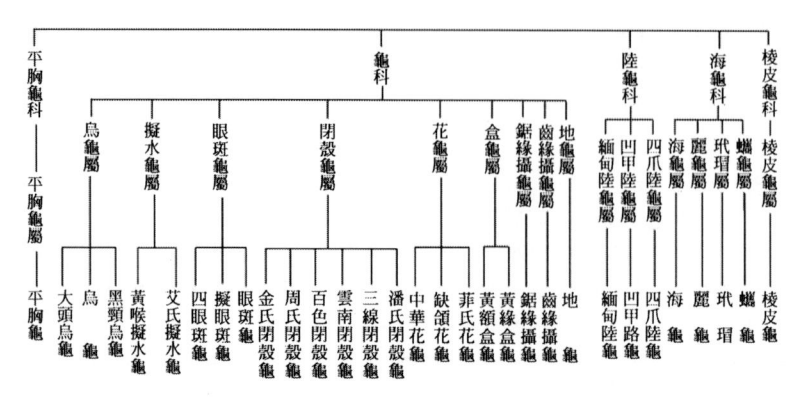

圖3-19　中國龜的分類

三、觀賞龜的主要種類及其特徵

1.龜鱉目 Testudoformes 龜科 Emydidae

(1)烏龜(彩圖 152) 學名：

Chinemys reevesii 別名 金龜、草

龜、泥龜、山龜等。

形態特徵：烏龜是最常見的龜類動物，背甲較扁平，背腹甲固定而不可活動，有3條縱棱。腹甲棕黃色，各盾片有黑褐色大斑塊。吻短，頭側及喉部有暗色鑲邊的黃紋及黃斑，並向後延伸至頸部。雄性成體後全身變黑與雌性有很大的差別。四肢略扁平，指間和趾間均具全蹼，除後肢第五枚外，指趾末端皆有爪。雌性尾短小，雄性尾粗大。雌性成體的個體幾乎為雄性的一倍。

(2)黃喉擬水龜(彩圖 153) 學

名 *Mauremys mutica*

別名 黃喉水龜、小金頭龜、石金錢龜、香龜等。形態特徵：黃喉擬水龜是培育正宗綠毛龜的最佳龜種。頭小，上喙正中凹陷，鼓膜清晰，頭側眼後具2條淺黃色縱紋，喉部黃色。背甲扁平，中央脊棱明顯，後緣略呈鋸齒狀，棕色或棕褐色。腹甲前緣平，後缺刻較深，腹甲黃色，每一塊盾片外側有大墨漬斑，甲橋明顯，背腹甲間借韌帶相連。四肢扁平，指、趾間具蹼，指、趾末端具爪，尾細短。

(3)四眼斑龜(彩圖 154) 學名：

Sacalia quadriocellata 別名 六眼

龜等。

形態特徵：體形略扁平，頭部皮膚光滑，呈棕橄欖色。頸部與頭部同色，具棕紅色縱紋，頸背縱紋特別明顯。頭後兩側各有一對或兩對眼斑花紋，其中一對(或兩對)黃色，色彩明亮．頷部有兩塊棕紅色斑。背甲較低平，呈褐色，頭背與體背均無棕黑色蟲蝕紋，腹甲平坦，淡棕黃色，前緣平，後緣微凹，綴有棕色蟲紋斑。四肢較扁，黑褐色，指、趾間全蹼，爪較尖，前肢外側有若干大鱗。尾細，背色深，腹色淺。

(4)金頭閉殼龜(彩圖 155) 學

名 *Cuora aurocapitata* 別名：萬金

龜等。

形態特徵：頭部前端較尖，眼大，頭背面呈金黃色，故名金頭閉殼龜。背甲與腹甲，腹甲的胸盾與腹盾間均以韌帶相連，可使背甲與腹甲前後閉合，當遇敵受驚後，頭、尾和四肢均可縮入殼內，閉合背甲。背甲絳褐色，散有淡黃色斑塊，腹甲黃色，盾片上有排列基本對稱的黑圖斑，四肢背部為灰褐色，腹部為金黃色。四肢扁寬，指趾間具蹼。金頭閉殼龜是 1988 年才發現僅存於中國的新龜種。

(5)中華花龜(彩圖 156) 學名：

Ocadia sinensis 別名：花龜、草龜、

斑龜等。

形態特徵：中華花龜是一種中等體形的龜，龜的頭部、頸部和四肢暴露的皮膚上都長著亮綠色和黑色的細條紋，故稱花龜。頭部較小，光滑無鱗，吻呈錐狀。體較平，甲橋明顯，背甲腹甲間借骨縫相連，具三條脊棱，幼體三棱呈黃色。背甲呈栗色且略拱，後緣不呈鋸齒狀。在深色的背甲上，常常沿著棱突長有不甚明顯的略帶紅色的斑塊。腹甲為淡棕黃色，每一盾片具有栗色，腹甲後緣缺刻。四肢扁圓，指、趾間滿蹼。尾長，往後漸尖細。

(6)黃緣盒龜(彩圖 157) 學名：

Cistoclemmys flavomarginata 別名：斷板

龜、夾板龜、克蛇龜等。

形態特徵：頭部光滑，吻前端平，上喙有明顯的勾曲，頭頂部呈橄欖色。背甲絳棕色且隆起較高，中央脊棱明顯，呈淡黃色，每塊盾片上同心環紋較清晰，緣盾的腹面呈淡黃色，故名黃緣盒龜。背甲與腹甲間，胸盾與腹盾間均以韌帶相連，可使背甲與腹甲前後閉合，當遇敵受驚後，頭、尾和四肢均可縮入殼內，閉合背甲。四肢平扁，上有鱗，指、趾間具半蹼，尾短。

(7)地龜(彩圖 158) 學

名 *Geoemyda spengleri*

別名：楓葉龜、黑胸葉龜、十二棱龜等。形態特徵：體形較小，頭較小，淺棕色，上喙鉤曲，眼大且外突，自吻突側沿眼至頸側有

淺黃色縱紋。背部平滑，背甲金黃色或橘黃色，中央具三條脊棱，前後緣均具齒狀，共十二枚，故稱十二棱龜。腹甲棕黑色，兩側有淺黃色斑紋，後肢淺棕色，散佈有紅色或黑色斑紋，指、趾間具蹼，尾細短。

(8)巴西龜(彩圖 159)

學名 *Trachemys scripta elegans*

別名 紅耳龜、彩龜、巴西翠龜等。形態特徵 體形適中、頭較小、吻鈍、頭、頸處具黃綠相鑲的縱條紋、眼後有1對紅色斑塊。背甲扁平、每塊盾片上具有圓環狀綠紋、後緣不呈鋸齒狀、腹甲淡黃色、具有黑色圓環紋、似銅錢、後緣不呈鋸齒狀。趾、指間具豐富的蹼。

龜科淡水龜亞科常見種類還有：潮龜(巴達庫爾龜)(*Batagur baska*)、咸水龜(*Callagur borneoensis*)、黑頸烏龜(*Chinemys nigricans*)、大頭烏龜(*Chinemys megalocephala*)、安布閉殼龜(*Cuora amboinensis*)、黃額閉殼龜(*Cuora galbinifrons*)、百色閉殼龜(*Cuora mccordi*)、潘氏閉殼龜(*Cuora pani*)、三線閉殼龜(*Cuora trifasciata*)、雲南閉殼龜(*Cuora yunnanensis*)、周氏閉殼龜(*Cuora zhoui*)、齒緣攝龜(*Cyclemys dentata*)、條頸攝龜(*Cyclemys tcheponensis*)、冠背龜(*Hardella thurjii*)、日本地龜(*Geoemyda japonica*)、黃頭廟龜(*Hieremys annandalei*)、緬甸山龜(扁東方龜)(*Heosemys depressa*)、大東方龜(亞洲巨龜)(*Heosemys grandis*)、蔗林龜(*Heosemys silvatica*)、刺山龜(太陽龜)(*Heosemys spinosa*)、斑點池龜(*Geoclemys hamiltonii*)、紅冠棱背龜(*Kachuga kachuga*)、巨型棱背龜(*Kachuga dhongoka*)、史密斯棱背龜(*Kachuga smithii*)、印度棱背龜(*Kachuga tecta*)、紅圈棱背龜(*Kachuga tentoria*)、緬甸棱背龜(*Kachuga trivittata*)、馬來食螺龜(*Malayemys subtrijuga*)、安南龜(*Mauremys annamensis*)、艾氏擬水龜(*Mauremys iversoni*)、日本石龜(*Mauremys japonica*)、臘戌擬水龜(*Mauremys pritchard*)、緬甸黑山龜(*Melanochelys edeniana*)、斯里蘭卡黑山龜(*Melanochelys thermalis*)、三棱黑龜(*Melanochelys tricarinata*)、黑山龜(印度黑龜)(*Melanochelys trijuga*)、緬甸孔雀龜(*Morenia ocellata*)、印度孔雀龜(*Morenia petersi*)、馬來果龜(*Notochelys platynota*)、缺頜花龜(*Ocadia glyphistoma*)、菲氏花龜(*Ocadia philippeni*)、馬來西亞巨龜(*Orlitia borneensis*)、鋸緣攝龜(*Pyxidea mouhotii*)、黑木紋龜(*Rhinoclemmys funerea*)、洪都拉斯木紋龜(*Rhinoclemmys incisa*)、哥斯大黎加木紋龜(*Rhinoclemmys manni*)、擬眼斑水龜(*Sacalia bealei*)、粗頸龜(*Siebenrockiella crassicollis*)等。

龜科龜亞科常見種類還有：中部錦龜(*Chrysemys pictamarginata*)、東部錦龜(*Chrysemys picta*)、西部錦龜(*Chrysemys bellii*)、紅紋錦龜(*Chrysemys pictadorsalis*)、星點水龜(*Clemmys guttata*)、牟氏水龜(*Glyptemys muhlenbergii*)、木雕水龜(*Glyptemys insculpta*)、東部網目雞龜(*Deirochelys reticularia*)、布氏擬龜(*Emydoidea blandingii*)、歐洲澤龜(*Emys orbicularis*)、地圖龜(*Graptemys geographica*)、密西西比地圖龜(*Graptemys kohnii*)、黃斑地圖龜(*Graptemys flavimaculata*)、北部黑瘤地圖龜(*Graptemys nigrinoda*)、阿拉巴馬地圖龜(*Graptemys pulchra*)、環紋地圖龜(*Graptemys oculifera*)、北部鑽紋龜(*Malaclemys terrapin*)、錦鑽紋龜(*Malaclemys terrapin macrospilota*)、德州鑽紋龜(*Malaclemys terrapin littoralis*)、東部甜甜圈龜(*Pseudemys concinna*)、紅腹彩龜(*Pseudemys rubriventris*)、細紋甜甜圈龜(*Pseudemys floridana*)、佛羅里達紅肚龜(*Pseudemys nelsoni*)、卡羅來納箱龜(東部箱龜)(*Terrapene carolina*)、三趾箱龜(*Terrapene carolina triunguis*)、斑點箱龜(*Terrapene nelsoni*)、北部錦箱龜(*Terrapene ornata*)、南部錦

箱龜(*Terrapene ornata luteola*)、斑彩龜(*Trachemys dorbigni*)、安地列斯彩龜(*Trachemys stejnegeri*)、牙買加彩龜(*Trachemys terrapen*)等。

2.龜鱉目 Testudoformes 平胸龜科 Platysternidae

平胸龜(彩圖 160) 學名：

Platysternon megacephalum

別名：鷹嘴龜、鷹嘴龍尾龜、鸚鵡龜、大頭龜等。形態特徵：頭大，呈三角形，且頭背覆大塊角質硬殼，上喙鉤曲呈鷹嘴狀，眼大，無外耳鼓膜。背甲棕褐色，長卵形且中央平坦，前後邊緣不呈齒狀。腹甲呈橄欖色，較小且平，背腹甲借韌帶相連，頭、四肢均不能縮入腹甲。四肢灰色，具瓦狀鱗片，後肢較長，除外側的指、趾外，有銳利的長爪，指、趾間有半蹼。尾長，尾上覆以環狀短鱗片。

平胸龜科僅有平胸龜一種，可分為五個亞種。《瀕危野生動植物種國際貿易公約》2013年把平胸龜列入中國物種紅色名錄(EN CITES 附錄：Ⅰ)，中國依法按國家一級保護動物執行保護。

3.龜鱉目 Testudoformes 陸龜科 Testudinidae

四爪陸龜(彩圖 161)

學名：*Testudo horsfieldi*

別名：旱龜等。

形態特徵：體形較為短小，頭小，上喙的正中有3個尖形突起，喙的邊緣呈鋸齒狀，頭的背面正中有對稱排列的大鱗，其餘鱗片較為細小，頭部為黃色。背甲高而隆起，但脊部較平，與大而平坦的腹甲直接相連，中間沒有韌帶組織。腹甲的前緣略有凹陷，後緣有較深的缺刻。背甲和腹甲的盾片中央都是棕黑色，有寬度不等的黃色邊緣，所有盾片均具有明顯的同心環紋。四肢呈圓柱形，均有四爪，黃色，指、趾間無蹼。前臂和脛部有堅硬的大鱗片，股後還有一叢錐狀的大鱗片。雄性的尾巴細長，雌性的尾巴較短。

四爪陸龜在中國僅分佈於新疆霍城縣，為中國一類保護動物。陸龜科常見種類還有：挺胸龜(*Chersina angulata*)、紅腿象龜(*Geochelone carbonaria*)、亞達伯拉象龜(*Geochelone gigantea*)、印度星龜(*Geochelone elegans*)、加拉巴哥象龜(加拉帕戈斯象龜)(*Geochelone elephantopus*)、豹斑象龜(*Geochelone pardalis*)、緬甸星龜(*Geochelone platynota*)、輻射陸龜(*Geochelone radiata*)、蘇卡達象龜(*Geochelone sulcata*)、沙漠地鼠龜(*Gopherus agassizii*)、哥法地鼠龜(*Gopherus polyphemus*)、鷹嘴陸龜(*Homopus areolatus*)、緬甸陸龜(*Indotestudo elongata*)、印度陸龜(*Indotestudo forstenii*)、鐘紋陸龜(*Kinixys belliana*)、非洲陸龜(*Kinixys erosa*)、荷葉陸龜(*Kinixys homeana*)、靴腳陸龜(*Manouria emys*)、凹甲陸龜(*Manouria impressa*)、餅乾龜(*Pancake Tortoise*)、幾何陸龜(*Psammobates geometricus*)、鋸緣陸龜(*Psammobates oculiferus*)、蛛網龜(*Pyxis arachnoides*)、扁尾陸龜(平背陸龜)(*Pyxis planicauda*)、歐洲陸龜(*Testudo graeca*)、赫曼陸龜(*Testudo hermanni*)、埃及陸龜(*Testudo kleimanni*)、緣翹陸龜(*Testudo marginata*)等。

4. 龜鱉目 Testudoformes 海龜科 Cheloniidae

海龜(彩圖 162) 學名 *Chelonia mydas*

別名 綠海龜等。

形態特徵 體形較大 寬扁 體長可達 130 cm。頭部具有對稱的鱗片 吻短 背部角板略呈心臟形 平鋪狀排列 頭 頸和四肢不能縮入龜甲內。四肢漿狀 前肢較後肢大 內側各有爪1個。尾短小 雄海龜尾長 前肢的爪大而彎曲呈鉤狀。背面及腹面的角板均有色澤斑紋 背面為橄欖色或棕色 腹面黃色。

海龜科常見種類還有 蠵龜(紅海龜)(*Caretta caretta*) 太平洋蠵龜(*Caretta gigas*) 太平洋綠海龜(*Chelonia agassizii*) 玳瑁(*Eretmochelys imbricata*) 肯普氏麗龜(*Lepidochelys kempii*) 太平洋麗龜(*Lepidochelys olivacea*) 平背海龜(*Natator depressus*)。所有海龜科種類均被列為國家 Ⅱ 級重點保護動物和瀕危野生動植物種國際貿易公約(CITES)名錄。

5. 龜鱉目 Testudoformes 棱皮龜科 Dermochelyidae

棱皮龜(彩圖 163) 學名：

Dermochelys coriacea 別名 革龜 七

棱皮龜 舢板龜等。

形態特徵 棱皮龜是現存最大的龜鱉類 體長可達3米。體平扁 頭部具鱗片 頸短 不能縮入殼內。背面縱棱7條 腹面5條 縱棱間平闊而略凹 被覆革質皮膚 背部黑褐色 腹部色淺。四肢漿狀 前肢發達 後肢短小 指 趾無爪。

棱皮龜為棱皮龜科僅有的現存種 已列入《世界自然保護聯盟》(IUCN)2013 年瀕危物種紅色名錄。

6. 龜鱉目 Testudoformes 鱷龜科 Chelydridae

小鱷龜(彩圖 164) 學名：

Chelydra serpentina

別名 擬鱷龜 鱷魚龜 肉龜 美國蛇龜等。 形態特徵 頭部較大 吻較突出 嘴呈鉤狀 頭部和四肢不能完全縮入殼內 頭 頸 背、

腹多有黑色或乳黃色肉突分佈。背甲薄 有縱向三條脊棱 每塊盾片均有突起成棘狀 背甲有棕褐色 褐色 橄欖色至黑色。腹甲較小 薄而呈"十"形 淡黃色或白色 也有呈黑褐色的。四肢粗壯 腹面佈滿乳黃色的肉突 指(趾)間蹼爪較長 指有5爪 趾有4爪。尾長而尖 兩邊有肉突 尾部覆以環狀鱗片 背部形成棘 形似鱷魚尾巴。

鱷龜科僅有2種 另外1種為大鱷龜(*Macroclemys temmincki*)。

7. 龜鱉目 Testudoformes 泥龜科 Dermatemydidae

中美洲河龜(彩圖 165) 學名：

Dermatemys mawii

別名 無。

形態特徵：中美洲河龜是高度水棲性的龜類，將水從嘴和鼻吸入，用鼻腔後側的咽膜從水中提取氧氣。頭部大小適中，吻較突出，有鉤狀的上顎。具有三條脊椎龍骨的背甲普遍較長，呈明顯的黑色。雄性腹甲凹陷，尾巴長而粗，末端有鉤狀的刺；雌性的腹甲平坦而飽滿，尾巴較短。腳部的腳蹼比較明顯，四肢稍有退化無法承受身體的重量，陸上爬行相當困難。

中美洲河龜為泥龜科僅有的現存種，分佈於墨西哥南部、瓜地馬拉和貝里斯，在世界自然保護聯盟瀕臨滅絕物種危急清單中被列為極危物種。

8.龜鱉目 Testudoformes 動胸龜科 Kinosternidae

麝香龜(彩圖 166) 學名：

Sternotherus odoratus

別名 普通麝香龜、密西西比麝香龜、白眉龜等。

形態特徵 體形較小，體長可達13cm，是一種性情活潑易怒的小型水龜。頭部有兩道白色的線條由吻部延伸到頸部，下顎和喉部長有觸鬚。背甲光滑，或者有三條棱突，高隆而修長，沒有鋸齒。麝香龜小的時候龜殼都是墨黑色而且很粗糙，到成年後龜殼轉為圓滑，顏色也淡化成棕色到黑色。麝香龜的名字來自此類龜的一個共同的特性，當它們受到驚擾時都會由麝香腺釋放出帶有惡臭的液體，以嚇阻掠食者。

動胸龜科常見種類還有：鷹嘴泥龜(窄橋匣龜)(*Claudius angustatus*)、三弦巨型鷹嘴泥龜(墨西哥巨蛋龜)(*Staurotypus triporcatus*)、巨型麝香龜(薩爾文巨蛋龜)(*Staurotypus salvinii*)、中美洲泥龜(窄橋泥龜)(*Kinosternon angustipons*)、果核泥龜(*Kinosternon baurii*)、黃泥龜(*Kinosternon flavescens*)、斑紋泥龜(*Kinosternon acutum*)、索若拉泥龜(*Kinosternon sonoriense*)、頭盔泥龜(東方動胸龜)(*Kinosternon subrubrum*)、刀背麝香龜(稜背麝香龜)(*Sternotherus carinatus*)、密西西比麝香龜(*Sternotherus odoratus*)、巨頭麝香龜(*Sternotherus minor*)等。

9.龜鱉目 Testudoformes 蛇頸龜科 Chelidae

澳洲長頸龜(彩圖 167) 學名：

Chelodina longicollis 別名 澳洲蛇頸龜、普通蛇頸龜等。

形態特徵 體較小，頭小，鼻位於吻端，背甲兩側會有上翻，甲長可達 35 cm。頸長度與其背甲的長度相當，上面佈滿結節，頸無法縮進龜殼，只能向兩側彎折。體色變異較大，背部通常為棕色、暗棕色或黑色，腹部黃白色。為高度水棲的龜類，四肢具蹼，指、趾具4爪。

蛇頸龜科常見種類還有：黑腹刺頸龜(*Acanthochelys spixii*)、巨蛇頸龜(*Chelodina expansa*)、長身蛇頸龜(*Chelodina oblonga*)、扁頭長頸龜(*Chelodina siebenrocki*)、枯葉龜(瑪塔蛇頸龜)(*Chelus fimbriatus*)、澳北盔甲龜(*Elseya dentata*)、墨累澳龜(*Emydura macquarii*)、紅腹短頸龜(圓澳龜)(*Emydura subglobosa*)、希氏蟾龜(尖吻龜)(*Phrynops hilarii*)、紅頭扁龜(紅頭

蛇頸龜)(*Platemys platycephala*)、澳洲短頸龜(*Pseudemydura umbrina*)等。

10.龜鱉目 Testudoformes 側頸龜科 Pelomedusidae

沼澤側頸龜(彩圖 168)

學名 *Pelomedusa subrufa*

別名 鋼盔側頸龜等。

形態特徵 體中等大小、頭部扁平、吻部短而鈍、眼睛較大、甲長可達 20 cm。頭頂棕色、橄欖色或灰色，下頜至咽喉淡黃色或乳白色，背甲咖啡色、栗色或橄欖色，腹甲淡黃色。四肢略扁平、前肢具5指、後肢具5趾、均具5爪、指(趾)間具蹼。雄性體形較小，尾巴粗大，雌龜體形大，尾巴較細小。受到驚擾時會和麝香龜類一樣排出帶有惡臭的液體，但是經過馴養後這種本能多會消失。

側頸龜科常見種類還有:馬達加斯加大頭側頸龜(*Erymnochelys madagascariensis*)、亞馬孫大頭側頸龜(*Peltocephalus dumerilianus*)、西非泥龜(*Pelusios castaneus*)、西非側頸盒龜(*Pelusios gabonensis*)、東非側頸龜(*Pelusios subnige*)、西非黑森龜(*Pelusios niger*)、南美紅頭側頸龜(*Podocnemis erythrocephala*)、南美巨側頸龜(*Podocnemis expansa*)、六峰側頸龜(*Podocnemis sextuberculata*)、黃頭側頸龜(黃斑側頸龜)(*Podocnemis unifilis*)、草原側頸龜(*Podocnemis vogli*)等。

第七節　水生觀賞無脊椎動物

一、腔腸動物

腔腸動物是真正的雙胚層多細胞動物，進食與排泄都只有一個口孔與外界相通。刺細胞是腔腸動物所特有的，它遍佈於體表，觸手上特別多，因此又被稱為刺胞動物。腔腸動物全部生活在水中，約1萬種，絕大部分海產，只有少數種類產於淡水，以熱帶和亞熱帶海洋的淺水區最豐富。目前，在中國海記錄到各種海洋腔腸動物，共計為 1010 種。作為在水族箱中搭養的觀賞性腔腸動物主要是珊瑚和海葵，中國海已記錄 515 種。水母主要是在水族館展示，近年來許多夢幻水母館頻頻亮相，成為最吸引遊人關注之地。

1.珊瑚

珊瑚的大多數種類是由許多珊瑚蟲聚合生長的一種群體生物，其形狀色彩美麗多姿。從珊瑚的觸手數目來分，可分為八放珊瑚和六放珊瑚兩類，依其骨骼特性可分為硬(石)珊瑚及軟珊瑚兩類(圖3-20)。硬(石)珊瑚類具分泌碳酸鈣形成堅硬群體的能力，絕大部分為造礁珊瑚，死珊瑚蟲的石灰質骨骼便形成了珊瑚礁，新生的珊瑚不斷地在死去的珊瑚骨骼上生長。軟珊瑚不分泌大量的鈣質骨骼，代之以鈣質骨針束支撐身體，活珊瑚常依附在礁石或海床等物體上生長。大部分的珊瑚在海底營固著生活，世代繁衍生生不息。

圖3-20　珊瑚

(1)鹿角珊瑚

學名：*Acropora* sp.

形態特徵：大型個體，珊瑚骨骼灌木狀，分枝距離大、短、密實的枝狀結構隨著生長會長出第二個枝條，頂端小枝細長而漸尖，生活時體呈黃褐色。

(2)羽珊瑚 學名：

Clavularia sp.

形態特徵：群體生物，由許多管狀的珊瑚蟲構成；珊瑚蟲分佈密集，互相以隔膜或匍匐根相連，形成網狀管道系統，珊瑚蟲頂端可縮入鞘內，基部不收縮，基部針骨大型，呈紡錘形成棍棒狀。

(3)香菇珊瑚 學名：

Discosoma sp.

形態特徵：骨架是管狀結構，每個管狀的頂部像星星形狀，又叫管星珊瑚；每個管狀結構都有分枝，當伸展時，顏色呈現桃紅色。

(4)菊珊瑚 學名：

Favites sp.

形態特徵：體呈圓團塊型，珊瑚體呈半球型，表面平滑整齊，珊瑚蟲中心向內凹進，骨骼彼此緊密相連。

(5)環菊珊瑚 學名：

Favia speciosa

形態特徵：群體通常呈團塊型和網球型，珊瑚蟲骨骼直徑 7～8 mm；向內凹入 4～5 mm；珊瑚蟲夜間會盡情伸展，形似一叢盛開的菊花，顏色為綠色或淡褐色。

(6)飛盤珊瑚 學名：

Fungia spec.

形態特徵：珊瑚體呈圓形，骨骼厚且扁平，口溝處常隆起；軀體內有許多分佈均勻的隔片，邊緣的齒形雖小，但清晰可見，棘為顆粒狀。

(7)雛菊珊瑚

學名 *Goniopora stokesi*

形態特徵 體呈半球型 珊瑚蟲形如一朵朵的雛菊;長度多在 5~8 cm 由數個群體一起生活 顏色多為綠色與棕色。

(8)綠鈕扣珊瑚 學

名 *Palythoa* **sp.**

形態特徵 外形像一顆顆的鈕扣 觸手較短;灰白色身軀上帶著綠色的觸手花盤 晚間會將整個花盤卷起來。

(9)太陽水螅珊瑚 學名:

Parazoanthus axinellae

形態特徵 金黃的色澤 向外延伸的觸手 像光芒四射的太陽。

(10)氣泡珊瑚 學名:

Plerogyra sinuosa

形態特徵 珊瑚蟲呈白色或黃色氣泡狀 白天一顆顆晶瑩剔透般展開著 入夜後會伸出觸手捕食 水螅體縮小時能看到其帶白邊的硬骨 膨脹時豐滿的水螅體會覆蓋整個骨架。

(11)大花腦珊瑚 學名:

Trachyphyllia geoffroyi

形態特徵 外表似人的大腦 顏色豐富多彩 具有灰綠色 紅棕色 淡藍色等色澤。

(12)大圓盤珊瑚 學名:

Turbinaria peltata

形態特徵 珊瑚體呈扁平形的杯或圓盤形 常以柄固著於礁石上 珊瑚蟲呈旋盤狀或圓板狀 直徑約3~l0cm 顏色有棕色 綠色 白色等多種。

珊瑚常見種類還有:海雞冠(*Alcyonium acaule*) 指狀海雞冠珊瑚(*Alcyonium digitatum*) 茉莉石珊瑚(*Alveopora verrilliana*) 叉枝幹星珊瑚(*Caulastrea furcata*) 千手佛珊瑚(*Cerianthus membranaceus*) 角棒珊瑚(*Clavularia viridis*) 紅珊瑚(*Corallium rubrum*) 水晶腦珊瑚(*Cynarina lacrymalis*) 海雞冠(*Dendronephthya* **sp.**) 玫瑰珊瑚(*Euphyllia picteti*) 石芝珊瑚(*Fungia fungites*) 萬花筒珊瑚(*Goniopora lobata*) 柳珊瑚(*Gorgonia ventalina*) 藍珊瑚(*Heliopora coerulea*) 角珊瑚(*Hydnophora exesa*) 牡丹珊瑚(*Pavona cactus*) 細枝鹿角珊瑚(*Pocillopora damicornis*) 腦珊瑚(*Pocillopora meandrina*) 微孔珊瑚(*Porites* **spp.**) 黃色皮革珊瑚(*Sarcophyton elegans*) 綠色皮革珊瑚(*Sarcophyton* **sp.**) 雀巢珊瑚(*Seriatopora hystrix*) 太陽花珊瑚(*Tubastraea coccinea*) 笙珊瑚(*Tubipora musica*)等。

2.海葵

海葵是一種靠攝取水中動物為生的食肉動物 海葵的單體呈圓柱狀 柱體開口端為口盤 封閉端為基盤。口盤中央為口 口部周圍有充分伸展軟而美麗的花瓣狀觸手 附著端的基盤 可分泌腺體吸附於石塊 貝殼或海藻等硬物上(圖3-21)。海葵沒有骨骼 觸手長滿倒刺，能夠刺穿獵物的肉體，體壁與觸手均具有刺絲胞，會分泌毒液，用來麻痺其他動物以自衛或攝食。

圖3-21 海葵

(1)菊花海葵

學名：*Andresia parthenopea*

形態特徵：具有48條圓柱狀多色彩的長觸手，口部比軀體直徑還寬，觸手顏色會隨著光線的明亮度而改變；少有與共生藻共生，但色調變化卻十分強烈，通常在深褐色及紅棕色之間變化。

(2)拳頭海葵 學名：

Entacmaea quadricolor

形態特徵：口盤及觸手長滿了共生藻，觸手構造很特殊；頂端通常是氣泡型，也會因壓縮而成球形或梨形，可與小丑魚共生。

(3)公主海葵 學名：

Heteractis magnifica

形態特徵：表面平滑或有氣泡狀的突起成縱橫雙向排列，體色鮮豔，翡翠綠、棕綠、白色、天藍色、紫色等，光彩奪目；觸手通常黃色或黃綠色，如遇危險，所有的觸手會卷成樹叢狀。

(4)櫻花海葵 學名：

Urticina felina

形態特徵：體呈圓柱型，平時呈半球形，高度不超過5cm，卻可以伸展到15cm；色澤在綠色及紅色之間變化，口部呈紅色，十分漂亮；觸手很短，濃密，尖端呈亮紅色、亮綠色或乳白色。

海葵常見種類還有：草莓海葵(*Actinia equina*)、翡翠海葵(*Aiptasia diaphana*)、等指海葵(*Actinia equina*)、美國粉紅海葵(*Anemonia sulcata*)、透明海葵(*Bartholomea annulata*)、金海葵(*Condylactis aurantiaca*)、美國海葵(*Condylactis passiflora*)、紫點海葵(*Cribrinopsis crassa*)、拿破崙地毯海葵(*Cryptodendrum adhaesivum*)、奶嘴海葵(*Entacmaea quadricolor*)、夏威夷海葵(*Heteractis malu*)、斑馬海葵(*Macrodactyla doreensis*)、繡球海葵(*Metridium senile*)、綠海葵

(*Sagartia troglodytes*)、地毯海葵(*Stichodactyla mertensii*)、優雅陀螺珊瑚(*Turbinaria elegans*)等。

3.水母

水母身體的外形就像一把透明傘，傘狀體的直徑有大有小，最大直徑可達2 m，邊緣長有一些鬚狀的觸手，有的觸手可長達20~30 m(圖3-22)。水母身體的主要成分是水，由內外兩胚層所組成，中間有一個很厚的中膠層，透明而且有漂浮作用。水母運動時，利用體內噴水反射前進，遠遠望去，就像一頂頂圓傘在水中迅速漂游。有些水母的傘狀體還帶有各色花紋，這些色彩各異游動著的水母顯得十分美麗。全世界水域中有超過250餘種水母，全部生活在海洋中。

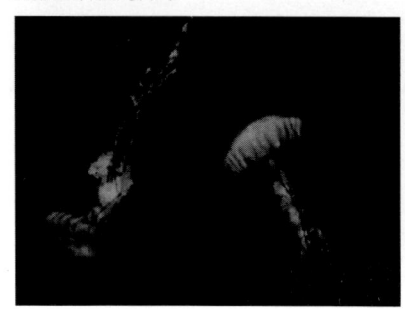

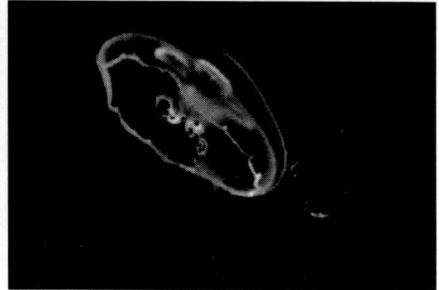

圖3-22　水母

海月水母
學名：*Aurelia aurita*

形態特徵：身體為盤狀，白色透明，98%是水，直徑可達 30 cm。浮游時外傘向上，下傘向下。在傘的邊緣生有觸手，內傘中央有1個呈四角形的口，口的四角各有1條下垂口腕。口腕上有許多刺細胞，可放出刺絲麻痺動物。4個馬蹄形的生殖腺呈粉紅色。

水母常見種類還有：多管水母(*Aequorea macrodactyla*)、倒立水母(*Cassiopeia xamachana*)、箱水母(立方水母)(*Chironex fleckeri*)、獅鬃水母(*Chrysaora melanaster*)、蛋黃水母(*Cotylorhiza tuberculata*)、桃花水母(*Craspedacusta sowerby*)、發狀霞水母(*Cyanea capillata*)、越前水母(*Neopilema nomurai*)、夜光游水母(*Pelagia noctiluca*)、緣葉水母(*Periphylla periphylla*)、珍珠水母(*Phyllorhiza punctata*)、僧帽水母(*Physalia physalis*)、海蜇(*Rhopilema esculenta*)、燈塔水母(*Turritopsis nutricula*)、帆水母(*Velella velella*)等。

二　軟體動物

軟體動物身體柔軟而不分節，可區分為頭、足、內臟團三部分，無真正的內骨骼。身體表面有外套膜，大多具有外套膜分泌的石灰質貝殼，身體藏在殼中，藉以獲得保護。足是運動器官，形狀像斧頭，行動緩慢。軟體動物中螺類(腹足綱)有貝殼1個，身體呈螺旋狀，左右不對稱，現存約10萬種。 螺類遍佈于海洋、淡水及陸地，以海生最多，多營底棲生活。貝類(雙殼綱)有 2 片貝殼，身體側扁，左右對稱，現存約 2 萬種 80%生活于海洋中。

1.觀賞螺

螺類屬軟體動物門中的腹足綱(單殼綱)，絕大多數種類外被一個螺旋形貝殼，故又稱單殼類或螺類。殼口大多具厴；殼呈螺旋形，多數種類為右旋少數左旋，貝殼形態為分類的重要依據。頭部明顯，有眼及觸角，口中有齒舌；內臟團隨螺殼的扭轉一般呈螺旋形，左右不對稱；足發達，葉狀，位腹側，故稱腹足類。汽水域螺是指生活在淡水與海水交匯之處的螺，這類螺可以在淡水中良好生存，甚至可以產卵，但所產卵卻無法孵化。淡水域螺是指生活在淡水內的螺，這類螺在淡水草缸內可以生存並繁殖。一些具有觀賞價值的螺類近年來得以開發，尤其是淡水觀賞螺搭配在水族箱中形成了獨特的景觀，色彩斑斕，造型美麗的螺殼也常被人們作為藝術品(裝飾品)收藏。

(1)彩色海兔(彩圖 169) 學名：
Chromodoris quadricolor

形態特徵 海兔不是兔，是螺類的一種，又稱海蛞蝓，頭上的一對觸角突出如兔耳，故名。個體較小，身體呈卵圓形，運動時可變形，體長可達10cm。沒有石灰質的外殼，只有一層薄而半透明的角質膜(殼皮)覆蓋著身體。足寬，足葉兩側發達，後側向背部延伸。體色鮮豔多變，外形獨特，具有極高的觀賞價值。

(2)蜜蜂角螺(彩圖 170) 學名：
Clithon Diadema

形態特徵 殼體類似海洋裡的螺，有枝狀突起，像一顆水雷在水中故也叫水雷螺。體色多樣化，有著黑黃相間顏色，非常美麗，有極佳的觀賞價值。蜜蜂角螺屬於汽水域螺，以藻類為食，喜歡吃魚缸壁或水草上的綠斑藻，被譽為最美的草缸清潔高手。

(3)虎斑寶貝 學名：
Cypraea tigris

形態特徵：貝殼渾圓，殼面平滑而富有光澤，貝殼的背面至周緣以白色至淺褐色為底，綴有許多大小不同的黑褐色斑點，猶如虎皮，又稱為黑星寶螺。適於飼養在珊瑚缸中。

(4)月光螺

學名 *Marisa cornuarietis*

形態特徵 螺體扁平，殼平面螺旋，最大直徑可達4cm。螺殼暗紫色有條紋，一道一道地從螺口向後延伸。月光螺屬於淡水域螺，喜食水草，而攻擊性也很強，不要飼養在草缸裡，最好單獨飼養。

(5)阿文綬貝 學名：
Mauritia arabica

形態特徵：貝殼呈長卵圓形，螺層內卷。殼口狹長，殼面平滑而富有光澤，花紋色彩豐富，又稱為阿拉伯寶螺。適於飼養在珊瑚缸中。

(6)斑馬螺

學名 *Neritina natalensis*

形態特徵 螺外殼上有一條一條黃黑相間的紋路,極像斑馬又像虎紋,故得名斑馬螺及虎紋螺。螺殼的花紋很漂亮,一般有鋸齒狀和斑點狀的條紋等。斑馬螺屬於汽水域螺,愛吃缸內壁附著的綠斑藻,可使用其作為工具螺來除藻。

(7)蘋果螺 學名:

Planorbarius corneus

形態特徵 螺體扁平,殼左旋,最大直徑可達 3 cm。殼口敞開,沒有口蓋,直接呼吸空氣,僅有一對觸角,其基部有能分辨明暗的眼點。蘋果螺屬於淡水域螺,是德國人工選育出來的水族用螺類,原種為產自歐洲到中亞一帶的平角卷螺,有許多不同的人工變形品種,常見有紅蘋果螺、藍蘋果螺、豹紋蘋果螺、粉色蘋果螺等。

(8)洋蔥螺 學

名 *Rapa rapa*

形態特徵 螺塔較短,外殼頂部較為扁平,貝殼較薄易碎裂;貝殼外形酷似洋蔥,故得名洋蔥螺。外殼有的呈現均勻白色,有的呈現棕黃色或淺黃色,黑斑規則地點綴其中,是一種很美麗的螺。洋蔥螺屬於汽水域螺,在淡水裡能很好地生存。

觀賞螺常見種類還有:蜜蜂寶塔螺(*Anentome helena*)、唐冠螺(*Cassis cornuta*)、紫海牛(*Chromodoris lubocki*)、奧萊彩螺(*Clithon oualaniensis*)、地紋芋螺(*Conus geographus*)、織錦芋螺(*Conus textile*)、眼球貝(*Cypraea erosa*)、金星眼球貝(*Cypraea guttata*)、紅海兔(血紅六鰓海蛞蝓)(*Hexabranchus imperialis*)、海牛(*Jorunna* sp.)、蜘蛛螺(*Lambis lambis*)、環紋貨貝(*Monetaria annulus*)、鮑魚螺(笠螺)(*Patella vulgata*)、擬棗貝(*Erronea errones*)、女巫骨螺(*Murex troscheli*)、海蛞蝓(*Nembrotha* sp.)、棕帶焦掌貝(*Palmadusta asellus*)、黃金螺(福壽螺,稱為神秘螺的白象牙螺、藍水晶螺、紫衣螺、紫紋螺等均為其變異後形成的不同品種)(*Pomacea canaliculata*)、水字螺(*Pterocera chiragra*)、紅螺(*Rapana bezona*)、葡萄貝(*Staphylaea staphylaea*)、馬蹄螺(*Trochus maculatus*)等。

2.觀賞貝

貝類屬軟體動物門中的瓣鰓綱(雙殼綱),因一般外披有 1~2 塊貝殼,故稱為貝類。貝類的身體柔軟,左右對稱,不分節,由頭、斧足、內臟囊、外套膜和貝殼 5 部分組成。外套膜的表皮細胞分泌貝殼,是貝類的保護器官。貝類主要是搭配養殖在水族箱中,河蚌等也是鰟鮍魚類產卵所必需之生物,色彩斑斕、造型美麗的貝殼也常被人們作為藝術品(裝飾品)收藏。

火焰貝(彩圖 171)

學名 *Lima scabra*

形態特徵 貝殼最大長度可達 7 cm。兩片貝殼張開時,殼內的外套膜顯火紅色,中間肉體部分有兩條發光體,好像霓虹燈在閃光,令人驚豔。貝殼極其美麗,殼口處有許多火焰般的觸手，故名火焰貝。適於飼養在珊瑚缸中。

觀賞貝常見種類還有：日本日月貝(*Amusium japonicum*)、長肋日月貝(*Amusium pleuronectes*)、櫛孔扇貝(*Chlamys farreri*)、河蜆(*Corbicula fluminea*)、環文蛤(*Cyclina sinensis*)、西施舌(漳港海蚌)(*Mactra antiquata*)、四角蛤蜊(方形馬珂蛤)(*Mactra veneriformis*)、文蛤(*Meretrix meretrix*)、華貴櫛孔扇貝(*Mimachlamys nobilis*)、菲律賓蛤仔(*Ruditapes philippinarum*)、毛蚶(*Scapharca subcrenata*)、長硨磲(*Tridacna maxima*)等。

三 節肢動物

節肢動物在水族箱中養殖的種類主要是屬於甲殼動物的蝦和蟹。甲殼動物體呈長筒形，體節分明，全體分頭、胸、腹3部。頭部由6個體節癒合而成。甲殼類各體節外骨骼由兩部分構成，背面一片為背甲，腹面一片為腹甲，背甲兩側常向外(下)延伸，為側甲。附肢一般著生在腹甲的兩側。蝦、蟹類主要棲於海洋，少數生活在淡水水域等地。蝦、蟹類除經濟價值高常用於食用外，一些具有觀賞價值的種類近年來陸續得以開發，正在成為水族箱中的新主角而得到水族愛好者的寵愛。

1.觀賞蝦

蝦類身體分為頭、胸、腹三個部分，頭部和胸腔被外層硬甲所包圍，因而需要定期換殼。頭部至少長有兩對觸鬚，在鬚柄處有一對眼睛。從胸部開始長有八對附肢，靠近頭部的三對為顎足組成口器，剩下的五對為步行足，腹部保留著五對泳足和一對組成扇形尾巴的尾足。蝦是非常好的清道夫，對於清除水族箱內的殘餘食物十分有效。

(1)虎紋蝦(彩圖172) 學名 *Caridina cantonensis*

形態特徵 體長可達2.5cm，身體透明，頭部觸鬚及尾足黃色，因身體後半部如虎皮上的斑紋而得名虎紋蝦。

(2)水晶蝦(彩圖173) 學名：*Caridina serrata*

形態特徵 體長可達3cm，背部紅白相間的斑紋十分醒目，身體呈現晶瑩剔透的質感，鮮亮的體色與水族箱中的翠綠水草互相襯托，極具欣賞價值。原種產自中國，是由香港地區等地的鋸緣米蝦出口到日本，於20世紀90年代在日本經人工改良而成的品種，是一種基因突變個體，別名彩虹鑽石蝦。

品種 水晶蝦依據紅白色彩的濃厚程度及覆蓋度，從低到高依次劃分出C級、B級、A級、S級、S級上、SS級、SSS級幾個級別，以最多白色比例不透明的為高等級。根據S級上水晶蝦紅白區域分佈的不同而劃分出白尾、窄線、V形、虎牙、金蝦、白雪公主等級別，一部分具有象徵性圖案的色彩類型被形象地稱為輝煌型、日之丸型、禁行線型水晶蝦等名稱，並陸續選育出酒紅水晶蝦、黑白水晶蝦、藍金剛水晶蝦、黑金剛水晶蝦等品種。

(3)蜜蜂蝦(彩圖 174)

學名 *Gnathophyllum americanum*

形態特徵 體長可達3cm 因身體間雜各四道黑白條紋 形似蜜蜂而得名。

(4)夏威夷海星蝦(彩圖 175) 學名：

Hymenocera picta

形態特徵 體長可達3cm 外形和色彩很特別 體形像螃蟹 大螯平扁寬大。身體和附肢上有許多棕色斑塊相間分布 雄性之間會發生爭鬥 別名斑點小丑蝦 適於飼養在珊瑚缸中。

(5)清潔蝦(彩圖 176) 學名：

Lysmata amboinensis

形態特徵 體長可達6cm 顏色鮮豔 背部紅色 有一條白色縱帶鑲嵌其中 腹部淡黃色。性情活躍 喜歡食苔和魚體上的寄生蟲 別名醫生蝦 適於飼養在珊瑚缸中。

(6)火焰蝦 學名：

Lysmata debelius

形態特徵 體長可達5cm 色彩豔麗 火紅的色彩與雪白的長鬚和足是欣賞要點 頭部散佈著一些白點 適於飼養在珊瑚缸中。

(7)駱駝蝦

學名 *Rhynchocinetes durbanensis*

形態特徵 體長可達7cm 頭部可以轉動 嘴會向前翹起 身體紅色和白色的條紋相互交錯 別名機械蝦 適於飼養在珊瑚缸中。

(8)美人蝦 學名：

Stenopus hispidus

形態特徵 體長可達7cm 有1對大螯 顯出威武的外觀 別名拳師蝦。身體及大螯紫紅色和白色相間 觸鬚和足白色 適於飼養在珊瑚缸中。

觀賞蝦常見種類還有：非洲網球蝦(*Atya gabonensis*) 網球蝦(*Atyopsis moluccensis*) 蘇菲亞侏儒螯蝦(*Cambarellus shufeldtii*) 曼寧螯蝦(*Cambarus manningi*) 紅鼻蝦(*Caridina gracilirostris*) 琉璃蝦(*Caridina heteropoda*) 大河沼蝦(*Caridina japonica*) 蘇拉威西蝦(*Caridina* sp.) 紅辣椒龍蝦(*Cherax boesemani*) 天空藍魔蝦(*Cherax destructor*) 黃金巨手蝦(*Cherax holthuisi*) 狼蝦(*Cherax peknyi*) 藍月龍蝦 *Cherax* sp."Blue Moon" 黃色膠囊螯蝦 *Cherax* sp."Orange-tip" 櫻花蝦(*Neocaridina denticulata*) 藍蝦(*Neocaridina* sp.) 雷蒂斯螯蝦(*Orconectes luteus*) 白鬚龍蝦(*Panulirus ornatus*) 白斑海葵蝦(*Periclimenes brevicarpalis*)、槍蝦(Pistol Shrimp) 龍紋螯蝦(*Procambarus* sp.) 侏儒巨螯蝦(*Procambarus vasquezae*) 薄荷蝦(*Rhynchocinetes uritai*) 藍美人蝦(*Stenopus tenuirostris*) 海葵蝦(*Thor amboinensis*)等。

2.觀賞蟹

蟹類的身體分為頭胸部與腹部 頭胸部的背面覆以頭胸甲 兩側有5對胸足 第一對叫

螯，用來捕食和禦敵，其餘幾對為步足用於行走，橫著爬行。額部中央具第1、2對觸角，外側是有柄的複眼，腹部退化，扁平，曲折在頭胸部的腹面。雄性腹部窄長，多呈三角形，雌性腹部寬闊。

(1)逍遙饅頭蟹(彩圖 177) 學名：
Calappa philargius

形態特徵 體形如饅頭或麵包，額窄，眼窩小，眼區有一半環狀的赤褐色斑紋，別名麵包蟹。頭胸甲背部甚隆，邊緣有鋸齒，淺褐色，表面具5條縱列的疣狀突起。螯足形狀不對稱，右邊的指節較為粗壯，腕節和長節外側面具一赤褐色斑點，螯足收縮時緊貼前額，步足細長而光滑，尖端為褐色。

(2)日本關公蟹(彩圖 178) 學名：
Dorippe japonica

形態特徵 頭胸甲赤褐色，背面有大疣狀突和許多溝紋，背甲上面的溝紋像中國古代三國時期蜀國大將關公的臉譜，因而被稱為關公蟹。有四對步尺，第2、3對足發達，用以爬行，行走時常用以頂一貝殼以此防禦敵害，後兩對步足短小而且尖銳，呈剪刀狀。

(3)紅地蟹(彩圖 179)
學名 *Geocarcoides natalis*

形態特徵 圓形，螯大小一樣，四肢短粗，背殼呈黑色，腹部和四肢通紅，故名紅地蟹(澳洲紅蟹)。雄蟹一般比雌蟹大，但雌蟹有寬許多的臍(腹部)，並通常有較小的螯。每年深秋繁殖季節，紅地蟹從居住的熱帶雨林中出來，進行為期數天的大遷徙，浩浩蕩蕩地奔向海岸，繁衍後代後再返回雨林老家。

(4)弧邊招潮蟹(彩圖 180) 學名：
Uca arcuata

形態特徵：色澤鮮紅耀眼，蟹殼會根據陽光來變色，別名西瓜蟹。右螯特別粗長，用來向其他同類炫耀，左螯大小正常，用來從泥漿裡挖出小動物送進嘴裡，能根據潮水的漲落來覓食。

觀賞蟹常見種類還有：椰子蟹(*Birgus latro*)、彩虹蟹(*Cardisoma armatum*)、紅螯螳臂蟹(*Chiromantes haematocheir*)、迷你辣椒蟹(譚氏泥蟹)(*Ilyoplax deschampsi*)、紫地蟹(*Gecarcoidea lalandii*)、細紋方蟹(*Grapsus tenuicrustatus*)、拳擊蟹(*Lybia tesselata*)、頑強黎明蟹(*Matuta victor*)、短指和尚蟹(*Mictyris brevidactylus*)、長腕和尚蟹(*Mictyris longicarpus*)、尖肢南海溪蟹(*Nanhaipotamon aculatum*)、香港南海溪蟹(*Nanhaipotamon hongkongense*)、海葵蟹(*Nepetrolisthes ohhshimal*)、蘇拉威西豹點蟹(*Parathelphusa pantherin*)、豆形拳蟹(*Philyra pisum*)、蘇拉威西惡魔蟹(*Syntripsa matannensis*)、角眼拜佛蟹(*Tmethypocoelis ceratophora*)、凹指招潮蟹(*Uca vocans*)、環紋招潮蟹(*Uca annulipes*)、清白招潮蟹(*Uca lacteus*)、字紋弓蟹(*Varuna litterata*)等。

四 棘皮動物

棘皮動物成體五輻射對稱，幼體兩側對稱，體表有棘狀突起，真體腔發達；具有特殊的水管系統，形成管足，組成棘皮動物的運動器官，兼有呼吸作用；幼體兩側對稱，發育經過複雜的變態。棘皮動物主要包括海百合、海星、蛇尾、海膽、海參等，全為海產。現有約5900種，中國已發現500多種。棘皮動物的一些種類主要是搭配養殖在珊瑚缸中。

1.海百合

海百合身體呈花狀，表面有石灰質的殼，由於長得像植物，故名；口和肛門是朝上開的，具多條腕足，每腕再分為許多羽枝（圖3-23）。現存的海百合約600種，生活於海裡，分為2個類型。有柄海百合終生有柄，營固著生活；無柄海百合稱海羊齒或羽星類，成體無柄，營自由生活或暫時性固著生活。

圖3-23　海百合

海羊齒

學名：*Antedon petasus*

形態特徵：一般長有10個腕。腕上長著一些羽狀排列的側枝，顯現出紫紅的、黃的和白的色澤，貌似羊齒植物，故名。海羊齒的腕臂柔軟而有力，可以上下、左右自由擺動，營自泳生活，也能暫時附著在岩石或海藻上。

海百合常見種類還有：海羊齒(*Antedon bifida*)、本氏海齒花(*Comanthus bennetti*)、須羽真海羊齒(*Eumetra aphrodite*)、海羽星(*Feather stars*)、巨翅美羽枝(*Himerometra magnipinna*)、美羽星(*Himerometra robustipinna*)等。

2.海星

海星身體扁平，多為五輻射對稱，體盤和腕分界不明顯，生活時口面向下，反口面向上；腕中空，有短棘和叉棘覆蓋（圖3-24）；下面的溝內有成行的管足（有的末端有吸盤），使其能向任何方向爬行，個體發育中經羽腕幼蟲和短腕幼蟲等階段。現存種類1600種，生活於海裡。

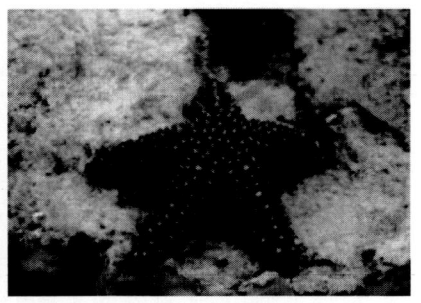

圖3-24　海星

原瘤海星

學名 *Protoreaster nodosus*

形態特徵：身體扁平、五輻射對稱、盤很高大、直徑可達 200 mm；腕短寬、反口面特別高起、身上帶有數個發達如橡實狀的瘤(肉突)、瘤的表面被有多數多角形小板、頂端有1~3個裸出的鈍棘、顏色多種、淺紅褐色、藍色、白色或黃色、瘤頂帶黑褐色。

海星常見種類還有：棘冠海星(長棘海星)(*Acanthaster planci*)、多棘海盤車(*Asterias amurensis*)、濾沙海星(*Astropecten polycanthus*)、棘海星(*Astrothauma euphylacteum*)、粒皮海星(*Choriaster granulates*)、棘輪海星(*Crossaster papposus*)、泥海星(*Ctenodiscus crispatus*)、面包海星(*Culcita novaeguineae*)、橘色海星(*Echinaster* sp. *luzonicus*)、鏈珠海星(*Fromia monilis*)、藍指海星(*Linckia laevigata*)、砂海星(*Luidia quinaria*)、網瘤海星(*Oreaster reticulatus*)、紅海星(*Oreaster occidentalis*)、菊海星(*Pentagonaster duebeni*)、多腕葵花海星(*Pycnopodia helianthoides*)等。

第八節　水生觀賞高等脊椎動物

一、水生哺乳動物

水生哺乳動物是指生活在水中的哺乳動物，因其絕大多數生活在海洋中也稱作海洋哺乳動物。水生哺乳動物雖體形各異，與陸生哺乳動物也相去甚遠，但是有著哺乳動物共同的特徵，即胎生、哺乳，體腔具有橫膈膜、體溫恒定、體表終生或胚胎期具有毛髮。水生哺乳動物主要包括鯨目、鰭腳目、海牛目的種類，全球水生哺乳動物有120餘種，中國有50餘種，絕大部分為保護動物。

1.鯨類

鯨類動物中體形較大的稱為鯨類，通常體長大於 4m。鯨類體形呈流線形，體表光滑無毛，皮下有厚厚的脂肪層，無頸部，前肢演變為鰭狀的游泳器官，後肢退化，尾鰭左右兩葉呈水準狀，呼吸孔位於頭頂部，可以自由啟閉。鯨類分為齒鯨和鬚鯨兩大類，中國均列為二級保護動物。

虎鯨(圖 3-25)

學名：*Orcinus orca*

形態特徵：虎鯨是一種大型齒鯨，頭部呈圓錐狀，沒有突出的嘴喙，嘴巴細長，牙齒鋒利，上、下顎各有 10~14 對大而尖銳的牙齒，因獵殺動物性情兇猛，故名逆戟鯨；高聳的背鰭位於背部中央，胸鰭大而寬闊，大致呈圓形。體色黑白對比分明，背部與體側皆為黑色，但在生殖裂附近的側腹處有白色斑塊，位於身體腹面的白色區域自下顎往後延伸至肛門處，眼睛斜後方有明顯的橢圓形白斑，尾鰭腹面亦為白色，背鰭後方有呈灰至白色的馬鞍狀斑紋。

鯨類常見種類還有：小鬚鯨(*Balaenoptera acutorostrata*)、布氏鯨(*Balaenoptera brydei*)、藍鯨(*Balaenoptera musculus*)、長鬚鯨(*Balaenoptera physalus*)、白鯨(*Delphinapterus leucas*)、南露脊鯨(*Eubalaena australis*)、北太平洋露脊鯨(*Eubalaena japonica*)、大吻巨頭鯨(*Globicephala macrorhynchus*)、領航鯨(巨頭鯨)(*Globicephala melas*)、巨齒鯨(*Hyperoodon ampullatus*)、座頭鯨(*Megaptera novaeangliae*)、布氏長喙鯨(*Mesoplodon densirostris*)、獨角鯨(*Monodon monoceros*)、抹香鯨(*Physeter catodon*)、偽虎鯨(*Pseudorca crassidens*)等。

圖3-25 虎鯨

2.豚類

鯨類動物中體形較小的通常稱作為豚類，絕大多數生活在海洋中。豚類體形呈流線形，體表光滑無毛，一些種類體表有醒目的彩色圖案，頭部特徵顯著，呼吸孔位於頭頂部，喙前額頭隆起又稱額隆，此類構造有助於聚集回聲定位和覓食發出的聲音，無頸部，前肢演變為鰭狀的游泳器官，後肢退化，海豚是智商最高的動物之一，有著看起來友善的形態和愛嬉鬧的性格。白鱀豚和中華白海豚列為中國一級保護動物，其餘種類是中國二級保護動物。

寬吻海豚(圖 3-26) 學名：

Tursiops truncatus

形態特徵：身體流線形，中部粗圓，從背鰭往後逐漸變細，雄性成體可達 2.9m，額部有很明顯的隆起，吻較長，嘴短小，故又稱為瓶鼻海豚；上下頜較長，每側各有大型牙齒 21~26

枚。背鰭為三角形，略微後屈，位於體背的中部附近；皮膚光滑無毛，全身灰黑色，腹部白色，噴氣孔至前額之間有深色帶，眼睛到吻突之間也有1~2條深色帶。豚類常見種類還有：花斑喙頭海豚(黑白駝背豚)(*Cephalorhynchus commersonii*)、喙頭海豚(*Cephalorhynchus heavisidii*)、長吻真海豚(*Delphinus capensis*)、短吻真海豚(*Delphinus delphis*)、灰海豚(*Grampus griseus*)、亞馬遜河豚(*Inia geoffrensis*)、白腰斑紋海豚(*Lagenorhynchus acutus*)、太平洋斑紋海豚(*Lagenorhynchus obliquidens*)、暗色斑紋海豚(*Lagenorhynchus obscurus*)、白鱀豚(*Lipotes vexillifer*)、北鯨豚(*Lissodelphis borealis*)、江豚(*Neophocaena phocaenoides*)、鼠海豚(*Phocoena phocoena*)、中華白海豚(*Sousa chinensis*)、花斑原海豚(*Stenella frontalis*)、長吻原海豚(*Stenella longirostris*)、東方寬吻海豚(*Tursiops aduncus*)等。

圖3-26　寬吻海豚

3.鰭足類

鰭足類是哺乳動物中一類具有像鰭的四肢的動物，為海生食肉獸，共發現有36種。鰭足類體形紡錘狀，體表密被短毛，頭圓，頸短；鼻和耳孔有活動瓣膜，潛水時可關閉，呼吸時上升到水面，僅露出頭頂部，用力迅速換氣，然後長時間潛水；5趾完全相連，發展成肥厚的鰭狀，前肢可划水，游泳依靠身體後部的擺動，速度很快；一般多在水中活動，在陸地上的行動笨拙而緩慢，全靠振動身體作蠕動狀前進。鰭足類所有種類均列為中國二級保護動物。

(1)北海獅(圖3-27)　學名：

Eumetopias jubatus

形態特徵：北海獅是體形最大的一種海獅，叫聲如獅吼，因臉部與獅子的臉相似而得名。頭頂略微凹陷，面部短寬，吻部鈍，眼和外耳殼較小，前肢較後肢長且寬，前肢第一趾最長，爪退化，後肢的外側趾較中間三趾長而寬，中間三趾具爪；雄獸在成長過程中，頸部逐漸生出鬃狀的長毛，身體主要為黃褐色，胸部至腹部的顏色較深，雌獸的體色比雄獸略淡，幼獸黑棕色。

海獅常見種類還有：加州海獅(*Zalophus californianus*)、南美海獅(*Otaria flavescens*)、澳洲海獅(*Neophoca cinerea*)、紐西蘭海獅(*Phocarctos hookeri*)等。

圖3-27　北海獅

(2)南極海狗(圖3-28)

學名：*Arctocephalus gazella*

形態特徵 體呈紡錘形 頭部圓 吻部短 眼睛較大 有小耳殼 體被剛毛和短而緻密的絨毛 又名南極毛皮海獅。四肢呈鰭狀 適於在水中游泳。後肢在水中方向朝後 上陸後則可彎向前方 用四肢緩慢而行 背部呈棕灰色或黑棕色 腹部色淺。

海狗常見種類還有：紐西蘭海狗(*Arctocephalus forsteri*) 加拉帕戈斯海狗(*Arctocephalus galapagoensis*) 胡島海狗(*Arctocephalus philippii*) 南澳海狗(*Arctocephalus pusillus*) 北海狗(*Callorhinus ursinus*)等。

圖3-28　南極海狗

(3)斑海豹(圖3-29)

學名 *Phoca largha*

形態特徵：身體肥壯渾圓呈紡錘形 全身生有細密的短毛；頭圓頸短 眼大 沒有外耳郭 吻短而寬 唇部觸口須長而硬；四肢均具5趾 趾間有蹼 形成鰭足 具有尖銳的爪 前肢較小朝前 後肢較大和尾連在一起呈扇形朝後。背部灰黑色分佈有不規則的棕灰色或棕黑色的斑點 腹面乳白色或乳黃色 斑點稀少。

海豹常見種類還有：冠海豹(*Cystophora cristata*) 髯海豹(*Erignathus barbatus*) 灰海豹(*Halichoerus grypus*) 豹型海豹(*Hydrurga gistel*) 豹海豹(*Hydrurga leptonyx*) 韋德爾氏海豹(*Leptonychotes weddellii*) 食蟹海豹(*Lobodon carcinophagus*) 北象海豹(*Mirounga angustiros-*

tris）、南象海豹（*Mirounga leonina*）、夏威夷僧海豹（*Monachus schauinslandi*）、格陵蘭海豹（鞍紋海豹）（*Pagophilus groenlandicus*）、裡海海豹（*Phoca caspica*）、環海豹（帶紋海豹）（*Phoca fasciata*）、環斑海豹（*Phoca hispida*）等。

圖3-29　斑海豹

（4）海象（圖3-30）

學名：*Odobenus rosmarus*

形態特徵　體形巨大，有稀疏的堅硬的體毛，眼小，視力欠佳，嘴短而闊，犬齒特別發達，似象牙，故名。四肢呈鰭狀，後肢能彎曲到前方，可以在冰塊和陸上行走。皮膚厚而多皺，皮下脂肪極厚，可抵禦寒冷的極地環境。裸露無毛的體表一般呈灰褐色或黃褐色，登陸後血管膨脹，體表則呈現出棕紅色。海象僅有1種。

圖3-30　海象

4.海牛類

外形呈紡錘形，頗似小鯨，但有短頸，頭能靈活地活動，鼻孔位於吻端背面；全身光滑無毛，皮厚，前肢像鰭，後肢退化。海牛類有海牛和儒艮兩個類別，均為草食性。雌性儒艮偶有懷抱幼崽於水面哺乳之習慣，故常被誤認為"美人魚"。

美洲海牛（圖 3-31）學名：

Tursiops truncatus

形態特徵　體呈圓柱形，頸部不明顯，面部醜陋，耳朵、眼睛極小，嘴巴向下張開，上唇特厚，呈半月形的圓盤狀，具有伸縮性，且從中分成二瓣，每瓣都能分別活動和取食，佈滿短粗的硬毛;前肢變為槳狀鰭腳,後肢完全退化,大而多肉的尾鰭形成水準的圓錐形。

海牛類常見種類還有:儒艮(*Dugong dugon*)、亞馬遜海牛(*Trichechus inunguis*)、非洲海牛(*Trichechus senegalensis*)等。

圖3-31　美洲海牛

二、極地動物

極地指南北極,有永久凍土和短暫的夏季,僅生長地衣、苔蘚和矮小灌木,動物種類貧乏。極地動物指分佈在極地的動物群,主要有企鵝、北極熊、北極狐等。

1.企鵝

企鵝是一種最古老的游禽,全世界的企鵝共有18種,大多數都分佈在南半球。特徵為不能飛翔,腳生於身體最下部,故呈直立姿勢,趾間有蹼,蹠行性,走起路來,一搖一擺,前肢成鰭狀,如強有力的划槳,使其在水中游泳迅速;羽毛短,重疊密接的鱗片狀羽衣保溫且不透水,背部黑色,腹部白色。

帝企鵝(圖 3-32)學名:*Aptenodytes forsteri*

形態特徵:脖子底下有一片橙黃色羽毛,向下逐漸變淡,耳朵後部最深,頸部為淡黃色,耳朵的羽毛鮮黃橘色,腹部乳白色,背部及鰭狀肢則是黑色,鳥喙的下方是鮮橘色。在南極嚴寒的冬季冰上繁殖後代,雌企鵝每次產1枚蛋,雄企鵝孵蛋。雄帝企鵝雙腿和腹部下方之間有一塊佈滿血管的育兒袋,能讓蛋在-40 ℃的低溫中保持。

企鵝常見種類還有:王企鵝(*Aptenodytes patagonicus*)、阿德利企鵝(*Pygoscelis adeliae*)、巴布亞企鵝(*Pygoscelis papua*)、帽帶企鵝(*Pygoscelis antarctica*)、黃眉企鵝(鳳冠企鵝)(*Eudyptes pachyrhynchus*)、冠企鵝(南跳岩企鵝)(*Eudyptes chrysocome*)、白頰黃眉企鵝(*Eudyptes schlegeli*)、冠毛企鵝(*Eudyptes sclateri*)、斯島黃眉企鵝(*Eudyptes robustus*)、黃眼企鵝(*Megadyptes antipodes*)、小藍企鵝(*Eudyptula minor*)、斑嘴環企鵝(非洲企鵝)(*Spheniscus demersus*)、麥哲倫企鵝(*Spheniscus magellanicus*)、洪堡企鵝(*Spheniscus humboldti*)等。

圖3-32　帝企鵝

2.北極熊(圖3-33)

學名：*Ursus maritimus*

形態特徵：體形巨大，頭部較長而臉小，耳小而圓，頸細長；足寬大，肢掌多毛，可以用前腳掌當"槳"，在水中游泳，而寬大的後腳掌則用於在冰面上和雪地裡行走，通常體色為白色，也有黃色等顏色，鼻頭為黑色；性情兇猛，是世界上最大的陸地食肉動物。北極熊僅有1種，7個亞種。

圖3-33　北極熊

3.北極狐(圖3-34)

學名：*Alopex lagopus*

形態特徵：體形較小而肥胖，腿短，顏面窄，嘴尖，耳短小略呈圓形；具有很密的絨毛和較少的針毛，足底毛特別厚；尾毛蓬鬆，尖端白色，冬季全身體毛為白色，僅鼻尖為黑色，夏季體毛為灰黑色，腹面顏色較淺。北極狐為珍貴毛皮獸，已人工馴養成功並能人工繁殖，稱藍狐、白狐等。人工培育品種有影狐、北極珍珠狐、北極藍寶石狐、北極白金狐和白色北極狐等，統稱為彩色北極狐。

圖 3-34　北極狐

研究性學習專題

① 總結中國金魚生產現狀及特徵，分析制約中國金魚優良品種產生和發展的主要因素，提出解決方案及措施。
② 列舉 10 種中國現代金魚的名貴品種，分析其特徵及發展趨勢(列出文字圖片資料來源)。
③ 分析日本金魚的起源和發展過程，描述和金、琉金、土佐金、蘭壽等日本金魚品種的特徵，分析日本金魚的品種優勢(列出文字圖片資料來源)。
④ 以 "禦三色" 錦鯉品種選擇與鑒賞標準為依據，列舉 5 種典型錦鯉個體進行分析(要有圖片)。
⑤ 闡述日本及各國 "愛鱗會" 的組織結構及作用，錦鯉品評會的比賽品評方式及錦鯉品評標準，展示品評出的各類別錦鯉冠亞軍(列出文字圖片資料來源)。
⑥ 根據孔雀魚體色或尾鰭的特徵劃分孔雀魚的品系，列出 5 種各基本品系的典型代表及特徵(要有圖片)。
⑦ 闡述七彩神仙魚的分類依據，列出各派系典型代表的鑒賞特徵(列出文字圖片資料來源)。
⑧ 根據身型、頭部、體色特徵闡述羅漢魚的觀賞價值，列舉 5 種典型羅漢魚個體進行分析(要有圖片)。
⑨ 歸納棘蝶魚科魚類的特點，依據品種特徵分辨皇帝神仙魚、皇后神仙魚、國王神仙魚、女王神仙魚(要有圖片)。
⑩ 總結東非三湖慈鯛即東非的坦干依喀湖、馬拉威湖和維多利亞湖概況及慈鯛種類，描述東非三湖 10 種常見慈鯛品種及特徵(列出文字圖片資料來源)。
◆ 分析中國原生觀賞魚資源保護的現狀，比較 5 種鰟鮍魚類的觀賞價值及品種特徵(要有圖片)。
◆ 列出中國龜類Ⅰ、Ⅱ級的保護種類，分析 3 種瀕危觀賞龜的現狀，提出保護的對策和措施(要有圖片)。
◆ 說明水晶蝦的來源及分類，列出劃分各個類型和級別的依據，列舉 3 種典型水晶蝦個體進行分析(要有圖片)。
◆ 闡述鯨類動物的特徵，分析人工馴化後鯨類動物所能展示的表演功能，比較鯨類動物和魚類適於水環境生活的異同。

第四章　水族景觀設計

　　水族造景是一項藝術，與其他藝術品不同的是，它是一件活的藝術品。水族景觀設計除了要考慮到視覺效果外還要注意其他複雜部分。因為水族造景缸是一個人造的生態環境，不僅要配景合理，所有的條件都要持續合乎各種生物的要求才能表現出一個完美的造景缸。特別的創意構思，新穎的造景手法，置景材料的正確選擇，觀賞水草和魚的合理搭配做好了才能提升造景層次，體現獨特的造景風格，得到一個造景優美，引人入勝的水族景觀。

第一節　水族箱及置景材料

一、水族箱的選擇

　　水族箱又稱為魚缸，既是用來飼養觀賞水生生物的容器，也具有觀賞價值，可作為室內裝飾品。水族箱晶瑩透明，魚兒的一舉一動，一笑一顰，盡收眼底。水族箱有很多種類型，通常用於家庭養觀賞魚等，有現成的產品，也可依需求定作特殊規格和要求的水族箱。

1.水族箱的類型

　　根據製作材料不同，現代的水族箱可分為塑膠水族箱、普通玻璃水族箱、有機玻璃水族箱等數種，多為普通玻璃或有機玻璃類的透明材質，以矽膠黏合而成。中國金魚養殖使用傳統飼養容器由來已久，主要有黃沙缸、泥缸、陶缸、瓷缸、石缸、木盆等。黃沙缸口大底尖，外表簡單無花紋，用黏土燒制，工藝較簡單，多見於江南農村。泥缸外形似平鼓，缸底與缸口相等，外壁有花紋，缸壁光滑通透性好，多見於北京、天津地區。陶缸缸口較寬，缸壁厚實，用陶土燒制，外壁有花紋，內壁釉層不厚，通透性尚可。瓷缸做工考究，用瓷土燒制，外壁龍鳳走獸，釉彩光亮，內壁釉層厚實，光滑細膩，通透性略差，是較好的觀賞容器(圖 4-1)。石缸常用青石等石材打制而成，外壁雕刻圖案，堅固耐用，通透性較差(圖 4-2)。木盆又稱木海，不上漆，通透性能較好，但內壁易附生青苔，在北京地區常用。

圖 4-1　瓷器魚缸

圖 4-2　石材魚缸

　　水族箱依照造型的不同，可分為長方形(方形)、圓形、一體成型魚缸等。長方形魚缸是最常見的造型，四周圍都是直角，早期是以鑄鐵作框架的玻璃水族箱，現在用黏合強度很大的玻璃膠直接將五片玻璃或壓克力黏合成箱，這種水族箱美觀實用，最為普及，適於飼養各種觀賞魚，便於側面觀賞。圓形魚缸一般為普通玻璃或壓克力材質，小巧玲瓏，移動方便；上方有開口，做成球狀、杯狀、瓶狀及特殊造型(圖4-3)，可擺放在茶几或書桌上；一般圓形魚缸適於養金魚，多是從上向下觀魚。一體成型魚缸是最昂貴的水族箱，三面使用同一片玻璃彎折後一體鑄製成形(圖4-4)，在折角處較為美觀，但角落處水中物體會有失真情形。

圖4-3　玻璃或壓克力圓形或異型魚缸

圖4-4　一體成型水族箱

　　常見的水族箱材質有普通玻璃、鋼化玻璃(強化玻璃)、壓克力等，大部分水族箱都以普通玻璃為材質，其表面堅硬、光滑、透視性好、價格便宜、應用較廣。鋼化玻璃又稱強化玻璃，是用物理或化學的方法，在玻璃表面上形成一個壓應力層，具有較好的機械性能、熱穩定性、抗壓強度，抗壓強度比普通玻璃大4～5倍。現在流行由超白玻璃製作的超白缸水族箱(圖4-5)，超白玻璃是一種超透明低鐵玻璃，也稱高透明玻璃；它是一種高品質、多功能的新型高檔玻璃品種，透光率可達91.5%以上，具有晶瑩剔透、高檔典雅的特性，能夠進行各種深加工。

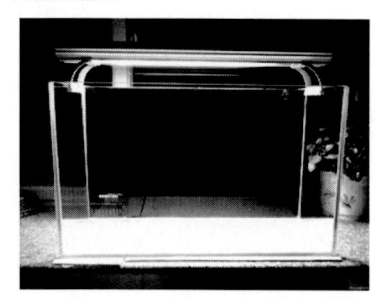

圖4-5 超白缸水族箱

有機玻璃水族箱較為輕便、不易破碎、透視性能好，但它質地軟，不能承受較大壓力，不宜製作大型水族箱，否則水滿後容易變形；有機玻璃不耐摩擦，一旦與硬物摩擦，會出現永久性劃痕，長久擦拭，表面變得粗糙而降低了透明度，有礙觀賞。亞克力又叫PMMA，化學名稱為聚甲基丙烯酸甲酯，是一種重要可塑性高分子材料，透明性好，透光率在92%以上；亞克力水族箱外觀優美，比玻璃透光率好，重量也輕，便於搬動和運輸，能夠承受極大的水壓，一般用於高檔或大型水族箱及海洋生物館中的觀景窗使用(圖4-6)。

圖4-6 大型海洋生物壓克力水族箱

2.水族箱的大小

水族箱從大小上看，有掌上缸、迷你水族箱、家用水族箱、大型水族箱及超大型水族箱等，水族箱規格、容水量和玻璃厚度的參考值可參考表4-1。水族箱的大小可以按照其容水量來分類,一般容水量在70L以下為小型水族箱,容水量在70～200L之間為中型水族箱,容水量在200～400L之間為大型水族箱,容水量在400L以上為超大型水族箱。

表4-1　水族箱規格,容水量和玻璃厚度的參考值

長×寬×高(cm)	容水量(L)	玻璃厚度(cm)	長×寬×高(cm)	容水量(L)	玻璃厚度(cm)
40×25×30	30	2	90×45×45	180	5(強化)
45×30×35	50	3	90×45×60	240	5(強化)
60×30×35	60	3	120×45×45	240	5(強化)
75×30×35	80	5	120×45×60	320	5(強化)
75×30×45	100	5	120×60×60	430	5(強化)

水族箱不宜過高,水越深對水族箱壁的壓力就越大,也就越容易引起水族箱玻璃的爆裂;太高還要發出較強光的燈具才能滿足水草生長對光的需求,且太高對水草的日常修剪整理也不方便,一般水族箱的高度最好不要超過60cm。水族箱的長度和寬度則可以儘量加大,越寬越能表現造景的層次感,由於水折射的關係,一般四方形水族箱從正面觀賞時會感到其寬度只剩實際寬度的三分之二,這點在造景時應該考慮到。大部分的魚都是左右游動而不是上下游動,所以越長的水族箱越能表現魚游動時與造景間的律動之美。

3.水族箱的放置

水族箱的安放地點要根據居室陳設的格局來協調佈置,原則上應依據採光和觀賞效果決定,要求採光要好,空氣流通,便於觀賞。水族箱一般不宜擺放在走廊或靠近門口的地方,以免人來人往對魚產生驚擾,也避免發生碰撞,保證安全。也不應擺放在緊靠窗戶的地方,既影響窗戶的開關,又會使光線過強並形成逆光效果,藻類過度繁殖水色易變綠,也會影響觀賞效果。

一般水族箱擺放高度為底部距地面 50~80 cm,常安放在水族箱底櫃上,也可放置在桌台、矮組合櫃、茶几等上;可立放在室內牆壁一角或客廳一隅,還能作為掛飾懸掛生態水族箱,也可將水族箱和牆面或壁櫥等作整體裝飾,使景致與房間合二為一,儼然一幅天然的魚水圖。六面、四面或圓形等帶底座的水族箱一般不靠壁不靠邊放置在大廳中,形成前後都可觀賞的立體景觀,更令人賞心悅目。

二　置景材料的選擇

水族箱置景通常是要強調自然,所以建議多用天然的素材,如岩石、沉木、底砂等搭配。避免用太過人工化的材料,除非有時要表現出特殊效果才使用。選擇水族箱搭配素材時除了考慮個人的喜好外,還要注意是否會影響水質;一個水族箱裡所用的岩石、沉木最好只用同一種材質的才會有整體感,選擇時最好不要選擇大小差不多的,應該有大有小搭配才比較自然。

1.置景石

　　置景石種類很多，用作水族箱裝飾品的岩石應表面光滑、質地堅硬。凡造型美觀、大小適宜、不溶于水、礦物質含量低的石料均可選作置景石。

　　(1)太湖石(圖4-7) 太湖石屬石灰岩，石色一般為灰白色；以造型取勝，形狀怪異多變、曲折圓潤、玲瓏剔透，可展重巒疊嶂之姿，宜作大型水族箱置景假山。

圖4-7　太湖石

　　(2)斧劈石(圖4-8)

　　斧劈石屬葉岩，為硬質石材，石色以深灰、青黑為主，形狀修長、剛勁，造型奇特，宜作挺拔俊秀、奇峰異嶺之景。

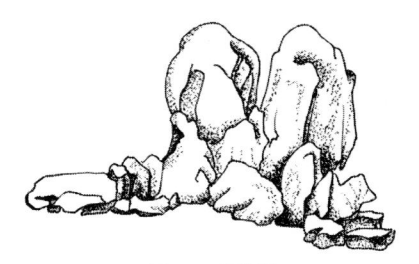

圖4-8　斧劈石

　　(3)青龍石(圖4-9)

　　青龍石屬石灰石，為硬質石材，色澤為青黑色，多帶白色不規則花紋，鋒棱突兀、多棱角、似峰巒，雄奇險峻、精巧多姿，常能營造出重巒疊嶂的天然景觀。

圖4-9　青龍石

(4)砂積石(圖4-10)

　　砂積石又名上水石等，屬沉積岩，吸水性強且性鬆軟，石色多呈土黃或紅褐色，造型巧妙富有變化，表面佈滿蜂窩狀的洞穴，自然氣息濃厚，酷似天然景色。

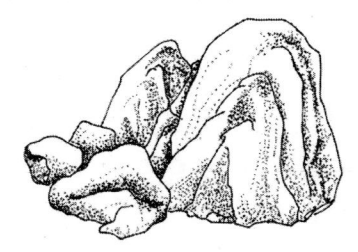

圖4-10　砂積石

(5)松皮石(圖4-11)

　　松皮石又名魚鱗石、虎皮石、石筍石等，屬沉積岩，常見黑、黃兩色，形態多有變異，表面常有很多小孔，多呈古松鱗片狀，更顯出樹樁的雄渾蒼勁。

圖4-11　松皮石

(6)鐘乳石(圖4-12)

　　鐘乳石是一種天然洞穴岩石，含石灰質較多，光澤剔透；千奇百怪，花樣眾多，因形狀奇特，宜作造型獨特美觀之景。

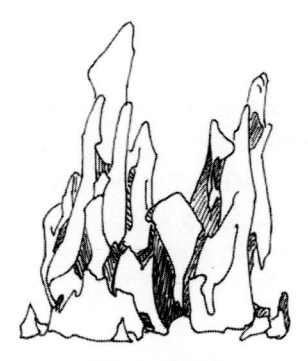

圖4-12　鐘乳石

(7) 木化石

木化石又稱矽化石等，是古代的樹木經地殼運動及火山灰的埋沒演變成的化石，有灰色、土黃色、黃褐色、紅褐色和灰黑色等。木化石外形仍保留著樹木的輪廓，保留了樹木的木質結構和紋理，在水族箱中更可以淋漓盡致地表現出歷史的滄桑。

(8) 龜紋石 龜紋石又名風化石，主要成分為石灰岩，由各種碎石聚合而成，石質堅硬，顏色有灰白、深灰或褐黃等。龜紋石因紋理呈龜背狀而得名，也因其裂紋縱橫，雄奇險峻，酷肖名山而著名，在水族箱中可展現奇峰偉岩，擎天石柱的造型，以及溝壑縱橫，逶迤連綿的意韻。

(9) 雲霧石 雲霧石質地堅硬，具有天然黑白紋路，稜角分明，層次感強，似雲像霧繞上山峰，彰顯美妙的神韻，可在水族箱中體現出大自然優雅秀美的意境。

(10) 火山石 火山石俗稱浮石等，是火山爆發後由火山玻璃，礦物與氣泡形成的珍貴石材，顏色為紅黑褐色；火山石表面粗糙，多孔質輕，質地較鬆軟，容易吸水，可以作為置景石和濾材。

(11) 卵石 卵石是天然山石在河床長期沖刷而成，大小各異，光滑渾圓，色澤多樣，以南京的雨花石最為名貴，適於水族箱底部的置景。

(12) 黑雲母片石 黑雲母片石是雲母的礦石，主要成分為黑雲母，黑色具有絲光。黑雲母片石結構緻密、細膩，適於在水族箱作襯景。

(13) 珊瑚礁石 珊瑚礁石是海中珊瑚蟲的骨骼化石，群集相互黏在一起呈樹枝狀，經人工處理後為純白色，種類繁多，形態各異，可作海景水族箱中的襯景，顯出別致景色。

(14) 其他置景石 根據岩石的特性分類，常用作水族箱置景石的還有水紋石、千層石、英德石、風淩石、蠟石、水晶石等，此外還有一類人工製作的模擬石，是用樹脂材料等製作的水草置景石。

2.沉木

天然的沉木(流木)是質地較硬的樹木枯死後沉於水底泥中經自然的炭化而成，人造沉木(沉水木)主要是截取鐵木、紫檀等密度較大的樹木透過適當的處理製作而成，水族造景中凡密度大於 1 能夠沉在水底而不飄浮的樹根都可以用作沉木(圖 4-13)。沉木在水族造景中能增加缸中景致，增添自然、真實的氣息，體現熱帶雨林中豐富的自然景觀；可以成為水草附著的載體，魚蝦等棲息躲藏的場所，還能用於調節水質。沉木主要有黑褐色和紅褐色兩類，黑褐色的沉木質地較軟，造型富有變化；紅褐色的沉木質地堅硬，造型比較單純。

年代越久遠沉木密度越大，炭化的程度也越高，顏色越黑，觀賞性越強，更能充分體現其古樸蒼勁的木質。

圖4-13　用於水族造景的沉木

可以按照沉木不同的分類依據及其特性進行歸類。按產地分類，如菲律賓沉木、泰國沉木、非洲沉木、亞馬遜沉木等；根據樹種分類，尤其是人造沉木有鐵木系、紫檀系、靈芝木系、喬木系、紅樹林系、杜鵑根系等；根據部位分類，有根沉木、幹沉木、枝沉木、皮沉木四類；根據碳化分類，可分成碳化沉木和非碳化沉木兩類，其中碳化沉木又有天然和人工製作的區別；根據含水率分類，有沉木、半沉木和浮水木三類，依據形成分類，可分成典型沉木、流木、人造沉木三類，其中以流木和人造沉木居多。

(1)典型沉木　典型沉木也稱為陰木、土埋木、古代沉木，這種沉木是最早期的沉木，是由於自然原因

將地上的樹木埋入地下，經過長期演變而成；材質接近黑褐色，質地緊密，不會腐爛。此類沉木一般比較大，用水草能夠改變其外觀，可以用在超長的草缸中，體現宏偉的氣勢。

(2)流木　流木通常是採集於河流、海岸的漂流木，因為長期泡水木頭的色素流失而呈現黃色。流

木是沉木的最大來源，國外普遍認為流木就是沉木。流木材質褐色，質地緊密，使用時間過長會軟化；可以挑選到合適的造型進行水族造景。

(3)人造沉木　人造沉木如鐵木、紫檀等密度通常比水大，所以可以沉入水中，一般稱為沉水木；另有

一些非沉水木，密度重相對較大，又不容易腐爛，其中以杜鵑根最有名氣。杜鵑根色澤金黃，可以沉水，需要浸泡較長時間，但造型優美、典雅，非常適於水族造景(圖4-14)。

圖4-14　用於水族造景的杜鵑根

3.底砂

底砂通常泛指鋪在水族箱底部的任何栽培介質，底砂應大小適中、物理與化學性質穩定、不能在使用過程中溶解出有害的成分。底砂的種類很多，依據來源的不同，可將其分成天然砂、加工砂和人造砂三類；天然砂有矽砂及大磯砂之分，包括海濱砂、湖砂、河砂等；加工砂分為機械加工產品(機械破碎並篩分製成的岩石顆粒)和再造化產品(對天然岩粒等加以改造並賦予其特性)；人造砂分為合成砂(由砂粉、黏結劑、附加物等配比混製成特定性能的砂粒)、化學砂(得自化學工業製造所得砂粒)、燒制砂(以適當土質燒制而成的砂粒)3種。常用的底砂有矽砂、大磯砂、珊瑚砂、河沙、火山砂、黑金剛砂、黑泥、陶瓷砂、彩砂等。

(1)矽砂

矽砂是矽酸鹽成分為主體的粒狀物質，粒徑在1~4mm之間，主要成分是二氧化矽(SiO_2)；矽砂被視為酸性物質，在水中狀態非常穩定，微酸性的軟水有利於水草的生長，因此矽砂最適合於用作水草栽培的底砂。矽砂顆粒細緻頗具觀賞價值，置景時箱底鋪砂後形似大地，顯得自然逼真，同時也便於栽種水草。

(2)大磯砂

大磯砂是類似超小型鵝卵石的砂粒，采自河川、溪流、海濱或山間，粒徑在 5～8 mm；白色、黑色、灰色顆粒相雜，圓潤或扁平，沒有銳角，材質穩定，不影響水質，很適合用作底砂。

(3)珊瑚砂

珊瑚砂為珊瑚及貝殼碎片的粒狀物質，主要成分是碳酸鈣($CaCO_3$)；珊瑚砂被視為鹼性物質，具有持續釋放碳酸鈣的特性，會導致水質的硬度和pH提高；不適合用作水草栽培的底砂，適用於養海水魚、無脊椎海洋生物、非洲慈鯛及甲殼類的水族箱中。

(4)黑金剛砂　黑金剛砂主要是由工業廢土燒結而成，成分是炭化矽；不易崩解產生塵土，不會釋放物質影響水質，但粒徑小，會產生針狀的結晶，對體色鮮明的魚蝦有顯色作用，造景時可以強化景觀。

(5)黑泥

黑泥又稱為黑土，外表黑色但基體是白色的砂粒狀物，粒徑2～5 mm，由天然土壤為原料，經高溫、殺菌等高科技製成的自然形態顆粒，最具代表性的黑泥是ADA的產品。黑泥現在一般稱為水草泥，其外面的包裹層可以控制載體釋放酸劑的速度，讓它緩慢釋放出來，使水環境得以被控制在較為理想的pH範圍；水草泥能快速營造一個軟水弱酸環境，已被廣泛選為基本底床材料作培植水草之用，可促進水草的根部發育，使水草健康生長。

4.其他置景材料

(1)貝殼 海洋軟體動物貝類和螺類的外殼，造型奇異，殼紋華麗，可作為水族箱內的襯景。

(2)工藝品 小巧別致，造型美觀的陶質或塑膠等材料製作的工藝品，可作為水族箱內的襯景。在水族箱中擺放裝飾品不但可以營造觀賞氣氛，還可當作仔幼魚的隱蔽場所，常見的有假山、涼亭、古堡、玩具、仿製動植物等。若將砂濾石裝在塑膠青蛙、小魚等水族玩具體內，氣泡就從其嘴部緩緩吐出，增添幾分情趣，靜水變成活水，整個景色活了起來，顯得更自然美觀。

5.背景材料

(1)背景板

水族箱背景板用泡沫塑料、PU、硬泡材料、樹脂、聚苯乙烯等材料製作而成，模擬岩石背景，凹凸不平好似浮雕，可隨意切割，具有質輕、立體感強、耐用、色多、形狀各異的特點。裝飾水族箱像水底奇石般美觀，顏色迎合自然水，燈光及水草，配合游動的魚兒，構成可愛美妙的生態環境，形成更好的觀賞效果。

(2)背景畫 水族箱背景畫是水中景塑膠裝飾畫貼在箱壁外作襯托，有水草畫、珊瑚畫、岩石畫、藍板等。常用在喜集群好游魚類，不設其他景物的大型魚類水族箱中，能很好地襯托景色。水族造景中也可根據表達的主題自己繪製或定制具有特殊意義的背景畫，並可為水族箱內造景內容創造恰當的氛圍或相互襯托。

三、置景材料的處理

水族箱中常見的置景材料有底砂、石材、沉木等，這些置景材料要經過一定的處理後才可使用。底砂應多選一些顆粒較粗大的白雲石或略小的溪砂，使用前要用水反復清洗，然後用高錳酸鉀溶液浸泡24 h，再用水沖乾淨後備用。置景石中無石灰質溶解的石材，用高錳酸鉀藥液浸泡後，再經銼、磨等加工，用清水沖洗後備用。新採集或購入的沉木，要用開水煮30 min，或者用清水泡幾天，以去除它的色素，用高錳酸鉀藥液浸泡幾十分鐘，再用水反復清洗後備用。

第二節 觀賞水草的種類及選擇

一、觀賞水草的特徵及作用

水草一般是指可以生長在水中的草本植物,表現為終生離不開水或者部分在水中或者部分時間必須在水中。觀賞水草指在自然環境中生長發育或經人工採集、栽培及選育的具有一定觀賞性的水生植物,主要應用於水族箱的造景與欣賞。觀賞水草在適應水體環境過程中形成了獨有的特點,具有發達的通氣組織並由此產生一定的浮力,使水草葉漂浮或直立於水中;根系退化,水草的各個部分都可以從水中吸收氧氣和養分;機械組織弱化,莖幹軟弱、纖細,無性繁殖是水草的主要繁殖方式,主要是以根、莖、葉等營養器官進行繁殖。

觀賞水草具有較高的觀賞價值,可以形成綠色背景,能把觀賞魚襯托得更加絢麗多彩,營造出不同的立體風光美景,增加水族箱的觀賞性,透過觀賞水草進行光合作用,提供溶氧,吸收含氮廢物,淨化水環境,為觀賞魚營造良好的棲息場所,幫助黏性卵附著水草上,提高孵化率,遮陰降溫,減少光照的作用。目前觀賞水草品種全世界有 500 多種,常見的有 200 多種,中國常見觀賞水草品種有 100 餘種。

二、常見觀賞水草的種類

1.熱帶觀賞水草

(1)皇冠草(*Echinodorus amazonicus*)(圖 4-15) 屬於澤瀉科(Alismaceae) 原產地巴西。因其為豪華豔麗的大型水草,被稱為熱帶水草之王,植株綠色,葉柄粗壯,葉子寬大,長披針形,葉形優美,葉片多,靠參莖和分株繁殖。

常見相近種類:皇冠草類有 20 多種,常見有阿根廷皇冠(*Echinodorus argentinensis*)、尖葉皇冠(*Echinodorus latifolius*)、烏拉圭皇冠(*Echinodorus bolivianus*)、象耳草(*Echinodorus cordifolius*)、長象耳草(小海帆)(*Echinodorus horizontalis*)、大花皇冠(*Echinodorus grandiflorus*)、玲瓏皇冠(*Echinodorus isthmicusb*)、大葉皇冠(*Echinodorus macrophyllus*)、九冠草(*Echinodorus major*)、紅蛋(*Echinodorus osiris*)、卵圓皇冠(*Echinodorus parviflorus*)、迷你皇冠(*Echinodorus quadricostatus*)、虎斑蛋葉(*Echinodorus schlueteri*)、長葉皇冠(*Echinodorus subalatus*)、針葉皇冠(*Echinodorus tenellus*)、長葉九冠(*Echinodorus uruguayensis*)、鐵皇冠(*Microsorium pteropus*)(彩圖 181)、細葉鐵皇冠(*Microsorum* sp.)等。

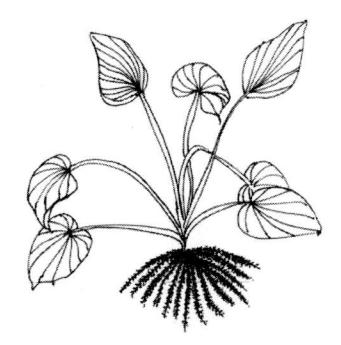

圖4-15　皇冠草　　　　　　　圖4-16　溫蒂椒草

(2)溫蒂椒草(*Cryptocoryne wendtii*)(圖 4-16)

屬於天南星科(**Araceae**)，原產地斯里蘭卡。莖梗粗壯，葉片稀疏似辣椒葉片，葉面寬闊呈橢圓形，頂部稍尖。有綠溫蒂椒草和紅溫蒂椒草(彩圖　182)兩種，葉綠色或茶紅色；以側芽繁殖。

常見相近種類：椒草類有 30 多種，常見有黃椒草(*Cryptocoryne affinis*)、白椒草(*Cryptocoryne albida*)、氣泡椒草(*Cryptocoryne aponogetifolia*)、縐邊椒草(*Cryptocoryne balansae*)、大椒草(*Cryptocoryne blasii*)、貝克椒草(*Cryptocoryne beckettii*)、波羅椒草(*Cryptocoryne bullosa*)、金線椒草(*Cryptocoryne cordata*)、金椒草(*Cryptocoryne costata*)、緞帶椒草(*Cryptocoryne crispatula*)、舌椒草(*Cryptocoryne lingua*)、露蒂椒草(*Cryptocoryne lutea*)、虎斑椒草(*Cryptocoryne nurii*)、迷你椒草(*Cryptocoryne parva*)、咖啡椒草(*Cryptocoryne petchii*)、桃葉椒草(*Cryptocoryne pontederiifolia*)、紫紅椒草(*Cryptocoryne schulzei*)、渥克椒草(*Cryptocoryne walkeri*)、波浪椒草(*Cryptocoryne undulata*)等。

(3)小水榕(*Anubias nana*)(圖4-17)　屬於天南星科(**Araceae**　)，原產地西非。深綠色的葉片，水上葉是卵型，根部為心形，狀況良好時可使葉緣產生波浪狀，會水準地長出側枝，以側枝繁殖。

常見相近種類：榕類水草有10多種，新近流行也歸屬於此類的高端水草辣椒榕有上百種，均屬於辣椒榕屬(*Bucephalandra*)(彩圖 183)；常見有細葉鋼榕(*Anubias afzelii*)、大水榕(*Anubias barteri*)、巴榕(*Anubias barteri* var. *barteri*)、巴卡榕(*Anubias barteri* var. *caladiitolia*)、鋼榕(*Anubias congensis*)、吉利水榕(*Anubias gilletii*)、燕尾

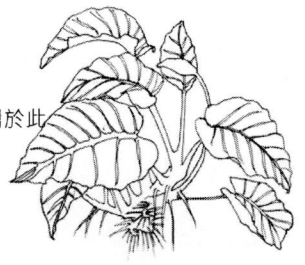

圖4-17　小水榕

榕(*Anubias hastifolia*)、卵葉榕(*Anubias heterophylla*)、劍榕(*Anubias lanceolata*)、黃金小榕(*Anubias barteri* var. *nana*)、三角榕(*Anubias gracilis*)、大辣椒榕(*Bucephalandra gigantea*)、辣椒榕馬吉佛利亞(*Bucephalandra magnifolia*)、辣椒榕莫特(*Bucephalandra motleyana*)等。

(4)網草(*Aponogeton madagascariensis*)(圖4-18)
屬於水蕹科(Aponogetonaceae)，原產地北美洲。有珍稀獨特的網狀葉片，只有網狀葉脈，缺乏葉肉組織，葉片寬闊長大，深綠色透明狀，可以透過葉片看到對面的物體，奇特無比；以側芽繁殖。

常見相近種類：大皺葉草(*Aponogeton boivinanus*)、卷浪草(*Aponogeton capuronii*)、皺邊浪草(*Aponogeton crispus*)、窄葉網草(*Aponogeton guillotii*)、波浪草(*Aponogeton natans*)、小浪草(*Aponogeton rigidifolius*)、長葉網草(*Aponogeton* sp.)、大浪草(*Aponogeton ulvaceus*)等。

圖4-18　網草

(5)扭蘭草(*Vallisneria americana*)(圖4-19) 屬於水鱉科(Hydrocharitaceae)，原產地美國。植株中等、嫩綠色，葉面狹長，邊緣有鋸齒狀，葉片由根基部向上生長，整株水草呈扭曲狀盤旋生長而得名；以側莖繁殖。

常見相近種類：緞帶蘭(*Vallisneria* sp. *asiatica*)、大水蘭(*Vallisneria gigantea*)、絲帶蘭(*Vallisneria gracilis*)、南美水蘭(*Vallisneria americana*)、紅水蘭(*Vallisneria neotropicalis*)、虎斑水蘭(*Vallisneria spiralis*)等。

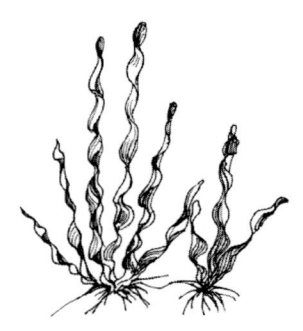

圖4-19　扭蘭草

(6)小穀精(*Eriocaulon cinereum*)(圖4-20) 屬於穀精草科(Eriocaulaceae)，原產地南美洲。葉形呈針狀，生長時多由不明顯的地上莖呈放射狀長出，因此整株的造型非常獨特高雅，以側莖繁殖。

常見相近種類：霧島穀精(*Eriocaulon* sp. *Amanoanum kirishima*)、南投大穀精(*Eriocaulon nantoense*)、澳洲絲葉穀精(*Eriocaulon setaceum* L.)、南美寬葉大穀精(*Eriocaulon* sp.)、南美細葉大穀精(*Eriocaulon* sp.)、日本穀精(*Eriocaulon* sp.)(彩圖184)等。

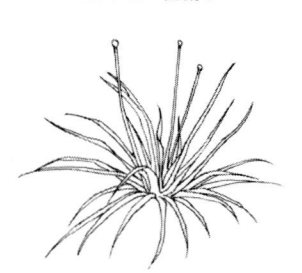

圖4-20　小穀精

(7)黑木蕨(*Bolbitis heudelotii*)(圖4-21) 屬於木蕨科(Lomariopsidaceae)，原產地西非。屬於蕨類植物，葉互生，羽狀全裂，暗綠色，光照強時葉片會直立生長，以側莖繁殖。

常見相近種類：三葉蕨(*Bolbitis heudelotii*)等。

圖4-21　黑木蕨

(8)細葉水芹(*Ceratopteris thalictroides*)(圖4-22)

屬於水蕨科(**Parkeriaceae**)，原產地非洲。葉具有深裂或全裂的互生羽狀葉，葉片黃綠色到青綠色，以側枝繁殖。

常見相近種類：大水芹(*Ceratopteris cornuta*)、浮葉水芹(*Ceratopteris pterioides*)、小水芹(*Ceratopteris thalictroides*)等。

圖4-22　細葉水芹

(9)綠菊花草(*Cabomba caroliniana*)(圖4-23)

屬於菊科(**Asteraceae**)，原產地印度。植株高大、黃綠色、葉形似菊花葉、葉面羽狀深裂、對生，以插枝繁殖。

常見相近種類：紅菊花草(*Cabomba piauhyensis*)(彩圖185)、黃菊花草(*Cabomba aquatica*)、金菊花草(*Cabomba australis*)、紫菊花草(*Cabomba pulcherrima*)等。

圖4-23　綠菊花草　　　　圖4-24　大寶塔草

(10)大寶塔草(*Limnophila aquatica*)(圖4-24)

屬於玄參科(**Scrophulariaceae**)，原產地印度。植株挺立、淺黃至翠綠色、葉羽狀，從主幹輻射而出、有分層現象，上小下大似寶塔形，以插枝和側芽進行繁殖。常見相近種類：

迷你寶塔草(*Limnophila glabra*)、細葉寶塔草(*Limnophila heterophylla*)、印度寶塔草(*Limnophila indica*)、寶塔草(*Limnophila sessiliflora*)等。

(11)太陽草(*Tonina fluviatilis*)(圖4-25)

屬於穀精草科(Eriocaulaceae)，原產地北美洲。葉片翠綠細長、輪生、有細長的莖部，葉端常橫臥於水面，使植株造型美麗，以插枝繁殖。

常見相近種類：寬葉太陽草(*Tonina* sp.)(彩圖186)、細葉太陽草(*Tonina* sp.)、古精太陽草(*Syngonanthus* sp.)等。

圖4-25　太陽草

(12)紅絲青葉(*Hygrophila polysperma*)(圖 4-26)

屬於爵床科(Acanthaceae)，原產地東南亞。青葉草的改良品種，葉披針形，對生，葉淡綠色，葉脈變成白色，形成清晰的脈絡，有強光時植株頂部葉展現粉紅的顏色，以插枝或側芽繁殖。

常見相近種類：細葉水蘿蘭(*Hygrophila balsamica*)、大柳(*Hygrophila corymbosa*)、水蘿蘭(*Hygrophila difformis*)、小柳(*Hygrophila guianensis*)、湖柳(*Hygrophila lacustris*)、青葉草(*Hygrophila polysperma*)、水簑衣(*Hygrophila salicifolia*)(彩圖 187)、中柳(*Hygrophila stricta*)、南美叉柱花(*Staurogyne repens*)(彩圖 188)、紫紅針葉柳(*Staurogyne stolonifera*)等。

圖4-26　紅絲青葉

(13)綠血心蘭(*Alternanthera ocipus*)(圖 4-27)　屬於莧科(Alternantaceae)，原產地南美洲。葉披針形，葉面多為綠褐色，葉背面呈深紅色，以插枝和側枝繁殖。常見相近種類：大血心蘭(*Alternanthera lilacina*)、小血心蘭(*Alternanthera reineckii*)、紫葉草(*Alternanthera sp.*)等。

圖4-27　綠血心蘭

(14)紅蝴蝶(*Rotala macrandra*)(圖 4-28)

屬於千屈菜科(Lythraceae)，原產地印度。葉披針形，對生，葉片顏色隨光照條件的不同，由綠變紅，鐵質豐富時植株生長茂盛，以插枝或側芽繁殖。常見相近種類：印度小圓葉(*Rotala indica*)、紅頭趴趴熊(*Rotala goias*)、尖葉青蝴蝶(*Rotala ramosior*)、黃松尾(*Rotala nanjeanshanensis*)、綠宮廷(*Rotala* sp. "Green")、紅宮廷(*Rotala rotundifolia* "Red")、紅松尾(*Rotala wallichii*)、迷你紅太陽草(*Rotala* sp.)、夕燒(*Rotala* sp. "Sunset")(彩圖 189)、紅柳(*Ammania gracilis*)、小紅葉(*Ammania reineckii*)、小紅柳(*Ammania senegalensis*)、牛頓草(*Didiplis diandra*)等。

圖4-28　紅蝴蝶

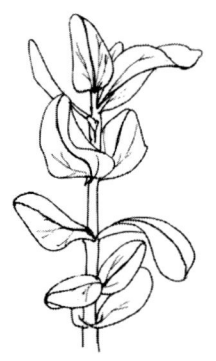

圖4-29　虎耳草

(15)虎耳草(*Bacopa caroliniana*)(圖 4-29)

屬於虎耳草科(**Saxifragaceae**)，原產地巴西。葉卵圓形，十字對生，葉子厚重，綠黃色，以插枝繁殖。

常見相近種類：紫虎耳(*Bacopa araguaia*)、粉紅虎耳(*Bacopa* sp. "Pink")、大虎耳(*Bacopa lanigera*)、小對葉(*Bacopa monnieri*)(彩圖 190)、針葉虎耳(*Bacopa myriophylloides*)、圓對葉(*Bacopa rotundifolia*)等。

(16)羅貝力(*Lobelia cardinalis*)(圖 4-30) 屬於桔梗科(**Lobeliaceae**)，原產地美國。葉卵圓形，對生，水上葉暗綠帶有紫色，水中葉則為亮綠色，以插枝繁殖。 常見相近種類 紅花草(*Lobelia cardinalis*)等。

圖4-30 羅貝力 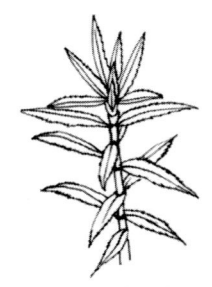　　　　圖4-31 新百葉

(17)新百葉(*Eusteralis stellata*)(圖 4-31)

屬於唇形花科(**Lamiaceae**)，原產地東南亞。葉長披針形，對生，葉片紅色，缺鐵時葉片變為淡綠色，以插枝或側芽繁殖。

常見相近種類：小百葉(*Eusteralis* sp.)、百葉(*Eusteralis stellata*)等。

(18)小紅莓(*Ludwigia arcuata*)(圖 4-32) 屬於柳葉菜科(**Onagraceae**)，原產地北美。水上葉為披針形，十字對生，葉底和莖帶有紅色，水中葉尖細如針，在水中生長，葉子會變成草莓紅色，以插枝繁殖。

常見相近種類：紅丁香(*Ludwigia brevipes*)、新葉底紅(*Ludwigia glandulosa*)、新紅莓(*Ludwigia* sp.)、大紅莓(*Ludwigia* sp.)、茶葉草(*Ludwigia palustris*)、大紅葉(*Ludwigia perennis*)(彩圖 191)、葉底紅(*Ludwigia repens*)、紅唇丁香(*Ludwigia* sp.)、紅太陽草(*Ludwigia* sp.)等。

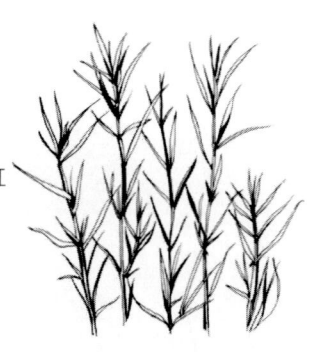

圖4-32 小紅莓

(19)小竹節(*Najas guadalupensis*)(圖 4-33)

屬於茨藻科(**Najadaceae**)‧原產地美國。直線形葉片‧有細長的莖部‧葉緣有鋸齒‧以插枝或側芽繁殖。

常見相近種類‧瑒明柳(*Najas graminea*)‧印度小竹節(*Najas indica*)‧南極杉(*Najas guadalupensis*)‧北極杉(*Najas graminea*)等。

圖4-33　小竹節 　　　　　圖4-34　日本簀藻

(20)日本簀藻(*Blyxa japonica*)(圖 4-34)

屬於水鱉科(**Hydrocharitaceae**)‧原產地東南亞。看起來似叢生性水草‧卻是有莖類植物‧莖上會長出互生葉而無葉柄‧葉片細長‧以插枝繁殖。常見相近種類：長頸簀藻(*Blyxa alternifolia*)‧中簀藻(*Blyxa aubertii*)‧大簀藻(*Blyxa echinosperma*)‧簀藻(*Blyxa novoguineensis*)等。

(21)細葉蜈蚣草(*Egeria najas*)(圖 4-35)　屬於水鱉科(**Hydrocharitaceae**)‧原產地巴西。

具有綠色半透明線形葉‧通常為六輪生，莖的顏色呈深綠色或淡綠色‧以走莖或節間生枝繁殖。常見相近種類：阿根廷蜈蚣草(*Egeria densa*)‧加拿大蜈蚣草(*Elodea canadensis*)‧美國蜈蚣草(*Elodea nuttallii*)‧南非蜈蚣草(*Lagarosiphon major*)‧馬達加斯加蜈蚣草(*Lagarosiphon madagascariensis*)等。

圖4-35　細葉蜈蚣草 　　　　圖4-36　羽毛草

(22)羽毛草(*Myriophyllum aquaticum*)(圖 4-36)

屬於小二仙草科(**Haloragidaceae**)，原產地南美洲。環生黃綠色至紅茶色的 6 枚羽狀葉，莖部直立，雌雄異株，以側芽和插枝繁殖。

常見相近種類：綠狐尾草(*Myriophyllum elatinoides*)、綠羽毛草(*Myriophyllum hippuroides*)、紅羽毛草(*Myriophyllum matogrossense*)、狐尾草(*Myriophyllum scabratum*)、紅千層(*Myriophyllum tuberculatum*)、螺旋羽毛草(*Myriophyllum verticillatum*)等。

(23)香蕉草(*Nymphoides aquatica*)(圖 4-37)，屬於龍膽科(**Gentianaceae**)，原產地美國。植株中等綠色，葉片寬大呈圓形，葉面不平整，邊緣帶波浪狀，生有攀緣莖，根莖肥大如香蕉狀，靠參莖繁殖。常見相近種類：大香菇草(*Nymphoides indica*)、蝴蝶蓮(*Nymphoides humboldtiana*)、香香草(*Hydrocotyle leucocephala*)、香菇草(*Hydrocotyle vulgaris*)、綠睡蓮(*Nymphaeaceae glandulifera*)、紫荷根(*Nymphaea lotus* **var.** *rubra*)、虎斑睡蓮(*Nymphaea maculata*)(彩圖 192)、紅三角芋(*Nymphaea stellata*)、青斑荷根(*Nymphaea zenkeri*)、日本荷根(*Nuphar japonicum*)、紫色芋(*Nuphar lotus*)、青荷根(*Nuphar luteum*)、萍蓬荷根(*Nuphar pumilum*)等。

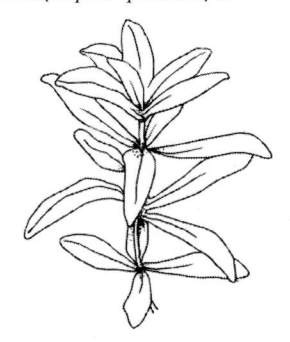

圖 4-37　香蕉草　　　　圖 4-38　矮珍珠

(24)矮珍珠(*Golossostigma elatinoides*)(圖 4-38)

屬於玄參科(**Scrophulariaceae**)，原產地日本。葉卵圓形，對生，雖屬有莖類水草，但莖部卻不是直立的，由於爬行生長的匍匐枝會呈擴散狀蔓延開來，最後鋪滿整個底部，而匍匐枝上的葉片又是濃密的生長，感覺起來宛如草坪一般，以側枝繁殖。

常見相近種類：珍珠草(*Hemianthus micranthemoides*)(彩圖 193)、圓葉珍珠(*Hemianthus sp.*)、十字矮珍珠(*Elatine ambigua*)、日本珍珠(*Hemianthus micranthemoides*)等。

(25)牛毛氈(*Eleocharis parvula*)(圖 4-39)，屬於莎草科(**Cyperaceae**)，原產地日本。葉片細長，看起來像是細長的牛毛，故名牛毛氈。沉水的牛毛氈多接近黃綠色，稈的部分長得較細長，植株的下走莖生長得很快，能夠大面積地擴張族群，用參莖繁殖。

常見相近種類：小莎草(*Eleocharis acicularis*)、中莎草(*Eleocharis minima*)、大莎草(*Eleocharis vivipara*)等。

圖4-39 牛毛氈　　　　　　　　　圖4-40 新加坡莫絲

(26)新加坡莫絲(*Vesicularia dubyana*)(圖 4-40)

屬於葡苔科(Hypnaceae)，原產地東南亞。屬於苔蘚植物，大多有莖呈線狀，無真實的根，濃密且細長的深綠色葉子略呈三角形，互相糾纏群生，以側芽和壓條繁殖。

常見相近種類：眼淚莫絲(*Vesicularia ferriei*)、三角莫絲(*Vesicularia filicinum*)(彩圖194)、聖誕莫斯(*Vesicularia montagnei*)、直立莫絲(*Vesicularia reticulata*)、翡翠莫絲(*Vesicularia* sp.)、鳳尾莫絲(*Fissidens fontanus*)、柳條莫絲(*Fontinalis antipyretica*)、雲維莫絲(*Leptodictyum riparium*)、珊瑚莫絲(*Riccardia chamedryfolia*)、臺灣莫絲(*Taxiphyllum alternans*)、爪哇莫絲(*Taxiphyllum barbieri*)、孔雀莫絲(*Taxiphyllum* "Peacock")、火焰莫絲(*Taxiphyllum* sp. "Flame")、巨人莫絲(*Taxiphyllum* sp. "Giant")、針葉莫絲(*Taxiphyllum* sp. "Spiky")等。

(27)鹿角苔(*Riccia fluitans*)(圖4-41) 屬於浮苔科(Ricciaceae)，原產地世界各地。屬於苔蘚植物，浮漂性水草葉片呈丫字形密集交叉，沒有根部，有充足的光照讓它行光合作用，會草體上Y形的葉端會冒出一個個的氣泡，形成一片銀白色氣泡海的奇觀，以分葉的方式繁殖。

常見相近種類：大鹿角苔(*Microsuinm pteropus*)、迷你鹿角苔(*Microsuinm* sp.)等。

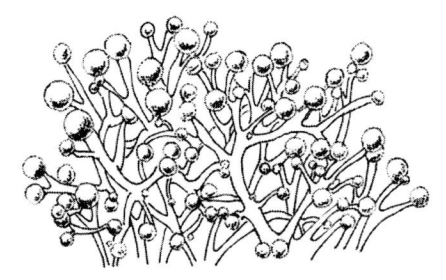

圖4-41 鹿角苔

熱帶觀賞水草其他常見種類：大水劍(*Acorus calamus*)、小噴泉(*Crinum calamistratum*)、大噴泉(*Crinum natans*)、泰國水蒜(*Crinum thaianum*)、水蘊草(*Egeria densa*)、長艾克草(*Eichhornia azurea*)、小艾克草(*Eichhornia* sp.)、溝繁縷(*Elatine triandra*)、雪花草(*Hottonia inflata*)、雨傘草(*Hottonia palustris*)、南美草皮(*Lilaeopsis brasiliensis*)、草皮(*Lilaeopsis novaezelandiae*)、短葉水八角(*Gratiola brevifolia*)、水八角草(*Gratiola viscidula*)、斯必蘭(*Gymnocoro-*

nis spilanthoides)、蝴蝶萍(Marsilea exarate)、湯匙萍(Marsilea hirsuta)、綠松尾(Mayaca fluviatilis)、微果草(Microcarpaea minima)、紅雨傘草(Proserpinaca palustris L.)(彩圖 195) 中水蘭(Sagittaria graminea)、緞帶水蘭(Sagittaria lancifolia)、小水蘭(Sagittaria sagittifolia)、綠金錢草(Samolus parviflorus)、芭蕾草(Shiner rivularis)等。

2.一般觀賞水草

(1)金魚藻(Ceratophyllum demersum)、屬於金魚藻科(Ceratophyllaceae)、原產地中國。植株光滑、莖細長分枝、枝葉稠密如松針、葉線形 6~8 片生、插枝繁殖。

(2)輪葉黑藻(Hydrilla verticillata)、屬於水鱉科(Hydrocharitaceae)、原產地中國。莖長分枝少、葉狹長形 4~8 片輪生、插枝繁殖。

(3)天胡荽(Hydrocotyle sibthorpioides)、屬於傘形科(Umbelliferae)、原產地中國。莖細長而匍匐、平鋪地上成片、節上生根、葉片膜質至草質、圓形或腎圓形、以匍匐莖和種子繁殖。

(4)聚草(Myriophyllum spicatum)、屬於小二仙草科(Haloragidaceae)、原產地中國。莖細長圓柱形、有分枝、有紅綠梗之分、葉羽狀細裂 4片輪生、插枝繁殖。

(5)箭頭慈姑(Sagittaria sagittifolia)、屬於澤瀉科(Alismaceae)、原產地中國。有球莖、葉莖節基部叢生、葉片三角形、用參莖繁殖。

(6)苦草(Vallisneria spiralis)、屬於水鱉科(Hydrocharitaceae)、原產地中國。葉莖節基部叢生、葉片狹長如帶狀、用參莖繁殖。

(7)挖耳草(Utricularia bifida)、屬於狸藻科(Lentibulariaceae)、原產地中國。葉基生、葉片很軟、長條形、上面生有捕蟲囊、無根性、以地下莖分支和種子繁殖。

一般觀賞水草其他常見種類 田字草(Marsilea quadrifolia)、睡蓮(Nymphaea tetragona)、水車前(Ottelia alismoides)、菹草(Potamogeton crispus)、微齒眼子菜(Potamogeton maackianus)、槐葉萍(Salvinianatans)等。

三 觀賞水草的選擇

1.選擇水草的原則

造景選擇水草時應先考慮到本身配備的條件、依照配備的能力挑選大小、長短、光亮要求能配合的水草種類。全部種植水草的面積應該至少要有水族箱底面積的 70% 選擇適合當季氣候狀況的水草，如果不是很有把握，避免種一些高難度的品種。造景種植的水草品種不宜過多，大致控制在每 30 cm 見方種植 5~6 種水草，紅色系的水草也不宜過多，而水草數量應該多一些。過多的水草品種往往會失去造景的主題，顯得過於花俏，同時，也要注意顏色葉型大小相近的水草不要種植在一起，這樣的造景才會有一種景深的視覺效果，具有格外層次分明的立體感。

2.水草選擇與佈景

選擇水草時應該考慮到水族箱的佈景，前景、中景、後景及紅色水草都要選擇適合的水草種類。所謂的前、中、後景草，並不是學術上嚴謹的分法，只是方便水草造景佈置時作為參考。常見的水族箱高度約在 50 cm，扣除水面上的空間、底部濾材、底砂等，可用高度約 30 cm，如果要佈置出具有層次感的水草缸，以 10 cm 為一個區間比較合適。按照水草正常的生長高度，一般高於 20 cm 的歸類為後景草，10 cm 以下則歸為前景草，但並不是前景草就一定只能作為前景之用，得視實際造景佈置情形而定。

(1)前景草 矮珍珠、牛毛氈、南美草皮、挖耳草、微果草、香菇草、天胡荽、小柳、羽毛草、新百葉、小紅莓、紅宮廷、綠宮廷、日本簀藻、迷你皇冠、鐵皇冠、針葉皇冠、迷你椒草、黃椒草、金椒草、小水榕、黃金小榕、小穀精、香蕉草、鹿角苔、各類莫絲等。

(2)中景草 菊花草、細葉水芹、寶塔草、太陽草、紅柳、中柳、大柳、水蓑衣、紅蝴蝶、紅絲青葉、青葉草、小對葉、寬葉血心蘭、大血心蘭、大紅葉、紅丁香、葉底紅、紅雨傘草、南美叉柱花、紅頭趴趴熊、紅松尾、黃松尾、夕燒、牛頓草、虎耳草、羅貝力、小竹節、皇冠草、象耳草、虎斑蛋葉、辣椒草、白椒草、氣泡椒草、露蒂椒草、大水榕、三角榕、大辣椒榕、網草、黑木蕨、虎斑睡蓮、紫荷根、青荷根、紅三角芋等。

(3)後景草 大水芹、水蘿蘭、紅菊花草、黃菊花草、大寶塔草、綠羽毛草、紅羽毛草、雪花草、小圓葉、細葉蜈蚣草、水蘊草、輪葉黑藻、金魚藻、大簀藻、扭蘭草、大皺葉草、大浪草、大噴泉、長艾克草、大水蘭、虎斑水蘭、南美水蘭、苦草、長葉九冠、紅蛋皇冠、長象耳草、大椒草等。

第三節　觀賞水草的種植及製作

一　觀賞水草的種植

1.有莖水草

(1)階梯式叢植法 階梯式叢植法是最基本的種法，適用於所有的有莖水草。種植時先將水草修剪成所需要的長度，再由長到短依序排列在桌上備用。種植時由長而短，由後往前依序插入砂中，水草微微碰觸，這樣就能種成階梯狀(圖4-42)。

圖4-42　有莖水草的階梯式叢植法

(2)束植法

束植法適用於植莖較細的有莖水草，如珍珠草、小紅莓、菊花草、虎耳草、寶塔草等。種植時是將數根水草為一束插入砂中，有時基部可用橡皮筋捆綁固定，以方便造景。捆綁時要先把每根水草基部一兩個莖節的葉片拔除，且不要綁得太緊，原則上不散掉即可。

束植法依照捆綁方式不同可分為齊根式束植法和齊尖式束植法兩種。齊尖式束植法是選擇粗細相等的水草，先將每根水草的冠芽對齊，取一適當的長度，用剪刀修剪水草成同一長度，拔除基部葉片再捆綁成束，用此法可使冠芽成圓球狀排列生長。綠菊花草、細葉蜈蚣草、小寶塔等很適合用此法種植(圖4-43)。齊根式束植法是取粗細長短不一的水草，將每根水草老化段修剪掉，將每種水草的基部對齊再捆綁成束，用此法水草冠成高低不規則狀態顯出比較自然的樣式(圖4-44)。

圖4-43　有莖水草齊尖式束植法　　圖4-44　有莖水草齊根式束植法

2.叢生水草

叢生水草沒有主莖，直接由基部成放射狀長出葉片，代表性的有小穀精、椒草、皇冠草等。這類草通常用在前、中景，較能凸顯叢生水草的美感。種植時一般是每棵草分開種，但有時可將兩三棵束成一棵增加氣勢(圖4-45)。

圖4-45　叢生水草的種植

3.塊莖類水草

塊莖類水草最大的特徵是有塊莖，代表性的有香蕉草、青荷根、紅三角芋等。栽種時只有一個塊莖沒有葉子。只要把這類草的塊莖半埋在砂中，不要讓它飄動即可完成栽種(圖4-46)。塊莖裡儲存水草的養分，只要條件適合，一兩個星期就能長出很茂密的葉子。當水中 CO_2 的含量不足時塊莖類水草會長出貼在水面上的浮葉，如果是三度空間水草造景缸就能欣賞到浮葉的美，但如果不是則不要留太多浮葉以免遮住水族箱頂部的照明光線影響到生長在下面的水草。

圖4-46　塊莖類水草的種植

4.匍匐性水草

匍匐性水草大多是一些低矮的前景水草如矮珍珠、蝴蝶萍、牛毛氈等。種植時較費事，必須只摘取嫩葉部分一小撮一小撮地埋入沙中，留一些間隔，但是如種植狀況良好，兩個星期就能有長成一大片的效果(圖4-47)。

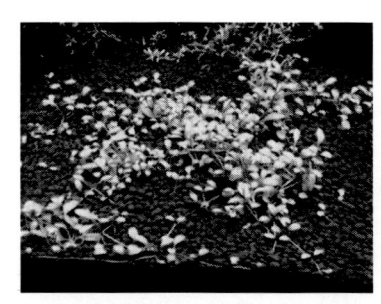

圖4-47 匍匐性水草的種植

5.附著性水草類

附著性水草類顧名思義是附著在別的東西上生長，較常用的有莫絲、鹿角苔、鐵皇冠、小榕等水草，通常是用沉木、岩石當基材，再將水草用釣魚線等固定在沉木、岩石上，莫絲類也可以用水草專用膠水粘貼其上(圖4-48)，鹿角苔可用絲網綁縛。這類草大多生長較慢，剛種時較不自然，慢慢地培養會逐漸成形，能形象地展示出類比的樹，製造出森林裡苔蘚覆蓋的感覺，一如大自然孕育的森林生態，綠色浸染的山林，表現出自然界浩瀚無邊的生命力。

圖4-48 附著性水草的種植

二 觀賞水草的製作

1.綠藻球

綠藻球(*Cladophora aegagrophila*)，屬於剛毛藻科。綠藻球的藻體呈現草綠色，形成絲狀聚集生長，一般會形成比較鬆散的球體形狀或者不規則的團塊漂浮在水底，絲狀體纖細柔韌，密生猶如絨毛。綠藻球的製作及商品化源於日本，造景時可將其藻體固定於水族箱底的沉木或岩石表面，定期加以轉動，或換水時用手輕輕搓揉藻體表面，即可塑造其球形外觀(圖4-49)。綠藻球在水族箱中一般被用作前景草來襯托整體景觀，綠色絨球狀的外觀獨特異常，可大如拳頭或小如牛丸，給清澈澄亮的水底添上一抹耀眼的亮麗，使水景顯得十分活潑可愛。

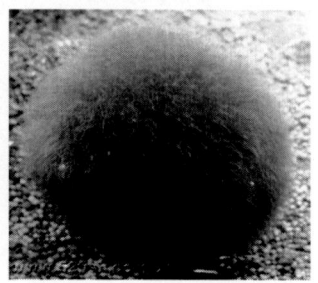

圖 4-49　綠藻球

2.陀草

陀草(佗草)顧名思義就是一坨草(水草團子)，意為水邊的草，源於日本。陀草基於觀賞水草的栽種製作，又融入了造景陳設的藝術元素；以合理地利用觀賞水草的水上葉和水下葉，按不同的水草品種搭配，栽種在特定基質上，進行適當的修剪造景製作而成(圖 4-50)。陀草能直接整個沉入水中，在缸內變成一叢最自然的水草，也可以放入特別造型的小型容器裡，營造出一小片自然風景。陀草的製作是以塘泥(水草泥或花泥)為基肥，用苔蘚植物把塘泥包裹起來，做成扁形球體基質，選擇恰當的水草均勻地栽種其上，最後用黑線或魚線整體捆綁好即可。

圖 4-50　陀草

3.模擬水草

模擬水草是在工廠裡用塑膠等材質模仿觀賞水草特徵批量製作而成，好的高模擬水草枝葉柔軟，形態逼真，造型優美(圖 4-51)，並具有使用簡便、價廉耐用等優點，但也存在著水草過硬可能會劃傷魚、放置太久容易長藻類等問題，通常可用在養有要啃吃水草的金魚等魚缸中。

圖4-51　模擬水草

第四節　水族景觀設計原理及技巧

一、水族造景特點

　　水族造景源於歐洲，最初的動機是讓熱帶魚有一個接近於自然的環境，同時也是養魚缸的點綴和襯托。水族設備和技術的進步使水草能在水族箱中長久地生存下來，尤其是進入21世紀以來熱帶觀賞水草種類的大量應用，使水族箱展示由以魚為主逐漸轉變為以草為主，進而逐步形成了水族造景這門藝術，也有直接稱為水草造景。如今水族造景不僅是一個獨立的欣賞景觀，而且已經與環境藝術、居室裝飾融為一體，與人們的生活更加息息相關。觀賞水族造景將大自然中秀美的景色完美呈現在水族箱內，給予人美的感受，既可以讓人融入自然中去享受藝術，也可以讓人融入藝術之中去享受自然。

　　水族造景是用觀賞水草、觀賞水生動物及其輔助材料，在水族箱內再現如畫的水底世界，它屬於視覺藝術的範疇，具有三維物質立體空間的特性。水族造景的創作思維，是指創作人員在造景創作伊始和創作過程中的藝術思維，要求創作者具備多視角創作思維能力，同時又應具備美術師的"畫框"思維。一個水族造景要與周圍環境相協調，既構成居室的一部分，也與居室的其他構成成分互相陪襯、烘托和渲染。水族造景的主要構成因素有形、光、色三要素，不僅要做到自然環境的客觀再現，更要創造出藝術化的自然景觀。水草造景創作者要在不斷的創作過程中，求真、求新、求美、求深。求真，即造景與自然環境逼真，創作者要全身心投入；求新，即造景要有新的結構、新的形式、新的風格；求美，即造景要有空間美、結構美、意境美、風格美；求深，即造景要意境深、想像深。2007年ADA世界水草造景大賽特等獎《蒼狼嶺》作者鄒維新(中國香港)；作品所流露出的自然風情、創造力與呈現自然的手法皆有超凡的表現，大膽地組合沉木、岩石、水草等各種造景元素，呈現出完美的協調感，左右兩側茂盛的植物與中央開闊空間的對比也非常出色(彩圖　196)。

好的水族造景應該有好的創意和獨特的風格，必須在原創性、構圖、自然表現度、植栽水草品種、搭配水生動物、景觀維護管理、持久性等各方面都要達到較高的水準。新手上路可以從名家傑作的臨摹入手，在此基礎之上逐漸加入個性的成分，最後完全按照自己的設計進行造景，這是值得借鑒的最佳快速學習之道。理性造景是先進行設計，然後繪製草圖，最後按圖的方法進行水草造景，如李鐘琦(韓國)《望鄉》的水草造景設計圖(圖4-52)。《望鄉》獲2004年ADA世界水草造景大賽特等獎(圖4-53)，作品岩石佈景獨具挑戰性，其自由形式表達得淋漓盡致，挺拔的岩石和天然的水草在整個佈景中顯現得十分優雅。整體造景中既顯露出華麗、高貴，又能看到富有創造力的元素，聳立的石面與柔美的水草形成鮮明對照，給人感覺參差突兀、錯落有致，並且總體靈活與柔和的感覺相得益彰，獨具魅力；其獨創力又超乎尋常，白沙的使用、魚的選擇及其姿態也恰到好處。

圖4-52　《望鄉》水草造景設計圖

圖4-53　《望鄉》李鐘琦

通常水草造景應該預先設想每一種水草生長成熟後的狀況來考慮造景設計，在造景之前先設計一張"水草配置圖"，包括正視圖和俯視圖。正視圖主要描繪各種水草前後左右之間的呼應關係，俯視圖主要描繪各種水草所占的面積，並標明各序號所代表的水草種類和數量。具有高級水準的人可以感性造景，採用不繪草圖，即興發揮的水草造景方法，並由此充分展示出自己的風格及個性特徵。水草造景的創意來自大自然，2012年ADA世界水草造景大賽特等獎《亞馬遜》還原了南美洲真實亞馬孫熱帶雨林的美景，作者張劍鋒(中國澳門)創作的靈感觸發點是天野尚先生反映亞馬孫的攝影作品《最後的秘境》，勾畫出藍圖後，選擇纖細的杜鵑根搭建出主體骨架，用珊瑚莫斯製作出熱帶雨林中層次分明的大片樹冠(圖4-54)，隨著植栽水草的日趨繁盛，最終達到了預想的造景效果(彩圖197)。

圖4-54　《亞馬遜》成景過程

二、水族景觀類型

1.水草景

水草景是以水草為主，觀賞魚等為輔。水族箱中的綠色水草以其青翠欲滴，絢麗多姿，生機盎然，給人以一份綠的情意和美的享受。如1997年第一屆AZOO愛族杯水草造景大賽小型水草造景缸(30~90 cm)第一名《大草原的春天》作者鐘俊生(臺灣)，展現出春雨過後天清氣朗，萬物脫下厚重的灰暗，換上新鮮一季的翠綠，燈魚相互追逐，朝氣蓬勃的氣勢一發不可收拾，春天來臨就要生成一個波瀾壯闊的大草原(圖4-55)。熱帶水草展現的異域風光，錯落有致的水草佈置，加上亮麗的觀賞魚悠然飄逸的點綴，能夠構成一派迷人的熱帶水域風光。古木參天，灌木蔥蘢，藤蔓纏繞的枝幹間光影駁陸離，一條條銀色小魚往來穿梭，可展現出生態森林的原始景觀。2015年ADA世界水草造景大賽銀獎《尋蹤》(圖4-56)，作者楊雨帆(中國)，表現魚兒在尋找森林原始蹤跡，寂靜的森林，沒有了動聽的鳥鳴，只有一群美麗的小魚游過，隨著時間的變換，大自然帶給了人們不同的感受和美麗。

圖 4-55 《大草原的春天》 鐘俊生

圖 4-56 《尋蹤》 楊雨帆

2.山水景

　　山水景是以山石為主 觀賞水草等為輔。人工類比的山水景色有多種多樣 ,可在中央立一丘或一峰為主體 ,其餘的岩石層次分明 ,錯落有致地排布在其周圍 ,構成一幅遠山近水 ,重巒疊嶂的立體山水畫。可在兩側各立山峰 ,中部為青青幽谷 ,一群群五彩繽紛的魚兒翩翩戲水 ,驟添大千世界之奧妙神秘 ;也可用山石堆砌成峰巒洞穴 ,碧草密佈似片片叢林 ,水清山秀 ,空曠悠遠 ,恰如一幅桂林山水畫 ,灕江風情圖。2010 年 ADA 世界水草造景大賽銅獎《喀斯特》(圖 4-57) 作者曾慶軍(中國) ;使用了形狀獨特的造景石表現了著名的喀斯特地貌景致——桂林山水。

圖4-57 《喀斯特》 曾慶軍

3.魚畫景

魚畫景是以觀賞魚為主，水景裝飾畫等為輔。水族箱內不設其他景物，在箱壁外貼水景裝飾畫，水質晶瑩透徹，游動的魚兒，配上豔麗的裝飾畫作襯托，可使景色更加迷人。可以選擇喜歡集群好游的種類，如銀鯊魚、虎鯊魚等，放養2~3種幾十或上百尾，在寬曠的水體內，欣賞其整齊一致集體迅游的壯麗場面；也可以只飼養幾尾大型魚類，如銀龍、七星刀魚、長嘴鱷等，觀賞其遨游風采，水草造景時配上與主題貼切的背景畫，可以使自然景觀得以延伸，增強家居裝飾效果，如山寨風光(圖4-58)作者董建海。

圖4-58 《山寨風光》 董建海

4.礁岩景

礁岩景是以海水魚為主，水中珊瑚礁群等為輔。水族箱內模擬海洋珊瑚礁群的生態環境，飼養海水魚類和珊瑚等海洋無脊椎動物，組成一個珊瑚礁岩生態缸。珊瑚體形各異，顏色豔麗，形狀美麗多姿；海葵軟而美麗的花瓣狀觸手擺動不止，像一朵朵盛開的花，非常美麗；色澤豔麗，形態奇異的海水魚在珊瑚叢中翩翩起舞，構成"海底花園"的美妙奇景(圖 4-59)。珊瑚礁由生物岩石(活岩石)及在上面生長著的珊瑚、海葵和覆蓋於表層的海藻等所組成，形狀各異，色澤有紅、白、綠、藍、紫、青灰色等，多產於海洋中珊瑚礁區域。將這些富有生命氣息蘊含無數海藻、珊瑚和海葵的岩石，移植擺放在海水水族箱中，就可以呈現出五彩絢爛的珊瑚礁景觀。

圖4-59　海水魚缸造景

三、水族景觀設計原則

水族箱的景觀設計是將觀賞水生動物、山石、水草等合理配置，透過藝術構圖，人工造就一個微縮的水域自然景觀，體現出魚景交融、渾然一體的自然美、形式美，以及人們欣賞時所產生的意境美。景觀佈置應該具備科學性與藝術性的統一，既要注意觀賞水生動物的品種、大小、色彩搭配，瞭解其生活習性和飼養特點；又要採用藝術手法，巧妙地充分利用水草的姿態、色彩、線條進行有機的構圖；突出主題、層次清楚、佈局合理，造就一幅生動迷人的藝術品，給人以美的享受，增強水族造景的觀賞效果。

1.多樣與統一

水族箱中的草、石、木、魚的姿態、色彩、線條、質地要顯示出多樣性，多樣與統一使人感到既豐富、又單純；既活潑、又有秩序。主要意義是要求在藝術形式的多樣變化中，要有其內在的和諧與統一關係，既顯示形式美的獨特性，又有藝術的整體性。因此構圖設計上應力求保持一定的相似性，在變化中求統一，在統一中求變化，以獲得和諧統一的最佳效果。佈景時宜精不宜繁，宜少不宜亂，否則就會顯得變化太大、雜亂，失去美感而缺失觀賞性。在一個整體造景中只能有一個主題，不能互相混雜。在這個主題中要有連續性，這個連續性是立體的，既有左右的連續性又有前後的連續性，左右的連續性應該是波浪式的，前後的連續性則表現在層次感上。2011 年 ADA 世界水草造景大賽金獎《森林之歌》作者薛海(台灣)，作品以森林為主題，樹木設置層次分明，彎曲的小路向林中深處延伸，可以讓人感受想象到森林的廣闊深邃(圖4-60)。在山石水草造型中，要有前景、中景、後景和側景之分，注意高低疏密之佈局，使其富有層次和變化並具有立體感。一個優秀的水草造景，它的整體和每一個局部都應該是一個優美的景觀。

圖4-60 《森林之歌》 薛海

　　如何掌握統一與變化的度,應在不斷的實踐中慢慢地去領悟。如果過分地追求統一,便顯得死板、單調、平淡;如果過分地追求變化,便會顯得雜亂無章。這裡可以掌握兩種尺度,即以統一為主,統一裡面有變化;或以變化為主,變化裡面有統一。這裡的統一,就是這些水草、觀賞魚、山石、沉木、底砂等都在水裡,詮釋同一個主題;在統一的基礎上可以表現出層次、色彩、形狀、疏密、明暗等方面的變化。一棵水草很美,把很多這種水草整齊劃一地放在一起,它就不美了;如果把它和其他多種水草組合起來,有高有低、有前有後、有左有右、有紅有綠,就可以組成一幅很美的水底世界圖。如林忠義(臺灣)的《星光幻影》很好地利用了各種水草的特質,不同類型的水草組合搭配得當,構成了十分優美的畫面(圖4-61)。

圖4-61 《星光幻影》 林忠義

2.對比與陪襯

　　根據水族箱中各種魚及置景材料的差異和變化,恰當地運用對比的手法,會給人以強烈、鮮明的感受、深刻的印象,從而增強觀賞效果。對比主要表現在量(多少、大小、長短、寬窄、厚薄)、方向(縱橫、高低、左右)、形(曲直、鈍銳、線、面、體)、材料(光滑、粗糙、軟硬、輕重、疏密)、色彩(黑白、明暗、冷暖)等方面,對比是設計個性表達的基礎,能產生強烈的形態感情。綠色的水草傾向於靜,紅色的水草傾向於動,自然界中大多數的水草都是綠色的,給人一種寧靜的感覺，如果點綴一棵或幾棵紅色的水草，會在寧靜中給人一種振奮的感覺；又如蒼翠蔥郁的水草配上紅艷的魚，色彩上能顯出紅與綠、冷與暖的強烈對比。2009 年 ADA 世界水草造景大賽金獎《時之瞬間》作者 Nguyen Tien Dung(越南)，作品使用獨特的沉木恰當地佈局成左右 3:2 的黃金格局，後景草的色彩表現鮮豔，大膽地採用了新科技的可調色照明燈，整個造景景象也因為燈光方面的突破而更為出色(彩圖 198)。

靜態與動感的對比，可以避免觀景的單調枯燥；一般來講，水族箱中變化的因素越多動感越強，統一的因素越多靜感越強，對稱的形式傾向於靜、平衡的形式傾向於動；光線亮處傾向於動，光線暗處傾向於靜。岩石構成的山景、奇峰幽谷、懸崖峭壁、一群群五彩繽紛的魚兒穿游其中；山澗飛瀑、潺潺小溪，都會構成獨特的動與靜的強烈對比。如2007年ADA世界水草造景大賽銅獎《瀑布之美》作者陳煌仁(臺灣)，使用了沙石創造出源自瀑布的山間溪流景象，造景中大膽地運用了石材創造出透視效果，紅色有莖水草再現了秋季山間溪流的景色，而石材上的蕨類和莫絲則有效地創造出了自然的感覺(圖 4-62)。

圖4-62 《瀑布之美》 陳煌仁

焦點是創造者要表達之重點，一個好的水草造景設計只有一個焦點，其他的只是襯托。視覺表現的重心只能有一棵或幾棵最珍貴的水草，它周圍的水草都應處於從屬或襯托的地位。水草造景中表現萬綠叢中一點紅時，綠色水草眾多也是起陪襯作用；在水族箱的黃金分割線上栽種1棵樹或對應位置也有1棵樹相呼應，周圍種上一片草坪草以及中景草，在這裡樹就是觀賞的焦點，而其他的水草都處於服從和襯托的地位了。如 2015 年匈牙利水草造景大賽(HAC)小型缸第2名作品《通向天堂之路》，作者 Herczeg Zsolt(匈牙利)，(圖4-63)。

圖4-63 《通向天堂之路》 Herczeg Zsolt

3.協調與均衡

協調是指各景物之間形成了矛盾的統一體,也就是在事物的差異中強調統一的一面,使人們在柔和寧靜的氛圍中獲得審美享受;均衡指景物群體的各部分之間對立統一的空間關係,一般表現為兩種類型,即對稱均衡和不對稱均衡。水族造景設計要注意各種置景材料的相互聯繫與配合,如形狀、大小不同的岩石,可佈置成板塊型、峰巒型、石林型等山景,對岩石合理地選擇和搭配,可使整體構圖產生協調感。一般而論同質的東西大的比小的重、近處的比遠處的重、離水族箱中心支點遠的比近的重。人們的視覺習慣總是認為岩石比沉木重,沉木比水草重;在黑色的底砂上水草少的地方比水草多的地方重,在白色的底砂上水草多的地方比水草少的地方重。一棵寬大葉形的水草比纖細葉形的水草重,皇冠草質地粗厚、葉片寬大濃密,讓人產生一種厚重的感覺;而寶塔草、金魚藻等,質地柔軟、體態纖細、枝葉疏朗,給人以輕盈的感覺。2014 年德國水草造景大賽(GAPLC)標準缸優秀作品(第9名)《基岩》(圖4-64),作者 Swee Lim Cheah(法國),雖然不同種類的水草體量和質地各異,按協調和均衡的原則進行配植,景觀就顯得穩定、舒適。配植水草、設置岩石和沉木等時可採用對稱或不對稱的手法造景,以求整個水族箱畫面的均衡。

圖4-64 《基岩》 Swee Lim Cheah

以水族箱中心為分界線,置景時左右對稱,這種均齊的形式條理性強,有統一感,可以產生穩重,莊嚴的效果。如在大型水族箱中,左右各有一塊沉木,沉木的大小、體積、形狀相近似,或如底砂的鋪設為中間低,左右高或呈統一的波浪式。平衡是以水族箱中心點為分界線左右呈不對稱狀,但這種不對稱要在不失去重心的情況下表現出來,如水族箱的左邊有一塊沉木,右邊可以放一塊岩石,能產生優美活潑的效果。如 2014 年德國水草造景大賽(GAPLC)標準缸優秀作品(第 1 名)《峰巒》(圖 4-65) 作者 Rocen Holea(加拿大) ;一側高聳直立主石顯示主峰,對應一側斜放一副石,兩石遙相呼應,其餘添石繞峰遠近放置,顯露出峰巒疊翠的意境。當在左邊有一塊大的沉木,而右邊只有一塊小的沉木時,可將大的沉木放在距中心點近些的地方,小的沉木放在離中心點遠些的地方,雖然兩塊沉木的大小不一樣,但仍能給人均衡的感覺。

圖4-65 《峰巒》 Rocen Holea

4.節律與韻律

節律的原意是指時間上有秩序的重複出現,例如石子落入水中所蕩起的波紋,由中心向四周一環環地散開,波紋一層層地稀疏、減弱,韻律的原意是指聲韻上的律動,是節奏的深化,是有規律但又自由地抑揚起伏變化,從而產生富於感情色彩的律動感。在水族造景中節律和韻律是指水草、沉木、岩石等造景材料在氣韻和動勢上有秩序的反復,這些造景材料在質感、顏色、剛柔性以及其他方面都有著相似或相對的性質,將這些相似或相對因素相互交替重複出現,以在和諧、統一中力求變化。如2002年ADA世界水草造景大賽金獎《熏風》作者小野昌志(日本),造景相當緊湊,合理選擇和佈局了岩石,幾種窄葉及針葉水草植栽位置恰到好處,一群小魚從三角形構圖頂端向下游來,產生了明顯的律動感(圖 4-66)。寬葉水草、窄葉水草、針葉水草互相之間的重複交替,綠色水草與紅色水草的交叉,沉木與岩石的巧妙運用,以極高的水草和矮的水草恰當的搭配組合等,都可能創造出有韻律的層次感。

圖 4-66 《熏風》 小野昌志

　　層次感在水族造景中是非常重要的，一個好的造景之所以能夠使觀賞者的心中產生怦然一動的感覺，是因為在這個造景中蘊藏著極為複雜的韻律美。這種美感的表現形式不是簡單的，由前至後逐漸升高的、階梯式的層次，而是像大海的波濤一樣，後浪推著前浪，並且這種浪花看上去是一排排壓過來的，但仔細觀察，它們之間又沒有整齊地排列，而是互相交錯，且大浪中間夾著小浪。2014年ADA世界水草造景大賽優秀獎(第8名)《自然韻律》作者農通辛(越南)，對浮木的大膽運用營造出一個動態十足的水下景觀，運用帶狀植物和附生植物營造出整體的自然質感，游弋其中的大型神仙魚增強了作品的衝擊力，讓人印象深刻(圖 4-67)。在水草造景中，每一叢草的位置都不能種植在同一條直線上，每一叢草的面積也不能一樣，大者可占到直徑 10 cm以上，小者僅幾釐米而已；在兩叢高草之間可以栽種一叢矮的水草，前排的個別草可以高於後排的草。深綠色、翠綠色、黃綠色、草綠色等不同綠色的水草應該有節律性地在不同的位置上重複出現；由近而遠栽種大型的心形或圓形葉的水草，到披針形葉水草，最後到線形葉水草，能體現出近大遠小含有韻律美的景觀。

圖 4-67 《自然韻律》 農通辛

四、水族造景構圖

　　水族造景的構圖是為了表現作品的主題思想和美感效果，在一定的空間，安排和處理木、石、草、魚等的關係和位置，把個別或局部的形象組成藝術整體。水族造景構圖依據黃金比例，最基本的構圖有凹形、凸形和三角形三種，也可以彼此搭配組合，以創造出優秀的造景作品。

1.造景焦點

　　焦點是任何一個水草造景設計上都需要的重要元素，是在設計頁面上最吸引人注意的地方，亦是視線集中交匯之處。一個好的造景設計只有一個焦點，過多的焦點會令人視線不能集中亦突顯不出主題的特色。在造景裡，視覺焦點除了是木、石以外，還可以用顏色、造景的形態、水草形狀和大小比例等來作為重點的表達(圖4-68)。簡單的單一主題便可以是焦點所在，如一塊大的岩石佔據畫面主體；不同大小會以面積大的為焦點，如幾塊大小不一的岩石必然有一塊是主石；突出的顏色可以成為焦點，如一株顏色不同的水草；特殊的形狀也可成為焦點，如一叢形狀不一樣的水草(圖4-69)。

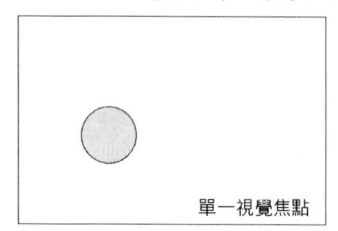

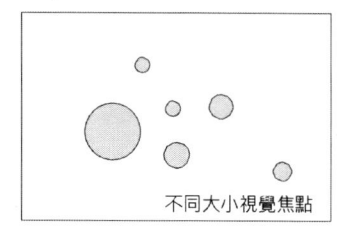

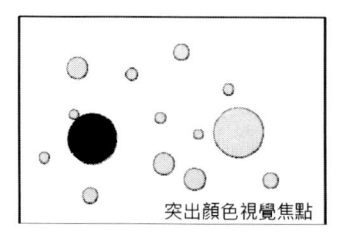

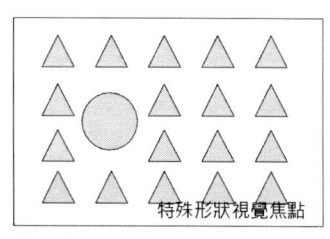

單一視覺焦點　　　　　　　　　　不同大小視覺焦點

突出顏色視覺焦點　　　　　　　　特殊形狀視覺焦點

圖4-68　不同類型的視覺焦點

圖4-69 水草造景的視覺焦點

在水草造景中運用焦點透視原理非常重要，用得準確能讓人感受到三維空間，使作品更加真實，還可延展景深，增強意境的表現力。焦點透視的基本原則是近大遠小、近疏遠密、近高遠低、近寬遠窄、近濃遠淡，如森林造景前面的樹幹粗大、排列稀疏，後面的樹幹細小、排列密集；前面的沉木高大、後面的沉木低矮；小溪緩緩向前流淌，前面的溪流寬闊，後面的溪流狹窄；前景的水草濃綠，後景的水草淡綠(圖4-70)。

圖4-70 水草造景的焦點透視

2.黃金比例

黃金比例，又叫黃金分割，最早是由古代希臘人發現的，也被認為是最美、最合適的比例分割，在造型上具有審美價值，多應用在藝術、攝影等領域。黃金比例是將一段直線分成長短兩段，使短段與長段之比值等於長段與全段之比值，為 0.618，即長段為全段的 0.618，近似值為2:3、3:5、5:8等。黃金比例具有美學價值，廣泛用於造型藝術中，也在水族造景中形成極佳的造景效果。水草造景擺放主要的沉木、石材、水草時，一般不會放在正中央，而是應該放置在稍微偏左或偏右的地方，這樣才符合黃金分割，具有更好的美學觀感(圖4-71)。能將水族箱左右、前後、對角線的長度分割成1:1.618的點就是黃金分割點，水族箱的黃金分割點就是聚焦點(圖4-72)。

圖 4-71　水草造景的黃金比例

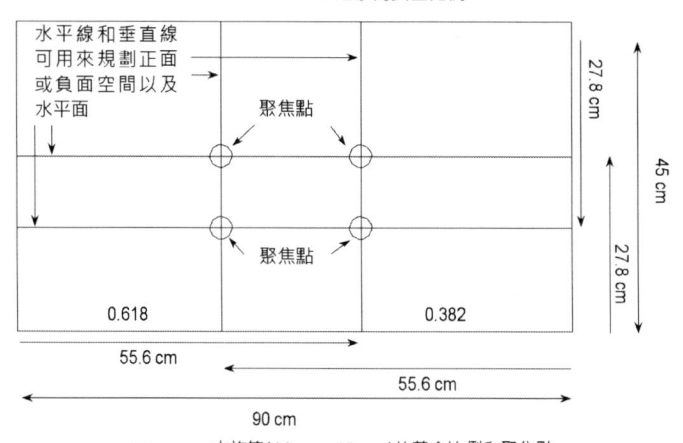

圖 4-72　水族箱(90 cm×45 cm)的黃金比例和聚焦點

　　九宮格構圖又叫井字形構圖,是中國人發明的一種構圖模式,也可以看作黃金分割構圖方式的一種演變。九宮格構圖就是把畫面平均分成九塊,九宮格4條線交匯的4個點接近黃金分割比例,是人們視覺最敏感的地方,用任意一點的位置來安排水族造景主體都會讓畫面更具美感和協調(圖 4-73)。

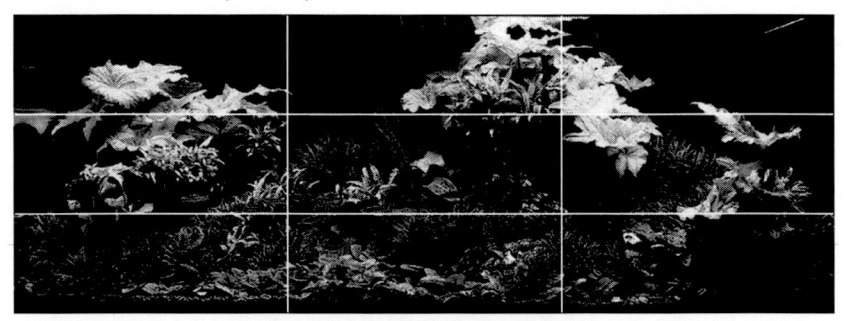

圖 4-73　採用九宮格構圖的水草造景

3.凹形構圖

凹形構圖也叫 U 形構圖，是指兩側景物較高、中間較低矮的造景。水族造景時採用凹形構圖是最容易上手並獲得效果的，因而也是最常用的構圖手法，這種造景構圖方式透視感最強，適合狹長形的草缸。在水族箱兩側可採用較高的水草或搭配沉木、石頭，中間凹的部分向後延伸，能形成無限延伸的空間。凹型造景通常由兩部分構成，需有主副之分，多為一大一小兩部分，採用兩側 3:2 的對稱，也就是接近於黃金分割點的比例構圖，可以獲得最佳的平衡感(圖 4-74)。

圖 4-74　採用凹形構圖的水草造景

4.凸形構圖

凸形構圖也叫島形構圖，是指中間高、兩邊低的造景方式，適合較高的草缸及水陸缸。可將沉木、石材或較高的水草擺在草缸中心，漸往兩旁低斜，雖然整體構圖看似在中間對稱位置，但是凸形最高端處卻位於黃金分割點上。凸形構圖是極富挑戰的造景技法，往往靠水草佈局來完成，需要構思好水草長成後的狀態，要在水族箱兩側留出空間，凸形部分常是水草生長最為茂盛的地方(圖 4-75)。

圖4-75　採用凸形構圖的水草造景

5.三角形構圖

　　三角形構圖是指表達主體放在三角形中的造景方式。通常造景的硬骨架在魚缸一側，構圖部分和留白部分劃分為一正一倒兩個三角形，當這兩部分的比例是3：2時，才能實現視覺平衡。三角形構圖注重的是從三角區域向留白區域的延伸感，水草和硬景觀由較高的一邊逐漸降低至另外一邊，是適於兩面都能觀賞的造景手法(圖4-76)。

圖4-76　採用三角形構圖的水草造景

第五節　水族景觀佈置法及造景步驟

一、水族景觀佈置法

1.階梯式水草造景

階梯式水草造景適合於貼壁式水族箱單面觀賞，基本造型是由前景水草逐漸往後景成階梯狀的佈景手法。

要領：先擺放搭配素材，石材或是沉木，擺放時應注意材質的紋路理齊，在不規則的材質上要表現出規則的律動，這個步驟關係到往後整個造景的走向及出色。搭配素材和水草間要相連在一起不要間斷，才會有連續整體感；水草佈局時不要把顏色葉型大小相近的水草種在一起，才能凸顯每種水草的特色；如2013年ADA世界水草造景大賽優秀獎(第17名)《針葉樹林》(圖4-77)，作者Serkan Çetinkol(土耳其)。階梯式佈景法開始時後景可用一些速度長得較快的水草，前景中景用長得較慢的水草。除了前景草，每種水草儘量讓它成叢狀，一個水族箱裡同一種水草只有一叢，不要重複種植同樣的水草。每叢水草的大小和排列方式儘量成不規則狀，才不會太死板。原則上階梯式佈景法是前景草到後景草在逐漸增高，但可點綴幾棵較高但不要太茂密的水草當成前景，更能體現造景的立體感。

圖4-77　階梯式水草造景

2.雙面式水草造景

雙面式水草造景大多是利用在隔間式的水族箱，是兩面都能觀賞的佈景手法。要領：

原則上雙面式佈景法和階梯式佈景法的造景要領是一樣的，只是因為要滿足兩面都要是觀賞面的要求，所以造景時要考慮到兩邊都要有美感。基本上可以把水族箱的中間線作為種後景草的位置，再由兩邊種中景草和前景草，但這樣的造景容易顯得呆板，比較高明的手法是將兩邊交錯的當成後景，彼此相互借景，這種手法更能凸顯造景的層次感與立體感，尤其對於不是很寬的水族箱，這種手法更能顯出雙面造景的趣味性(圖4-78)。

圖4-78　雙面式水草造景

3.水陸式水草造景

水陸式水草造景為三度空間水草造景，是除了能欣賞到水中的造景外，水面上也要有造景的佈景手法。

要領：水陸式水草造景為水草造景與山水盆景相結合的產物，是在水族箱的後半部用岩石堆疊起來，並使岩石高出水面，除了在水中栽植水草之外，在岩石上也種植花草。開放的水族箱再加上天吊式的燈具較能表現出三度空間水草造景的美，造景時可多用一些挺水性和浮水性的水草，這樣便能欣賞到水中和水上造景變化的樂趣(圖 4-79)。三度空間水草造景難度較高，需要有較高級的水族配備，造景時還要考慮水中和水上造景的特點，既要懂水草造景又要懂山水盆景的構思方法。

圖4-79　水陸式水草造景

4.壁掛式生態水族造景

壁掛式生態水族箱以懸掛牆上的真魚、碧草、奇石構成流動的自然水景，利用大自然生態環境原理把整個佈景與空間感表達得非常現代，壁掛式生態水族造景帶來一副牆壁上靜中有動，風景制勝的奇妙畫卷，新奇時尚，令人驚歎。壁掛式生態水族創意獨特，營造出一個綠色的、屬於現代休閒風情的理想生活，這一居室"靈動的風景"正受到越來越多都市人的青睞。

要領。壁掛水族箱具有超薄箱體、微電腦全自動控制,尤其是科學配方的免換水設計、微生物水處理技術的運用,可免除清理水族箱之煩惱。壁掛水族箱可謂真正意義上的科技與藝術的傑作,巧妙運用獨特的空間,營造出一個絕妙非凡的生態裝飾水環境(圖4-80)。壁掛式生態水族造景的景致令人陶醉,與室內裝飾相映生輝,各種外框的鑲嵌豪華氣派,藝術的設計流暢立體,讓您彷彿回到了大自然當中;穿過藝術處理的背景,那是一個美麗的水底世界,讓人神思遐想驚歎叫絕。

圖4-80　壁掛式生態水族造景

二、水草造景步驟

1.清缸鋪砂

首先清洗乾淨水草造景用的水族箱,準備好造景的材料及工具,然後就可以按照自己的設計思路及構圖方案開始造景。將清洗乾淨的沙礫鋪入水族箱底部,厚5~10 cm,水族箱越大鋪設的底砂越厚。沙礫的材質不要太粗糙,也不能過於細碎、尖銳,以免使魚類受到傷害。沙礫的直徑依據種植水草的種類不同而略有差異,一般1.5~4 mm大小的沙礫最合適。將砂與水草生長所需的基肥,按一定比例混合,也可以直接用能源砂;鋪砂時將其中1/3的砂平鋪在箱底,剩餘的砂可以平鋪,也可以堆成高低起伏狀(圖4-81)。鋪砂完成後上面再鋪設水草泥,以前低後高方式鋪設,需要鋪滿水族箱底部,也有不鋪砂全部用水草泥鋪設。白色或者淺色的沙礫較能反射光線,有助於水草的光合作用,也易引發藻類滋長蔓延;黑色或者深色的沙礫可以襯托水草和魚類的豔麗色彩,而土色或者黃褐色的沙礫則最能夠體現自然景觀的風貌。

圖4-81　鋪砂

2.硬景觀造景

　　好的置景不僅能增強水族箱的立體感,更能提高水族景觀的觀賞效果。水族景觀佈置得是否和諧,取決於置景材料與水體環境的合理佈局的好壞。根據水族箱的大小、飼養魚的體態和色澤、各種各樣的置景材料、各種品種水草的合理搭配,可佈置出千姿百態、五光十色的各式景觀。造景時根據需要在水族箱放入裁剪合適的黑色泡棉背景板或其他顏色和材質的背景板,將清洗過的置景石、沉木等放入水族箱,仔細構建梯層,放置沉木、石塊的搭配造型要自然、層次要流暢,搭建出初步的佈景輪廓後,既完成了硬景觀(骨架)造景。造景的時候一般選用4~7塊石材,其中應有一塊形狀比較好的作為主石,主石要偏置於一側靠後方,其他小石作為副石及添石,依託著主石,按由高到低、由大到小擺放,造出一種山水景色(圖4-82);也可用膠水將石塊黏合,組成洞穴模樣。飼養大型好游動觀賞魚的水族箱不必造景,在水族箱背面粘貼背景畫即可。一般硬景觀造景完成後再往水族箱裡加水,加水時將水順著岩石注入或把水倒在盤子(遮蓋紙)上,以免弄亂鋪墊物,將水加至距水族箱頂端5~10 cm處,加完水後再取出盤子(遮蓋紙)。

圖4-82　硬景觀造景

3.種植水草

　　骨架造景完成後開始往水族箱裡種植水草,在水草造景中,要有前景、中景、後景和側景之分。可以簡單地先找出水族箱中預備種植主景草的位置,再以此向周圍擴散種植。通常水族箱兩邊以及後背部分應該種植較高大的水草,根據水草生長高度依次設計出前、中、後景。最大的水草栽種在水族箱的後部作背景,略小的水草,依託著主草,按著由高到矮、由大到小的順序,在山石的底部有層次地栽種,最小的水草要栽在水族箱的前部(圖4-83)。從正面看過去,至少應該有3種水草層疊。在種植水草時,避免平行的種植,最好將單一品種的水草栽種區域種植成三角形或菱形為宜,並採取交叉的"傾斜角度種植"將每個品種的水草由外到裡延伸、層疊,這樣一來不論從任何角度觀賞,都會有立體交叉的感覺。

圖4-83　種植水草

前景要種植些低矮的水草，如鹿角苔、莫絲、地毯草、矮珍珠等，這主要是為觀賞熱帶魚及投餵餌料創造一個空間。中景應配植較高的水草，如寬葉血心蘭、綠柳、紅蝴蝶、虎耳草、香菇草等，與前景起承前啟後的作用，富有層次和變化。後景與側景應配植長的且線條豐滿的水草，如大寶塔、綠羽毛草、紅菊花草、大水蘭、紅蛋皇冠等，依託著前景和中景，這樣景色才顯得更加生動壯觀。水草種植時，在前半部略稀些，後半部略密些，錯落有致，層次分明。水族箱中的山石，既可以作為置景的一部分，也可作為水草的附著物。可選用平滑的石塊堆砌為高低起落的空間，將有莖的水草用魚線綁在石塊或有特殊造型的木頭上，水草很快爬滿石塊或沿著木頭向上層空間伸展，獲得很好的造景效果。

4.放魚拍照

最後就是放魚，應按照水族景觀類型和造景風格選擇適宜的魚，放養的魚要品種搭配協調，數量合適。待放入的魚適應了新環境，水草長到最好時，可拍攝水草造景最終效果圖（圖4-84）。

圖4-84　拍攝水草造景效果圖

三、園林觀賞魚的佈局

金魚、錦鯉、熱帶魚、海水魚園林佈局各有其特點。熱帶魚和海水魚對水溫要求較高，一般多以室內放置水族箱或壁嵌畫面形式展出，常用來裝飾賓館、會客廳、休息廳、別墅等。透過精心設計製作，將不同形態、大小、色澤的魚類合理搭配，襯以相應的景觀，創造一幅生機盎然的畫面，使人心曠神怡。錦鯉多為室外或室內噴水池的裝飾魚類，常見於公園、動物園、娛樂場所、賓館、廣場、別墅等的水池中。錦鯉個體較大，色澤明艷，適於從上往下觀賞，清水游魚，擊波嬉戲，其景更富有情趣(圖4-85)。

圖4-85　家庭錦鯉池

　　金魚是中國傳統的觀賞動物，各動物園多建有金魚館，是一種大眾化觀賞景點，建金魚館應選擇環境幽美、坐北朝南的位置，並要求外形優美、曲廊回欄、富有東方建築特色。觀賞水族箱多鑲嵌于曲廊、亭榭的牆中，內有山石、水草點綴，頂部裝有照明設備，以增強觀賞表現力(圖4-86)。金魚的形態優美、姿色純樸典雅、色澤豔麗、粼光醒目，觀賞其上下潛游柔軟飄逸的風姿，可給人帶來美的享受。

圖4-86　觀賞魚展示池

第六節　水草造景風格及作品賞析

一、水草造景風格

1.東南亞水草造景風格

東南亞風格造景是以湄南河入海口處的沼澤地風景為範本的水草造景。湄南河下游地勢平坦、水量充沛、水網如織、氣候炎熱，是一望無際的沼澤地，上面長滿各種各樣的濕生植物。河流溪水中多為鯉科魚類，此外還有鬥魚科以及鰍科和鯰科魚類。椒草是東南亞水域的一大特色，如將色彩有別、形態各異的椒草有機地配植在一起，就能顯示出以椒草為主景的東南亞水草造景風格。前景草以鹿角苔、莫絲、牛毛氈、穀精草等小型水草栽成許多小塊，模擬沼澤地的形象，再放養一群東南亞特有的小型鯉科魚類，如正三角魚、斑馬魚等，可以完全展現出渾然天成的東南亞各國不盡相同的水域風情(圖4-87)。

圖4-87　東南亞水草造景風格

2.南美水草造景風格

南美風格造景是以亞馬遜河流域的熱帶雨林為範本的水草造景。亞馬遜河流域上游地處高山峽谷,河流奔騰,水勢洶湧;從中游開始地勢平坦,水流平穩,眾多支流匯入其中使水量激增,河道寬廣,兩岸樹林茂密蔥蘢,遮天蔽日,雲霧繚繞,林下灌木叢生,藤蔓纏繞,水中倒木,浮木上長滿青苔,濕生植物層層疊疊。最能體現南美亞遜水域風貌特徵的水草是皇冠草,如置景時選擇以大型皇冠草類水草為主,以纖巧靚麗的有莖水草作配景,就能顯示出以皇冠草為主景的南美水草造景風格。多放置幾塊上面縛滿莫絲的沉木,採用鋪設得較厚的黑色或棕色的沙礫將水草的色彩襯托得更加豔麗,再放入一群脂鯉科(南美為原產地)亮麗奪目的小型燈魚或色彩斑斕的七彩神仙魚,就能勾勒出南美古老、神秘的亞馬遜河流域的水域景觀(圖4-88)。

圖4-88 南美水草造景風格

3.非洲水草造景風格

非洲水草造景是以坦干依喀湖風景為範本的一種水草造景。坦干依喀湖位於坦桑尼亞、布隆迪、薩伊和尚比亞四國的交界處,正處在東非大裂谷上。由於坦干依喀湖是岩石陷落形成,所以湖濱懸崖峭壁直插入湖中,瀑布從天而降,湖水清澈深不見底,透出一種原始而又神秘、狂野而又奔放的風格。水榕是非洲熱帶水域的特色水草,選擇以水榕類的水草為主，以黑木蕨等為配景，就能顯示出以水榕為主景的非洲水草造景風格。造景時常用一整塊砂片岩或其他片狀岩石，直立或稍微傾斜地放置在水族箱中作為背景板，以營造出懸崖峭壁的氣勢，在片狀岩石的坡腳處，點綴一些鵝卵石、龜紋石或菊花石等具有紋理或色彩特點的石塊，再用彎曲有度長滿莫絲的沉木作陪襯。可以長葉榕等大型榕類水草作背景和側景，前景和中景配植一些中小型的三角榕、小水榕以及黑木蕨等，再放養西非河川湖泊盛產的短鯛類漫游其中，就能顯現出蕭瑟、原始而粗獷的非洲水域自然風光(圖 4-89)。

圖4-89　非洲水草造景風格

4.荷蘭式水草造景風格

講究唯美，把自然界中最美的比例關係——黃金分割法的欣賞視角與技術帶進水族箱中，品種各異的水草在黃金比例分割基本原理下巧妙地栽植，嚴格的栽種定義和色彩、品種的搭配使得這種方式的水草造景更具有層次分明的立體感，以至於黃金比例分割法成為國際水草造景評比的評分準則之一，也是目前代表國際水草造景流派最先進的技術之一。荷蘭是鮮花的國度,因而荷蘭式水草造景的風格受花壇造景的影響很大。水族箱底砂的鋪設像花壇一樣,種植的水草非常密集,佈局是根據區塊和層次安排的,比較注重色彩上的搭配和水草形體上的協調,使之成為一座水中花壇(圖4-90)。同時在水族箱中都放養有熱帶魚,有時只放養一種魚,形成以魚的名稱為主題的水族箱,如神仙魚造景。

圖4-90 荷蘭式水草造景風格

5.德國式水草造景風格

德國式水草造景體現出高科技的威力及大自然的魅力,在高科技水族設備的支援下,能夠充分展示出水草近乎自然的生長狀態,並且開放式的展示格局可以更為方便地從水底、水面、水上三個不同的空間角度欣賞到各種水草的生長變化,景觀構思顯得粗獷、淩亂,但是仔細欣賞之餘就會發現造景佈局上顯現出別具一格的自然美。德國人追求自然的性格,使其可以追根求源,到水草的原產地去實地考察和研究當地的水質、土壤、氣候以及景觀地貌,然後完全按照當地的自然情況,人為地製造出這樣一種環境條件,在一種與原產地極為相似的環境中,水草和熱帶魚似乎又找到了回家的感覺。德國水草造景中,一些挺水植物會挺出水面開花結果,照明設備主要也是吊掛式的點光源,在造景藝術方面沒有過多的講究,卻使自然景觀真真切切地展現在人們的面前(圖4-91)。如果一個以亞馬遜河為主題的德國水草造景,那麼裡面的水草則完全是產自南美的,並且擺放有許多沉木,熱帶魚也是產自亞馬遜河流域的,水質條件也與亞馬遜河的水質相似,站在這樣完全自然的、近乎沒有經過人工雕琢的水族箱前，人們仿佛真的來到了亞馬孫熱帶雨林。

圖4-91　德國式水草造景風格

6.日本式水草造景風格

日本水草造景比歐洲水草造景晚了大約40年，日本式水草造景中講究細膩的造景構思，嚴格的水草葉型搭配，無論從何種角度觀賞都顯示出清麗脫俗的韻致。日本文化屬於東方文化的範疇，日本人的生活習慣及藝術欣賞，深受中國傳統文明的影響，日本式水草造景被賦予了思想內容，寓情於景，富有詩意，使得這種風格的造景猶如中國傳統山水畫的格局，東方人看了會有陶醉的感覺，西方人看了則會大惑不解。又由於日本的庭園設計很具特色，受其影響日本式水草造景也有庭園風格。日本式水草造景對擺放石頭非常重視，在形狀、紋路、色澤上都非常講究；此外，整體顯得小巧玲瓏，水草的佈局往往只是一個局部景觀，但是裡面不乏珍貴的水草，這也是日本式水草造景的一個特點(圖4-92)。

圖4-92　日本式水草造景風格

7.中國式水草造景風格

　　中國水草造景不過是20多年的事情，近年來有顯著進步，許多作品進入ADA國際水草大賽前200名，2014年和2016年更是獲得了金獎及多人進入前10名，但尚未能形成全球流行且認可的造景風格。中國水草造景根據南北差異，可以分為南方(以廣東為代表)式造景風格和北方(以北京為代表)式造景風格。南方以細膩見長，尤其是前景草的配置比較講究，猶如山水風景畫的格局；北方造景則以粗獷為主，大型水草在水族箱中佔有相當重要的地位，酷似傳統的勾勒素描(圖4-93)。中國有著五千年的文明史，有著深厚的文化底蘊，中國水草造景當然也離不開儒家的"仁愛"和道家的"天人合一"的思想以及中國山水畫和中國盆景的影響，同時也受著中國詩歌以及中國民族音樂的影響。總之，中國水草造景應吸收荷蘭水草造景的華麗、德國水草造景的自然和日本水草造景富有詩意的優點，結合中華民族的特點，形成自己獨特的風格，它應該是不失自然的、華麗的、富有詩情畫意的、表象大氣的水草造景。

圖4-93　中國式水草造景風格

8.臺灣式水草造景風格

　　中國寶島臺灣既不能擺脫大陸五千年文化的洗禮，又深受歐美各國流派的影響，因此在水族技術領域發展上是得天獨厚的。在水草造景方面更是博取眾家之長，造景過程中大量選取栽培難度較高的品種，在展示完美景觀的同時，也體現出極深厚的水草栽培技術功底(圖4-94)。

圖4-94　臺灣式水草造景風格

二、水草造景比賽

1.ADA 世界水草造景大賽

ADA世界水草造景大賽(The International Aquatic Plants Layout Contest)於21世紀初設立,由日本ADA有限公司(Aqua Design Amano Co., Ltd)主辦,每年舉行一次比賽,至2016年已連續舉辦了十六屆,2001年第一屆大賽共有20多個國家及地區幾百件作品參賽,2016年第十六屆大賽共有68個國家及地區2000多件作品參賽。創始人天野尚先生1982年開始經營水族小賣店,精心製作水草造景;1991年正式創立ADA水族,並在ADA有限公司總部展示廳、水族博物館等進行水草造景作品展示。創辦的ADA國際水草造景大賽(IAPLC),給予水草造景愛好者一個展示才華的平臺;以後發展成知名度和認可度最高的國際水草造景大賽,是全球範圍內影響力最大的水草造景大賽,代表著最先進的行業水準,也使ADA水族造景美名遠揚。

每屆ADA世界水草造景大賽設立特等獎1名、金獎1名、銀獎2名、銅獎3名和優秀獎20名。2013年ADA世界水草造景大賽特等獎,頒給了越南Truong Thinh Ngo所創作的《常綠風景》(圖4-95);作品用堆高的石塊表現堅硬凸凹的岩石,用白色的化妝沙表現流淌於山間的溪流,讓人感覺到強烈的遠近感,透過使苔類在細小的枝狀沉木上附著並存活,或者配植在石間縫隙等方法,一幅栩栩如生的天然美景出現在眼前。中國選手參加ADA世界水草造景的比賽時間較短,2011年開始來自中國的參賽者明顯增多,近兩年更是取得了傲人的成績。2016年王超的作品《夢境》榮獲了第2名的好成績,楊雨帆的《旅程》獲得第8名、梁勁的《夢之森源》獲得第9名、劉勇的《尋夢》獲得第10名、葉毅的《光的指引》獲得第12名、範哲敏的《我看見你》獲得第14名、陳偉的《森韻》獲得第18名、盤育成的《萬象森羅》獲得第19名、羅競學的《水下榮耀》獲得第29名、徐泓的《天野之戀》獲得第46名。

圖4-95 常綠風景 Truong Thinh Ngo(越南)

2.AGA 世界水草造景大賽

AGA(Aquatic Gardeners Association)指美國水族園藝家協會,是一家非營利的水生植物愛好者組織;自2000年以來,每年組織一次AGA世界水草造景大賽(Aquatic Gardeners Association International Aquascaping Contest)。美國AGA大賽共設九個類別,6個水族花園造景類別根據水族箱容量劃分為小於28 L、28~60 L、60~120 L、120~200 L、200~320 L、大於320 L類組,以及3個專業類別,分別為群落生境造景、沼澤缸、荷蘭式造景;參賽者超過40

個國家及地區，所有的參賽水族箱會被分別評審並依序排名。2015 年水族花園 200~320 L 的第一名和最高榮譽獎，頒給了巴西 Paulo Vitor Pacheco 所創作的《自然深處》(圖 4-96)；AGA 國際造景大賽主席 Bailin Shaw 表示這是一個有著優異硬景觀的絕佳造景缸，作者選擇了合適的草種來柔化造景的邊緣，此造景擁有不錯的景深，且巧妙地搭配了不同類型的植物，使它們在其位置上看起來十分自然。

圖4-96　自然深處　Paulo Vitor Pacheco(巴西)

3.其他國際性水草造景大賽

世界各地的地區性水草造景比賽還有不少，較為知名的有歐洲水草造景大賽(European Aquatic Plants Layout Contest)，簡稱 EAPLC，主辦方為德國(European Aquaristics GmbH)；印度水草造景大賽(The Great Indian Aquascaping Contest)，簡稱 TGIAC，主辦方為印度 Still Water Aquatics；匈牙利水草造景大賽(Hungarian Aquascaping Contest)，簡稱 HAC，主辦方為匈牙利 Green Aqua LLC.；馬來西亞水草造景大賽(Malaysia Aquatic Plant Layout Contest)，簡稱 MAPLC，主辦方為馬來西亞 Aquatic Creation Technologies S/B。此外，還有泰國水草造景大賽(Aquaclub Aquascape Contest Thailand)，越南造景大賽(Vietnam Aquarium Design Contest)，德國水草造景大賽(Germany Aquatic Plants Layout Contest)，西班牙水生活水草造景大賽(Acuavida Aquascaping Contest)，法國 CAPA 造景大賽，俄羅斯 ROAPLC 造景大賽，巴西 CBAP 造景大賽，巴爾幹半島 IBAC 造景大賽等。

荷蘭和比利時地區最大的水族論壇"Vendi Vidi Vissie"(VVV"來看魚")成立於 2002 年，經常活躍的會員超過了 5000 人，2007 年舉辦了第一屆比賽，包含不同尺寸的水族缸組別，生態缸和沼澤缸七個不同類別，這給優秀荷蘭水族造景師提供了展現自己的機會，也體現出了荷蘭式水草造景風格的高水準。臺灣伊士達水草造景大賽(IIAC)於 2015 年設立，由宗洋水族與臺灣蝦米攏共論壇合辦臺灣第一場國際賽事，首屆ISTA國際水草造景大賽(ISTA International Aquascaping Contest)吸引了全球47個國家及地區820件作品參賽，顯示出良好的發展勢頭。

4.中國水草造景大賽

中國水草造景大賽自 21 世紀初開始設立並逐漸增多，2003 年舉辦了臺灣第一屆 TAPC 水草造景大賽，2005 年"北京大師水族"《中國觀賞魚》雜誌社、觀賞魚之家網共同開始舉辦大師杯全國水草造景大賽，2010 年一度水族開始舉辦南風杯中國水族箱造景大賽(China Aquascape Contest)，2011 年開始舉辦彩鰈杯中國水草造景大賽，2014 年觀賞魚之家與億鼎水族聯合舉辦了 CNFISH 億鼎杯中國水草造景大賽;多種形式的中國水草造景比賽,有力地促進了中國水草造景的普及和提高。2014年中國造景師聯盟(Chinese Aquascapers Association)成立,簡稱 CAA,由中國頂尖造景師們自發組織而成,至2016年成員已達160餘人,CAA致力於水草造景技術的研討學習和分享,致力於提升中國水草造景水準,致力於水草造景文化的傳播推廣,致力於推動中國水草造景行業的正向發展,近年來在重要的國際水草造景大賽中CAA成員屢獲佳績。

全國大學生水族箱造景大賽自2014年開始設立,由教育部高校水產類教學指導委員會和國家級實驗教學示範中心聯席會主辦。第一屆和第二屆全國大學生水族箱造景大賽由華中農業大學承辦,分設團體賽(120 cm 水族箱)和個人賽(60 cm 水族箱)兩個類別,進行現場造景評比。第三屆全國大學生水族箱造景大賽由大連海洋大學承辦,以提交水草造景作品(120 cm 水族箱)的電子版照片和視頻材料參加評比。此活動極大地激發了大學生對水族箱造景的興趣,提升了大學生的創新精神及造景技能。

三、水草造景優秀作品賞析

1.奇峰林立(彩圖199)

2005 年 ADA 世界水草造景大賽特等獎 作者 陳德全

(臺灣)

點評:這是一個傑出的創意,其表達方式十分精彩,此造景在創造自然景致方面無與倫比,相當卓越。造景者未追隨配植水草的傳統模式,用傑出的鑒賞力成功地創造了它的原創佈景,這是創意與表現能力兼具的作品,這件作品的自然表現能力最佳;它給了觀賞者一個很大的想像空間,總體結構是三維的,有長、寬、高三個平面,每個平面都是獨立的,同時又都是整體佈局的不可或缺的一部分。我們能看到陡峭的石峰頂部覆蓋著繁茂的水草,或覆蓋著苔蘚,直立於池沼高地之中。這裡沒有不必要的對稱,或是對配植的牽強的重複;中性色彩,灰白、淡紫色背景,襯得整個氛圍的底部越發明亮;本作品中的魚極少被應用,它們使影像看上去更加有生氣。

由日本ADA有限公司主辦的2005年世界水草造景比賽共有33個國家和地區的水族愛好人士參賽,總計提交了 894 件參賽作品。

2.秋色(彩圖 200)

2006 年 ADA 世界水草造景大賽特等獎 作者 陳宥霖

(臺灣)

點評:作品以黃虎石為構圖素材,前景是矮珍珠,背景為黃松尾,屬於自然風格營造的正統作品,表達出現代人所追求自然釋放壓力後呈現的平衡和寧靜。構圖的協調性以及色彩的對比性是此作品最大的優點,左右兩側背景的濃密水草比例絕妙營造出水槽深度,只利用黃松尾單一的有莖水草卻能夠創造出柔和的紅色、黃綠色等微妙色彩變化,是讓人百看不厭的佳作。

由日本ADA有限公司主辦的2006年世界水草造景比賽共有36個國家和地區的水族愛好人士參賽 總計提交了 959 件參賽作品。

3.森林幻境(彩圖 201)

2010 年 ADA 世界水草造景大賽特等獎 作者：
Pavel Bautin(俄羅斯)

點評：作品創造了令人耳目一新的森林景象 造景者使用不同尺寸規格的直木 在 150 cm 的水族箱中演繹了森林的透視效果 圖片拍攝時間應該是晚上 作為背景的羽毛類屬 *Myriophyllums* 的水草 因為感夜性的特點閉合了葉片 而這巧妙地創作了針葉樹林的奇 妙景觀。雖然比較遺憾的是圖片中沒有表現出觀賞魚 但作者透過嫻熟的技巧將森林景觀體現得淋漓盡致 其才思令人激賞。

由日本ADA有限公司主辦的2010年世界水草造景比賽共有55個國家和地區的水族愛好人士參賽 總計提交了 1819 件參賽作品。

4.微妙的世界(彩圖 202)

2011 年 ADA 世界水草造景大賽特等獎 作者：
Long Trang Hoang(越南)

點評：作品極具個性 以絕妙的平衡堆積的石材形成出色的構圖 有著強大的視覺衝擊力 宛如海床深處才能發現的極致景觀。這個設計不僅新奇 還以獨特的比例配置 巧妙地劃分出遠景和近景 很好地呈現出造景的透視感和力量。石塊上點綴的細小蕨類和苔蘚都非常自然 為富於個性的石材平添幾分魅力 成功地營造了一個精美的世界。

由日本ADA有限公司主辦的"2011年世界水草造景比賽"共有55個國家和地區的水族愛好人士參賽 總計提交了 1603 件參賽作品。

5.水中通道(彩圖 203)

2014 年 ADA 世界水草造景大賽特等獎 作者：
Gregoire Wolinski(法國)

點評 這件作品的主題就是被侵蝕的石灰石構造的完美風景 其整體佈局傑出地再現了由鐘乳石和鑲嵌於其中的洞窟所形成的自然風光 作者佈景所用的優秀材料和完美的搭配能力獲得極高的讚譽。造景者透過石頭的不同擺放完好地體現了整體作品的立體感 同時將石頭和洞窟錯落有致搭配其間 透過這種搭配方式 體現出整體的層次感和深度。優秀的光影平衡是作品的另一突出優點 透過在魚缸中心的開闊地帶鋪灑白砂營造了一個洞穴。作者從魚缸底部採用廣角鏡頭拍攝 將水草的綠色更多地映射在水面上 這些映射和暢游在洞穴中的魚兒一起讓人意識到這是一個水底世界。

由日本 ADA 有限公司主辦的"2014 年世界水草造景比賽共有 64 個國家和地區的水族愛好人士參賽 總計提交了 2320 件參賽作品。

6.憧憬(彩圖 204)

2015 年 ADA 世界水草造景大賽特等獎 作者 深田崇敬(日本)

點評 這是一幅獨特的造景，透過具有印象派的流木組成動態感的構圖，所表現出來的遠近感，結合配置上纖細的水草表現出來的自然感，使得水景非常具有魅力。常春藤從木頭上纏繞著垂下來，植物好像在岩石上展開，細節部分做得十分到位，就如見到一片非常神秘的森林。化妝石的巧妙使用，給人一種大自然深處的感覺，和魚兒搭配非常協調，是非常值得讓人稱讚的作品。

由日本ADA有限公司主辦的2015年世界水草造景比賽共有69個國家和地區的水族愛好人士參賽，總計提交了 2525 件參賽作品。

7.秘境(彩圖 205)

2015 年 ADA 世界水草造景大賽金獎

作者 范博文(中國)

點評：在全景水族箱中，巧妙地將粗型流木和細型流木配置在一起，枝根交叉盤根錯節，給人剛勁有力生生不息的感覺，整體的造景構圖非常有衝擊感。水草的配置也非常的自然，選擇葉片較大的莫斯，一層層的間隙會產生陰影，更能體現出樹葉茂盛的狀態。

8.神窟(彩圖 206)

2016 年 ADA 世界水草造景大賽特等獎 作者 深田崇敬(日本)

點評 這個水景模仿了東南亞的一些奇異景觀，因缸體很寬，主要的景觀分成了很明顯的前與後的部分，而視覺的焦點位於靠右的圓孔處。魚只的選擇用了很少在比賽中用的玻璃貓，以呼應很多物種都是白色或透明的洞穴環境。洞窟獨特的造景構圖隱藏著神秘莫測的氣氛，不僅有強烈的視覺衝擊力，也讓人有更多遐想的空間。作者連續在IAPLC中蟬聯冠軍。

由日本ADA有限公司主辦的2016年世界水草造景比賽共有68個國家和地區的水族愛好人士參賽，總計提交了 2336 件參賽作品。

9.夢境(彩圖 207)

2016 年 ADA 世界水草造景大賽金獎 作者 :王超(中國)

點評 這是一個十分有創意的作品，獨特的構圖使水景骨架製作都是懸空進行的，表達了層層向上攀岩，追逐心中夢想的意境。採用沉木切片和杜鵑根進行搭配組合，在杜鵑根鬚根的粗細與疏密關係上進行了較為複雜的佈局，將杜鵑根的鬚根穿插在沉木切片中間，讓整體結構更富有自然感。選擇了不同種類的莫斯，透過莫斯顏色的深淺表現出作品的遠近關係和虛實變化。

研究性學習專題

① 分析紅色系列水草在水草造景中的作用及特點,舉例說明在水族箱中需要控制哪些因素才有利於維護水草的顏色(列出文字圖片資料來源)。
② 根據水族景觀設計原則構思一個水草造景的創意,提出收集造景素材的思路,撰寫出造景作品的主題及說明,繪出造景的草圖。
③ 從各屆ADA世界水草造景大賽前7名中選出三幅作品進行分析(列出文字圖片資料來源),寫出自己對這些作品的感想。
④ 比較ADA世界水草造景大賽和AGA世界水草造景大賽的特色,分析各自的優劣之處(列出資料來源)。
⑤ 選擇3個國際性水草造景大賽,分析比較其對水草造景評價的標準(列出資料來源)。
⑥ 就水族箱現場造景和提供圖片視頻資料兩種評選水草造景優秀作品的方式進行比較分析,並闡述自己的觀點。
⑦ 分析2011年以來中國水族造景的發展歷程,介紹3個中國水草造景大賽,比較其水草造景獲獎作品的特色(列出文字圖片資料來源)。

第五章　觀賞水生生物的養殖條件

　　觀賞水生生物必須具備一定的條件才能存活和生長，特別是水質條件，飼養設備與裝置，不同的水生生物對水質的要求不同，應注意區分和處理。飼養設備與裝置不僅要滿足觀賞水生生物對生活環境的要求，同時也是水族景觀不容忽視的一部分，要求美觀、實用、方便、易於觀察、欣賞。

第一節　水質條件

一、水源

　　水是觀賞水生生物賴以生存的唯一環境，水質的好壞直接影響到它們的生存及生長，選擇好的水源可促使其生長發育良好，各種不同的水源都有自己的特點，養殖時應根據觀賞水生生物的不同需要合理選擇利用。

　　自來水　水族箱飼養觀賞水生生物一般可用自來水，自來水中含有氯氣，含氧量較低，一般放養前將自來水存放數日，以使餘氯逸去。如需急用，可在10 L水中放5~6粒硫代硫酸鈉或用除氯淨快速去氯。自來水潔淨，病原微生物被殺滅，取用方便，適宜於小水體使用。

　　河水、湖水、水庫水、海水：屬天然水，分佈廣，水質差異較大。池養觀賞水生生物因用水量大，一般多選用這些水源，其水中含有豐富的浮游生物，使用前要在蓄水池中淨化沉澱或過濾後使用。

　　泉水、井水：屬地下水，水瘦、質純，各種有機物含量較少，可溶性礦物質較多，硬度高，溶氧量低。在使用前需暴曬12 h以上，以使水溫與地表水溫平衡，同時增加水中的溶氧量。還應注意調節硬度、酸鹼度。

　　雨水、雪水：地表層的水蒸發後自然形成的，水性較軟，硬度低，大都呈酸性，一般多用於池養觀賞水生生物等。

蒸餾水：人工製備而成，水呈中性或略帶酸性，硬度為零，因其價格昂貴，一般不作飼養用水，通常用於部分熱帶魚繁殖時配水用。

二 溶氧

水中氧氣的來源有三種方式：一是空氣中氧氣的自然溶解；二是水中植物光合作用產生的氧氣；三是運用增氧裝置人工增氧。一般養魚池中主要靠浮游植物光合作用產生大量的氧氣，靜水中空氣中的氧只能溶於水表層，天然水中溶氧量可達 8~12 mg/L，清晨低，午後最高。影響水中溶氧的因素很多，過程也很複雜。例如，藻類等綠色植物在夜間，缺乏光照的條件下，光合作用停止，轉而進行呼吸作用，吸收水中的溶氧釋放二氧化碳。黎明是水中溶氧最低的時刻，如果體積有限的水族箱中水溶氧過低時，可使觀賞水產動物產生不適感。有時池水的表層浮有髒物而結成水膜，隔絕了空氣和水的接觸，也會阻礙氧氣的溶解。家庭水族箱養殖觀賞水產動物時，溶氧的主要來源是增氧裝置，近年來由於增氧機(泵)的普遍使用，改善了觀賞水產動物養殖的生活環境，避免了因缺氧引起的死亡。不同的觀賞動物品種對溶氧的生理需求不一樣，水中溶氧充足，動物才能進行正常的呼吸作用，以滿足機體生活的需要。金魚、錦鯉要求水中溶量為 4~5 mg/L，熱帶魚要求水中溶氧含量高於 7 mg/L，當溶解氧濃度降到不能夠滿足魚的最低要求時，魚就難以維持基本代謝作用，直至窒息而亡。溶氧的高低還影響到魚類的攝食和消化，溶氧充足，魚的攝食率和餌料的利用率高，生長就快。

水中溶氧的多少還是水質好壞的一個重要指標，溶氧高，促進有機物氧化分解徹底，消除或減少有機酸和氨等有害物質的積累，從而改善了水質。

三 酸鹼度

水的酸鹼度是指水中氫離子濃度的負對數，以pH表示。pH的範圍是0~14，其數值越小，酸性越大；反之，鹼性越大；當pH等於7時，為中性水。水中酸鹼度的大小取決於水中二氧化碳和重碳酸鹽的多少，二者含量高，水就偏酸性。常用來調整水的pH的化學試劑是磷酸二氫鈉(酸性)和碳酸氫鈉(鹼性)。使用時將它們溶解，配成1%的緩衝溶液，加入水中，即可起到調整pH的作用。

水中 pH 因動物代謝產物的分解，水生植物的消耗等而常有一定的波動，不同觀賞魚類對水中酸鹼度要求不同，熱帶魚適合生活在中性的水中，其所適 pH 在6~8，金魚則較喜歡微弱的鹼性水質，其所適 pH 範圍約在 7.2~7.6。但如水質鹼性過強，金魚的鰓可能會分泌大量黏液，或出現鰓絲出血，引起呼吸受阻而危及生命。在觀賞魚養殖中，通常採用換水的方法來穩定水質，保持適宜的酸鹼度。觀賞龜適宜的pH在6.5~8.5。許多觀賞水草在pH為 6.0~7.0 即中至弱酸性的水質中是最適合生存的，而且跟熱帶魚也可以共存，所以如果能將缸水的pH控制在這個範圍內，對水草缸的管理最為有利。

四 硬度

　　水的硬度反映了水的含鹽特性，其值為水中鈣、鐵、鎂、錳、鋁等溶解鹽類的總量，在天然水中主要含有鈣鹽、鎂鹽和鐵鹽，硬度高的水，含有鈣、鎂等鹽較多，又稱為硬水，反之，硬度較低的水，稱為軟水。

　　水質的硬度又分為永久性和暫時性的兩類，如果水中含有碳酸氫根離子，在加熱時就能形成鈣、鎂等碳酸鹽沉澱，隨著這些沉澱的析出，水中鈣、鎂等含量下降，硬度也隨之降低，因此，又把含有碳酸氫根的水稱為暫時硬水。如果水中的陰離子不是碳酸氫根，而是氯離子或硫酸根離子，則被稱為永久硬水，加熱不會使其硬度降低。一般來說，河水是中性的，井水、泉水多偏鹼性，屬硬水，而雨水、雪水屬軟水。水質硬度分類見表5-1。

表5-1　水質硬度分類(單位：德國度)

總硬度	水質	總硬度	水質
0～4	很軟水	16～30	硬水
4～8	軟水	＞30	很硬水
8～16	中等硬水		

　　一般的魚多喜歡較軟的水質，海水魚對水質的要求要複雜得多，熱帶魚往往對硬度要求較高，絕大多數的熱帶魚喜歡在軟水和低硬度的水中生活和繁殖，有的魚對硬度較高的水也能夠適應，但繁殖時通常要求硬度較低的水質或軟水。對高硬度的水，在使用前就以兌入純水的辦法加以調整。此外還可透過將硬水煮沸或用交換樹脂過濾法除去水中的礦物質，從而使硬水變軟，以達到養殖或繁殖用水的要求。

五 鹽度

　　天然水體中不同程度地溶解有各種鹽類，含有鈉、鉀、鈣、鎂、氯、碳酸根、碳酸氫根、硫酸根等。1000 g 水中所含溶解鹽類的克數稱為鹽度，以重量的千分比(‰)表示。淡水水體的鹽度在 0.01‰～0.5‰，金魚、錦鯉、絕大部分熱帶魚適於在淡水中生活。各種觀賞魚都有自己一定的適宜鹽度和耐鹽限度，含鹽量過高或過低對魚的生長不利，甚至危及生命。少數沿岸和河口的觀賞魚類是廣鹽性的，能夠忍受很大幅度的鹽度變化，如河豚魚。世界海洋的平均鹽度為 35‰，海水魚多是狹鹽性的，不能忍受環境鹽度的較大變化，養殖時必須保持其適宜的鹽度。配製人工海水時，應儘量先分別將各種藥品溶解於水，然後再混溶在一起，將密度調至 1.022～1.025，pH 調至 8.2～8.4。人工配製海水的方法很多，表 5-2 介紹兩個配方，供參考。

表 5-2 人工海水配方

配方一		配方二	
藥品名稱	重量(g)	藥品名稱	重量(g)
NaCl	23.476	NaCl	27.65
$MgCl_2$	4.981	$MgSO_4$	6.92
Na_2SO_4	3.917	$MgCl_2$	5.1
$CaCl_2$	1.102	$CaCl_2$	1.45
KCl	0.664	KCl	0.65
$NaHCO_3$	0.192	$NaHCO_3$	0.25
KBr	0.096	$NaNO_3$	0.10
H_3BO_3	0.026	NaBr	0.10
$SrCl_2$	0.024	Na_3PO_4	0.06
NaF	0.003	$SrCl_2$	0.11
		KI	0.005

加水至總重量為 1000 g。

六、光照

　　觀賞水生生物的種養都需要一定的光照條件。適宜的光照有益於觀賞水產動物的生長發育，並使其保持豔麗的體色。動物若長期生活在缺乏光照的陰暗環境裡會感覺遲鈍，活力減弱，食慾不振，發育不良，也容易感染疾病。光線對水中的藻類和水草進行光合作用是必不可少的，並透過植物的光合作用來改善水質，淨化水體，此外日光中的紫外線還有一定的消毒殺菌作用。

　　光照可來源於自然光源和人工光源，自然光源即日光，往往為養殖觀賞水生生物提供主光源，人工光源可來自鹵素燈、白熾燈、日光燈、黃光燈、紫光燈、紅光燈、LED燈等，尤其是室內水族箱自然光源太弱時，應輔以人工光源來增加光照，同時還可加強觀賞效果。

七、水溫

　　魚類是變溫動物，體溫隨水溫而變化，各種觀賞魚類都有自己適宜的溫度範圍。金魚、錦鯉的生存水溫 0～38 ℃，最適水溫 20～25 ℃；熱帶魚的生存水溫 20～38 ℃，最適水溫 24～28 ℃；海水魚的生存水溫 25～30 ℃，最適水溫 26～27 ℃。一般在適溫範圍內，隨著水溫升高，魚的代謝相應加強，攝食量增加，生長加快。觀賞龜的生長需要的溫度較高，一般要求水溫為 25～30 ℃。觀賞水草因品種不同對溫度的要求差異較大，如金魚至4℃也能生長良好，而熱帶水草如皇冠草最適的水溫為24～28℃。

水溫還透過影響水環境中各個因數而對魚發生作用，水溫影響水中溶氧，一般水體中溶氧量隨水溫升高而降低，故夏季更易缺氧。水溫還影響魚的天然餌料，適溫時，水中浮游生物生長繁殖迅速，可為觀賞魚等提供豐富的餌料，加速其生長。

第二節　飼養設備與裝置

家庭飼養觀賞水生物的容器主要有水族箱、陶瓷缸、木盆等，一般小巧美觀；用於庭院、公共場所作為展示的觀賞魚池，則以樣式美觀大方和管理方便為原則，進行觀賞魚等規模化養殖時主要用水泥池，適宜於放養數量多、容易飼養、能夠批量生產的種類。為達到最好的飼養效果，需要配置專用的設備與裝置。

一、增氧設備

1. 增氧設備的作用

用水族箱飼養觀賞魚等，往往需要使用增氧設備，對水體進行增氧。其作用主要有，①把氧氣輸送到每一個角落，增加水中的溶解氧量，避免魚類窒息，特別是對海水水族箱和未栽種水草的水體更為重要；②增加水中氣壓使水體產生波動，清除水中的二氧化碳、硫化氫等有害氣體；③使水體流動，避免水族箱內上下水溫、溶氧量等不一致；④增氧使好氧細菌的活動加劇，加速了水中有害物質的分解，改善水體環境；⑤氣泵輸入的氣體形成氣泡從排水嘴噴出，由水箱下層向上漂浮，增強水族箱的動感，提高了水族箱的觀賞效果。

2. 增氧設備的類型

（1）電磁震動式空氣泵　電磁震動式空氣泵適於一般家庭中小規模水族箱飼養使用（圖5-1）。依送氣孔的數量，氣泵可分為單孔、雙孔和四孔3種。另有一些此類氣泵附有乾電池或自動充電裝置（圖5-2），以備野外運輸觀賞魚或停電時用。這種氣泵空氣壓力小，電池震動時的聲音很大，最好在氣泵底下墊一柔軟物品，以減少雜訊。氣泵的橡皮墊磨損較大，應經常更換。還有一類電磁震動式空氣泵功率較大（圖5-3），可以由一個氣孔分出6個或12個分氣孔等，適用於水族店或小型水泥池使用。

圖5-1　電磁震動式空氣泵　　　　　圖5-2　交直流充電式增氧泵

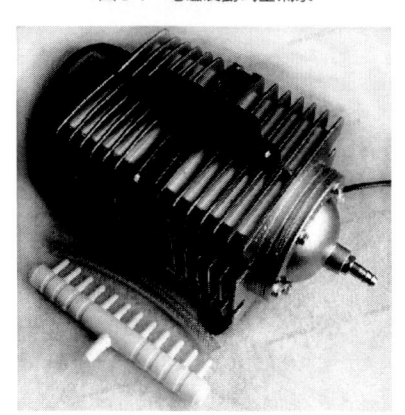

圖5-3　電磁震動式空氣泵(大功率)

(2)馬達式空氣泵

馬達式空氣泵的氣壓大、體積也較大，適用於水族館、專業養殖場、大型和多個水族箱使用。這類氣泵又有羅茨鼓風機(圖5-4)、旋渦式本田引擎空氣泵和層疊吹吸兩用空氣泵等多種類型。這類氣泵的功率分為1.5kW、3.0kW、7.5kW、22kW等，可以根據養殖場的面積、養殖密度、水質條件等選用。增氧時氣泵不斷把空氣經過輸氣管由排氣嘴送入水中，一般排氣嘴為砂濾石(氣石)，輸氣管可直接或分支成多條分支氣管，以連接一個或多個排氣嘴；砂濾石把空氣變成細小的空氣泡噴出，使空氣中的氧溶于水。

選擇氣泵時，應依據水族箱或魚池的大小、數量，以及魚的品種、規格、密度及耗氧量決定其功率的大小。

圖5-4　羅茨鼓風機

冬季或飼養熱帶魚，當充氣量太大時可使水溫下降，導致魚類不適應或死亡。使用氣泵時，一定要注意調節充氣量，謹防漏電和防止水族箱的水逆流到氣泵中。氣泵不要放在低於水面以下的位置，氣管不要折曲。近年來市場上已有止逆閥出售，可防止水回流，還有各種高效增氧片，供停電時急用。

(3)微孔增氧裝置 近年來，面積較大的觀賞魚養殖場多採用微孔增氧裝置，主要有主機（電動機）羅茨風機，儲氣緩衝裝置，主管(PVC 塑膠管)，支管(PVC 塑膠管或橡膠軟管)，曝氣管(微孔納米曝氣管)等組成(圖 5-5)。具體安裝方式主要有盤式安裝法和條式安裝法兩種。微孔增氧裝置高效節能，以6670 m^2水面養殖池為例，產品在水深1.5～2 m，在達到10 kg氧氣/h增氧能力時所耗功率僅為1.5 kW，而採用葉輪式增氧機則需6～9 kW；若按增氧日200 d計，每天8 h運行則可節電達萬度，運行費用節省5000元以上。

使用微孔增氧裝置時，採用主機帶動羅茨鼓風機將空氣送入輸氣主管道，再接通輸氣支管道將空氣送入微孔管，微孔管將空氣以微氣泡形式分散到水中，微氣泡由池底向上浮。氣泡在氣體高氧分作用下，氧氣充分溶入水中，還可造成水流的旋轉和上下流動，水流的上下流動將上層富含氧氣的水帶入底層，同時水流的旋轉流動將微孔管周圍富含氧氣的水向外擴散，實現池水的均勻增氧。

圖5-5 微孔增氧裝置

二 過濾裝置

過濾裝置又稱為篩檢程式、濾清器。水族箱裡的水經過過濾裝置後，觀賞水產動物的排泄廢物、殘餌、有害的有機物、懸浮顆粒等被濾去，使水保持清澈透明。篩檢程式由過濾材料（纖維棉、活性炭、珊瑚沙、沸石、沙礫等）、水泵、管道等組成，常用的是水族箱頂部篩檢程式

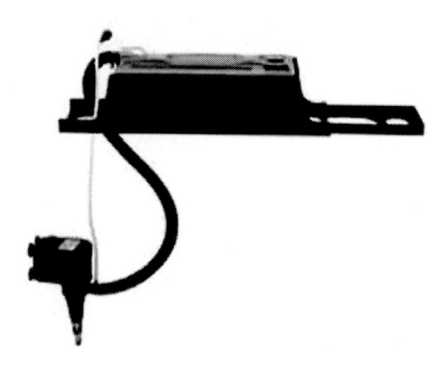

圖 5-6　水族箱頂部過濾器　　　　　　　圖 5-7　水族箱沉水式過濾器

圖 5-8　水族箱外置式過濾器　　　　　　圖 5-9　水族箱外掛式過濾器

表 5-3　水族箱不同類型篩檢程式比

種類	作用原理	優點	缺點	備註
頂部過濾器	其是一種放置在水族箱頂部的機械式過濾裝置。透過小型抽水馬達將水族箱內的水抽入已放置活性炭、陶瓷環、生物球以及過濾棉等組成過濾層的過濾箱內，水流透過過濾層再流回水族箱中，從而脫除水質中所含雜質，起到淨化水質的效果。	充分利用水族箱頂部的剩餘空間放置而不占地方，日常維護操作，清洗十分方便，並且價格十分低廉。	過濾範圍不大，並需要定期清洗，更換過濾材料，防止過濾層中的空隙間因積聚過多的雜質而影響水的迴圈流動及過濾效果。	適合初次飼養的水族愛好者以及裸缸飼養的愛好者選購使用。

續表

種類		作用原理	優點	缺點	備註
側部過濾器		側部篩檢程式是在魚缸的側部用玻璃隔出一部分做濾，其內部分成幾小格用於放置濾材和迴圈泵，一邊設有溢流口，當水泵將水從過濾部分抽向魚缸時，魚缸溢出的水透過溢流口流入過濾部分的第一格，在隔板的引導下流經各種濾材，水從最後一格透過水泵再次送入魚缸形成迴圈。	利用魚缸的內部空間使魚缸和過濾器形成一個整體。一些器材可以在側部篩檢程式放置，適當放置不影響魚缸的正面視覺美感。	佔用了魚缸的部分空間，缸內的空間會減少，受魚缸寬度或長度的限制，放置過濾材料也受限制，水分的蒸發會引起水泵所在間隔的水位較快降低，需要頻繁補水。	主要適合在水草缸中使用。
沉水式過濾器	生化棉過濾器	水質中的殘餘餌料、生物排泄物，以及因物理作用而被破壞的有機物質均可被吸附於海綿體表，而海綿體表，內部有無數的微細孔可促進好氧細菌的繁殖，因物理作用而被破壞的有機物質在透過充分含有氧氣的水質時，好氧細菌會因為分解被破壞的有機物質而消耗氧氣，而被消耗的氧氣需要透過空氣泵、潛水泵產生的動力來補充。	結合物理、生物過濾的兩大性能優點。	不適用於大型水族箱的使用。	適合在繁殖期、隔離治療期的小型水族箱進行過渡使用。
	機械式過濾器	為一個內含濾棉和抽水馬達的封閉式篩檢程式，將水引導流經濾材，進行簡單的物理作用來處理水質中的雜質，達到淨化水質的效果。	體積小，占用水族箱空間有限，清洗方便。	濾棉的清洗時間間隔較短，過濾迴圈範圍不廣。	適合在較小型水族箱中使用。
	生化機械式過濾器	篩檢程式先濾除水質中所含懸浮濁再透過濾材中的好氧細菌進行生物性分解水質中的雜質，達到淨化水質的效果。	過濾性能極佳。		適合各種類型的水族箱的使用。
底板式過濾器		過濾板設於水族箱底部，板上留有插放通氣管的孔洞，插上塑膠管。過濾板上面鋪設砂石。塑膠管連接充氣泵、潛水泵帶動水流經過砂石，利用砂層中存活的好氧細菌進行生物過濾，並保持水質中充分的溶氧量。	花費不多，既有效又不需作特別的保養。	常出現淤塞現象，使用不當會造成水質污染。	適合養殖水平高的愛好者使用。

續表

種類	作用原理	優點	缺點	備註
外置式過濾器	其是一種分離放置在水族箱外部的篩檢程式，可根據不同需要放置不同濾材進行不同效果的過濾。	不占使用空間，維護簡單。	耗費水質中的溶氧量較大。遇到停電的事故將導致密封於過濾槽內濾材上附著生長的好氧細菌在短時間內死亡。	適合各種類型的水族箱的使用，值得推薦。

三 蛋白質分離器

　　蛋白質分離器又稱為泡沫分離器。它是利用水中的氣泡表面可以吸附混雜在水中的各種顆粒狀的污垢以及可溶性的有機物的原理，採用充氧設備或旋渦泵產生大量的氣泡，將透過蛋白質分離器的海水淨化，這些氣泡全部集中在水面形成泡沫，將泡沫收集在水面上的容器中，它就會變為黃色的液體被排除。蛋白質分離器可以有效地清除水中的有機物顆粒、蛋白質、有害金屬離子等，水質淨化效果較好。目前的蛋白質分離器有三種，逆流式、壓力式和氣舉式 (已基本淘汰)。理論上蛋白質分離器能分離水中 80%的蛋白質，但它的實際工作能力只能分離水中 30%～50%的蛋白質廢物，能達到 50%已經是很不錯了。

　　蛋白質分離器不是篩檢程式，它能在有機物分解成有毒廢物前將其分離，減輕了生化系統的負擔，增加水中的溶氧量。水族箱中常使用小型蛋白質分離器，水族館或工廠化迴圈水養殖池則是採用大型蛋白質分離器 (圖 5-10)。蛋白質分離器也有不足之處，它會氧化水中的微量元素，如鐵、鉬、錳等重要的微量元素；會造成鹽分的喪失，海水被霧化後會無孔

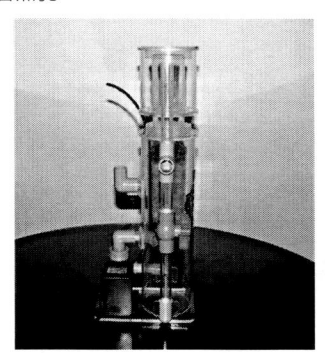

圖5-10　蛋白質分離器

四 消毒裝置

觀賞水產動物養殖系統中經過過濾的水還含有細菌、病毒等致病微生物，因此有必要進行消毒處理。目前常用的消毒裝置為紫外線消毒器和臭氧發生器。

1.紫外線消毒器

紫外線消毒器有紫外線殺菌燈(圖 5-11)、懸掛式和浸入式紫外線消毒器(圖 5-12)等。懸掛式消毒器是將紫外線燈管透過支架懸掛於水槽上面，一般燈管距水面及燈管間距均為15cm左右，燈管上面加反光罩，槽內水流量為 0.3～0.9 m³/h，並在槽內垂直水流方向設擋水板，使水產生湍流而得到均勻照射消毒；浸入式消毒器是將燈管浸在水中，透過照射燈管周圍的水流而消毒。紫外線消毒具有滅菌效果好、水中無有毒殘留物、設備簡單、安裝操作方便等諸多優點，目前已得到廣泛應用。

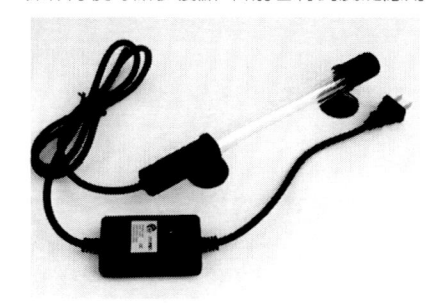

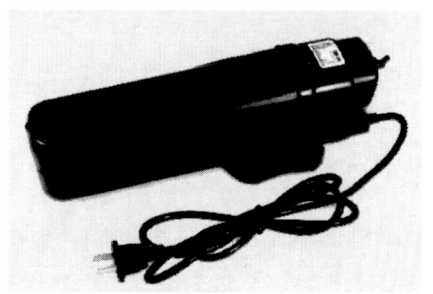

圖5-11　紫外線殺菌燈　　　　　圖5-12　紫外線消毒器

2.臭氧發生器

臭氧是一種強的氧化劑，它能氧化水中有機物，還原為氧氣，消毒能力較強，廣泛運用於飲用水淨化、食物淨化、汙水處理、用具消毒滅菌等方面，但要達到消毒水的目的，一定要在水中保持一個穩定的濃度，消毒一段時間。因為臭氧具有強氧化性，所以極不穩定，極易分解，因在水中的溶解度低，極易從水中逸出，散發於空氣中。小型臭氧發生器可用在水族箱中，水族館或工廠化迴圈水養殖池則是採用櫃式臭氧發生器(圖 5-13)。臭氧發生器不足之處是只能在密閉空間進行，臭氧處理水後會產生二次污染，即殘留于水中的臭氧及副產物，吸入散發於空氣中的臭氧，則會對人體造成傷害。

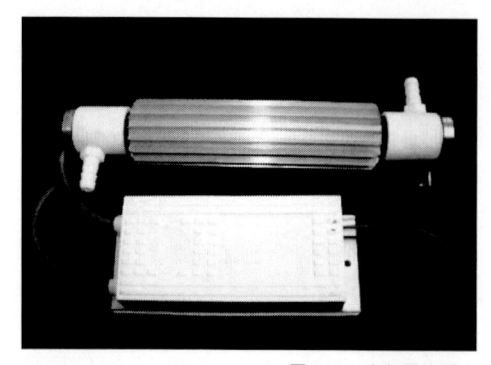

圖5-13　臭氧發生器

五 加熱設備

　　家養觀賞水生物常用的加熱設備是恒溫加熱器，它的出現解決了水族箱冬季保溫的問題，對擴大熱帶魚和海水魚養殖的範圍及普及起到了極大的推動作用。通常水族箱使用的恒溫加熱器是一種自控電熱棒，由加熱器和自動調節器組合而成。加熱器利用管內的電阻絲通電後發熱來採暖，當溫度升高到預定溫度時，自動調節器中的金屬片張開斷電，加熱停止，反之金屬片冷縮，又接觸通電加溫。恒溫加熱器功率從幾十瓦到幾百瓦不等，使用時應根據環境溫度和水族箱的大小合理選用(表 5-4)。恒溫加熱器按照材料分為普通玻璃管加熱器、不銹鋼加熱器(圖5-14)和ED顯示加熱器(圖5-15)等。目前玻璃管加熱器由於易爆裂而較少使用。

表5-4　不同規格水族箱加熱管功率

水族箱規格(cm)	加熱管功率(W)	水族箱規格(cm)	加熱管功率(W)
60×30×35	100	120×45×45	300
75×30×45	150	120×60×60	500
90×45×45	200		

　　加熱器按照安放方式主要分兩種，一種是完全放在水下的潛水型加熱器；另一種是電熱絲在水中，控溫器在水面上的半潛型。潛水型加熱器設計比較科學，可以平放在水族箱的底部，保持水族箱內溫度的均勻分佈(因為熱量向上傳遞)，而且可以防止換水時加熱器暴露在空氣中。用半潛型加熱器，在換水時一定要先拔掉加熱器的電源，如果加熱器在空氣中加熱，當你向水族箱中加水時，將引起加熱器的玻璃管破裂。根據房間的冷熱不同，每升水需要 0.5~1.0W 的功率。一個加熱器會使水族箱局部過熱，用兩個小的加熱器可使水溫更加均勻，而且當一個加熱器損壞時，另一個還在工作，不會造成太大的損失。

圖5-14 水族箱不銹鋼恒溫加熱器 　　圖5-15 水族箱ED顯示加熱器

六、照明設備

　　飼養觀賞水生生物的目的,主要是供人們觀賞,因此水族箱必須要有光源。通常水族箱多放置於室內,沒有直接的天然光源或光線強度不足,因而必須配備、安裝一定的照明設備,使人們在觀賞時不受放置地點和時間的限制,同時,在管理上,隨時可借助照明設備進行工作;此外,觀賞水草的生長和觀賞魚類的繁殖也離不開光照。

　　確定照明設備的安裝位置、材料的選擇、照明強度,必須根據所飼養的觀賞水生生物對光線的要求和觀賞效果來考慮,通常以主要養殖的種類是淡水魚、海水魚、無脊椎動物,還是水草以及水族箱的高度來決定。早期一般光源採用白熾燈或日光燈,日光燈既省電,照明面積又大。目前專供水族箱用的有白色燈管、紅色燈管、藍色燈管、生物燈等,也可根據需要購置螢光燈、金屬鹵素燈、水銀燈、珊瑚燈等。可在燈管外套上不銹鋼或硬塑板外罩,以作防水之用。一般在飼養觀賞魚時選用螢光燈,飼養日光類的珊瑚選用水銀燈,飼養多種軟體動物時,選用金屬鹵素燈。不管使用何種燈,最好配以藍光燈和紅光燈,增強魚和珊瑚等體表的顏色,增加觀賞性。安裝位置一般設在水族箱頂部或前上方,其亮度以能使水族箱內景物清晰,水生植物生長正常為宜。現在有鋁合金製作的高檔水族燈架(圖5-16),美觀實用,便於安裝各種燈管,調試光照。

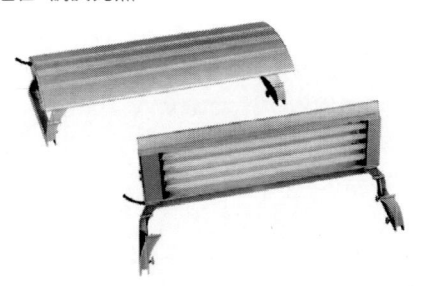

圖5-16　鋁合金水族燈架及照明燈

近幾年，LED燈在水族業的發展較快，LED水族燈(圖5-17)是針對魚類、水草、珊瑚等水生生物觀賞養殖而研發出來的照明燈。LED燈近似于陽光照射到水面時產生的光效，滿足魚類、水草、珊瑚等水生生物生長所需求的光能。LED燈外觀利用散熱工程學設計，散熱迅速，讓LED水族燈具有傳統燈所不能代替的優勢。LED水族燈具有色彩豐富、品種多樣、安裝方便、使用安全、節能環保、使用壽命長、維護成本低等優勢而越來越受到市場青睞。

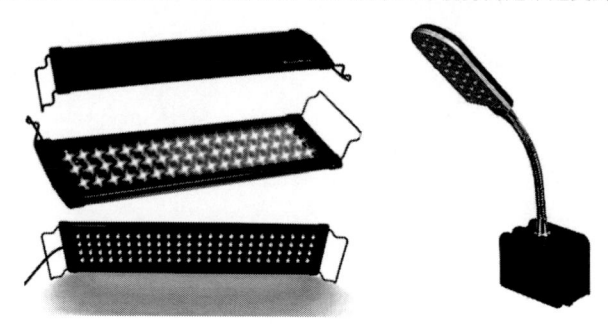

圖5-17　LED水族燈

七、抽水設備

保持水族箱或水泥魚池水質適宜不僅靠有效的過濾設備，還與抽水設備關係密切。觀賞水生生物養殖中常用的抽水機主要有四類：沉水回轉式抽水機：它的推進器在水面下，而電機突出於水面外。這種抽水機工作時不會影響水族箱中水的溫度，但揚程和效率較低(僅50%)，只適於做迴圈水用。氣冷回轉抽水機(磁力式抽水機)：它安裝了球形軸、聚丙烯推進器，壽命長，用於海水水族箱。

油冷回轉抽水機：它的電機浸在油中，輸水量大、雜訊低，但必須在水下使用。水冷回轉抽水機：它安裝了同步永久磁力回轉軸。藻類、食物殘渣和各種物質很容易沉積在這種抽水機內，必須定期(至少6個月)拆洗、潤滑、養護。沉積在抽水機內的碳酸鈣等污垢需用3%的稀鹽酸清洗，塑膠零件可以浸泡在1:5漂白粉中3~4h。抽水機長期不用時應用淡水沖洗乾淨，以防腐蝕。

目前，家養觀賞水生生物的抽水設備多採用小功率的全塑膠材料的潛水泵(圖5-18)，它小巧輕便，功率大小有200 W、500 W、1000 W等，其揚程5~10 m。使用時，可將潛水泵吸附在缸壁上，在數分鐘內可將水族箱中的水抽完，使用方便，而且安全可靠。如果換水量較小，也可以採用魚缸換水器(圖5-19)抽水。

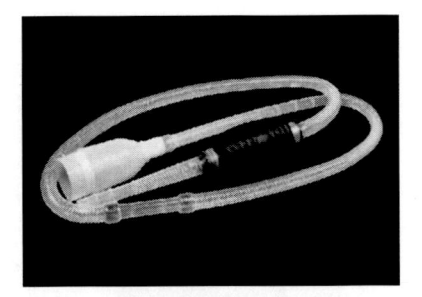

圖5-18 小型潛水泵　　　　圖5-19 魚缸換水器

八 網具

觀賞魚養殖常用的網具有撈魚網和撈蟲網，以粗鐵絲為網口框架，網的形狀有圓形、方形和三角形等(圖5-20)。撈魚網網身用質地柔軟、濾水性強的尼龍網布，以免撈魚時碰傷魚體。撈蟲網網身用尼龍篩絹製作，一般選用70～100目的篩絹，100目可用來撈小型魚蟲即原生動物、輪蟲類，70目適於撈取大型魚蟲即枝角類、橈足類。

圖5-20 幾種常見網具

九 其他器具

在觀賞水產動物的養殖過程中，還有可能使用一些其他的器具，常用的有：水草剪(圖5-21)、鑷子(圖5-22)、CO_2瓶(圖5-23)、溫度計(圖5-24)、間歇式節能開關(圖5-25)、水管固定夾(圖5-26)、儲水桶、餌料暫養缸、餵食器、鹽度計、pH試紙、刮苔器等。

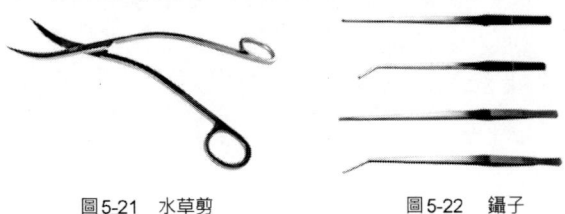

圖5-21 水草剪　　　　圖5-22 鑷子

圖5-23　CO₂瓶　　　　　　圖5-24　溫度計

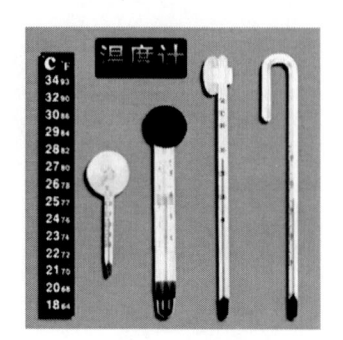

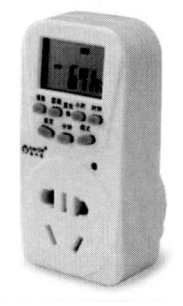

圖5-25　間歇式節能開關　　　圖5-26　水管固定夾

十、水族箱的裝備

　　裝備水族箱前應周密計畫。先確定擬飼養品種,再考慮必需的養殖設備,包括適宜的水族箱、合適的篩檢程式、空氣泵、飼養熱帶魚必備的恒溫加熱器、照明設備等(圖5-27)。

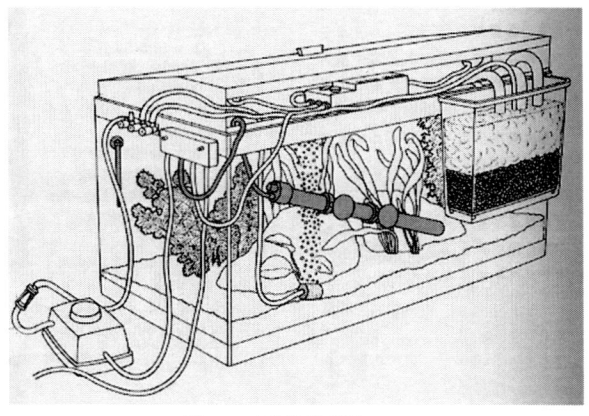

圖5-27 水族箱的裝備

下面以熱帶魚水族箱為例,介紹其裝備過程。需要注意的是,水族箱裝備完成之前,任何電器設備不得接通電源。裝備應就地進行,否則要移動鋪有沙礫、設有假山的水族箱非常困難。水族箱底部應鋪有一層塑膠(具減震作用),四周要留空間,以便日常管理。放妥水族箱後,準備工具器材和材料:包括鉗子、螺絲起子、栽植鏟子、利刀、剪刀和水管等工具,篩檢程式、氣升裝置、接熱器、恒溫器、空氣泵、多頭閥、止回閥、氣泡石、電線盒、反光箱罩、照明燈等,洗淨的沙礫和岩石等裝飾材料,洗淨的水草,按栽種順序分組排列,熱帶魚等。

① 底部篩檢程式的安裝:用刀將氣升管按水深切斷,把管子插入過濾板,再將固定有氣升管的過濾板放入水族箱。過濾板應與箱底面積同大,而且要放平。

② 鋪設底砂和放置石塊:沙礫的選用要考慮便於水流迴圈,又能固著水草。將扁平的小石塊呈水準狀分散埋入沙礫中,以保持底砂的斜面;大塊石頭應平放於底砂中,以免傾倒,石塊放置要妥當,以免影響水流迴圈。

③ 注水:用水管將水慢慢往石塊上(盤等)灌注,使水均勻流入水族箱,不要衝散底砂。水不宜太滿,以免伸手入箱栽種水草時,水會溢出。

④ 空氣泵的安裝:將泵管接於控制各機械氣流量的多頭閥,並在管中裝止回閥,以防止虹吸水回流,並將氣泡石置於水族箱後部。

⑤ 恒溫加熱器的安裝:將恒溫加熱器斜置於水族箱後壁玻璃上,位置應稍高於底砂表層,加熱管部分必須放入水中。還可以將水族箱專用溫度計吸置於箱壁上。

⑥ 栽種水草:栽種水草時,將水草根須散開,放入沙礫中埋好,一般埋到根莖部為好。插枝類水草需用線捆紮沉底。再根據需要將水族箱加滿水。

⑦ 照明燈的安裝:用整塊一體成型的塑膠板製作箱罩的水族箱,通常已將照明燈安裝在箱罩內,燈的開關裝在箱罩頂面。開放式水族箱需將照明燈安置在箱體上方,連接好電源及開關。

⑧ 接通電源啟用設備:將連接篩檢程式、空氣泵、加熱器等水族設備的電線分別裝盒,可避免短路,既安全又美觀。接通各電源線路,打開開關,各設備開始正常運轉。

⑨ 放魚:按照水族箱設定的造景方案,放養所需要的熱帶魚,注意品種搭配合理,放養密度適宜。

研究性學習專題

① 分析在水族箱中增氧的重要性,比較不同增氧設備的特點,提出選用原則。
② 分析水質條件對水環境生態系統的重要性,設計水族箱不同過濾系統的構建方案。
③ 總結水族燈具的發展過程,分析不同類型水族燈的使用效果,比較LED水族燈不同種類的特點。
④ 比較水族箱飼養不同觀賞水生生物裝備流程的差異性,總結海水魚水族箱的裝備過程。

第六章　觀賞水產動物的營養和飼料

觀賞水產動物都需要蛋白質、脂肪、糖類、維生素和礦物質等營養素，不同觀賞水產動物對營養素的需求量存在一定的差異。飼料的好壞將直接影響到觀賞水產動物的健康與否，選擇正確的飼料對觀賞水產動物的生長發育、觀賞價值都是極為重要的。

第一節　觀賞水產動物的營養需求

觀賞水產動物從外界攝取食物，以維持其基本的生命活動及生長、發育、繁殖過程。具有營養作用的物質統稱營養素，通常指蛋白質、脂肪、糖類、維生素和礦物質，不同的營養素在動物體內的生理作用、存在形式和作用途徑都有著不同的特點。

一、蛋白質

蛋白質是構成觀賞水產動物機體重要的組成成分，並為其生長、修補組織等提供基本原料；蛋白質以酶和激素的形式參與體內各種生理機能和代謝過程；蛋白質作為能源物質供應觀賞水產動物所需的能量(每克蛋白質分解產生的熱量為18.41kJ)。觀賞水產動物生活、運動所需的能量主要由體內蛋白質提供，因而要求觀賞水產動物飼料的蛋白質含量較高。

蛋白質由20餘種胺基酸組成，能夠利用其他含氮物質在水產動物體內合成的胺基酸稱為非必需胺基酸，在觀賞水產動物體內不能合成或合成量少不能滿足機體需要的胺基酸稱為必需胺基酸，它必須由飼料來供給。水產動物必需胺基酸有：離胺酸、蛋胺酸、色胺酸、纈胺酸、苯丙胺酸、白胺酸、異白胺酸、蘇胺酸、組胺酸和精胺酸10種。

在一般情況下，當飼料中蛋白質未達到最適含量前，觀賞水產動物的增重隨飼料中蛋白質含量的增加而增長，達到最大含量時，觀賞水產動物增重為最大；超過最適含量後，生長反而受抑制而下降。觀賞水產動物的種類和生長階段的不同，其最適蛋白質含量不同。觀賞水產動物以雜食性偏動物食性或肉食性為主，因而要求飼料最適蛋白質含量較高。一般為 35%~50%。對於同一種動物來說，苗種階段生長旺盛，對蛋白質含量要求高；成體生長減慢，對蛋白質含量的要求降低。此外，蛋白質中的胺基酸平衡十分重要，要努力使飼料蛋白質的胺基酸含量和比例與觀賞水產動物的營養需要相符合，含量豐富，比率合理，蛋白質的利用率就高。

二 脂肪

脂肪是觀賞水產動物機體能量的重要來源，脂肪是一種高能物質，其所含能量比相同重量的糖類和蛋白質更高(每克脂肪分解產生的熱量為 89.75 kJ)。通常脂肪在觀賞動物體內積存以作能量貯備，脂肪參與體內某些器官組織的組成及合成分泌物質，脂肪有助於脂溶性維生素 A、D、E、K 等在體內的吸收。

脂肪由甘油和脂肪酸組成，脂肪酸分飽和脂肪酸和不飽和脂肪酸兩大類，不飽和脂肪酸不能在觀賞水產動物體內自行合成，必須在其飼料中補充，可添加 1%~5% 的植物油類，飼料中所含總脂量為 4%~10% 時，通常認為是適宜的脂肪含量。

當觀賞水產動物飼料中可消化能含量較低時，飼料中部分蛋白質就會被作為能源消耗掉。在此種飼料中適量提高脂肪的添加量，可以提高飼料的可消化能，從而減少作為能源消耗的蛋白質量，使之更好地合成體蛋白，提高飼料蛋白質效率。這一作用稱為脂肪對蛋白質的節約作用。當前在飼料蛋白質愈來愈緊缺的情況下，根據水產動物營養學的特點，在飼料中使用一些易消化的糖類和優質脂肪，可節約蛋白質用量，降低飼料成本。

三 醣類

醣類是水產動物生命活動所必需的，來源極其廣泛，是最為經濟的能源物質。因此，在飼料中如能充分合理地使用糖，將能大大地降低飼料成本。但水產動物可利用糖的程度遠較其他動物低，且肉食性魚類對糖的需要量或代謝利用能力較草食性或雜食性魚類低。飼料中過多的醣類，如澱粉等可能會使魚類的肝細胞變性，而將過多的肝糖儲存於肝內，使肝臟蒼白而腫脹，因而造成魚類生長緩慢。這點在觀賞水產動物配合飼料的生產中應加以注意。

醣類包括單糖(如葡萄糖、果糖等)、雙醣(如蔗糖、乳糖等)和多醣(如澱粉、纖維素等)。觀賞水產動物飼料中醣類的適宜含量隨動物的種類、年齡、食性以及糖的種類不同而有差別，一般觀賞魚類飼料糖類的適宜含量為 25% 左右，不易消化吸收的粗纖維的含量不超過 10%。

四 礦物質

礦物質又稱無機鹽，觀賞水產動物從外界攝取礦物質，用於組成骨骼，作為多種酶和激素的重要成分，維持機體的滲透性、興奮性和酸鹼平衡。觀賞水產動物體中的礦物質含量一般為 3%~5%，包括常量元素(含量在 0.01% 以上)有鈣、磷、鉀、鈉、氯、硫、鎂等，微量元素

(含量在 0.01%以下)、有鐵、銅、錳、鋅、碘、鈷、鉬、硒、鉻、鎳、矽、硼等。生產觀賞水產動物飼料時應根據不同動物對礦物質的需要添加某些必需元素，以保證觀賞水產動物的健康生長。

五、維生素

維生素是維持觀賞水產動物正常生理機能和生命活動所必需的微量低分子有機化合物。維生素是一類生物活性物質，它們參與調節體內新陳代謝的正常進行，提高機體對疾病的抵抗能力。缺乏維生素會對機體造成有害影響，產生嚴重缺乏症。

目前已知的維生素有20餘種，分為脂溶性和水溶性兩大類。脂溶性維生素包括維生素A、D、E、K；水溶液性維生素包括 B 族維生素(B_1、B_2、B_3、B_4、B_5、B_6、B_7、B_{11}、B_{12})和維生素 C。大多數維生素具有不穩定性而易被破壞。一般脂溶性維生素可以在體內貯存相當的量，短期不足或缺乏不容易出現缺乏症。水溶性維生素一般在體內不貯存，必須靠飼料供應，且多吃多排，容易出現缺乏症，應注意補充。生產上擬定飼料配方時可根據實際情況確定單一或複合維生素的添加量，以滿足觀賞水產動物對維生素的需求。

六、能量

水產動物為了維持生命和正常代謝活動，就要不斷地從外界攝取營養物質。觀賞水產動物從攝食的飼料中獲得營養素的同時也獲得了能量。能量是營養素在代謝過程中被氧化時的一種特性，它是給水產動物飼料定量的基礎。飼料中蛋白質、脂肪、糖類能提供能量，稱為能量物質，它們在體內透過生物氧化過程釋放出能量。根據進入水產動物體內的變化過程，通常把飼料能量分為總能、消化能、代謝能和淨能。

觀賞龜對能量的需求比其他觀賞水產動物要高，因為龜是主要生活在水中的爬行動物，比觀賞魚等的耗能要多，而且龜在蛋白質分解代謝和排泄中能量損失較多。加之龜對糖類的消化利用率不高，故在觀賞龜飼料中適當添加油脂來補充能量非常必要。

飼料中能量—蛋白質比(C/P)對觀賞水產動物的生長有明顯的影響。觀賞水產動物飼料對蛋白質要求較高，其 C/P 值一般比較低，特別是肉食性魚類、肉食性龜類和魚苗魚種階段。飼料中能量不足，則飼料蛋白質等營養物質將不能充分用於生長；能量過多，則會減少日攝食量，可能引起脂肪和肝脂肪的積累。因此要對觀賞水產動物飼料中各種能量物質合理配置，以滿足其對能量的需要。

第二節　天然餌料

觀賞水產動物的天然餌料主要是以原生動物、輪蟲、枝角類、橈足類、水蚯蚓、搖蚊幼蟲等為主的動物性餌料。

一 原生動物

　　原生動物俗稱原蟲,是由單細胞構成的微小動物,一般個體較小,在 30~300　μm。原生動物一般生活在水質較肥的坑塘、河溝等水域,以細菌、藻類、腐屑等為食,能運動,以細胞分裂方式進行繁殖,因此常使個體數量迅速增加,通常每代的生活時間不到一天。

　　具有較高食用價值的原生動物有草履蟲(圖6-1)、喇叭蟲、變形蟲、表殼蟲等。

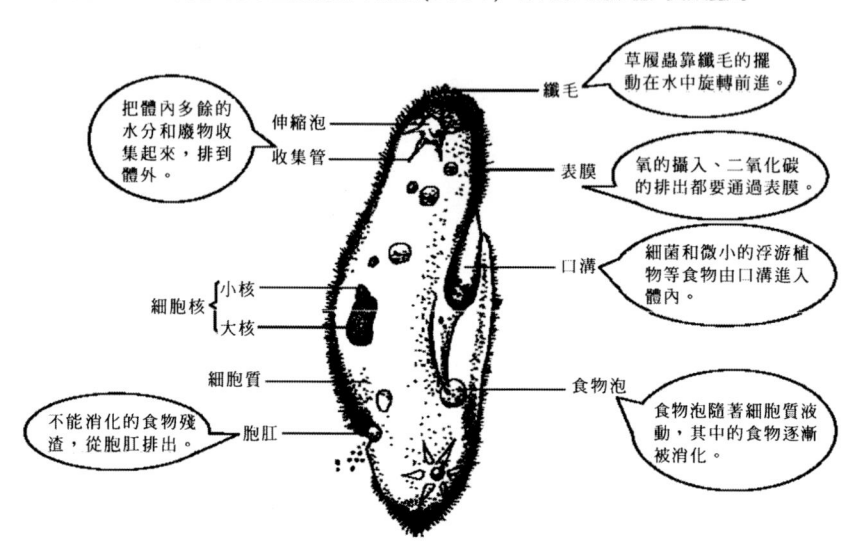

圖中標注:
- 把體內多餘的水分和廢物收集起來,排到體外。→ 伸縮泡、收集管
- 草履蟲靠纖毛的擺動在水中旋轉前進。→ 纖毛
- 氧的攝入、二氧化碳的排出都要通過表膜。→ 表膜
- 細胞核 — 小核、大核
- 細菌和微小的浮游植物等食物由口溝進入體內。→ 口溝
- 細胞質
- 食物泡隨著細胞質流動,其中的食物逐漸被消化。→ 食物泡
- 不能消化的食物殘渣,從胞肛排出。→ 胞肛

圖6-1　草履蟲

　　原生動物是觀賞魚苗適宜的開口餌料,當魚苗開始主動尋食時,它們是其最主要的天然食物。採集天然水體中的原生動物需用網目較密的篩絹(200目以上)製作的撈蟲網撈取,也可採用人工培育的方法生產原生動物。下面以草履蟲為例,介紹其培養方法:

　　草履蟲習性喜光,體長約 0.15~0.30 mm,一般生活在湖泊、坑塘裡,在腐殖質豐富的場所及乾草浸出液中繁殖尤為旺盛,適宜溫度為22~28℃。取池水置於玻璃培養缸中,如見水層中游動著顆顆白色小點,即表明有其存在,大量繁殖時,在水層中呈灰白色雲霧狀漂動或迴蕩,故又稱為"洄水"。取"洄水"一滴置於顯微鏡下觀察,每一白色小點便是游走不定的草履蟲。培養時可取"洄水"作種源。另一種方法是取稻草約70 cm長,整段或剪成若干小段置於玻璃缸中,再加水約 5000 mL,移入少量種源,而後將玻璃缸置光照比較充足的地方。在水溫 18~24 ℃的水體中培養 6~7 d,草履蟲已繁殖極多。繁殖數量達頂峰時,如不及時撈取,次日便會大部分死亡。故一定要每天撈取,撈取量以 1/3~1/2 為宜。同時補充培養液,即添加新水和稻草施肥,如此連續培養,連續撈取,就可不斷地提供餌料。

　　小量培養草履蟲時,可把牛奶和水按2:100的比例混合,然後倒入準備好的飼養容器裡。數日後,培養液裡便會有大量細菌繁殖,這時可把準備好的種蟲放入培養液裡,待到草

履蟲大量生產，培養液裡能看到成群的草履蟲時，即可把它們撈出供仔魚食用。用這種方法養殖草履蟲非常簡單，但要注意的是培養液要經常更換。

二、輪蟲

輪蟲是一群很小的多細胞動物(圖6-2)，體長一般為100~500 μm。輪蟲在淡水中廣為分佈，為池塘、湖泊中常見的浮游動物。輪蟲多為濾食性，一般以藻類、細菌、腐屑或其他動物等為食，以頭部纖毛的擺動向前運動。環境條件好時進行孤雌生殖，即由雌體產出的卵直接發育成新的個體，每次產卵10~20個，因而能迅速增加其數量，每個世代時間約 1.25~7 d。常見的輪蟲有臂尾輪蟲、龜甲輪蟲、多肢輪蟲、三肢輪蟲、晶囊輪蟲等。

1.輪蟲的一般培育

採集天然水體中的輪蟲也需用網目較密的篩絹(200目以上)製作的撈蟲網撈取，也可採用人工培育的方法生產輪蟲。其方法如下：

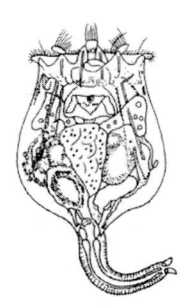

圖6-2 輪蟲

輪蟲的適宜溫度與草履蟲相近，或稍低點。培養時水溫宜控制在18~24℃。室外培養，土池、水泥地均可。培養時用水體施肥的方法，先繁殖浮游藻類和小型原生動物作為輪蟲的食物。施肥的方法是，以每立方米水體用硝酸銨20~30 g，人糞尿5~10 g(或加點牛糞、馬糞等)的比例配成混合肥料作基肥一次投入水池，待藻類繁殖起來再放入種源，培養10 d左右即可收穫。在培養過程中，一般每隔4~5 d施有機肥一次。輪蟲的分佈也很廣，坑塘、河流、湖泊和水庫等處均可見到，故培養輪蟲的種源，仍可採取從"洄水"中分離的辦法，即取"洄水"若干毫升放入玻璃皿中，先用吸管吸去大型蚤類等，利用輪蟲趨光的習性，再用微細吸管把輪蟲逐個分離出來，先在較小容器內培養，待有一定量時再放池。

2.輪蟲的強化培育

為了保證輪蟲的品質和數量，有時需要對輪蟲進行強化培育。

(1)餌料對輪蟲營養價值的影響 由於輪蟲對餌料的種類沒有選擇性，只對餌料的顆粒大小有選擇，因此，輪蟲對水體中餌料種類的攝食具有隨機性。攝食不同餌料種類的輪蟲其營養價值不一樣。目前，培養輪蟲的餌料主要有單細胞藻類和酵母兩大類。

單細胞藻類，各種大小適宜的單細胞藻類大多是輪蟲的良好餌料。以單細胞藻類培養輪蟲，其優點是培養的輪蟲營養價值高，含有較豐富的n-3高度不飽和脂肪酸。以單細胞藻類培養輪蟲的缺點是輪蟲培養的密度相對比酵母培養的密度要低，生產性培養一般僅40~60個/ mL，且需要有大量的單細胞藻類培養水體，難以適應生產性苗種培育對輪蟲的需求。從用各種單細胞藻類培養輪蟲的效果看，通常認為綠藻類優於金藻類，金藻類又優於矽藻類。在綠藻類中，尤以海水小球藻和亞心形扁藻培養效果為好，應用得較為普遍。

酵母：各類酵母(麵包酵母、啤酒酵母、海洋酵母、活性乾酵母等)都可以代替單細胞藻類作為餌料培養輪蟲。酵母作為輪蟲的餌料，其優點是可以將輪蟲培養到較高的密度，一般可達400~600個/mL，甚至1000個/mL以上。另外，酵母具有供應穩定、易於貯藏、投餵簡便等優點。但是，單純以酵母作為輪蟲的餌料也有缺陷：用酵母培養的輪蟲缺少 n-3 高度不飽和脂肪酸，用酵母培養的輪蟲體內的EPA(二十碳五烯酸)含量僅為總脂肪酸含量的1%~2%，投餵後常常造成育苗變態、成活率低下。大多數酵母不耐鹽，在海水中存活時間不長，因此須分次投餌，控制好投餌量，否則極易引起培養水體的急劇惡化，使輪蟲培養失敗。

鑒於單細胞藻類和酵母培養輪蟲各具優缺點，在實際生產中，用酵母和海水小球藻配合培養輪蟲已成為一種規範化的輪蟲培養技術。

(2)輪蟲的營養強化方法 目前，針對酵母輪蟲的營養缺陷，生產上採用了一些營養強化的方法來提高酵母輪蟲的營養價值。可以用麵包酵母和海水小球藻混合培養輪蟲，此法可有效提高所培養的輪蟲體內的EPA含量(達11%~12%)。也可以在製造麵包酵母的過程中，供給含有豐富n-3高度不飽和脂肪酸的油脂(如魚肝油)，使酵母菌體中含有這種油脂，稱油脂酵母，利用油脂酵母飼餵輪蟲，不會有營養上的缺陷。用海水小球藻對用麵包酵母培養的輪蟲進行二次強化培養的一般做法是，先用酵母培養大量的輪蟲，然後將採收的輪蟲集中在小水體中，用海水小球藻培養12 h以上，再將小球藻培養的輪蟲用於投餵苗種。目前市場上各廠家的輪蟲營養強化劑基本是用乳化魚油和麵包酵母一起對輪蟲進行營養強化。

三 枝角類和橈足類

枝角類和橈足類通稱水蚤，因其營養豐富，蛋白質、脂肪含量高，容易消化，同時又有分布廣、數量多及繁殖力強等優點，是觀賞魚理想的天然活性動物餌料。枝角類和橈足類的無節幼體是魚苗培育中、後期的適口食物，因橈足類繁殖速度不及枝角類和輪蟲，且運動迅速，不易為幼蟲所捕食，故其飼料價值低於枝角類。

枝角類俗稱紅蟲、魚蟲，是小型的甲殼動物，體長一般為0.2~3 mm。枝角類常見種類有：蚤(圖6-3)、裸腹蚤、低額蚤、秀體蚤、盤腸蚤等。在淡水中分佈極廣，尤其在池塘、溝渠等水質較肥的地方數量很多，一般每年的4~9月份是生長、生殖旺季。枝角類多為濾食性的，極少數為肉食性，主要以藻類、細菌、腐屑等為食，運動能力較輪蟲、原生動物強，能耐低氧。在溫度適宜、食料豐富的良好環境下，枝角類主要進行孤雌生殖，繁殖速度快，每只雌蚤每批產卵量 10~20 個，一生可繁殖 5~6 代，達到性成熟時間 2~6 d，每個世代時間 5.5~24 d。

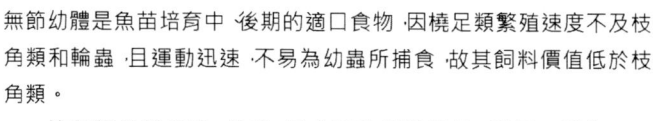

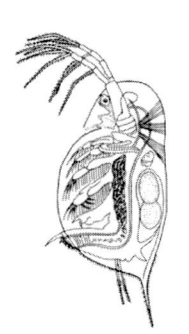

圖6-3 蚤

橈足類俗稱跳水蚤、青蹦，常見種類有劍水蚤(圖6-4)、哲水蚤、猛水蚤等，廣泛分佈於池塘、湖泊等水域。橈足類部分種類及幼體階段為濾食性，以藻類、細菌、腐屑等為食，部分種類是肉食性的，以水中浮游動物等為食，同時也吃魚卵和魚苗，因此對觀賞魚養殖有不利影響。橈足類的繁殖通常是進行兩性生殖，每次產幾個至幾十個卵，幼體發育經過無節幼體和橈足幼體兩個階段，一般每個世代時間約7~32 d。

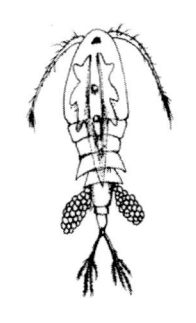

生產上常到水質較肥的天然水域中撈取水蚤，一般用80 目左右的篩絹製作的長柄撈蟲網撈取，也可進行人工培育枝角類，以便提供充足的、營養豐富的天然餌料。

圖6-4 劍水蚤和無節幼體

枝角類繁殖的適當溫度為 18~25 ℃，當水溫降到 5 ℃時，停止產卵，水溫上升到 10 ℃時，又恢復產卵，枝角類的培養規模，可視需要任意確定。

小規模培養：一般家庭養魚可用魚盆、玻璃缸等作為培養的器具，在底部鋪厚約 6~7 cm 的肥土，注入自來水約八成，再把培養盆放在溫度適宜又有光照的地方，使菌、藻類大量滋生繁殖，然後引入枝角類 2~3 g 作種源。經數日即可繁殖後代，其產量視水溫和營養條件而有高、低之分。當水溫達 16~19 ℃時，經 5~6 d 即可撈取枝角類 10~15 g；當水溫低於 15 ℃ 時，繁殖極少。培養過程中，培養液肥度降低時，可用豆漿、淘米水、尿肥等進行追肥。另外，也可用養魚池裡的老水作培養液，因這種水內含有各種藻類，都是枝角類的好食料，故 培養效果較好，但水中藻類也不能太多，多了反而不利於枝角類取食。

大規模培養：適用於觀賞魚養殖場，因為生產商品性觀賞魚時，需要枝角類的數量較大，宜用土池或水泥池大規模培養。面積大小視需要決定，但池子的深度要達 1 m 左右，注水約 70~80 cm，加入預先用青草、人畜糞堆積發酵的腐熟肥料，按每 666.7m^2 水面 500 kg 的數量施肥，使菌類和單細胞藻類大量滋生，然後投入枝角類成蟲作為種源，經 3~5 d 培養，待見到有大量魚蟲繁殖起來，即可撈蟲餵魚。撈取魚蟲應及時添加新水，同時再追肥一次，如此繼續培養陸續撈取，只要水中溶解氧充足，pH7~8 左右，有機物耗氧在 20mg/L，水溫適宜時，產量會很高。

四 豐年蟲

豐年蟲又稱鹽水豐年蝦(圖6-5)，是一種耐高鹽的小型甲殼動物。豐年蟲是一種使用極為方便的活餌，一般自鹽田採集豐年蟲休眠卵，可以長期保存，需要時能自行孵化幼蟲投飼。豐年蟲的無節幼蟲剛從卵孵化出來時帶有很高的營養價值，是觀賞魚幼魚最佳的開口餌料。

豐年蟲卵需經過一定鹽度的水孵化，它無菌衛生，可以大大提高幼魚的成活率。價格較高，但用量很小，一般家庭中繁殖一批小型熱帶魚用一瓶豐年蟲卵(10 g)就足夠了，不必買得太多。

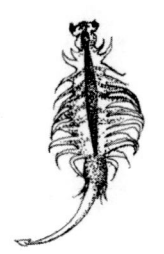

圖6-5 豐年蟲

五 搖蚊幼蟲

搖蚊幼蟲(圖6-6)俗稱血蟲，為昆蟲綱搖蚊科幼蟲的總稱，鮮紅色，蠕蟲狀，體長約2~30 mm。搖蚊幼蟲早期為浮游生活，以後轉入底棲生活，分佈廣，適應性強，耐低氧，常生活在有機質豐富的水溝、稻田、池塘的污水中。搖蚊幼蟲可分為肉食性和雜食性兩類，肉食性種類以甲殼類、寡毛類和其他搖蚊幼蟲為食，雜食性種類則以細菌、藻類、水生植物和小動物為食。

搖蚊幼蟲營養豐富，蛋白質及脂肪含量高，容易消化吸收，而且數量多、生長快、繁殖力強，是觀賞魚類天然的餌料。因其常生活在肥水污泥中，撈用的搖蚊幼蟲必須用水反覆沖洗。生產上也常進行搖蚊幼蟲的人工培養，培養池深20 cm左右，底質疏鬆，腐殖質豐富，表層為肥污泥，保持淺流水，接入足夠的種源後，正常生長情況下，日採收量可達 20 g/m² 左右。

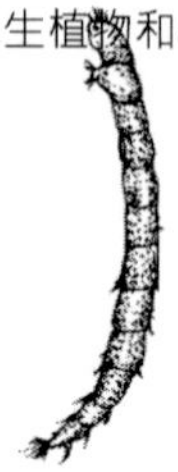

圖6-6 搖蚊幼蟲

六 水蚯蚓

水蚯蚓(圖6-7)俗稱紅絲蟲，屬環節動物中的水生寡毛類，淡紅色，身體細長，可伸縮，體長約 1~100 mm。水蚯蚓常見種類有顫蚓、水絲蚓、帶絲蚓、尾絲蚓等，喜歡密集生活在肥沃的河灣及其污水溝中，能耐低氧。水蚯蚓吞食泥土，同時也食腐屑、細菌和底棲藻類，這種習性有助於改善水底環境。

水蚯蚓是很多觀賞水產動物苗種培育階段最好的天然餌料。以往基本上是靠人工進行天然捕撈，但僅靠天然的資源是遠遠不夠的。因此，近年來，各地都在探索進行水蚯蚓的人工培育，也取得了一些初步的經驗和效果。方法如下：選擇水質良好、富含有機質、水深 0.5~1 m、水流緩慢的廢舊溝塘，使用前清除池底淤泥，最好鋪三合土。以有機碎屑豐富的污泥作培養基原料，按 10 cm 厚度鋪於塘底，污泥下面適當加一些蔗渣。然後注水浸泡，施入畜糞 300~400 kg/666.7m² 作基肥。放蚓種前再用米糠、麥麩、麵粉各 30 kg/666.7m² 混合發酵後投入池塘。可以從廢水溝中撈取水蚯蚓種，放養蚓種 25~50 kg/666.7m²。培養池最好能保持有微流水，保證水質清新、溶氧充足，pH 在 5.6~9。進出水口設牢固的過濾網布，以防雜魚和敵害進入。一般每 3 天投餵 1 次飼料，每次用 100 kg/666.7m² 精料加 1200 kg 牛糞稀釋後均勻潑灑。精料需經發酵處理，先加水拌和飼料(加水量以手握飼料鬆開能散為度)，封閉發酵 15~20 d 後使用。通常放種後 30 d 左右即可採收。採收方法：放掉大部分池水，使剩餘池水處於缺氧狀態，待水蚯蚓群聚成團漂、浮於水面，用 24 目抄網撈取。每天撈取量不宜過大，以撈完聚成團的水蚯蚓為度。採集的水蚯蚓經消毒後作飼料投餵，也可以製成幹品加工混合飼料。

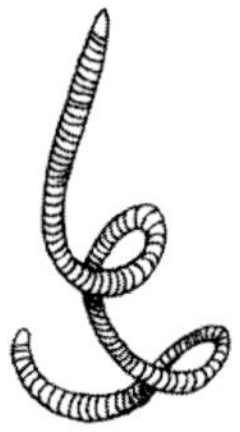

圖6-7 水蚯蚓

七 麵包蟲

麵包蟲又稱黃粉蟲、花粉蟲(圖 6-8)，為昆蟲綱鞘翅目幼蟲。富含蛋白質、荷爾蒙、鈣與磷，是魚類的最佳活餌。麵包蟲在蛹化及剛脫殼時，磷與鈣的含量增高，魚類吃了之後，鱗片亮麗，色澤增加。親魚在發情產卵前餵食蛹化的麵包蟲，其孵化率會提高，仔魚也較健康。麵包蟲主要用來飼養龍魚和大型慈鯛魚類，也是養殖觀賞龜、蝦等的理想餌料。

圖 6-8 麵包蟲

八 乾燥、冷凍餌料

乾燥、冷凍餌料也就是把生餌料處理過後再乾燥或冷凍保存，如乾燥紅蟲、冷凍血蟲等。這種餌料使用方便，可以去除部分細菌，有利於觀賞魚的健康，但魚不愛吃，營養價值比不上活餌，魚的生長速度也較慢。

第三節　配合飼料

配合飼料是根據觀賞水產動物的營養需要，將多種營養成分不同的原料，按一定比例科學調配，經加工而成的產品。生產和投餵配合飼料是解決觀賞水產動物大規模養殖的最好途徑。

一 配合飼料的優點

可根據觀賞水產動物不同種類和不同生長發育階段的營養需要標準進行配製，營養較為全面，還可添加抗生素、調味劑、酶製劑等非營養性添加劑，飼料原料經粉碎、混合、制粒後營養的構成均勻、平衡，適口性良好，可進一步提高觀賞水產動物對飼料的消化率；減少飼料中營養物質在水中的散失，提高了飼料的利用率，飼料來源穩定，成本相對低廉，製造簡便，並可大量生產，飼料的使用、貯存和運輸方便，有利於生產安排。

二 配合飼料的種類

配合飼料按其外觀形態和加工工藝的不同可分為如下種類(圖 6-9)：

硬顆粒飼料 　　　　　　　　　膨化飼料

圖6-9　配合飼料的種類

1.粉狀飼料

　　將飼料原料粉碎或磨碎後混合均勻製得，粒徑應低於 0.5 mm。使用時直接撒入水中，漂散在水面供魚取食，適合於餵觀賞魚幼魚及小型熱帶魚，但因其溶失量大，難以達到配合飼料的效果，故使用時有其局限性。粉狀飼料加水調製成團塊狀即成為糊狀配合飼料，如原料中加有足量的黏合劑，用時加水、油調和成黏團狀即成為團狀飼料，糊狀或團狀配合飼料通常置於食台，供魚取食。

2.微粒飼料

　　微粒飼料也稱微型飼料，是20世紀80年代中期以來被開發的一種新型配合飼料，供飼養觀賞水產動物幼體用。在觀賞水產動物種苗生產上，均需要依賴矽藻、綠藻、輪蟲、枝角類、橈足類等浮游生物。培養這些生物餌料需要大規模的設備和勞力，而且受自然條件限制，很難保證觀賞水產動物苗種培育的需要。所以許多水產養殖工作者都重視微粒飼料的研製和開發工作。微粒飼料是用特殊工藝製成的微小顆粒飼料，顆粒小，粒徑僅有200 μm左右，高蛋白低糖，脂肪含量在 10%~13% 能充分滿足幼苗的營養需要，外有一層膠質膜將營養成分包於其中，既防止水的溶解，又使魚能消化。微粒飼料在水中的狀態類似浮游生物，可以在水中上下升降，尤其適於餵觀賞魚幼魚及小型熱帶魚。

3.軟顆粒飼料

　　飼料顆粒鬆軟，含水量高達 30%~40%，顆粒密度為 1 g/cm³ 左右。軟顆粒飼料質地鬆軟，水中穩定性差。一般採用螺杆式軟顆粒飼料機生產。在常溫下成型，營養成分無破壞。軟顆粒飼料製作方便、實用，可根據需要確定每日生產量，但不宜貯運。一般由養殖場自產自用，適於餵觀賞魚中的肉食性種類。

4.硬顆粒飼料

　　飼料顆粒硬度較大，圓柱狀，直徑為 1~8 mm，長度為 2~10 mm，含水量12%以下，顆粒密度為 1.3 g/cm³ 左右。硬顆粒飼料的加工從原料粉碎、混合、成型制粒都是連續機械化生產。在成型前蒸汽調質，制粒時溫度可達80 ℃以上。機械化程度高，生產能力大，適宜大規模生產。硬顆粒飼料的顆粒結構細密，在水中穩定性好，營養成分不易溶失，屬沉性飼料。硬顆粒飼料是目前普通使用的觀賞水產動物飼料，適於大型觀賞魚的成魚養殖和觀賞蝦的養殖，但由於蝦類的攝食為小口地噬食，蝦飼料從投入水中到被攝食完畢的時間較長。因此，要特別注意觀賞蝦飼料在水中的穩定性。

5.破碎顆粒飼料

將硬顆粒飼料用破碎機搗碎後形成不規則的碎粒篩選後即成。破碎顆粒飼料克服了粉狀飼料易於溶散的缺點，同時營養更為全面，適於餵觀賞魚幼魚及小型熱帶魚。

6.膨化飼料

膨化飼料含水率在 9%左右，配方要求澱粉含量在 20%以上，脂肪含量在 6%左右。原料經充分混合後通蒸汽加水，送入機器主體部分，螺桿壓力和機器摩擦使溫度不斷上升，直達 120~180 ℃。當飼料從模孔中擠壓出來後由於壓力驟然降低，致使飼料內部水迅速汽化，其組織膨化，形成結構疏鬆，結粒牢固的發泡顆粒或條狀。密度低於 1 g/cm³，這種飼料一般可漂浮在水面上(也可根據動物攝食需求製成半沉性膨化飼料)，有利於魚類攝食和觀察魚類攝食情況，適於餵觀賞魚類，觀賞龜類。膨化飼料也可根據飼養的觀賞水產動物的攝食習性製成一些動物形狀，如魚形的膨化飼料可以投餵肉食性的觀賞魚類。

7.新型飼料

新型飼料(圖6-10)無疑是現今水族飼養最值得推薦的，不但更經濟，而且更省時省力，也不帶寄生蟲，容易控制投飼量，更不必擔心飼料投飼過多給水質造成污染。新型飼料的種類很多，有顆粒型，薄片型，甚至還有為某些特定的動物種類特別設計，適口，營養豐富的飼料。人工飼料最好多種餵食，以提供各種營養成分。

圖6-10 新型飼料

(1)薄片飼料(片糧) 歐美早期發展的人工飼料以薄片為主，沿用至今。薄片狀的飼料由40多種不同原料製成，高含量的蛋白質極易被魚類吸收，可促進魚類健康，迅速地生長。初投入水中，漂浮在水面上，完全吸水後，沉入水中，由於表面積較大，不易漏進底砂縫隙。薄片飼料吸水後軟化，適用於淡、海水觀賞魚類。

在薄片飼料中加入一定的著色劑，可製成增豔薄片飼料，能促進魚類增加自然的豔麗色彩。適用於淡、海水魚類。另外在成分中添加碘質以及海藻，蝦糠，豐年蝦以及一些浮游生物，可製成高蛋白薄片飼料，適合大型麗魚科熱帶魚以及海水魚中的鰈魚，神仙魚食用。現在市面上也有蔬菜薄片飼料出售，它是所有草食性觀賞魚類適合的植物性飼料。

(2)黏貼(貼片)飼料 貼片飼料一般是作為其他飼料的補充使用。可方便地將它黏貼在水族箱壁上，魚兒會成群聚集到前面來啄食，可以近距離地觀察魚群，以便每天檢查它們的成長狀態。適用於淡、海水魚類。

(3)錠狀飼料

適合飼餵鯰科、鼠科等底棲魚類，也可飼餵海水無脊椎生物中的海葵和部分珊瑚，甚至還可以用來飼餵烏龜、蜥蜴等爬行動物。適用於觀賞魚類、無脊椎動物、兩棲爬行動物。

三、配合飼料的原料

1. 動物性原料

動物性飼料的營養特性是蛋白質含量高，一般為40%~80%，胺基酸的構成適宜，必需胺基酸種類較齊全，含糖少，魚對其消化率和吸收率較高。常用的動物性原料有魚粉、蠶蛹、血粉、肉骨粉等。魚粉是目前魚飼料中主要的動物性蛋白質來源，也是魚飼料配方的核心。魚粉是用低質海產魚作為原料經過加工製成的，一般進口魚粉的品質優於國產魚粉，普通魚粉粗蛋白含量大於50%，脂肪含量為9%~11%，礦物元素含量豐富，是一種優質動物蛋白飼料。蠶蛹也是一種比較優質的蛋白質，一般粗蛋白含量都在50%以上，但脂肪含量較高，為10%~20%，當魚粉缺乏時，常作為魚飼料主要蛋白源原料之一。蠶蛹因其含脂量較高，易被氧化變質不宜久貯，且具有特殊異味，故飼料中不宜多用，一般適宜用量為3%~5%。血粉是由家畜鮮血乾燥而成。其粗蛋白含量高達80%左右，使用時用量一般控制在3%左右比較適宜。肉骨粉主要由不能食用的動物組織、器官及骨經蒸煮、乾燥、粉碎而成，粗蛋白含量大約50%，一般用量控制在5%~10%較適宜，由於肉骨粉含脂量高，易氧化酸敗，所以在使用和選購時要注意鑒別。

2. 植物性原料

這類飼料是生產中主要的飼料來源，包括油類餅粕、穀類、豆類、糠麩類等。油類餅粕主要有大豆粕、菜籽餅、芝麻餅、花生餅、葵花籽餅、棉籽餅等，其粗蛋白含量為30%~50%，尤其是大豆粕粗蛋白在40%~50%，為一種優質的植物蛋白飼料源，常用於取代部分動物性蛋白原料。豆類主要是大豆、蠶豆、豌豆等，大豆粗蛋白為37%~38%，蠶豆粗蛋白平均為26%，豌豆約為23%。穀類與糠麩類包括稻穀、小麥、大麥、玉米、米糠、麩皮等，其特點是以含澱粉為主，粗蛋白含量較低，穀實類在10%上下，糠麩類在15%左右。穀實類與糠麩類為魚用飼料的基礎，配料用量常為30%~50%。

3. 飼料添加劑

飼料添加劑是指為了某種特殊需要而添加於飼料內的某種或某些微量的物質。在觀賞水產動物飼料中使用的添加劑也分為營養性添加劑和非營養性添加劑。營養性添加劑包括胺基酸、維生素和礦物質；非營養性添加劑包括促生長劑、防霉劑、抗菌劑、抗氧化劑、促消化劑、誘食劑、著色劑和黏合劑等。下面就著色劑做簡要介紹：

人工養殖的水產動物，其體色不如天然的色彩鮮豔，影響其商品價值，在飼料中添加著色劑(又稱增色劑)可以改善觀賞水產動物的體色。蝦粉、苜蓿、黃玉米、綠藻等都是良好的色源原料，但天然色源成分不穩定，有的價格較高，故需開發著色劑。觀賞魚中屬於黃色色系的有金魚等，屬於紅色色系的有錦鯉等，所用著色劑多為類胡蘿蔔素產品。

裸藻酮利用範圍相當廣，金魚、錦鯉、觀賞蝦等改善體色，皆可使用。在飼料中添加 0.001%~0.004%裸藻酮可以改善虹鱒的皮、肉及卵色。裸藻酮在蝦體內可轉變成蝦青素，在飼料中添加 0.02%，餵養 4 週後效果明顯，是優良的著色劑。

金魚、紅鯉和錦鯉能將葉黃素和玉米黃素轉變成蝦青素。以葉黃素餵魚，橙色加強，以玉米黃素餵魚，則紅色增強。因此，為改善金魚、紅鯉的體色以在飼料中加入玉米黃素為佳。

蝦青素為紅色系列著色劑，在飼料中添加蝦青素飼餵觀賞蝦，經過 8 週，蝦體內的蝦青素即達到最高值，在 4 週後就能看到色彩的改善。血鸚鵡魚在幼魚到成魚的養殖過程中，體色由黑色轉變為黑黃色，再變為黃色；只有添加了蝦青素魚體色才能由黃色變為血紅色，達到血鸚鵡商品魚要求，並增加觀賞價值。

四 配合飼料的加工

觀賞水產動物配合飼料的加工主要包括，原料清理、原料粉碎、混合、製粒、破碎、篩分、包裝和貯藏等幾道工序。原料清理主要清除原料中的雜質，如鐵屑和石塊等雜物；原料粉碎是飼料加工中最重要的工序之一，原料經粉碎後，其表面積增大，便於觀賞水產動物消化吸收，可提高飼料的混合均勻性及顆粒成型的能力，並直接影響配合飼料顆粒在水中的穩定性，飼料混合的好壞，對保證配合飼料的品質起到重要作用，要做到混合均勻，微量養分如維生素、礦物質等應經過預混合，製成預混料，在預混時應先加量大的成分，然後再添加量少的成分；為了延長貯藏期，可以在配合飼料生產時加適量的抗氧化劑和防酶劑。

五 實用配方舉例

1.觀賞魚飼料實用配方

觀賞魚人工配合飼料的配方設計的原則為，第一，營養價值要高而全，能滿足魚類生長發育的營養需求；第二，符合魚類的生理特點，適口性強，可添加某些誘食物質和增色劑；第三，努力降低成本，保證飼料生產和養殖生產的經濟效益。觀賞魚配合飼料主要以膨化飼料為主。

觀賞魚膨化飼料配方實例：

①金魚飼料配方 麵粉 21%、細米糠 10%、膨化大豆 5%、豆粕 22%、菜粕 20%、血球蛋白粉 1.5%、魚粉 10%、玉米蛋白粉 5%、磷酸二氫鈣 2%、豆油 2.5%、預混料 1%。

②錦鯉飼料配方 麵粉 21%、細米糠 10%、膨化大豆 5%、豆粕 20%、菜粕 15%、血球蛋白粉 2%、魚粉 15%、玉米蛋白粉 6%、磷酸二氫鈣 2%、豆油 3%、預混料 1%。

③雜食性熱帶魚飼料配方 麵粉 21%、細米糠 10%、膨化大豆 5%、豆粕 16%、菜粕 15%、

血球蛋白粉 2%、魚粉 20%、玉米蛋白粉 5%、磷酸二氫鈣 2%、豆油 3%、預混料 1%。

④肉食性熱帶魚飼料配方：麵粉 21%、米糠 6%、膨化大豆 7%、豆粕 18%、玉米蛋白粉 6%、血球蛋白粉 2%、魚粉 30%、肉粉 3%、磷酸二氫鈣 2%、沸石粉 1%、豆油 3%、預混料 1%。

說明：在觀賞魚不同品種的不同生長階段可根據需要調整飼料原料配比並補充一定量的增色劑(小球藻、蝦青素等)。

2.觀賞龜飼料實用配方

要養好觀賞龜，必須瞭解不同龜種的食性，要弄清龜的營養需求、飼料種類及來源，要因地制宜地解決飼料來源、科學投餵，使龜攝食營養豐富的飼料，以促進其健康生長和繁殖，提高飼料利用率。現介紹兩則烏龜膨化飼料配方，供參考。

①幼龜飼料配方：魚粉 38%、骨粉 3%、豆粕 12%、花生粕 10%、菜粕 5%、米糠 4%、麵粉 21%、磷酸二氫鈣 2%、沸石粉 1%、豆油 3%、預混料 1%。

②成龜飼料配方：魚粉 25%、蠶蛹粉 10%、骨粉 3%、豆粕 20%、花生粕 10%、米糠 5%、面粉 21%、磷酸二氫鈣 2%、沸石粉 1%、豆油 2%、預混料 1%。

研究性學習專題

①分析觀賞水產動物營養與飼料的發展前景，探討開發新型飼料的方向。
②比較不同觀賞水產動物對配合飼料需要的差異性，探討提高觀賞水產動物配合飼料營養性和適口性的技術措施。
③歸納觀賞水產動物體色改良的途徑，並從營養與飼料的角度論述觀賞水產動物體色的改良。
④比較觀賞魚天然餌料與配合飼料的優缺點，探討觀賞魚不同生長階段如何選擇天然餌料和配合飼料。

第七章 觀賞水產動物的養殖

　　觀賞水產養殖場是進行觀賞水產動物生產性養殖的場所,不但要為觀賞水產動物正常生長、發育、繁殖提供一系列良好的生態環境,而且還要便於生產管理、綜合利用,以提高工作效率和經濟效益。觀賞水產養殖場是為市場資源不斷提供各種觀賞水產動物的主要途徑,對促進觀賞水產業的發展、普及發揮著重要的作用。

第一節　觀賞水產養殖場建設

一　場址選擇

　　觀賞水產養殖場應是一個既能夠模擬天然生態環境,又佈局經濟合理便於科學管理的場地。觀賞動物養殖場址的選擇應考慮養殖物件的生物學特性和對環境的要求以及水源、水質、交通、能源、土質、市場等綜合因素,以三個"有利於"為原則:有利於觀賞水產動物的生長、繁殖和鑒賞的安靜環境;有利於生產資料的運輸和觀賞人員出入的交通條件;有利於建立安全制度和正常的生產體系。

　　建場前要認真地勘察、測量、收集有關資料,著重從以下幾方面考慮:

1.水源

　　水量充沛、符合漁業水質標準的江、河、湖、海及其附屬水體的自然水源經適當處理(如消毒殺菌和調溫)後都可養殖觀賞水產動物。採用含硫黃和氟等物質超標的地下水,需用好水稀釋、混合、暴曬加溫、符合漁業水質標準後再用;用自來水作為水源需除氯;在熱帶魚養殖、繁殖中有的還需要使用去離子水。

2.地形和環境

　　應選擇地形平坦、背風向陽、空間開闊、陽光充足的地形,盡可能使進、排水自流化,以節省動力消耗。

3.電力和熱源

電力主要作為動力和用於照明,可用於增氧、加溫等。熱源對觀賞水產動物的繁殖,尤其是在冬季對熱帶魚、觀賞龜等的養殖是必不可少的,常用的熱源是鍋爐、火爐、地熱水、工廠餘熱水等。

4.交通及通信

養殖場每年有大量物資及觀賞水產動物進出,因此必須交通便捷,同時為保證儘快地回饋交流資訊,應該有電話、網路等通信設施。

二、養殖場的總體規劃和佈局

觀賞水產養殖場選定建場地點或範圍後,要根據養殖場的生產規模、發展遠景進行總體規劃和布局。如重慶某觀賞魚養殖有限公司旗下養殖場總面積1800多畝(1畝≈666.67m^2),其中標準精養池600多畝、土塘約1000畝、科研池200畝。觀賞水產養殖場首先要以滿足生產流程和使用功能為前提,充分考慮技術先進和經濟合理;其次是佈局緊湊、合理安排各魚池、相關建築物、工程設施及道路的平面位置,儘量擴大養殖水面,場內交通路線短捷、通暢;第三要合理選擇魚池及建築物朝向,適當確定其間距,合理設置進、排水系統,廣東某錦鯉養殖場見彩圖 208。

觀賞水產動物養殖場的主體結構及配套設施有:養殖池,一般來說,由幼魚(龜)池、商品魚(龜)池、親魚(龜)池三部分組成。觀賞龜養殖池還應有暫養池和隔離池。溫室,內有小型水泥池或水族箱,或二者兼有,為大部分卵生熱帶魚的繁殖及孵化所必備。

配套設施:包括供、排水系統、水質淨化系統、電力配置、熱源裝置、輔助設備、生產試驗場和生活用房、倉庫等。

三、水質淨化系統的配置

在觀賞水產動物養殖中,最重要的一環就是水質的處理。俗話說,"養魚先養水"就是這個道理。想要養好水,就要選好水處理設備。觀賞魚對水質要求較高,尤其是封閉式迴圈水養魚系統,養魚用水需要回收利用,要達到魚類最佳生活環境的水質要求,必須具有功能完善、運轉良好的水質淨化系統。在觀賞水產動物養殖場的水處理設備配置中,通常包括沉澱、過濾、生物處理等單元,近幾年也發展起了魚菜共生系統和底排污系統。

1.沉澱池

沉澱池最為常用的是重力分離設施,它是利用重力沉降的方法從自然水中分離出密度較大的懸浮顆粒。沉澱池一般修建在高位上,利用位元差自動供水,其結構多為鋼筋混凝

澆制 設有進水管 供水管 排汙管和溢流管 池底排水坡度為 2%~3% 容積應為養殖場最大日用水量的3~6倍。沉砂池可分為平流式 豎流式 渦旋式和曝氣式等四種形式。平流式沉砂池是一個狹長的矩形池 廢水經消能或整流後進入池中 沿水準方向流至末端經堰板流出 結構簡單 處理效果好。豎流式沉砂池處理效果差 現在已基本淘汰。

曝氣式沉沙池在池側設置一排空氣擴散器 其優點是除沙效率穩定 受流量變化影響小。密度小的有機物在池中心隨污水排出 沙被推向池底中心沙斗排出。透過調節旋轉板的轉速 可除去其他形式的沉沙池難以去除的細砂 如 0.1 mm 以下的沙粒。

魚池排出的污水在未進入生物篩檢程式前要先透過曝氣進行氣體交換。曝氣的目的是 除去污水中氣態形式的氨並使水的溶氧量達到飽和 以加快生物篩檢程式中細菌的氧化。另外 曝氣還可去除一部分有機酸 有助於提高養魚系統的pH 增強除氨效果。

2.過濾系統

自然水中含有許多細小懸浮物 同時 在養殖系統中 由於觀賞水產動物的攝食和代謝會產生殘餌和許多排泄物 它們懸浮或者溶解于水中 如果積累過多 必然對魚類造成毒害。這些物質可透過過濾的方法除去。

過濾系統分為機械法 化學法 生物法和靜電法。其中機械法的篩檢程式有 矽藻土過濾器 永久介媒篩檢程式 多孔性匣式篩檢程式。化學篩檢程式常見的有活性炭和離子交換樹脂兩 種。採用封閉式或半封閉式的水族館多利用生物篩檢程式以除去氨 是利用砂石或多孔塑膠 球的表面提供生物過濾。靜電式篩檢程式是德國人發明的 主要的功能是利用靜電將蛋白質 吸附而除去。

(1)砂濾罐 實際應用中 通常選擇壓力式砂濾罐作為砂濾設備。壓力式砂濾罐能從水中高效去除各種類型的浮游生物 無機和有機碎片 纖維紙漿 重金屬離子 部分可溶性物質等 可軟化水質 提高澄清度 過濾能力強 使用機動靈活。選用時除要考慮其是否耐海水等腐蝕性液體的侵蝕 還應考慮其使用方便性。現在多數壓力式砂濾罐都採用一閥控制 過濾 反沖等工作模式的切換 非常方便 ;最重要的是應考慮其反沖方式及反沖徹底程度 如果反沖不充分 不徹底 將導致砂層板結 氣阻 過濾不淨 到最後不得不全面換砂 重新裝填新砂層。

(2)機械篩檢程式 主要用於養魚系統中液體和固體的分離。目前最常用的機械篩檢程式為重力式無閥濾池 它具有濾水量大(一般每格過濾能力為 200 m³/h) 水質好(渾濁度小於 5 mg/L) 無閥自動反沖洗等優點。

(3)微濾機

這裡所指的微濾並不是製造純淨水的中空滲透法 而是指透過 80~300 目篩網來濾除懸浮物的一種機械過濾法。通常可選用的是回轉式微濾機 其優點很多 能從水中去除各種類型的浮游植物 浮游動物 無機和有機碎片或纖維紙漿等。回轉式微濾機和其他設備比較，具有占地少、水頭損失小、不加藥劑、安裝操作簡易等優點，過濾精度可達15μm，能連續運轉、自動清洗、能耗低，適用於工廠化水產養殖、城市污水治理、工業污水排放治理等多個領域(圖7-1)。

圖7-1 回轉式微濾機

(4)生物篩檢程式

生物篩檢程式主要利用細菌除去溶解於水中的有毒物質，如氨氮等。應用最普遍的生物篩檢程式是生物濾池(圖7-2)，由池體和濾料組成，即在池中放置碎石、細砂或塑膠粒等構成濾料層，經過水運轉後在濾料表面形成一層"生物膜"，它是由各種好氣性水生細菌(主要是分解菌和硝化菌)黴菌和藻類等生物組成的。常用的生物濾池分浸沒式和滴流式。當池水從濾料間隙流過時，生物膜就會將水中有機物分解成無機物，並將氨轉化成對魚無害的硝酸鹽。澳大利亞BioGill公司開發了一種獨特的系統，使用專有的納米陶瓷膜，允許微生物能在富氧環境中繁殖，這些微生物通常存在於養殖水體中，並且浸沒在槽中的曝氣器促使它們繁殖並形成稱為活性污泥的"生物質"，從而降解水體中的有機污染物

圖7-2 生物濾池　　　　　　　　圖7-3 BioGill系統內部的生物膜結構

在海水魚養殖設施及現代觀賞漁業生產中使用的過濾材料較多，除了活性炭、珊瑚砂、沸石、生化氈、毛刷外，還有生物球、多孔玻璃陶瓷環(柱)等。生物球是一種塑膠材料製成的中空球體，表面積較大(圖7-4)，可以大量附著硝化細菌，水流經過時不會產生阻力，中空的結構可將水分成細流，並將大塊的污垢擊碎，過濾效果極好。由於生物球重量輕，攜帶

方便，它是海水中生化過濾系統的主要過濾材料。多孔玻璃陶瓷環也是一種多孔的結構，內部的孔系發達且互相連通(圖 7-5)，中空的柱形構造可以很容易地將大塊污垢擊碎，過濾效果很好。

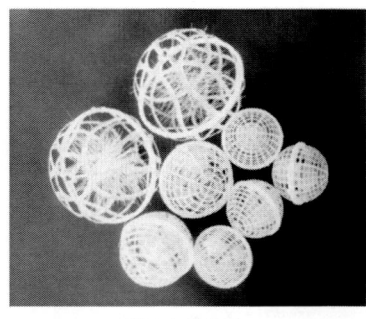

圖 7-4 生物球　　　　　　　　圖 7-5 多孔玻璃陶瓷環

生物過濾分為三個階段，水池中的異氧菌，以水中殘餌，魚類的排泄物等為養料，將其中的蛋白質和核酸分解成二氧化碳和氨，整個過程就是把有機氮化合物分解成無機物，它的結果是將水中殘餌，魚類糞便等腐敗物，轉化為二氧化碳和氨，這是生物過濾的初級階段。接著水中的好氧性細菌，利用二氧化碳為能源，由脫氨菌將氨氣氧化為亞硝酸鹽，再由硝化細菌把亞硝酸鹽氧化為硝酸鹽，這是生物過濾的第二階段。最後由異氧性細菌和好氧性細菌，把硝酸鹽和亞硝酸鹽還原為氧化氮和水等無機性氮素，完成生物過濾的最後階段。生物過濾各個階段是同步進行的，這是一種複雜的生物化學過程，它的速度是緩慢勻速的，其結果是有效地將水中有害物轉化為無害物，從而使水質具備一種自淨能力，這就是生物過濾系統的功效。

3.工廠化迴圈水養殖系統

工廠化迴圈水養殖系統所用設備是目前觀賞水產動物養殖中最複雜和先進的設備，它能夠按魚蝦等生物生態需求組合成一個統一的，完整的技術體系，並可進行總控制運作。工廠化迴圈水養殖系統目前主要在水族館及大型養殖設施中使用，體現出水產養殖的高端技術水準(彩圖 209)。

工廠化養殖是中國水產養殖業的發展趨勢。其功能主要有 ①裝備有高效的生物淨化器，快速去除水中的氨、氮等有毒有害物質，能有效去除水中雜質及有毒重金屬離子，不僅始終保持養殖水體清澈透明，更使養殖環境處於最佳健康狀態。②裝配了蛋白質分離系統，可去除水中的油污及水面汙物泡沫，有效地分解水中的蛋白質廢物。③透過使用紫外線與臭氧殺菌器，徹底殺滅了水中的病毒細菌，避免了病毒細菌對魚體造成的影響與侵害，提高觀賞水產動物攝食率和苗種孵化率。④透過對硝化細菌和反硝化細菌的合理利用，保持水質長期處於穩定狀態，同時由於減少了換水量和換水次數，大大節約了勞動力，能源，降低了養殖成本。⑤採用純鈦金屬原料作為觸媒的自動恒溫器，避免了因傳統恒溫器有毒重金屬離子對整體水質造成的負面影響，同時使水產養殖實現常年生產成為可能。⑥采用自動監控系統，實現了養殖生產的自動化和電腦化。

4.魚菜共生系統

在池塘觀賞魚養殖中可透過建立魚菜共生系統進一步調節改善水質。水產養殖的水被輸送到水耕栽培系統，由細菌將水中的氨氮分解成亞硝酸鹽和硝酸鹽，進而被植物作為營養物質吸收利用(圖 7-6)。魚菜共生可以透過組合不同模式的水耕和水產養殖技術而產生多種類型的系統，讓動物、植物、微生物三者之間達到一種和諧的生態平衡關係，是未來可持續迴圈型零排放的低碳生產模式，也是解決農業生態危機的有效途徑。

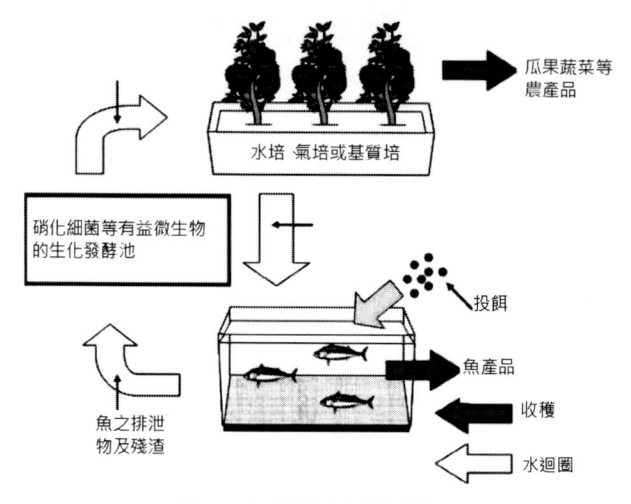

圖7-6　魚菜共生水質調控原理

池塘魚菜共生技術簡便易行，栽種植物面積按水域面積的 10%~15%計算。在種植使用的載體方面，可以使用PVC管及網線做成浮床(圖7-7)，也可以用塑膠網片、強化泡沫板、遮陽網等做浮床，還可以購置專業生產單元式結構的人工浮島，每個單元由生物浮板、連接扣、種植籃、種植介質及水生植物五部分組成，造型美觀，安裝操作方便，可以自由拼裝組合成多種形狀(圖7-8)。在種養的物件方面，除了可以在魚塘中栽種空心菜、生菜、絲瓜、番茄等蔬菜瓜果，還可以栽種水稻和花卉等，蔬菜瓜果可以獲得經濟效益，水稻的種植可以在養魚的同時增加糧食產量，而花卉的栽種還可以增加池塘的觀賞性。

圖7-7　PVC管浮床栽種空心菜　　　　圖7-8　人工浮島栽種花卉

5.底排汙系統

　　觀賞水產動物養殖池以投餵人工配合飼料為主,水產動物排泄物和殘餌等沉積塘底超過了水體自淨能力,導致養殖水體內源性污染,疾病頻發,飼料轉化率低,養殖成本增加。底排汙是運用物理原理自然排汙,在池塘底部的最低處修建集汙口,用PVC管道連接插管井,使其形成一個連通器,透過池塘水壓,自然排出汙物(圖7-9)。可有效降低氨氣、亞硝酸鹽、甲烷、硫化氫、重金屬離子等有毒有害物質的釋放,提高水體溶解氧,改善水質,提高養殖水產動物品質和產量。

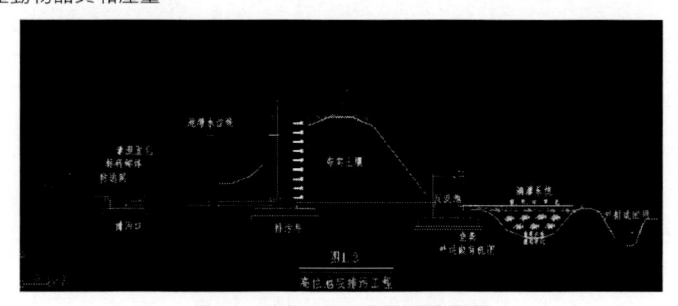

圖7-9　高位池塘底排汙工程剖面圖

四　觀賞魚池的建設

　　觀賞魚池的建設一般是在一塊平整的場地上,按規劃設計要求,直接用磚垂直砌成不同規格大小的魚池。魚池大小在 2 m² 至 20 m²,為了便於調節流量,提高飼料利用率,方便管理,多趨向於使用小型魚池。魚池一般為長方形,全部建成水泥魚池。魚池高度一般為 50 cm,水深 30~40 cm;為滿足某些魚習性的需要,有的魚池高度為 100 cm,水深 70~80 cm。池壁按魚池大小作用的不同,砌成 24、12、6(cm)分牆。魚池底部向出水口方向傾斜,坡度為1%左右,以利於排水排汙(圖7-10)。

　　魚池需配備完整的供、排水系統,其走向與魚池平行。進水可用管道或管道,池水進入魚池時多從上方進入,通常需要有一定高度的落差,使其增大對魚池水面的衝擊而引起波動和水花，以增加池水中的溶氧。為建造使用方便，可讓過道與進水管道合一，進水管道上平放磚塊即可成為過道。排水溝一般與開挖魚池同時建成，深度需低於池底深度，使所有魚池能自流排幹。魚池的出水端，多與進水端相對應，一般有上出水口和下出水口，也可以將出水口設置在池中央，豎立安放出水控制管。下出水口在池壁水位最低處，平時關閉，開啟後能排出部分池底污水和排幹全部池水；上出水口在池壁水位最高處，一旦水滿池時可由此處溢出而避免逃魚，並借此來保持魚池的恒定水位。上、下出水口都需安裝濾網，以作攔魚之用，防止魚隨出水從上下出水口逃走。

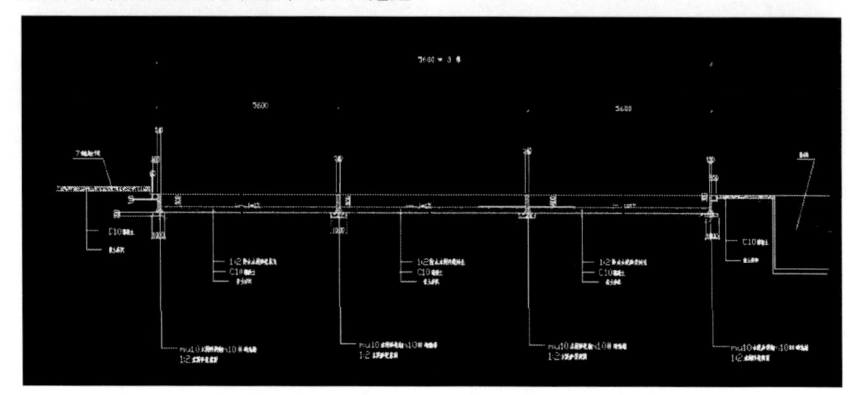

圖7-10　觀賞魚池結構剖面圖

五　觀賞龜池的建設

成龜池的形狀和面積可根據養殖數量和地形確定。養殖池周邊宜用磚石砌成，以防龜打洞。在水棲龜和水陸兩棲龜池的一邊留1/4作為活動或產卵場，栽種一些低矮灌木。其餘空地鋪上 20 cm 厚的沙土，供龜棲息，陸地近水處的坡度盡可能緩(20°左右)。也可將成龜池建成深淺不一的階梯式，利於不同規格的龜選擇最適宜的水層棲息。近岸處可建成淺水區，占養殖水面的 20%，開挖土層宜在 5~20 cm(成一坡度)；其次為中水區，占養殖面積的 30%，開挖深度在 20~30 cm；最遠端簡稱深水區，占水面的 50%，開挖深度在 80~120 cm。深水區底部應鋪30 cm厚的沙土，便於龜鑽入沙土中。淺水區可栽種一些慈姑等挺水植物，水面放一些浮萍、水葫蘆等水草，這樣既淨化水質，又可為龜提供隱蔽場所。養殖池的四周應建有0.8 m高的防逃牆，牆的頂部呈"T"形。池的上方可栽種絲瓜，便於龜降溫消暑。

溫室內養龜池的結構有兩種：多層池和無沙養龜池(圖7-11)(引自王吉橋《水生觀賞動物養殖學(觀賞漁業)》)

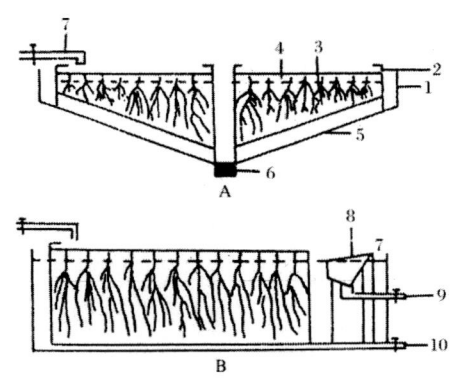

圖 7-11　無沙養龜池的結構

　　溫室內養龜池面積 8~12 m²，用於加溫將體重 5~6 g 的稚龜飼養到 150 g 重的幼龜，然後移到室外池中飼養。由於溫室內空間有限，從節能和有效利用空間的角度考慮，應採用多層池結構。一般造三層池，上層池有時用來做調溫池，應用重力原理實現熱水自動迴圈，通過熱水管與上層池連接，再由水管返回節能爐，不斷循環往復，可滿足換水需要。建造多層池需注意：①中層池和上層池要依次內縮 50 cm 左右，上、下池之間隔開約 40 cm，以便於操作。②最下層池底與土層之間一定要用保溫材料，一般用 5 cm 厚的泡沫板，溫室的四周護牆體需填充 2.5 cm 厚的泡沫板保溫，以保溫節能。③水泥池內表面必須光滑，防止龜的皮膚擦傷，池深 50~60 cm，為增加水棲龜的有效水體，應採用無沙養龜工藝。④進排水管要粗，選用直徑 10 cm 左右的鋼管或鋁塑複合管，排水口設網柵，總排水管沿池邊地下直通室外。

　　在多數情況下，殘餌和糞便是污染池水的主要物質。傳統的鋪沙養龜池在清池時必須換沙，勞動強度很大，費工耗時。溫室內的無沙養龜池設計必須方便排除殘餌和糞便，其主要特點是池網結合、池底傾陡、斜槽獨立、可排可溢。

六、溫室設計與建造

　　觀賞水產動物養殖場為了常年生產，保證熱帶魚等安全越冬，提供其繁殖的適宜水溫，因而需要建造溫室，設置控溫系統。溫室的設計必須從保溫性能出發，選擇乾燥和背風向陽的地方，溫室的方位應坐北朝南，以增大受光面積。

　　常見觀賞水產動物的溫室有三種：全封閉溫室、大棚溫室和節能溫室。

　　(1)全封閉溫室　採用鋼架混凝土結構，屋頂、地基和四周牆體均填充保溫材料，有的還採用加溫設施。

這種溫室熱量散失小，溫度穩定，可控，壽命長，但造價高(彩圖 210)。

(2)大棚溫室

主要用鍍鋅鋼管作骨架,多採用雙層間隔 5~10 cm 的塑膠薄膜封頂,也可用萬通板和太陽板。一般內設單層池,四面牆體填充泡沫材料保溫,地基填充煤渣保溫層,造價 300~400 元/m^2。這種溫室造價較低,但溫差大、保溫性能低、不耐用(圖 7-12)。

(3)節能溫室 吸收了上述兩種溫室的保溫和透光的優點,成本介於兩者之間。節能溫室頂部呈人字形,在骨架上先蓋一層塑膠薄膜,在薄膜上面蓋一層厚 5 cm 的塑膠泡沫板,再在泡沫板上蓋一層塑膠薄膜,並將最外層薄膜延伸到溫室四面牆體的底部地基處,將牆體全部包裹起來,以增加保溫效果。如果需做透光處理,可在溫室頂部適當位置的兩層薄膜中間抽去一部分泡沫板。為便於操作和降低材料消耗,溫室的面積以 500 m^2 左右為宜,寬 12~16 m,中央高 2.2~2.3 m,兩側高 1 m 左右。如果骨架用廉價的毛竹,四面牆體為磚混結構,加上屋頂的地基都填充保溫材料,內設單層池。這種溫室造價低,使用壽命較長,每年只要更換一次屋面上的塑膠薄膜即可。

圖7-12 大棚溫室

在中國北方建造觀賞水產動物養殖池一般都需要鍋爐、節能爐、工廠餘熱的地熱等加溫裝置。現已使用的鍋爐有蒸汽鍋爐、開水鍋爐、燃油鍋爐等。一般每 1000 m^2 的溫室約需 0.5 t 的鍋爐。蒸汽管採用 80~100 mm 的無縫鋼管,進入溫室後盤旋以增加散熱面積,直接控制溫室氣溫在 33~35 ℃,間接控制水溫在 30 ℃左右。土製鍋爐適用於家庭小型控溫系統,養殖熱帶魚和觀賞龜等。

(4)節能加溫裝置 節能加溫裝置以無煙煤為熱源,透過調節風門控溫的節能加溫裝置目前主要有兩種,可配大、中、小溫室。①根據溫室需要,將多個全封閉節能爐相互串聯,利用爐體和煙道發出的熱量直接進行空氣加溫,間接使水溫升高,透過風門調節來控制水溫,這種方法節能顯著,但尚未解決換水問題,仍需鍋爐換水。②新研製的節能加溫裝置,具有溫室空氣直接加溫、養殖池間接加溫和調溫池自動加溫等多種功能,徹底解決了換水問題,不再需要鍋爐。節能加溫裝置根據"一爐多用"的原則,不僅利用爐體和煙道對室內空氣進行加溫,而且利用爐子上特製的加熱器透過水管連接散熱器;另一路連接至上層調溫池,多路合併回流到爐體加熱器,形成自動重力熱水循環系統。③還有一種自動加溫控溫裝置,由"電源—控溫—增容—調節—加熱"系統構成,適用於家庭控溫飼養觀賞水產動物或各種規模的龜卵孵化。

第二節　觀賞水產動物的生產管理

一　觀賞水產動物的選擇及搭配

　　水族箱中飼養觀賞魚應突出其裝飾性,並具有較好的觀賞效果。選擇觀賞魚應考慮品種特徵明顯、體態美觀、顏色豔麗,使其顯示出較高的觀賞價值,同時還應體質健壯、無病無傷、易於飼養和管理。一般高檔觀賞魚類形態和色彩出眾,或數量稀少,或繁殖困難,或飼養上有一定難度,如七彩神仙魚、銀龍魚、名貴錦鯉和金魚等。中檔觀賞魚一般形態和顏色美觀漂亮,或飼養和繁殖有一定難度,或產量不高或成活率較低,如象鼻魚、七星刀魚、優良錦鯉和金魚等。凡是飼養容易、繁殖容易、產量較高的都屬低檔大路品種,但其中也有許多品種美麗迷人,如神仙魚、地圖魚、各種金魚和錦鯉等。飼養低檔魚不僅花銷小且飼養容易,選擇搭配合適同樣具有美不勝收、樂趣無窮的效果,因而是市場銷售和家庭養殖的主要對象。

　　金魚和中小個體的錦鯉(20 cm以下)可以搭配地混養在同一水族箱中,將不同品種、花色、形體的金魚和錦鯉混養在一起,美觀動人。搭配應注意要把覓食能力、覓食方法相近的魚混養在一起,以避免某些魚攝食過少,同時也要考慮個體大小和色彩的合理搭配,不要個體大小懸殊、色彩過於單調,以免影響養殖或觀賞效果。

　　熱帶魚的搭配混養可參考以下基本原則:

　　① 體形不宜相差太大。如同箱飼養體形相差過大的魚,因大欺小,以強淩弱的習性,搶食能力的不同,會使小型魚長不好,並有被大魚吞食的危險。如曼龍魚和紅綠燈魚不宜混養在一起。

　　② 分層飼養。不同的熱帶魚生活習性常有較大差異,對水的深度也有不同的要求和適應範圍,常出現分層生活的現象。如斑馬魚、藍三角魚等喜歡在水的上層活動;虎皮魚、金鼓魚等則喜歡中層水域,紅綠燈魚、花鼠魚等則是典型的底層魚,因此進行分層飼養不僅可以充分利用水體空間、水中餌料,還能使五彩繽紛的魚配置在整個水體中而增添幾分美感。

　　③ 兇猛魚同類混養。兇猛魚類多數具有較強的攻擊性,特別是在發情期,脾氣暴躁鬥性十足,因此不能與性情溫和的魚養在一起,同時還要注意把個體大小和體形相近的兇猛性魚混養。如銀龍、長嘴鱷、七星刀魚宜混養在一起;地圖魚、食人鯧、滿天星魚宜混養在一起。

　　④ 活動特點相近的魚混養。有的魚活潑好動,如瑪麗魚、黑裙魚等;有的愛集群游動,如銀鯊魚、接吻魚、頭尾燈魚等;有的膽小、愛靜,如玻璃貓頭魚、月光魚、麗麗魚等。因此宜將活動特點相近的魚養在一起,對喜群居種類,則應將一定數量的同類魚混養。

　　⑤ 色彩形態搭配協調。熱帶魚體態萬千、色彩繽紛、斑斕奇異,又各有其風格和特色。合理搭配才能豐富水族箱內的景色,突出其個性,既要避免色調單一,也要防止出現雜亂。利用熱帶魚色彩、形態的反差和襯托,增加美感,提高觀賞價值。

　　另外,養殖熱帶魚時,要根據自己的經濟實力、喜好和養殖水準來確定飼養物件,可參考表 7-1(引自王大莊等《珍稀熱帶魚世界》)。

表7-1　熱帶觀賞魚分缸飼養一覽表

缸別		缸長(m)	水質(pH)	溫度(℃)	熱帶魚品種	備註
低檔熱帶觀賞魚	低檔魚一號水箱	0.6	7左右	20~25	紅綠燈、孔雀、金絲、頭尾燈、紅尾玻璃、檸檬燈、銀屏燈、拐棍、黑燈、金銀帶、畫眉、捆邊、紅玫瑰、三色、紅劍、黑瑪麗、馬鞍翅、斑馬、桃核兒、一枝梅、紅裙、琵琶、藍三星、蛇仔	以小型低檔魚為主，琵琶作為"清道夫"，可植水草，適合初飼者選養
	低檔魚二號水箱	0.8	7左右	20~25	黑裙、紅劍及其他"劍系列"、虎皮、玫瑰扯旗、三色、咖啡、曼龍珍珠、暹羅鬥魚、白兔、彩兔、吻嘴、珍珠、金瑪麗、琵琶、紅尾黑鯊、彩虹鯊、粉紅鯊、反游貓、美國花貓、馬來貓、紅尾鼠、盲魚、小船筆、紅肚鳳凰	以中型低檔魚為主，個別品種魚性凶猛，適合初飼者選擇
	低檔魚三號水箱	1	7或低於7	22~28	各種神仙魚、各種劍魚、玻璃拉拉、黑裙、吻嘴、桃核兒、珍珠、琵琶	以體形側扁魚為主，紅劍配色，觀賞價值較高，此缸不可混入虎皮
中檔熱帶觀賞魚	中低檔四號水箱	1	7左右	20~25	紅寶石、藍寶石、曼龍系列、火口、虎鯊、大飛船、德州豹、金老虎、九間、琵琶	大多為凶猛魚類，易飼養，適合初飼者選養
	中高檔一號水箱	1	7左右	25左右	橘子、金鳳梨、五彩鳳梨、銀鯊、金鯊、雙線鯽、銀板、琵琶	觀賞性高，易飼養，喜新水，大魚可餵碎肉
	中高檔二號水箱	1	7或略高於7	25~28	蝙蝠鯧、黃鰭鯧、銀板、銀鯊、太空鯊、琵琶	觀賞性高，易飼養，喜新水，大魚可餵碎肉
	中高檔三號水箱	0.8	略高於7	25~28	非洲鳳凰、五彩金鳳、射水魚、綠河豚、鑽石鳳梨、竹簽、藍口孵、象鼻子、琵琶	以怪取勝，喜新水，喜鹽，不易飼養
	中高檔四號水箱	1~1.5	7左右	22~28	地圖、食人鯧、虎鯊、黑鯊、大鉛筆、降頭、羅非、胭脂、大飛船、琵琶(大)	大多為肉食魚種，凶猛，易飼養，喜新水

續表

	缸別	缸長(m)	水質(pH)	溫度(℃)	熱帶魚品種	備註
高檔熱帶觀賞魚	高檔一號水箱	0.6	5.6~6.5	25~28	寶蓮燈、大肚燕、金燈、紅影、紅鼻剪刀、大鉤扯旗、鬼眼、三間鼠、反游貓	小精品缸，加低檔脂鯉科小型魚亦可，多植水草
	高檔二號水箱	1.5~2.0	5.5~6.5	28~30	藍七彩神仙、寶蓮燈、黑魔鬼、紅鼻剪刀、蜻蜓琵琶	高檔精品，搭配絕佳，少換水，注意pH不能驟變，寶蓮燈不能太小，不易飼養
	高檔三號水箱	1	7左右	28左右	紅七彩神仙、五彩神仙、黑魔鬼、墨燕兒、紅眼燕、三間鼠、蜻蜓琵琶或豹紋琵琶	搭配亦佳，比二號缸易飼養，不宜換水過勤
	高檔四號水箱	1.5	7左右	26左右	東洋刀、紅眼玉豬、鴨嘴鯊、虎紋鴨嘴貓、泰國虎、尖嘴鱷	肉食魚、兇猛、易飼養、喜新水
	高檔五號水箱	1	7左右	26左右	狗仔鯇、紅龍或過背金龍或紅尾金龍	檔次極高，百看不厭
吉祥禮品熱帶觀賞魚	"福祿壽"	1.5	7左右	25左右	金龍或銀龍、泰國虎、壽星頭(火鶹)、	肉食、凶猛、易飼、取材吉祥、屬"禮品紅"
	"松竹梅"	1	7左右	26左右	三間虎、竹簽兒、豹斑(梅花魚)	三間虎、竹簽兒不得太大
	"四喜財"	1	7左右	26左右	八尾血鸚鵡(四雌、四雄)	雜食、易飼養、取材於吉祥、屬"禮品紅"
	"九龍壁"或"五龍鬧海"	1.5~2.0 1.5	7左右	26左右	五尾銀龍稱"五龍鬧海"，九尾銀龍則稱"九龍壁"	壯觀、易飼養

　　挑選觀賞龜的適宜時間是溫度和氣候都適宜的5~9月生長期。近冬眠或冬眠初醒期，龜的體質和攝食狀況不易掌握，冬季龜易死亡。體重 15~50 g 的龜對環境變化的適應能力較強，成活率高；重 15 g 以下的龜雖活潑可愛，但其適應性弱、易患病，初養者不宜選購。飼養龜的種類應由普通到複雜，先由容易飼養的烏龜、黃喉擬水龜、眼斑龜、平胸龜和黃緣盒

龜開始，再選擇觀賞性強的較難養種類，如閉殼龜和花龜等。健康的龜反應靈敏，兩眼有神，用手拉其四肢，不易拉出；爬行時，四肢將身體撐起，而不是身體拖著地爬，攝食旺盛，糞便呈團狀或長條狀。選購龜時，將水龜放入水中，若長時間漂浮在水面或身體傾斜，不能沉入水底，這樣的龜不宜選擇。

二、放養密度

觀賞魚的放養密度與多種因素有關。第一，養殖方式不同，其放養密度有較大差異，水族箱飼養觀賞魚的放養密度，可參考表7-2；魚池飼養觀賞魚的放養密度，可參考表7-3。

表7-2 水族箱飼養觀賞魚的放養密度(尾/箱)

水族箱規格(cm)	金魚和錦鯉全長(cm)	熱帶魚全長(cm)
45×30×35	4—6 7—10 11—15	3—4 5—8 9—12 15—20
60×30×40	15—20 4—6 2—3	20—30 15—20 10—15 4—9
90×40×45	20—30 6—8 3—4	40—50 20—30 15—20 6—8
120×45×50	30—40 8—12 4—5	70—80 30—40 20—25 8—10

表7-3 魚池飼養觀賞魚的放養密度(尾/m^2)

養殖魚類別	金魚和錦鯉全長(cm)	熱帶魚全長(cm)
	2—4 4—6 7—10 11—15	3—4 5—8 9—12 15—20
商品魚	150—250 80—150 40—70 15—30	250—400 100—200 50—80 10—30
留種魚或名貴魚	80—120 50—80 20—30 10—15	80—150 30—70 15—25 5—10

第二，放養密度與魚池(或箱)的結構和設備，水交換量等有關，如有充氧泵可使其放養密度增大1~2倍。第三，魚的種類及體形大小不同放養密度不同。第四，因環境條件對水質的影響使放養密度不同，如氣候、水溫、光照、餌料。一般要掌握夏稀、春秋適中、冬密，寧少勿多的原則，發現"浮頭"必須減少密度。

養殖觀賞龜時，幼龜的放養密度依龜池的條件和養殖技術水準而定。一般土池養龜3~5只/m^2，水泥池5~8只/m^2，技術水準高的養8~10只/m^2。放養時一次放足，以減少中間分養的環節和對龜的干擾。

三、日常飼養管理的主要技術措施

1.投餌方法

(1)投餌原則 投餌須遵循"定時""定點""定質""定量"的基本原則。"定時"指每天在固定的時間投

餌，宜在每天水溫較高、溶氧豐富的時間進行，以利於提高魚類的攝食強度。一般配合飼料

每天投餵兩次，在上午 9:00~10:00，下午 4:00~5:00 較為合適。如投餵活魚蟲，也可在上午一次投完，採集回來後儘快投餵。"定點"要求投餌必須有固定的位置，使魚集中攝食，以減少餌料的浪費。"定質"即要求餌料品質優良，新鮮無腐敗變質。"定量"應確定合理的投餌量，以保證魚類生長所需營養又不過剩為度。

觀賞龜的投餵要依食性的不同，堅持"四定"原則。飼養四眼斑龜、三線閉殼龜、彩龜、紅耳龜、黃緣盒龜、黃喉擬水龜等雜食性龜類時，可投餵小魚、肉、動物內臟和蚯蚓等動物性餌料和蔬菜等植物性餌料，經過馴食後也可投餵配合飼料。首次投餵應將新鮮飼料和配合飼料摻和在一起，捏成團，放在水邊，連續投餵數次後，待大部分龜適應後，可直接投餵配合飼料。平胸龜等肉食性龜類喜食活的魚、蟹、蚯蚓、蝸牛等，死魚、蝦和動物內臟也食，但不食植物性餌料。不能投餵死蟾蜍，因為蟾蜍的毒素會使龜死亡。飼養果龜、緬甸陸龜、放射陸龜等植食性龜類時，可投餵菜葉、蘋果、香蕉、番茄等瓜果蔬菜，不食魚肉和動物性內臟等動物性餌料。緬甸陸龜喜食番茄等紅色的食物，對白色很敏感。

(2)投餌量 投餌量的多少對觀賞水產動物的養殖效果和經濟效益有直接影響，投餌過多，餌料系
數和養殖成本升高，投餌過少，觀賞水產動物的生長受到抑制，產量低。日投餌量是依據池(箱)中水產動物的總重量來定的，先確定投飼量應占體重的百分比是多少，再按此數量分次投餵。觀賞水產動物一般日投餌量約為動物總重的 2%~4%，以投餌後 30~40 min 吃完為度。具體投飼時，還要根據季節氣候特徵、水溫、水質差異、觀賞水產動物的攝食強度等靈活增減，切忌隨意多投或少投，幾天不投或幾天的量一起投，否則將會影響水產動物的攝食和生長。

2.水質調節

水質調節是整個池塘養魚生產中的經常性工作，傳統養魚要求的"肥、活、嫩、爽"同樣適合於觀賞魚的養殖。但是"活、嫩、爽"的水質更好一些，不要求水肥。整個養魚期間一般不施肥，秋冬放魚種可以少量施肥。

活——水質會不斷發生變化，它有三種表現：一是上午水質較淡，透明度大，pH 較低，下午水質濃一點。除了每天有變化，每隔幾天或一段時間，會濃淡交替出現，這就是各種浮游生物的種群和數量不斷更新、變化，池水物質迴圈快。二是水華出現，水華是無風晴朗的天氣，水面出現條狀或魚鱗狀濃淡相間的顏色，並不斷運動。水華有程度不同之分，條狀最理想，水質肥濃適中，浮游生物組成好，可消化的種類多。如出現大片雲狀水華，是水質過肥，是"轉"水的先兆，必須及時注水。三是下風處有油膜出現，有黏性，發泡，這時水要換掉或注入部分新水。

嫩——水色嫩綠、淡褐，像清塘消毒後注入不久的水色一樣。 爽——水質看起來濃而不混濁，油綠(藍綠、黃綠色)或紅褐色(包括茶色)表示浮游生
物組成好，而某些藍藻、綠藻類等不易消化種類多時就濃重混濁。

調節控制水質的措施有以下幾種：

(1)適時換水或加注新水。

(2)每月全池潑灑生石灰，既能提高池水二氧化碳平衡能力，又有預防魚病的作用。施放生石灰，可明顯增加池水的鹼度、硬度，調節池水中的二氧化碳含量和緩衝水的pH變化。生石灰的施用量視具體情況而定，一般為 1m 深水每畝用 15~20 kg。

(3)對於鹽鹼地的魚池或水質清的魚池，水中浮游植物數量過少，會造成魚池造氧能力降低，即使在養殖密度不大的情況下，也可能造成缺氧浮頭，甚至死魚，所以對於鹼度偏高，又缺少有機物質的魚池，可追施有機肥料，以間接補充二氧化碳，提高緩衝能力。

(4)控制大型浮游動物數量。當水中大型浮游動物過多時，會使池水變清，消耗溶氧，可放鱅魚種控制或用 90%晶體敵百蟲殺滅。敵百蟲的用量為 0.25~0.5 g/m^2。

(5)使用增氧機等機械增加池水溶氧。根據增氧機功能——增氧、攪水、曝氣和池水溶氧的變化規律，合理利用增氧機能增加溶氧，改善水質，提高產量。

① 在觀賞魚類生長季節，晴天中午開機兩小時，可減輕或減少浮頭發生，能攪動水體，打破溫度、pH等躍層，還清"氧債"，有利於加速底泥中有機物分解、迴圈，防止亞硝酸鹽和硫化氫等有毒物質的形成和增加，提高水體自淨能力。

② 陰雨天，浮游植物造氧能力低，白天不開機，否則會加速浮頭發生，這種天氣夜裡往往會發生浮頭，夜裡應早開機防止浮頭。

③ 有浮頭預兆夜間要早開機預防浮頭，不管哪種原因造成的浮頭，開機後不能停機，要一直開到天亮日出。

④ 大生長季節黎明時可適當開機發揮增氧機的曝氣功能，使夜間集聚的有害氣體逸出水面。

總之，管好水、用好水是池養觀賞魚養殖成功的關鍵。另外，水族箱中也可採用迴圈過濾設備。但是迴圈過濾設備經過長時間的過濾後，濾層會堵塞，影響過濾速度和效率，沉積物在濾層中腐敗分解產生硫化氫等有毒氣體，污染水質。因此，必須精心維護過濾設備。一般家庭也可採用換水的方式調節水質，水族箱內換水通常是利用虹吸原理，用橡皮管或塑膠管直接對準箱底的殘餌或魚類汙物等將其吸出，並附帶抽出一部分髒水。一般吸出的水量可為原水族箱中總水量的 1/5~1/3，然後緩慢注入事先備好的同溫度等量的清水。換水次數及換水量隨季節、溫度、水質條件而定，如水質敗壞也可全換水。

3.日常觀察

在觀賞水產動物養殖過程中，必須重視日常觀察，隨時瞭解水質變化、池水溫度、水產動物的活動狀態、攝食量，是否有疾病徵兆等。發現異常現象，就及時採取措施，以減少不必要的損失。

觀察水質時，水族箱的水應保持清澈透明，及時清除水中汙物。魚池應有較好的水色，一般綠色、黃褐色等水質較好，藍綠色、茶褐色等水質較差，應及時更換。觀察時要注意水中的溶氧是否能滿足魚的需要，尤其在水質差，魚飼養密度大，水中浮游動物過多時。黎明時，夏天天氣悶熱時，容易缺氧，發現"浮頭""悶缸"現象，應立即供氧解救。夏冬季還要注意池水溫度是否正常。觀察魚的活動和體表情況，正常的魚體表光潔，體色豔麗，食欲旺盛，游動自主。有病的魚常離群獨游，神情呆滯，投餌不食，體色暗淡。發現病魚應撈取做進一步診斷，確定病情，及時採取預防和治療措施。觀察魚的攝食情況，以便掌握正確的投餌量和及時進行換水。

四 不同季節的管理要點

1.春季

陽春三月，大地回暖，氣溫逐漸上升。初春時分，觀賞水產動物經越冬後，體質相對較弱，應注意適量投餌，並逐漸增加投餌量，以加速體質的恢復和生長發育。初春氣候變化較大，春寒颳風降雨之際，尤其要注意保溫。清明前後，長江流域地區氣溫通常穩定在15℃以上，活餌豐富，水產動物食欲旺盛，肯吃食，生長迅速。金魚和錦鯉在適宜的水溫、光照、新水等的刺激下，性腺發育成熟，進入繁殖時期，熱帶魚的繁殖也更好。因而春季是觀賞魚養殖，繁殖最繁忙的季節。春季，傳染性病菌滋生迅速，拉網打魚易碰傷魚體，產後親魚體質虛弱，是魚病最易流行的季節，必須注意防病，治病。

2.夏季

夏季是觀賞水產動物生長的旺季，水溫通常在 30℃以上，魚很少生病，若餌料充足，換水勤，其長勢均優越於其他季節。但出現36℃上高溫時，魚體代謝旺盛，對氧氣需求量增大，因而防止水體缺氧成為飼養的關鍵。具體操作需要降低放養密度，勤換水排汗，注意充氧，尤其是悶熱，暴雨將臨的天氣。以"少量多投方式"投餌，魚蟲易死亡分解耗氧，故應適量，要先餵死蟲，後餵活蟲，投食要早。夏季高溫時防暑降溫，可用竹簾等遮蓋 1/3~1/2 的水

3.秋季

此季水溫適宜，氣溫通常保持在15~25℃，飼水不易變壞，是觀賞水產動物生長的最佳季節。這時的管理重點是餵足餵飽，適當增加餌料中脂肪和蛋白質等營養成分的比例，金魚長得膘肥體壯，安全越冬。進入深秋後，氣溫逐漸下降，並常伴有連續陰雨的天氣，魚的食欲減退，自身的新陳代謝速度放慢，餌料的投餵應逐漸減少。同時易暴發爛鰓病，白點病，膚黴病等，因而需注意預防魚病。

4.冬季

此季氣溫很低，北方地區應將金魚移入室內的暖房中，南方及江南地區金魚，錦鯉可自由越冬，但活動和覓食顯著減弱，其管理重點是防寒，保溫，適當投餌。熱帶魚，觀賞龜等則均需在溫室中進行養殖，水溫一般不低於20℃，透過加溫和工廠餘熱水等的作用，維持適宜的水溫，可正常進行養殖及繁殖。如遇寒潮，氣候突變之時，尤其要注意保持適宜的溫度，增大加熱量，嚴防水溫驟降(特別是夜間)，魚患感冒等病，或被凍傷凍死。

六 綠毛龜的培育和飼養管理

綠毛龜是基枝藻或龜背基枝藻附著在龜背上形成的,所以培育綠毛龜必須具備兩個特殊的條件:藻種的選擇和培育,適宜的龜及其培育。

1.藻種的選擇

接種綠毛龜的絲狀藻類主要為綠藻綱剛毛目剛毛科基枝藻屬的基枝藻和龜背基枝藻,其次為剛毛藻屬和黑孢藻屬的種類(圖7-13)。基枝藻和龜背基枝藻色碧綠似水中翡翠。其藻絲厚實不易斷裂,自然分佈於江、河、湖、潭和澗中,但數量較少,而山區溪流的石塊上、井壁、船壁等處附著較多。其他藻類的游動孢子也能附著在龜背上,但這些藻類不宜培育綠毛龜。

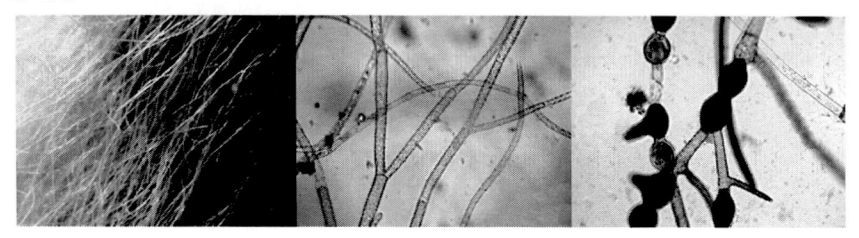

圖7-13 綠毛龜接種的常見藻類
左 龜背基枝藻 中 剛毛藻 右 黑孢藻

2.基枝藻的採集和培育

獲得基枝藻的途徑有三種:①在山區的溪澗、江河的岩壁、石塊等有絲狀綠藻的地方,用刀片刮取;②用梳理綠毛龜綠毛的方法獲得該純度的基枝藻;③購買。如採集的藻種不純,可將絲狀綠藻放在不透光的陶質缸內,加入井水或去氯自來水,置於陰暗處5~8 d,檢出喜光的綠藻,再放3~5 d,待雜藻全部死亡換水後,將基枝藻移到玻璃缸中,保持光照備用。

3.材料龜的處理

培育綠毛龜的預備龜稱為基龜,凡是水生龜類都可作為培育綠毛龜的基龜,其中以黃喉擬水龜為正宗品種。其他如金錢龜、鷹嘴龜、黃緣盒龜及雌性草龜等也可作培育綠毛龜的基龜,但金錢龜、金頭閉殼龜等稀少,珍貴而不划算,不易被接受。一般選用重250 g以上的健康黃喉擬水龜雌龜培育觀賞綠毛龜。待接種的龜要精心飼養,增強體質。處理前停食2~3 d,用洗滌劑清洗龜體和龜甲,去除油脂。接種前用砂輪在龜背上輕輕摩擦出若干道溝紋,再用生薑塗擦刺激背甲分泌黏液,以利於絲狀藻類附著和生長。

人工接種或自然接種藻類20 d後,發現龜背開始長出綠色斑點,即轉入常規培養,定時投餵、換水,促進龜和藻類共同生長。要促進基枝藻快速生長,應控制適宜水溫在20~24 ℃,通入二氧化碳,將彩色大理石鋸成方形或長方形小塊,再用砂輪磨成圓形或橢圓形,鵝卵石狀放入綠毛龜池,以增加鈣質。白天利用陽光,晚上利用電燈,保持5000~15 000 Lx 的光照。

綠毛龜的日常管理與一般觀賞龜的飼養基本相同，但要經常清理絲狀綠藻，清理工作通常在換水前進行。將綠毛龜浸沒在盆中，用軟質毛筆(羊毫筆)從前向後輕輕地刷洗藻絲，然後從背甲向四周刷洗整理，這樣重複多次。

研究性學習專題

① 分析封閉式迴圍水養魚系統水質淨化設施的構成及特點，比較淨水微生物的主要種類及淨水原理。
② 分析溫室養龜場的整體佈局原則和龜池的結構特徵，比較溫室的類型及加溫保暖設施。
③ 分析觀賞魚池水質惡化的原因，探討合理的水質調節措施。
④ 結合觀賞魚池的實際情況，探討提高觀賞魚產量和品質的有效措施。

第八章　觀賞水產動物的繁殖及品種培育

觀賞水產動物大多數都屬於卵生和體外受精的繁殖方式,必須性腺發育成熟後才能進行繁殖。觀賞水產動物是變溫動物,其繁殖活動既要受體內激素誘導對性腺發育的制約,也要受外界環境包括營養、溫度、光照、水流等多種因素綜合作用的影響。觀賞水產動物性腺的發育過程具有一定的規律性,其繁殖習性有所差異,只有掌握這些規律並採取相應的技術措施,才能搞好其人工繁殖。

第一節　觀賞水產動物的繁殖習性

一　觀賞魚的繁殖習性

觀賞魚的繁殖習性根據它們產卵類型可以分成卵胎生型魚類和卵生型魚類兩大類。

1.卵胎生型魚類的繁殖習性

卵胎生型魚類的繁殖特點是卵子不排出體外,精卵在雌魚的泄殖腔內結合受精,受精卵發育的營養來自卵子,發育成幼魚後離開母體。卵胎生型雌雄魚類外觀形態及繁殖器官有較大差異,如孔雀魚(圖8-1)通常雄魚個體小,有精巢,臀鰭會發育成一棒狀交接器,而雌魚則個體較大,有卵巢,繁殖期腹部膨大。常見種類有各種孔雀魚、劍尾魚、月光魚、瑪麗魚等。繁殖時將性成熟的雌雄魚放養在一起,一般雌魚可多於雄魚,常以2:1的雌雄比例放養繁殖。雄魚的棒狀交接器在追逐雌魚的過程中會刺入雌魚的泄殖腔,使其卵子受精。受精卵在雌魚體內孵化發育過程中,雌魚腹部逐漸膨大,當雌魚腹部膨大如鼓,泄殖腔黑色胎斑明顯時,即是臨產的前兆,應將其移入產卵箱(池)。雌魚產出全部仔魚後,必須及時將親魚和幼魚分開,因為卵胎生型魚的親體都有自食其仔的習慣,尤其是在缺食饑餓時。可取出雌魚獨養以恢復體質,生產上常將仔魚立即撈出放入專門的培育池中。卵胎生型魚類每次產仔魚幾十尾至二百餘尾，初次產仔魚量少，以後逐漸增多。卵胎生仔魚個體較大，可主動攝食，游動能力較強，成活率高。

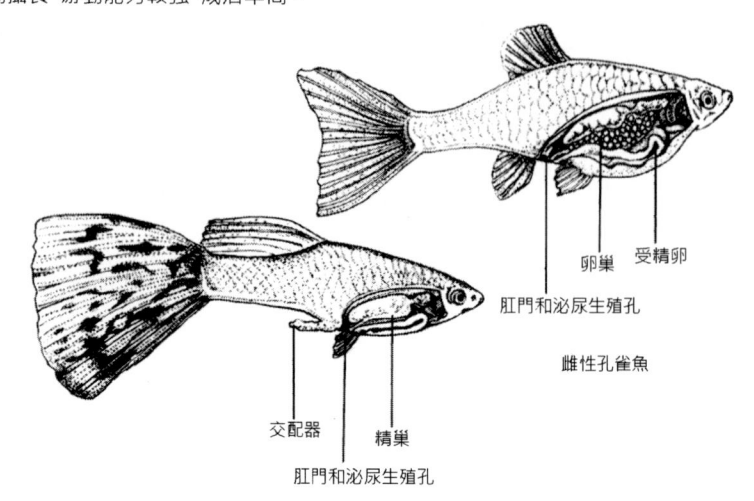

圖8-1　孔雀魚的外觀形態及繁殖器官

2.卵生型魚類的繁殖習性

　　卵生型魚類的繁殖特點是雌雄親魚基本上同時排卵排精，卵子在水中與精子結合完成體外受精。卵生型雌雄魚類外觀形態相似，繁殖器官有差異，如虎皮魚(圖8-2)。卵生型魚類按受精卵的附著方式可分為四類：一是泡沫類，雄魚在水面吐泡沫築浮巢，雌魚產卵於浮巢中，如泰國鬥魚等；二是茜草類，需要有水草或其他附著物為巢，受精卵附著在巢上孵化，如虎皮魚等；三是石頭類，受精卵沉入砂石間或附著在光滑的石塊上孵化，如斑馬魚等；四是漂浮類，受精卵隨水流漂浮孵化，如接吻魚。卵生型魚類對繁殖條件要求較高，需要特定的水溫、水質、光照、產卵箱、卵附著物等。一般雌魚和雄魚按1:1~1:2的比例配對放養，產卵受精後應及時將親魚撈出。通常活的受精卵較透明，有亮度，死卵灰白色，不透明，應加以清除。一般孵出的苗小，由卵黃囊供給營養，平游後才能主動攝食。卵生魚類每次產卵較多，數百粒至數千粒不等，但在受精、孵化、魚苗成活方面受多種因素影響，往往使其存活率較低，因而需不斷探索其生活和繁殖特性，以求獲得好的繁殖效果。

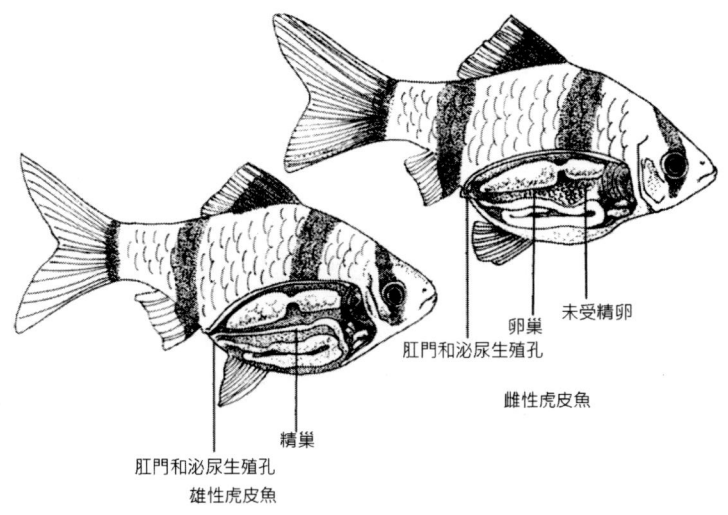

圖8-2　虎皮魚的外觀形態及繁殖器官

二　觀賞龜的繁殖習性

　　大多數龜類至少需四年以上才能性成熟，有的可能需要10年以上。在人工飼養條件下，有一些觀賞龜性成熟時間可提早1~2年。 在中國，通常每年的5~10月是龜繁殖季節。

　　不同生活習性的龜，其求偶、交配方式差異較大。營水棲的龜類通常求偶和交配都在水中進行。交配前，雄龜在雌龜前方游動，並抖動雙肢或伸長頭頸，上下抖動以擋住雌龜前進，向雌龜發出求愛的信號。若雌龜原地不動，則表明接受了雄龜的愛意，這時雄龜便繞到雌龜後部，爬到雌龜背甲上，用前肢爪勾住雌龜背甲，然後開始交配。陸棲龜類和半水棲龜求偶交配方式與水棲龜類有所區別，而且，陸龜類的求愛方式較"粗暴"。交配前，雄龜追逐雌龜並發出"呼""呼"的強烈求偶信號，雄龜一旦追上雌龜，不是反復咬雌龜的前腿，就是爬到雌龜的背甲上，以自身腹甲撞擊雌龜，直至雌龜接受它的求愛，趴在原地不動為止。

　　龜是爬行動物，因此它們像其他爬行動物一樣，無論是水棲還是陸棲，都將在陸地上產卵，而且產卵大多在夜晚進行。產卵前，雌龜認真多次地挑選產卵地，一旦選中某地，龜就用前肢及後肢輪換挖土打洞或刨坑。若遇上質地堅硬的土壤，它就排尿潤濕後再挖。挖掘的產卵穴或坑的大小與其種類、個體大小有關，一般深度為8~20 cm，但海龜等的洞穴可達40~50 cm。洞穴呈鍋狀，口大底小。雌龜產卵時，尾對準洞口，頭頸伸長，嘴微張。有趣的是，為防卵產出落入洞穴中摔破，當卵產出體外時，雌龜便用後肢掌把卵托住，輕輕地將卵放到洞底，然後用後肢再扒微量土掩蓋，接著產第二枚卵，如此反復。待卵全部產完後，雌龜用兩隻後肢扒土掩埋洞穴，然後用腹甲將土壓平，壓實後就離去。龜沒有守巢的習性。

卵的孵化完全依賴大自然的陽光和雨水提供溫度和濕度。

龜所產的卵大都是白色或乳白色，其形狀、重量、厚薄因種類的不同而各有不同。龜卵可分為圓形、紡錘形、長橢圓形和短橢圓形 4 種形狀。除海龜卵外，一般具有堅硬的鈣質硬殼，並具一定的韌性，水棲龜類卵殼較薄，陸棲龜類卵殼較厚。龜卵重量大的可達 70 g 以上，小的僅有 4 g 左右。不同種類的龜，產卵量差異較大，每次產卵少則 1 枚，最多達 200 餘枚。

第二節　觀賞魚的繁殖原理與技術

一　親魚的選擇與培育

1.親魚的選擇

挑選品質優良的種魚繁衍後代對於觀賞魚的發展極為重要，可使幼魚健康、品質純正。親魚的選擇是在後備種魚中選擇性成熟、符合要求的魚作親魚，要進行細緻、有目的的全面篩選。

外形要求：體質健壯、生長發育良好、攝食能力強、行動敏捷矯健；身體色彩鮮豔、對比強烈、體表光滑、鱗片完整；品種特徵明顯、有突出的觀賞價值。

年齡要求：不同的觀賞魚性成熟年齡不同。金魚和錦鯉當年篩選後備種魚，第二年開春後就達到性成熟期，並能透過性行為繁殖後代，但用 1 齡魚繁殖後代，卵細胞或精細胞數量少、品質差，使後代受精率低、發育不太好。2~3 齡親魚，正是年輕力壯、精力充沛的時期，具有旺盛的繁殖能力，卵或精細胞數量多、品質好、受精率高，後代生長發育好，宜作為親魚。4 齡以上的親魚體質較差，性腺開始衰退，不宜繁殖用魚。熱帶魚性成熟年齡從幾個月到幾年不等，當性成熟後選擇個大、健壯、性腺發育良好的雌雄魚作親魚，經繁殖一段時間後，繁殖能力增強，效果最好。

2.親魚的培育

培育親魚的池(箱)中應勤換水，保持水質清新，水溫、光照適宜，以促使親魚發情。親魚的放養密度不宜過大，一般各品種的魚單養，放養密度可參考表 7-3。親魚一般不餵人工飼料，主要以天然活餌飼餵，並保證有充足的餌料供魚食用。親魚經強化培育後，生長髮育良好，體質健壯，進入性成熟期，發情期通常比性成熟期晚 1~4 個月。親魚發情後應提供其所需要的繁殖條件，以確保繁殖成功。

二、繁殖前的準備

1.繁殖箱(池)的準備

繁殖箱(池)是供親魚產卵或生仔的水族箱或魚池。各種觀賞魚因生殖習性的不同應安排不同大小的繁殖箱或魚池。錦鯉個體較大、游速快，適宜於在較大的魚池中產卵繁殖。金魚可在小魚池或大的水族箱中繁殖，前者效果更好。熱帶魚中產浮性卵、游速快、體形大的魚用大的箱，體形小、產沉性卵或黏性卵、性格安靜的魚可用比較小或狹窄的箱。卵胎生魚適宜放養在小的魚池中繁殖產仔。繁殖前必須對所有繁殖用產卵箱(池)進行刷洗和消毒，再加入新水備用。

2.繁殖用水的準備

觀賞魚的繁殖對水質有一定的要求，常需要對繁殖用水進行人工調整，主要是調整水體的硬度與酸鹼度，特別是硬度對觀賞魚的產卵及魚卵的孵化有決定性的影響。一般金魚和錦鯉的繁殖用水直接用自來水等養殖用水不加以調整，而熱帶魚的繁殖用水其硬度及酸鹼度是根據所繁殖品種的原產地的條件確定的，因而需要進行人工調整。

硬度的表示單位叫"德國度"。降低硬度通常用陽離子樹脂、蒸餾水、二氧化碳、活性炭等進行；增加硬度通常用高硬度的水或水族箱內安置珊瑚石、石灰石等方法進行。生產中將不同硬度的水調配成所需硬度的水最簡便的方法便是"十字交叉配水法"，即將已有的高硬度水的硬度值寫在左上方，已有的低硬度水的硬度值寫在左下方，中間寫上擬配硬度的硬度值，然後按下圖所示畫一個十字交叉的對角線，將高硬度水的硬度值減去擬配硬度的硬度值，即是需低硬度水的體積份數，寫在右下方，將低硬度水的硬度值與擬配硬度的硬度值相減，其差值即是需高硬度水的體積份數，寫在右上方。下圖(圖8-3)例子中，是將16(德國)度的水與3度的水調配成7度的水，只需按體積(或按重量也可)取4份16度的水與9份3度的水相混合，即可配成硬度為7度的水。

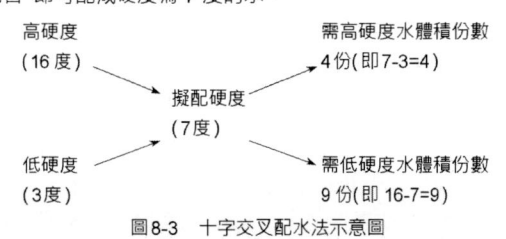

```
高硬度                    需高硬度水體積份數
(16度)    ↘              4份(即7-3=4)
          擬配硬度
          (7度)
          ↗
低硬度    ↗              需低硬度水體積份數
(3度)                     9份(即16-7=9)
```

圖8-3　十字交叉配水法示意圖

如果沒有條件測定水的硬度，生產上還可以按下列方法進行簡單的調配：

硬度 0~1，純蒸餾水。

硬度 1~3，用 3/4 蒸餾水+1/4 涼開水調配；

硬度 3~5，1/2 蒸餾水+1/2 涼開水調配。

硬度 5~7，全部涼開水或加入 1/4 蒸餾水，軟水源地區可全部使用自來水。

硬度　7~11　涼開水與自來水各半或全部使用自來水，高硬度水源地區或全部使用涼開水。

硬度11以上　全部使用自來水或井水。

3.著卵材料的準備

不同的觀賞魚所產的卵有浮性卵、黏性卵、沉性卵等的區別，應根據不同的需要提供讓受精卵附著的材料——魚巢。金魚和錦鯉可用蕨類、楊柳鬚根、捆紮繩、編織袋等製作魚巢；曼龍魚、接吻魚、虎皮魚等可用水草、棕片、棕絲等讓受精卵附著；地圖魚、金鳳梨魚、血鸚鵡魚等需要光滑的石塊黏附受精卵。各種收集附著受精卵的材料必須是無毒無味的材料，用前均須作消毒處理，常用高錳酸鉀、石灰水等浸泡。

三、雌雄鑒別

1.金魚和錦鯉的雌雄鑒別

金魚和錦鯉的雌雄鑒別見表8-1。金魚雄魚的泄殖孔小而狹長，凹進成平坦狀；雌魚的泄殖孔稍大而圓，向外凸出。

表8-1　金魚和錦鯉的雌雄鑒別特徵

類別	雄魚	雌魚
體形	體瘦而長，軀幹部狹窄	體短而粗，腹部膨大
胸鰭	胸鰭長而尖，鰭條粗硬，呈三角形	胸鰭短小，鰭條細軟，呈圓形
泄殖孔	小而狹長，凹進成平坦狀	稍大而圓，向外凸出
追星	繁殖期胸鰭第一鰭條及鰓蓋有追星	無追星
腹部	手感較硬	手感較軟，有彈性
游姿	繁殖期游動活潑，有追逐行為	游動較慢
擠壓腹部	性腺成熟後從泄殖孔流出精液	流出卵粒

2.熱帶魚的雌雄鑒別

熱帶魚因種類繁多，雌雄鑒別的方法也是多種多樣，這裡僅提供一些基本原則供參考。一般而言，雄魚顏色豔麗、濃重，雌魚顏色暗淡；雄魚體形略薄且瘦長，雌魚體形肥厚且寬；雄魚背鰭、臀鰭長而尖，雌魚背鰭、臀鰭圓而短。此外，絕大多數雌魚在成熟後腹部膨大；卵胎生魚性成熟後，雄魚臀鰭會發育成一根棒狀交接器，可以據此做出判斷。

四、自然繁殖

自然繁殖是把已選好的種用雌雄親魚，以適當的比例放入產卵池(缸)中，讓其自由追逐產卵受精。一般雌雄比例可按1:1、2:3、1:2搭配放養。觀賞魚繁殖時期對水溫、水質、光線、環境條件、魚卵附著物等的要求較高，應根據各種魚的不同繁殖方式，盡可能滿足其需求。

1. 金魚和錦鯉的繁殖

選擇和培育後的金魚或錦鯉親魚，在3~4月份(長江流域)，水溫18℃左右，性腺一般已發育成熟，這時將親魚按1:1的雌雄比例搭配好放產卵池飼養。當雄魚追逐雌魚頻繁時，及時往產卵池內放置魚巢(圖8-4)。在水溫升高，添加新水和異性刺激下瀕於產卵的親魚，一般在設置魚巢後的第二天即行產卵繁殖。通常多在清晨4時至中午12時產卵，雌魚產卵時，雄魚同時排精，精子與卵子在水中相遇受精(圖8-5)。受精卵黏性，遇水後即黏附在魚巢上，待魚巢表面普遍著卵後，及時將魚巢從產卵池中取出，放入孵化池中孵化。對產後親魚要精心餵養，以恢復體質。

圖8-4　金魚的繁殖　　　　　　圖8-5　錦鯉的繁殖

2. 花鱂科魚類的繁殖

花鱂科魚類的卵子在雌魚的泄殖腔內受精並發育，但胚胎發育所需的營養來自魚卵而不是母體。雌魚直接產出仔魚因而是卵胎生。

孔雀魚的繁殖　孔雀魚雌雄差異較大，雄魚身體瘦小，體長約為雌魚的三分之二，背鰭寬而長，顏色五彩繽紛；雌魚個體較大，身體粗壯，體色呈灰黑色，背鰭、尾鰭較小，顏色較差。繁殖缸尺寸約為 40 cm×20 cm×20 cm，繁殖水溫為 24 ℃左右，酸鹼度為 6.5~7.5，硬度為 6~10，按雌雄 1:2 或 1:1 的比例將親魚放進繁殖缸。雄魚經常追逐雌魚，進行交配，完成體內受精過程。懷孕雌魚的腹部逐漸膨大，待到雌魚的胎斑由白變黑，變大時，即接近產期，將臨產的雌魚移入產仔缸中，幾天內便可產出幼魚，每條雌魚每次可產幼魚40~100尾不等(圖8-6)。雌魚產仔完後應撈出，單獨靜養數天，以防雌魚吞食仔魚，並使其恢復體質。幼魚產出後立即就會游動和攝食，需及時投餵營養豐富的餌料。

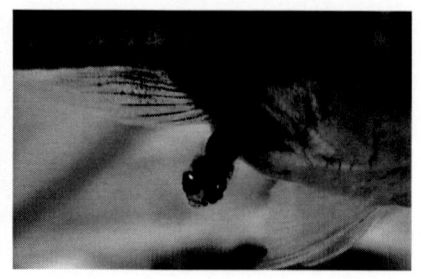

圖8-6　孔雀魚的繁殖

3.脂鯉科魚類的繁殖

　　脂鯉科所有的魚都屬卵生，多數需將繁殖缸放在陰暗的地方，卵多黏性，受精卵需附著在水草等附著物上孵化。

　　(1)紅綠燈魚的繁殖 紅綠燈的繁殖較難，主要表現在繁殖水質要求較高和仔魚的護理要求特殊。繁殖用水

需要選用極軟的蒸餾水，然後用磷酸二氫鈉將水 pH 調節到 5.6~6.5 再用較大氣泵充氣 2~3 d，將其灌入大口玻璃瓶中備用。在大口玻璃瓶(口徑 90 mm，高 180 mm)底鋪一層尼龍網板(網眼大小應不使親魚穿過)，網板上再鋪少許頭髮絲草，每瓶中放入一對親魚。為提高產量，孵化室內通常需要 50~100 只玻璃瓶。

　　紅綠燈6個月性成熟，繁殖時將一對對親魚放入玻璃瓶中，瓶周圍用紙遮擋，造就一個光線暗淡的環境。一般第二天即開始產卵，上午10時左右觀察一次。凡是產好卵的親魚應立即撈出，尚未產卵的親魚可繼續留在瓶中，如第三天或第四天親魚仍未產卵的瓶也應撈出。產卵期間親魚要停食，以免使水質變壞。將已產過卵的瓶集中在一角，晚上 9~10 時進行一次人工揀卵工作，將瓶內未受精的白卵用吸管全部吸出，受精卵集中在 30 cm× 25 cm×25 cm 的魚缸中孵化，而孵化缸所用的水，是將產卵瓶內上層較清吉的水集中倒入，因紅綠燈的繁殖用水是微酸性的高度軟水，必須採用舊水作為孵化用水，不可用新水取代。每只缸中集中孵化400~500粒卵，經48h孵出仔魚，水溫始終保持在25℃，缸的四周最好用黑紙粘貼，以免光線太強導致仔魚畸形。

　　由於仔魚細小，游動量較小，餌料到嘴邊才能進食。開口餌料應將蛋黃水用200網目網具過篩後，用吸管一滴滴地投餵，等過一段時間，仔魚游動正常時，再改餵 150 網目網具篩選過的蛋黃水。由於仔魚生長緩慢，故攝食蛋黃水的時間較其他小型品種長些。此外，仔魚的孵化水質水性極軟，且水溫與日常飼養水溫完全不同。待仔魚長到 5 mm 時，在 50 cm×40 cm×40 cm 的水族箱記憶體部分水溫相同的日常飼水，將仔魚連水一起集中在水族箱中，使仔魚慢慢地適應日常用水的水質。這時仔魚可以投餵小型魚蟲，待幼魚體表有紅綠色澤時，再轉入長 80 ~100 cm 的大水族箱飼養，直到長成為成年魚為止。

(2)黑裙魚的繁殖

黑裙魚6個月性成熟，雄魚體較細長，體色較黑，背鰭、臀鰭末端尖而長；雌魚體形寬厚、粗壯、腹部肥大、色澤較淺、背鰭、臀鰭末端短而圓。繁殖缸尺寸約為 60 cm×30 cm×30 cm，繁殖水溫為 25~27 ℃，酸鹼度為 6.5~7.5，硬度為 5~7。繁殖前在缸裡鋪放金絲草或棕絲，然後按雌雄1:1比例將親魚放進繁殖缸中。親魚發情時，雄魚激烈追逐雌魚，雌雄魚用身體互相摩擦，雌魚排卵，雄魚射精，使卵受精。受精卵有黏性，黏附在金絲草等上。每次每對親魚可產卵600粒以上，因而可將受精卵分成兩缸孵化，以保證較高的孵化率。黑裙魚有吞食魚卵的習性，產卵結束後，應將親魚立即撈出另養。

4.鯉科魚類的繁殖

鯉科熱帶魚類大多產黏性卵，少數產沉性卵，卵粒小，產卵量較多，親魚有食卵習性，成熟親魚體上出現婚姻色，雄魚色彩比雌魚豔麗，雌魚腹部明顯膨大，輕壓有柔軟感。

(1)斑馬魚的繁殖

斑馬魚6個月性成熟，雄魚體形細長，體色偏黃，腹部較窄，雌魚體形豐滿，體色偏藍，腹部膨大。繁殖缸尺寸約為 40 cm×20 cm×20 cm，繁殖水溫為 24~26 ℃，酸鹼度為 6.5~7，硬度為 6~8。繁殖前在缸底鋪一層洗淨的小卵石，以使受精卵落入卵石的空隙中得到保護。按雌雄1:2的比例將親魚放進繁殖缸中，雌魚在雄魚的追逐下，約經一天便開始排卵，雄魚同時射精，精卵結合成為受精卵後沉入卵石的縫隙間。親魚有食卵的習性，會四處找魚卵並將卵吞食，因此產卵完畢應立即將親魚撈出。每條雌魚每批可產卵 300~1000 粒不等，分多次產完，卵若太多，可分兩缸進行孵化。

(2)白雲金絲魚的繁殖

白雲金絲魚6個月性成熟，雄魚體比雌魚小，但背鰭和臀鰭較雌魚大，體色也較雌魚的深而豔麗，雌魚較雄魚肥大，腹部膨大略帶白色。以繁殖水溫24℃，酸鹼度為6.5~7.5，硬度6~8為宜。缸底鋪以碎石或卵石，多種一些狐尾藻、金絲草之類的水草。白雲金絲魚喜在日光照射的條件下產卵，故繁殖缸要放在陽光能照到的地方。繁殖時可選擇種魚配對入缸，亦可採用群體繁殖，每條雌魚每次可產 150~300 粒卵。產卵受精後，要立即將親魚撈出另養，以免其吞食魚卵。受精卵經 1~2 d 便可孵化出仔魚，再經 3 d 左右，仔魚開始游動覓食。開始時要以"洄水"餵養，大約要10 d才能餵食其他小型魚蟲。

5.絲足鱸科魚類的繁殖

絲足鱸科魚類多數雌雄魚區別明顯，繁殖期間魚體出現豔麗的婚姻色，雌魚腹部膨大，產浮性卵，產卵前雄魚彎曲身體緊緊擁抱雌魚，雄魚事先吐泡沫築浮巢，雌魚產卵於浮巢中。

藍星魚的繁殖

藍星魚 6 個月性成熟，雌雄鑑別較難，主要是雄魚背鰭較長而尖，體色較鮮豔；雌魚背鰭較短而圓，體色較淺，繁殖期腹部膨大明顯。繁殖缸尺寸約為 60 cm×30 cm×30 cm，繁殖水溫為 25 ℃，酸鹼度為 6~7.5，硬度為 6~9。繁殖前先在缸裡放幾株水草如苦草、菊花草等，讓其浮在水面，以便雄魚吐泡築巢。按雌雄1:1的比例將親魚放進繁殖缸中。當魚體色呈現藍黑色，即是發情的標誌。雄魚大量吐泡沫築巢，追逐雌魚，並將其引誘到泡巢下。雄魚彎曲身體緊緊擁抱雌魚，雌魚被激發排卵到泡巢裡，雄魚同時射精，受精卵懸浮於泡巢中。產卵要經數小時才能完成，每次產卵 500~1000 粒不等，卵粒小，可漂浮在水中。產卵結束後，應將雌魚撈出另養。雄魚可留下守巢護卵，也可以移出雄魚，進行人工孵化。

6.沼口魚科

接吻魚的繁殖 接吻魚雖然不吐泡築巢，但其卵是漂浮性的，親魚有吞食卵的習慣，故繁殖缸裡應放置

一層漂浮水草，或在水面下約5 cm處設細網一片，以隔離親魚，使它不能吞食浮在水表面的卵子。接吻魚15個月進入性成熟期，一年可繁殖多次。接吻魚的雌雄鑒別比較困難，要仔細觀察。一般雄魚的體形瘦長，臀鰭略為闊大，繁殖期會出現婚姻色，體色由肉紅轉為紫色，且閃閃有光澤。雌魚體較雄魚寬闊，臀鰭較小，懷卵期腹部因懷有大量的魚卵而顯得膨大。當雄魚常常尾隨雌魚相伴而游動時，即是臨產的預兆。

因接吻魚個體較大，繁殖缸不宜過小。繁殖水溫 27 ℃ 酸鹼度為 6.5~7.5 硬度 6~9。親魚可按 1:1 的比例放入繁殖缸內，繁殖用的水族箱以 100 cm×50 cm×50 cm 的規格為好，同時可向繁殖缸兌一些蒸餾水，以刺激親魚發情。交配產卵一般以清晨或傍晚居多。先是雄魚尾隨雌魚，漸漸變為激烈追逐，最後雙雙游入水族箱中央寬敞的水草下面，雌雄魚身體扭曲纏繞，在水面上如同激烈地打鬥。緊接著雌魚產卵在水面上，雄魚隨後排精，魚卵受精。一般雄魚追逐，纏繞雌魚10次左右可將卵產完。接吻魚卵的密度小於水的密度，因此會浮於水面。每尾雌魚可產卵 1000 ~3000 粒。接吻魚沒有護卵的習性，產完卵後應將親魚及時撈出另養，以免它們吃卵。受精卵一般經36 h即可孵化出仔魚，剛孵出的仔魚蟄伏不動，經兩天的時間，仔魚開始游動覓食，開口食應以"洄水"餵養，一周後可以餵魚蟲。2周後對仔魚進行篩選，分缸飼養。

7.麗魚科魚類的繁殖

麗魚科魚類為"一夫一妻"制，不能用強制配對法來繁殖，應儘早同箱飼養，讓其自然配對。它們喜產卵在石塊和池底上，親魚有護卵的習性。

(1)神仙魚的繁殖 神仙魚雌雄鑒別較難，一般雄魚個頭較大，頭部鼓起；雌魚個體較小，腹部較為膨大。

繁殖缸尺寸為 60 cm×30 cm×30 cm 繁殖水溫27 ℃ 酸鹼度為 6.5~7.5 硬度為 7~9度。附卵物體可以是一盆闊葉水草，也可購買專用產卵筒，還可以自製綠色(或藍色)塑膠小板鉤掛在箱壁上，或用一塊毛玻璃斜置於水底，均於箱壁呈45°角。按雌雄比例1:1將自然配對的一對親魚放進繁殖缸，當雌雄魚腹部有肛管突出時，則已近臨產。親魚選好產卵點後，雙雙用嘴舐，清掃乾淨。雌魚先將第一批卵產在產卵點上，雄魚則尾隨其後排精，接著雌魚再產第二排卵，雄魚又使之受精，輪番往復進行，數小時才能完成全過程(圖 8-7)。產卵一般在

上午進行,每對親魚每次可產卵 400 粒以上,卵有黏性,牢牢黏附在產卵點上。雌雄親魚會共同守護魚卵,它們輪流用胸鰭扇起水流,為受精卵供氧,清掃環境,吃掉死卵,如有受精卵跌落,立即將其銜回產卵點,生產上也可將親魚撈出,人工孵化其受精卵。

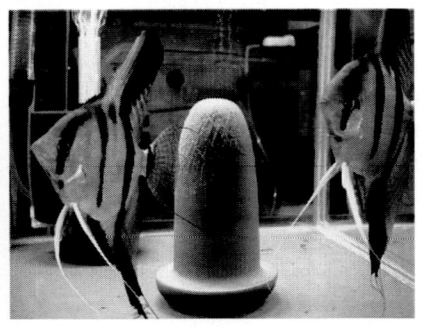

圖8-7 神仙魚的繁殖

(2)七彩神仙魚的繁殖

七彩神仙魚繁殖較困難。雌雄不易鑒別,一般雄魚個體較大,色彩也較鮮豔,美麗,腹部發紅,雌魚腹部發黃。七彩神仙魚一般15個月達性成熟,一年可繁殖多次。繁殖水質的好壞特別關鍵,必須是微酸性的軟水,繁殖水溫以 29~30 ℃為宜,酸鹼度為 6~6.5,硬度 5~8。繁殖缸尺寸為 45 cm×45 cm×45 cm,應置於暗處,保持安靜。每一繁殖缸只宜有一對親魚,箱中放入一個圓錐狀的專用產卵筒,也可用洗淨的小花盆,倒扣或懸吊作為產卵床。進入繁殖期的魚,性情變得兇狠,往往會互相爭鬥。七彩神仙魚通常在傍晚產卵,一邊游動,一邊將卵產在花盆上,雄魚隨後射精。產卵過程約 1 h,一批卵通常為 200~300 粒。卵受精後,親魚會游到卵前,扇動胸鰭照顧魚卵,且會將未受精的白色卵吃掉。受精卵經過雄親魚的細心照料,經過約48 h可孵化出仔魚,再經5 d仔魚孵黃囊消失後,仔魚便會游到親魚身旁去吃親魚體表分泌出來的乳白色黏液(俗稱吃奶)(圖8-8),這對仔魚非常重要。這時要注意避免驚動親魚,正哺奶的親魚受驚時,有時會把自己的仔魚吃掉。最初的4~5 d仔魚只靠親魚的分泌物生活,5 d後可餵過篩的小豐年蟲,15 d後可將幼魚分開餵養。

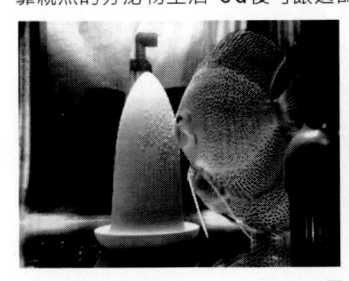

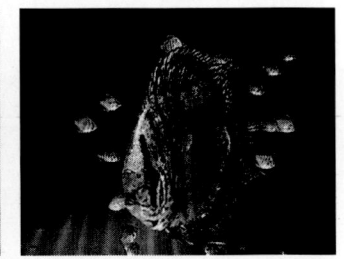

圖8-8 七彩神仙魚的繁殖

8.美鯰科魚類的繁殖

美鯰科雌雄魚較難鑒別，產黏性卵，親魚無護卵習性。花鼠魚的繁殖

花鼠魚9個月性成熟，雌雄鑒別困難，主要是雄魚身體較小，雌魚性成熟時腹部較膨脹。繁殖缸尺寸約為 40 cm×20 cm×20 cm，繁殖水溫為 22 ℃，酸鹼度為 6.5~7.5，硬度為 7~8。繁殖前先在缸裡放一塊平滑的石塊，按雌雄 1:1 的比例將親魚放進繁殖缸。花鼠魚的生殖行為是雄魚先排精，雌魚後排卵，雌魚將雄魚排出的精液用嘴含著粘在岩石上，然後再往精液上排卵，每次產 5 粒卵左右，以此往返，直到將卵排完。雌魚每次產卵 100~200 粒，受精卵黏性，黏附在石塊上，卵粒較大。產卵結束後，應將親魚撈出另養。

五、人工催產

觀賞魚繁殖中常用的催產劑主要有三種，即魚類腦垂體(PG)、絨毛膜促性腺激素(CG)、促黃體生成素釋放激素類似物(LRH-A)。腦垂體催產有顯著的催熟作用，可促使受精卵發育成熟和促使魚發情產卵。絨毛膜促性腺激素主要作用是促進親魚的排卵，也有一定的促性腺發育作用。促黃體生成素釋放激素類似物是作用於魚類腦垂體使其分泌促性腺激素，進一步促使卵(精)母細胞發育成熟並排卵(精)，它還具有副作用小、可人工合成、藥源豐富等優點，現已為主要的催產劑。

1.金魚和錦鯉的人工催產

金魚和錦鯉雌魚的注射劑量垂體 4~10 mg/kg 或絨毛膜激素 1500~2000 IU/kg 或釋放激素類似物 A_2 35~100 μg/kg，也可任取兩種激素混合使用，劑量減為 1/3~1/2。雄魚的劑量為雌魚的一半，均採用一次注射法。通常注射魚胸鰭基部的無鱗凹陷處，針頭呈 45°~60° 刺入，以穿透體壁肌肉達體腔內即可，切忌垂直進針過深，以免傷及內臟。親魚注射完催產劑到開始發情的時間即效應時間，根據不同的情況效應時間從幾小時到二十幾小時不等，應注意觀察親魚的表現。催產後可根據具體情況確定採用自然繁殖還是人工授精。

2.熱帶魚的人工催產

一些熱帶魚的繁殖有時也需要進行人工催產。大型熱帶魚如虎鯊魚催產時，雌魚的注射劑量為絨毛膜激素 800~1000 國際單位/kg 或釋放激素類似物 A_2 20~30 μg/kg，採用二次注射法；雄魚的劑量為雌魚的一半，採用一次注射法。注射方式同金魚和錦鯉。親魚注射完催產劑的效應時間在水溫 26~28 ℃時，一般 12~18 h。中型熱帶魚如接吻魚個體在 10~50 g 之間，一般使用釋放激素類似物 5~40 μg/尾，雄魚的劑量為雌魚的一半，均採用一次注射法。催產後一般採用人工授精。

六、人工授精

觀賞魚人工授精方法是應用體外受精方式，從將產卵的雌魚卵巢內人工排出成熟卵細胞，同時從雄魚精巢內人工排出成熟精細胞，精、卵細胞在人工混合下成為受精卵。人工授精擺脫了自然產卵的束縛，可以充分利用魚的生殖細胞，尤其是克服雄親魚精子不足的困難；可以控制精、卵細胞結合成受精卵的情況，以提高受精率；可以有目的地進行品種間雜交，以培育新品種，還可以有效地解決場地欠缺的困難等。人工授精操作簡便，但必須掌握好親魚的發情高潮及精、卵的成熟程度，動作要熟練、輕巧而敏捷。

1.乾法人工授精

將乾淨的白瓷盆或碗擦乾，先捉雌魚在手，擦乾魚體，用拇指和食指從上向下輕輕擠壓腹部兩側，使魚卵流入盆(碗)中，再捉雄魚，用同樣方法將精液擠在卵子上，然後用硬羽毛輕輕攪拌均勻，再加少量的水拌和，此時精卵結合完成受精，最後將受精卵潑在事先準備好的魚巢上或孵化容器中進行孵化。此過程應盡可能快，一般應在幾分鐘內完成，同時在操作中避免陽光直射。

2.濕法人工授精

在乾淨的白瓷盆裡盛放少量清水，鋪好魚巢(沒有黏性的魚卵不用魚巢)，由兩人分別同時將卵和精液擠入盆內或由一人兩手各捉一尾雌或雄魚，兩手同時擠壓魚腹部，將卵和精液擠入盆中，並使受精卵均勻地散佈在魚巢上或孵化容器中進行孵化。操作過程也需盡可能快和避免陽光直射。

七、孵化

孵化是受精卵在一定環境條件下經過胚胎發育最後孵出魚苗的全過程。為了使胚胎正常發育成魚苗，需要創造合適的孵化條件。受精卵一般呈米黃色半透明狀態，未受精卵則不透明，數小時後呈乳白色為死卵，此時可以統計其受精率。受精卵孵化的適宜水溫一般在 20~24 ℃，孵化期各種魚有所不同，通常為2~3 d，有的可長達5~7 d。水溫與受精卵孵化速度呈正比，在適溫範圍內，水溫越高，孵化速度越快，孵化時間越短。如金魚水溫18℃，孵化時間為5 d；水溫20℃，孵化時間為4 d；水溫25 ℃，孵化時間為2 d。孵化時尤其要防止水溫急劇變化，氣候突變時，要及時采取措施，以防水溫大幅度地升降。

受精卵孵化時要注意保持良好的水質，水質應清新、溶氧豐富、酸鹼度、硬度適宜。引起水質差的主要原因可能是水中溶氧不足或水被污染，因而孵化期間不可使受精卵密度過大，要及時去掉腐敗魚卵、卵殼及有機物，進行人工增氧等。胚胎發育期間要注意防止黴菌侵蝕，品質差的卵更易受感染，使受精卵變質後胚胎發生死亡，若出現水黴嚴重現象，可用孔雀石綠潑灑或浸泡處理(見第九章)。有的熱帶魚卵孵化時還需作遮光處理。

第三節　觀賞魚的苗種培育

一　魚苗的飼養管理

　　剛從母體產出或從魚卵中孵化出膜的魚苗,只有透過人工精心飼養和培育才能得以良好地生長發育。對於卵生魚通常將剛出膜至體內卵黃囊消失的時間段稱為魚類的仔魚期,以後進入幼魚期。處在魚苗時期的觀賞魚類生命極為脆弱,而且在生長中的每一個階段都有其特殊要求,應根據每種魚苗的不同要求,精心餵養和管理。

　　卵胎生魚苗剛從母體內產出時,個體已較大,可以自由游動,當天或第二天即開始攝食。人工飼養可以投餵小個體的魚蟲,用60目過濾網篩下小水蚤或水蚤幼體,散入魚苗群中。如果沒有魚蟲,也可直接投餵人工粉狀飼料,要細微性小,營養全面,豐富,使魚苗能很好地生長發育。

　　卵生魚類剛從魚卵中孵化出來的仔魚,個體很小,常細如針尖,腹部有一個膨大的貯藏養料的卵黃囊。這時的仔魚或側臥水底或吸附在箱(池)四壁、水草等附著物上,不食不動,以吸收卵黃囊中的營養維持生活。不同種類的仔魚開始游動覓食的時間是不同的,在最適水溫條件下,有的3d左右,如金魚、錦鯉、藍星魚等;有的5d左右或更長,如神仙魚、地圖魚、花鼠魚等。一般當卵黃囊中的營養快被吸收消耗完時,仔魚便開始游動覓食,這時魚苗由內源性營養階段轉向外營養階段。轉食成功是仔魚成活的關鍵之一,此時尤其要認真觀察仔魚的動態,以便及時開食,投餵適宜的開口餌料,並注意投餌要分佈均勻,量少次多,使仔魚最初投餌成功,得以生存和健康生長。

　　餵食應該從幼魚能夠正常平游的當天開始。剛開始游動的幼魚太小,口裂很小,應給它們餵食能吞下的活餌,一般是餵草履蟲等原生動物和小型輪蟲,也就是俗稱的"洄水"。可用200目尼龍過濾網撈取天然"洄水",然後用100目的過濾網篩去大型魚蟲,也可直接撈取人工培養的"洄水",最後用吸管吸出網底濃度很高的"洄水",緩慢均勻地擠進幼魚箱。一般每天可餵兩次,使水的活餌濃度較高,以保證幼魚能吃到嘴邊的食物。幼魚在開餵後,應隨著魚的長大適時改餵小水溞(用60目過濾網篩下),以後再餵普通水溞。

　　如果沒有"洄水",可用熟雞蛋黃代替。方法是用100目左右的篩絹包住雞蛋黃,放在盛有少量水的碗中擠壓,製成蛋黃顆粒液,將蛋黃水潑散水中,供魚食用,一個蛋黃可餵一萬尾仔魚。用蛋黃餵養易使水渾濁,投餵宜少勿多,並注意適時換水,以防水質敗壞,幼魚長大些後再投餵魚蟲或人工飼料。

　　飼養仔、幼魚期間,應保持水溫穩定,水溫變幅不宜太大,水溫突變常會危及仔魚的生命。應保持良好的水質和適宜的環境條件,需溶氧豐富,光照充足,投食不可太多,食物要適口,能滿足其營養需求,轉食期及時改換符合要求的餌料,放養密度不能太大,後期應分箱(池)。早期盡可能不換水或少換水,每次換水量不宜超過總水量的1/8,抽水時注意消除死卵、腐爛有機質、殘渣等,後期換水量可增加,但也不宜超過1/4。仔、幼魚因個體柔弱,適應力差。管理時要注意防止病菌、敵害生物等對魚苗的危害,使其能夠下沉生長發育。

二、魚苗的篩選

　　魚苗的篩選依據觀賞魚的優劣標準,按照生產的不同需要,幼魚生長過程中,分批次逐漸挑選。經嚴格挑選出來的魚苗具有許多優良特徵,常作為後備種魚,加以精心培育,以使其後代具有較高的觀賞價值。選擇的幼魚要求生長速度快、體形優良、外形勻稱、游姿優美、體質健壯、色彩鮮豔、變色早,各品種特徵突出的觀賞部位要求完美。此外,如發現有觀賞價值的變異品種要注意選留和觀察,以求培養出千姿百態的新品種。

　　實例　金魚魚苗的篩選

　　一般留作後備種魚的魚苗,至少要經過4~5次選擇。

　　第一次,魚苗孵出20 d至一月齡時,魚苗體長2 cm左右,尾鰭分叉易見時,淘汰單尾鰭、身體畸形的種類。

　　第二次,魚苗一月半齡,體長3 cm左右時,選留形體端正,各鰭良好,尾鰭對稱者,淘汰殘次魚。

　　第三次,魚苗二月齡餘,體長4 cm左右時,品種性狀特徵日益明顯,可依良種魚苗篩選標準,以形態特徵為主進行標準篩選。

　　第四次,魚苗四月齡,體長6~8 cm時,主要注重色澤方面的篩選,選留體態好、色澤鮮豔的金魚。

三、魚苗的運輸

1.尼龍袋充氧運輸

　　這是觀賞魚運輸普遍採用的方法。該法有體積小、運輸量大、裝卸方便、存活率高等優點,適於飛機、汽車等交通工具運輸,途中不需要專人照管。尼龍袋有各種規格,如80 cm×40 cm,60 cm×35 cm,40 cm×25 cm等,應根據不同的運輸要求合理選擇。運輸時還需要將充氧包紮好的尼龍袋放入規格相同的硬紙箱內或先裝入硬泡沫箱再用硬紙箱作外包裝。運輸的存活率與裝袋密度的大小、運輸時間的長短、水溫的高低等因素密切相關,不同種類、不同發育階段的魚,其耗氧率不同,因而裝袋密度也要根據不同的需要進行調整。

　　例1:在水溫15~20℃,採用80 cm×50 cm尼龍袋(雙層),裝水10~15 L左右,金魚6~7 cm,每袋放400尾左右;10~11 cm每袋放100尾左右;13 cm以上,每袋放30~50尾,運輸30 h,成活率可達90%以上。

　　例2:如水溫25℃左右,採用80 cm×45 cm尼龍袋,錦鯉4~5 cm,運輸時間10 h左右,裝袋密度為每袋800尾。

　　例3:在水溫25℃左右,採用60 cm×35 cm尼龍袋,神仙魚3~4 cm,運輸時間15 h左右,裝袋密度為每袋200尾。

例4：在水溫25℃左右，採用40 cm×25 cm尼龍袋，紅綠燈魚2~3 cm，運輸時間10 h左右，裝袋密度為每袋400尾。

例5：在水溫20℃左右，採用60 cm×35 cm尼龍袋，紅劍魚6~7 cm，運輸時間15 h左右，裝袋密度為每袋500尾。

2.運輸操作技術要點

觀賞魚的魚苗(或成魚)運輸前，要制訂一個切實可行的運輸計畫，選用合理的交通工具，準備運輸用具等，如尼龍袋、紙箱、運輸用水等。對待運的魚停食1~3天，使糞便排盡，以減少運輸中的排泄量，保持途中較好的水質。根據需要進行密集暫養，一般約為正常放養量的1~2倍，使其適應密集生活環境，可透過裝袋密度試驗，確定其運輸時最佳放養密度。與接受單位保持密切聯繫，及時做好接收工作，準備好養魚池(箱)及養殖用水，為到站的魚提供良好的放養條件。

用尼龍袋運輸時，先用吹氣或注入空氣法檢查尼龍袋是否破損，然後將兩隻袋重疊相套，裝入清水，裝水量為尼龍袋的1/5~1/4。用撈網把魚送入袋中，裝袋時間較長時，水中應充氧。袋內魚的放養密度要適當。裝完魚後，將袋內空氣全部排盡，再把氧氣瓶的輸氧橡皮管伸入袋中充氧，充氧量要適度，一般以充氧後尼龍袋略有彈性為佳。空運的尼龍袋充氧略少於正常量，以防高空氣壓的變化使尼龍袋破裂。充完氧後將袋口扭緊翻轉用滌綸繩或橡皮筋紮緊，嚴防氧氣逸出。最後將尼龍袋放入硬泡沫箱或硬紙箱，用不乾膠帶封箱後，再用繩子或打包帶捆紮即可運輸。

自然條件不適宜進行觀賞魚的運輸，如盛夏高溫、嚴冬低溫季節時，需採取特殊的調節措施來保證安全運輸。首先要用硬泡沫箱外套紙箱包裝，這種包裝箱具有良好的保溫隔熱效果。其次尼龍袋中應裝入適宜溫度的水，注意保溫或降溫，將尼龍袋放入硬泡沫箱後，用雙層小尼龍袋裝入適量溫水(50℃左右)或冰塊，紮緊袋口後放入裝魚尼龍袋間的空隙上，然後將箱包裝捆紮好，即可保證運輸過程維持適宜的水溫。

到達目的後，魚的體質稍差，水中二氧化碳及含氮廢物含量過高，常使魚處於麻痺狀態。操作時先把尼龍袋放入備有新水的池(或箱)內，10多分鐘後再打開袋口，加進少量新水，隔10多分鐘再加入一些新水，直至新水全部取代原運輸水為止。這樣使魚從高濃度二氧化碳等水質中逐漸過渡到正常的水中，並逐漸適應當地水溫條件。運抵當天不要投餌，第2、3天再投餌，逐漸增加投餌量，餌料品質要高，促使其儘快恢復體質。

第四節　觀賞龜的人工繁殖和孵化

目前影響觀賞龜產業發展的主要因素是特有龜類苗種緊缺制約了生產，除了某些龜類自身繁殖力低的原因外，解決問題的出路之一是提高繁殖技術，擴大生產量。本節以黃喉擬水龜為例介紹觀賞龜的人工繁殖和孵化。

一 種龜的選擇

黃喉擬水龜具有較高的觀賞與藥用價值,中國主要分佈於江蘇、浙江、安徽、廣西、廣東、海南、福建及臺灣,國外分佈于越南。黃喉擬水龜的性成熟一般要 5 年以上。如果是野生的黃喉擬水龜,只要有 450 g 以上,一般都可用作種龜。每年 5~10 月為繁殖期。雄性的黃喉擬水龜背甲較長,腹甲中央凹陷,尾較長,肛門離腹甲後緣較遠。雌性背甲寬短,腹甲平坦,尾短。

選擇種龜時,雌雄比例以 2:1 為佳。這樣可保證較高的受精率,同時又較為經濟。種龜要選用健康、無傷、無病的個體。如龜板、皮膚有傷或發炎的,眼睛角膜有白衣、混濁的,吻端、鼻孔、頸部、四肢紅腫的不可選用。龜板、皮膚有光澤,頭頸伸縮、轉動自如,爬動時四肢有力、無外傷、身體飽滿者可選用。

二 種龜的飼養與管理

1.種龜池

種龜池為水泥結構,池底坡度約25°。龜池分三部分,下部為水深30 cm左右的蓄水池,中部為活動場及斜坡梯,上部為鋪放有細沙的產卵場。產卵場上有頂遮蓋,用以遮陽及擋住雨水,並為種龜營造陰涼、安靜的環境。水池可放水浮蓮,占池面的 1/4~1/3。現在也有聚乙烯塑膠(PE)製作成的專用種龜池出售,池可分兩層,總池高 45~55 cm;第 1 層為水池,高 20~25 cm,池底平滑防摩擦傷龜;第 2 層為活動場和孵化蛋池(沙池),高 25~35 cm(圖8-9)。

圖8-9 種龜池

種龜購進前要進行全面清池,以清除池中的有害、有毒物質,殺滅池中存在的各種病原體。清池常用藥物為氯製劑、高錳酸鉀等,清池幾天後才能放入種龜。

2.種龜放養與管理

新購進的種龜要藥浴消毒,常用15 g/m³的高錳酸鉀溶液浸泡30 min。種龜按雌雄比例2:1放入龜池,放養密度為4~6只/m²。新放養的種龜,因生存環境的突然改變,不會立即攝食,一般在 3 天後才開始誘食。餌料以動物鮮活料如小魚、蝦或家禽家畜的內臟為主,配以部分蔬果如蘋果、香蕉、嫩菜等。

當溫度超過 15 ℃時,黃喉擬水龜開始攝食,20 ℃以上時,攝食轉入正常。此時已進入雌魚生殖腺發育的關鍵時期,必須每天定質、定量、定時、定位投餵。餌料要新鮮,不能使用腐敗變質的,投餵量以龜吃剩一點點為准。每天餵的食物放在固定的陸地位置,使種龜養成定點攝食的習慣。氣溫在 25 ℃以下,每日投餵 1 次,投餵時間以下午 3 時為佳;氣溫在 26 ℃以上,每天投餵 2 次,上午 1 次在 7:00,下午 1 次在 6:00。

三、產卵與孵化

1.產卵前的準備

在龜的產卵季節來臨之前,要對產卵場進行清理。在 4 月中旬,應做好產卵前的準備工作,清除產卵場的雜草、樹枝、爛葉,將板結的沙地翻鬆整平。產卵場周圍種植一些遮陽植物或花卉,使龜有一個安靜、隱蔽、近似自然的產卵環境。孵化房用福馬林加熱薰蒸消毒,殺滅房中有害昆蟲,孵化用沙可用藥物水浸消毒、清洗乾淨,然後在太陽下暴曬或烘乾。孵化用沙最好直徑在 0.6 mm 左右,太小通氣性能差,容易板結;太大,保水效果不好,含水量不易控制。產卵場和孵化房均要防止鼠、蛇、貓等動物進入。

2.產卵

黃喉擬水龜在 5 月至 10 月均有交配行為,水中或陸地均可,以水中居多。交配前,雄龜追逐雌龜,咬住雌龜的脖子,前肢抓著雌龜背甲前兩側,後肢則抓著雌龜背甲的兩側,跟著雌龜在水中翻動或在陸地上爬行。雌龜不動時,雄龜則伏在雌龜背上交配。時間約 10 min。

5 月初,黃喉擬水龜開始產卵,產卵多在夜間或黎明。雌龜產卵前,爬進產卵場中選擇合適的位置開始挖穴。前肢固定身體,後肢輪換挖沙,尾巴幫助掃沙。頭頸前傾並時時注意周圍動靜。洞穴挖好即開始產卵。產出一枚卵後即用後肢把穴內卵排好,產完卵便蓋穴;用後肢將沙扒入穴內,用身體後半部的重力壓實穴口,並扒平穴的周圍,然後離開。無護卵行為。

黃喉擬水龜在 5~6 月份的產卵量最大,窩卵量 1~7 枚,以每窩 2~3 枚為多,卵重 10~20 g,平均 14 g。

3.龜卵的採集

繁殖季節,應在晚上進行觀察,留意龜扒穴的地點,以便第二天采卵。雌龜產完卵後,會留下痕跡。在產卵點,即在直徑 15~20 cm 的圓形區域,會有沙土翻新的痕跡,同時有龜走動時留下的足跡。認為是產卵穴後,用手輕輕將上層的沙扒開,如果見到龜卵,小心取出或先用竹簽做好標記,過 1~2 d 後再收集。

受精龜卵在卵殼中部有一圈明顯的乳白色帶,未受精卵則沒有這一特徵。收卵時將收的受精卵放在裝有孵化用沙的塑膠盆內,沙的厚度在 2.5 cm 以上,沙中含 5%~10%的水分,將收的卵插入沙中。收卵時動作要輕，否則易擠破受精卵，造成損失。另外，龜卵沒有蛋白系帶，應避免大的振動或搖晃。收卵時間最好在清晨，切忌在溫度最高，太陽最猛時操作。產卵場每天噴水一次，每週要全面翻沙一次，將沒有被發現、遺漏的卵檢出。

4.龜卵的孵化

一般用泡沫箱或木箱作孵化器進行人工孵化龜卵。泡沫箱的箱壁需鑽孔透氣，鋪設 10 cm 深的沙子。埋藏蛋的深度為 3~4 cm，200 cm² 的箱子可放置受精龜卵 50 枚左右。沙的濕度為 5%~10%，以手握沙成形，落地即散為准。沙內含水量太高，容易積水，阻止氧氣進入卵內，胚胎會因缺氧而死亡；太乾，則容易引起胚胎失水而死。要提高龜卵孵化率，保持適宜的濕度是關鍵。受精卵放置好後，應插一枚標籤，注明日期、數量。

溫度、濕度、通氣和防震是提高龜卵孵化率的四個關鍵因素。孵化期間，溫度維持在 25~32 ℃ 之間。定時對沙噴水，室內相對濕度保持在 80%~93%。在孵化過程中不能隨意翻動龜卵，動物極朝上孵化率相對較高，不要輕易顛倒。有資料表明黃喉擬水龜的受精卵經 54~112 d 的孵化，就可孵出稚龜。平均孵化時間是 74 天。從受精卵孵化，以時間為單位所需的溫度總和計算積溫，黃喉擬水龜所需積溫約為 49 600 ℃/h。孵化率為 84%。

稚龜出殼時，先用吻部頂破卵殼，最早是一小小的孔，後不斷擴大，伸出頭部，接著前肢伸出，然後用前肢支撐整個身體，奮力向外掙脫，最後成功出殼。剛孵出的稚龜應放入專門的盆中，盆中盛有濕沙及濕布，待稚龜卵黃吸收乾淨後再轉放入稚龜池。

四 稚龜培育

1.稚龜池

稚龜池一般為水泥結構，池底有一坡度，3/4 為水池，水深 20 cm，1/4 為陸地。龜池上方宜拉遮光布遮陽。黃喉擬水龜喜歡水，平常多在水中活動，水池中宜放些水浮蓮，約占水面 1/3。水浮蓮可為龜提供隱蔽的地方，同時可吸收水中有害物質，在炎熱的夏天可吸收大量的太陽輻射熱能，為龜降低水溫。陸地為活動場和食台，是龜攝食及活動的地方。在稚龜入池前，要對龜池徹底消毒。一般用 15 g/m³ 的高錳酸鉀溶液浸泡全池，沖洗乾淨後回水即可放養稚龜。

2.稚龜培育

剛孵出的稚龜體重 6.4~13 g，平均 10 g 左右。一般卵大，孵出的稚龜也大，卵小，孵出的稚龜也小。剛孵出的稚龜放在專門的盆中，不用餵食，待卵黃囊完全消失後方可移入稚龜池。移入稚龜池時，稚龜要用 1 g/m³ 的高錳酸鉀溶液浸泡消毒。入池後可餵食煮熟的雞、鴨蛋黃或碎豬肝。一周後可餵食碎魚肉或鰻料。稚龜放養密度在 100 只/m² 左右，視水質變化情況約兩天換水一次，投餌量以稚龜吃剩一點為准。餌料放在陸地上，吃剩的要及時掃去。餵食宜在上午和傍晚進行。一般每天餵兩次，可視氣溫高低調整餵食次數。8 月底孵出的稚龜經 3 個月飼養，平均體重可從 10 g 增重到 23 g，最大個體可達 40 g。一般而言 孵

化出來的個體大 生長較快 ,個體小的 生長則慢 越往後 差距越大。在稚龜培育過程中,還要注意防止敵害動物如蛇 鼠 貓等動物的侵入。

第五節　觀賞水產動物的品種培育方法

觀賞水產動物的品種培育主要是利用生物體遺傳與變異的規律 透過引種馴化 選擇、雜交 誘變 性別控制 雌核發育 多倍體育種 細胞核移植 轉基因技術等方法進行。其中引種馴化 選擇 雜交為常規育種技術 在觀賞水產動物品種培育過程中已發揮了重要的作用 其餘方法為新技術育種技術 ,目前仍處於實驗室研究和產品開發階段。

一 引種馴化

引種是指從外地或外國引進水生生物品種 使其在本地區繁衍後代並達到一定的數量 馴化是指人類按照自己的需要把水生生物培育成家養動物或栽培植物的過程。引種具有簡單易行 速效 經濟等優點 而且可以迅速擴大養殖種類或水草 在觀賞水生生物中被廣泛應用。如中國近年來引進的珍貴觀賞水產動物有 :七星刀魚 銀龍魚 金龍魚 一眉道人魚 霓虹燕子魚 黑白魟 美國鱷龜 水晶蝦等 因其有較好的裝飾性和觀賞效果 在當代觀賞水產動物飼養中佔有獨特的地位。隨著中國對外交流的擴大 各國特有的觀賞水產動物和水草不斷被引種到中國 新品種層出不窮 極大地豐富了觀賞水生生物市場。中國原生觀賞魚類中有許多形態奇異 色彩絢麗的種類 分佈在長江流域水系及其以南以北諸江河系中 透過人工馴化使這些魚能適應水族箱生活 即可成為新的觀賞魚養殖品種。如胭脂魚已馴養成功 作為著名的觀賞魚行銷中國外市場 成為十分有用的資源。

各種水生生物具有各自的生物學特性 對環境條件亦有一定的要求 因此引種時必須考慮原產地與引種地區自然條件差異程度 引種物件本身對於外界條件反應的敏感性以及與本地自然資源的相互作用關係。在選擇引種物件時應從地理及生態學標準 生物學標准 經濟學標準等方面預測引種馴化成功的可能性。中國值得馴養的觀賞水產動物的種類和數量都很多 如長薄鰍 爬岩鰍 魟鲅魚類 蝦虎魚類 金頭閉殼龜 黃緣盒龜等 應給予很好的認識和合理的開發。

二 選擇育種

選擇育種即選種 是人們利用生物固有的遺傳變異性 按照預定的育種目標選優去劣 ,從群體中把優秀的個體選拔出來留作種用 淘汰較差的個體 使後代群體得到遺傳改良。觀賞水生生物的變異性狀豐富 當其發生可遺傳的變異即遺傳物質發生了改變時 應及時發現新的變異 並選留下來 將合乎人們意願的性狀的個體選作親本 並在相傳的世代中持續不變地按照同一育種目標進行人工定向選擇 才能獲得新品種。選擇的作用表現在控制變異的發展方向,促進變異積累加強,創造新的品質。選擇是最基本的育種方法,在觀賞水生生物品種形成上起著重要的作用。選擇主要依據其觀賞性狀進行,即可作為獨立的育種,途徑來創造新品種,也是其他育種方法培育新品種的必經之路。當一個品種混入其他品種或物種的遺傳因數時就會變得不純,當某個品種本身發生了不利的可遺傳變異,如生活力降低、繁殖力下降、變異性狀變差等,即造成了品種的退化。一個定型的優良品種出現混雜退化現象可以透過選擇提高品種的純合性,達到提純復壯的目的,因此選擇也是觀賞水生生物保持其優良性狀的有效方法。

中國金魚在盆養時代(1547年後)透過選魚起到了選種的作用,改變金魚祖先單尾流、線型的野生模樣,產生五花、雙尾、雙臀、長鰭、凸眼、短身6種變異性狀,進而形成了現代金魚的雛形;1848年後,中國金魚的飼養已開始有意識的選種,並培育出墨龍睛、獅頭等10個新品種。在錦鯉中,因性狀的變化而自成一系的變種錦鯉有很多種,如五色錦鯉因魚身有白、紅、黑、藍及深藍五種顏色而得名;松葉錦鯉光澤極富變化,魚體的色澤如松樹的枯葉般,魚鱗則是松塔般的褐色或黑色,有薄的黃褐色鑲邊,有陽光反射下變成淺黃色鱗。在熱帶魚中也常因變異使一種魚形成幾十個品種,如孔雀魚對色彩斑紋、尾鰭、背鰭的形狀產生多種變異,經定向選擇後培育出幾十個各具特色的品種;接吻魚原始種為長圓形,以後出現魚身變短的變異種,經人工選擇培養後獲得了圓形接吻魚。水晶蝦是一種基因突變個體經人工改良而成的品種,背部紅白相間的斑紋有不同的排列方式,人工定向選擇使不同的變異性狀得以分別積累,並形成了多種新類型。

三 雜交育種

以雜交方法培育水生生物優良品種稱為雜交育種。雜交是增加生物變異性的一個重要方法,不同類型的親本進行雜交可以獲得性狀的重新組合,綜合雙親的優良性狀,產生某些雙親所沒有的新性狀,使後代獲得較大的遺傳改良。雜交育種可以為觀賞水生生物的發展及新品種的培育發揮重要的作用,是其育種的基本途徑之一。在觀賞水產動物雜交培育新品種過程中一般採用育成雜交方法,即應用雜交後代進行選擇和培育相結合方式,多代連續進行直至育成理想的新品種。

在雜交育種中應用最為普遍的是品種間雜交,其次是遠緣雜交(種間以上的雜交)。雜交親本的選擇要求綜合性狀好,有比較突出的優良性狀,遺傳差異大,雙親優缺點能互補,親本純度高的特點。如金魚品種間虎頭與龍睛雜交可能培育出虎頭龍睛,水泡與朝天龍雜交可能培育出朝天龍水泡,翻鰓與珍珠雜交可能培育出翻鰓珍珠。張分黃金錦鯉是日本黃金鯉和德國鯉的雜交種,具有白金黃金錦鯉般的底色,並添上了橙色及黃金色;大正三色錦鯉和白金黃金錦鯉或黃金錦鯉雜交可得到大和錦錦鯉,其魚體像金子或點綴了金布一樣燦爛華麗。劍尾魚與月光魚雜交,經人工培育成為紅劍尾魚。血鸚鵡魚是由紅魔鬼雄魚和紫紅火口雌魚配對繁殖所得,血鸚鵡魚本身沒有繁殖能力,但血鸚鵡雌魚有和其他親緣關係相近的魚類繁殖的可能。每一尾血鸚鵡魚依照嘴型、頭背部和體色來區分,沒有一尾魚是完全相同的。

四 轉基因技術

　　轉基因技術是把某個生物的基因轉移到另一生物，定向改造生物的基因型，並使之表達和遺傳的一種育種技術。中國科學院水生生物研究所在 1985 年首先將人生長激素基因 和小鼠重金屬基因啟動子導入受體魚中，建立了轉基因魚模型，轉基因鯉魚、鯽魚已繁殖子一代，證實了外源基因可以透過生殖細胞傳遞給後代。人的生長激素基因轉移到鯽、鯉、泥鰍等受精卵內，約一半的轉基因個體具有表達外源基因合成人生長激素的能力，並顯示出不同程度的快速生長效應，還獲得了比普通泥鰍重三倍多的超級泥鰍。轉基因技術將是按照人類意願創造品種最有力的辦法，隨著各種具有優良性狀的基因被分離，轉移這些優良性狀的基因，可以為觀賞水產動物品種培育開闢嶄新的途徑。斑馬魚作為模式生物廣泛應用於基因工程中，其轉基因技術也相對成熟，並有專用的斑馬魚養殖系統（圖 8-10），為開輾轉基因技術育種提供了有利的條件。

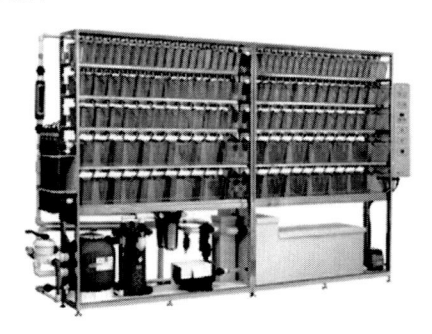

圖 8-10　斑馬魚養殖系統

　　螢光魚是臺灣邰港科技公司的科研人員運用轉基因技術獲得的轉基因觀賞魚，是把外來的螢光基因片段在顯微方式下注入青鱂魚或斑馬魚的受精卵胚胎內，外來螢光基因的特性在胚胎發育過程中得以表達，出生後的這條魚就會發出螢光。2001 年首次將綠色水母 基因轉入青鱂胚胎中，成功培育出 TK-1 綠螢光基因魚"夜明珠"。2006 年將珊瑚紅色基因轉入斑馬魚獲得全球第一條全身型紅螢光基因魚"邰港紅色 1 號"，將觀賞魚的技術與品質提升到另一個境界。之後用轉基因技術陸續培育出紅、綠、紫、黃等色螢光魚，有雙螢光基因的"金夜明珠"。2012 年臺灣培育出粉紅色轉基因螢光神仙魚，能夠在沒有紫外線燈照射情況下發出明亮的光。螢光魚是轉基因技術在動物上最成功的結果之一，由此展示出轉基因技術育種的美好前景。

研究性學習專題

① 分析金魚和錦鯉秋季繁殖的意義和特點,以及人工催產在其秋季繁殖中的作用,探討生產上需要採取哪些措施才能獲得好的繁殖效果。
② 分析哪些因素可能影響七彩神仙魚繁殖成功,探討怎樣才能增加七彩神仙魚的繁殖量和提高仔魚的成活率。
③ 探討雜交育種在羅漢魚或孔雀魚品種形成中的作用,分析各類別兩個品種的雜交育種方式及特徵(列出文字圖片資料來源)。
④ 介紹轉基因技術獲得螢光魚的原理、路徑及方法,分析探討哪些熱帶魚有可能採用轉基因技術創造出有獨特價值的新品種。

第九章　觀賞水生生物的疾病防治

　　觀賞水生生物的生存是機體和外界因素兩方面相互作用的結果。如果環境發生了不利於生物生存的變化，機體抵抗力就會減弱；當環境的變化超過了其適應範圍，或者有病害生物侵染而使機體受到傷害的時候，生物就會患病。可見，觀賞水生生物的患病也是機體和環境雙方作用的結果。疾病的防治就是要避免和改善不利的環境因數，阻斷病害生物對觀賞水生生物機體侵害的途徑，從而使觀賞水生生物健康生長。

第一節　疾病的發生及診斷

一　觀賞水生生物發生疾病的原因

　　可能導致觀賞水生生物患病的因素很多，歸納起來可分為理化因素、生物因素、人為因素和觀賞水生生物機體內在因素四個方面。

　　1.理化因素

　　在水族箱或池塘中，物理因數的條件是否適當，以及水質化學因數的管理能否穩定控制，都會直接影響到觀賞水生生物本身的生理組織或生理機制，不當時都能引起相當程度的損傷。

　　（1）水溫的變化　觀賞水產動物都是變溫動物，它們的體溫不像人和鳥、獸那樣保持著相對恒定，而是隨著水溫的不同而不斷地變化著，水溫升高時其體溫便會升高，水溫降低時它們的體溫又會隨之逐漸下降，最後達到與水溫基本一致的水準（一般與水溫僅差 0.1 ℃）。如果水溫不適，或水溫突然變化，都可能使其生理機能受到損壞，從而影響動物的抗病力，甚至直接致病，有時還可直接致死。不同種類的水產動物對水溫的要求是不一樣的，一般金魚、錦鯉等溫水性魚、蝦適宜的水溫是10~28 ℃，低於6 ℃大都停止攝食和生長，高於33 ℃它們大都會食欲減退、生長緩慢；而熱帶觀賞魚、蝦適宜的水溫是22~28 ℃，低於15 ℃食欲減退、生長減

緩 超過35℃時便會死亡 觀賞龜類的適宜溫度是22~32℃ 低於10℃或高於35℃則進入冬眠或夏眠狀態。就是同一種觀賞水產動物 其不同發育階段 對水溫也有不同的要求 例如 魚苗下池的池水溫度與原體溫相差不超過2℃ 魚種一般不應超過4℃ 否則就可能導致生病或死亡。

常見的觀賞水生植物絕大多數原產於熱帶和亞熱帶 比較適合它們的水溫介於20~28℃ 水族箱(池)的水溫過低 植株體內的代謝機能降低 生長停滯 有時也使植株全株或 局部發生壞死 爛根等症狀；水溫過高 使水草的葉片或幼嫩部分發生灼傷 導致落葉或黃化等現象發生 嚴重時 葉片易腐爛。

此外 各種病害生物對水溫也有不同的要求 水溫適合時它們才會大量繁殖 導致觀賞水生生物生病 水溫不適合時往往就不會導致疾病的發生和流行。

(2)溶解氧的變化

觀賞魚 蝦主要是透過鰓"呼吸"溶解在水中的"結合氧"來進行生命活動的 水中溶解氧的濃度高低對魚 蝦的生存和生長有著直接的影響 長期處於溶解氧不足的情況下 魚蝦的抵抗力就會下降 很易患病。通常適合魚蝦生存的溶氧量是 4~14 mg/L 若低於 1 mg/L 時 則出現缺氧浮頭 若再降低魚蝦便會在短時間窒息死亡；而超過14mg/L時 又可能使魚患氣泡病。溶氧的降低會導致水質惡化 觀賞水棲龜類長時間待在水中 雖然是呼吸空氣中的氧氣 也對溶氧有較高的要求。水中溶解氧的變化與很多因素有關 如天氣 季節 水溫 浮游植物 浮游動物 水中微生物 飼養密度 有機物多少 增氧機械等等。

(3)酸鹼度(pH)的變化

pH過低 過高或短時間內劇烈變化 往往會引起觀賞水生生物患病甚至死亡。淡水觀賞魚類適宜的pH一般為6.5~8.5 pH低於5或高於9的水體中 魚生長不良 易患病 甚至死亡。由嗜酸卵甲藻引起的"打粉病"就是因為池水是酸性而引發病原體大量繁殖而致病的。海水觀賞魚對生活水環境的水質要求高 pH8.3 左右 上下波動不超過 0.2。水棲觀賞龜適宜水質為中性 若棲息環境鹼性偏高 容易患角膜炎。熱帶水草多喜歡弱酸性的軟水 中國南方的水質比較適合 而北方水質偏城偏硬 使水草難以適應 容易枯萎 死亡。

(4)水中各種物質的含量變化

水中各種物質的含量決定著水質的狀況 而水質的好壞又直接影響著觀賞水生生物的生存 健康和生長 其中影響較大的主要有動物的代謝廢物 池中有毒物質以及有機質的多少。影響這些物質含量變化的因素主要有生物的活動(包括魚 其他水生生物 浮游生物、微生物等的活動) 水源(是否有污染) 施肥(是否均衡合理)以及氣候變化(影響水溫 光照 氣壓 降雨等)。水中的重金屬 氨 氯 硫化氫等超過一定量後 能引起觀賞水生生物發病 死亡。

2.生物因素

大多數觀賞水生生物疾病是由致病生物引起的 這些致病生物叫病原體 它們包括病毒 細菌 真菌 藻類 原生動物 蠕蟲 環節動物 鉤介幼蟲 甲殼動物等。其中 病毒 細菌、真菌、藻類屬於植物性病原體，它們大都是微生物，由它們引起的觀賞水生生物疾病稱為傳染性魚病；原生動物、蠕蟲、環節動物、鉤介幼蟲、甲殼動物屬於動物性病原體，簡稱寄生蟲，由它們引起的水生生物疾病稱為侵襲性疾病或寄生蟲性疾病。

另外，還有些生物直接吞食或間接危害觀賞水生生物，如水鳥、水蛇、蛙、鱉、兇猛魚類、水生昆蟲、水螅、青泥苔、水網藻等，它們被稱為水生生物的敵害。

3.人為因素

觀賞水生生物依賴於人工育種、養殖，人類的生產活動對其健康是有直接影響的，是導致水生生物生病的另一重要因素。

(1)放養密度和品種間混養比例

這與水生生物疾病的發生有著直接的關係，因為飼養密度過高或搭配比例不合理，超過了一般餌料基礎與飼養條件，就可能導致長期溶氧低下、水質變差、餌料供應不足、營養不良、抵抗力下降、病原體傳播機會增大等情況發生，從而為疾病的流行創造了機會。放養品種的搭配不合理就可能對其中一方有害。如果將個體較小的水產動物與肉食性水產動物養在同一水體中，小的有被吞食的危險；如果在植物食性的水產動物飼養箱(池)中種植觀賞水草，水草就將被攝食。

(2)飼養管理不當

這方面包括的因素很多，如餌料供應不足或過多、營養不全面、缺乏某種微量元素或維生素、飼料變質、投餵方法不對、施肥不合理、用藥不恰當、未及時撈出殘餌、增氧機械使用不當等等。這些都可能透過影響觀賞水生生物體質、病原生物的繁殖、水質等，進一步導致水生生物疾病的發生。

(3)機械損傷

捕撈、轉池、轉箱以及運輸操作等過程中，常因操作不慎，造成機體機械性損傷(如鱗片脫落、皮膚擦傷、鰭破裂、眼和枝葉損壞等)，傷部極易感染水中的細菌和水黴，引起發病。此外，常刮食附著藻類的水產動物，吻部也易受傷感染。

(4)藥害

使用藥物時不注意養殖水體的水質情況、用藥物件、天氣變化、藥物性質與注意事項等，亂(濫)用藥物，導致觀賞水生生物亞健康甚至患藥源性疾病或誤診誤治等。

4.觀賞水生生物機體內在因素

引起觀賞水生生物疾病，除了外界因素外，還要看機體本身對疾病的耐受力(抗病力)如何，一般稱之為免疫力，就是對疾病產生抵抗力而不受其感染，是生物機體本身的內在因素。只有外界因素的作用，或僅有病原體的存在，並不一定能使觀賞水生生物生病，同在一個水族箱或池塘中，有的生物得病死亡，另外一些生物則完全看不到發病，這是十分常見的現象。在這種情況下致使水生生物生病的原因便是內在因素，如種類、性別、年齡、規格大小、體質健康狀況、是否注射疫苗等。所以，在分析、診斷、防治水生生物疾病時，應全面分析。

二 觀賞水生生物疾病的預防

觀賞水生生物生活在水中,其生長、活動情況難以觀察,當發現病情時往往已經病重,治療難以奏效,因此必須堅持以預防為主。觀賞水生生物疾病的預防是一項綜合性、經常性的工作,在預防措施上既要注意消滅病原體,盡可能切斷侵襲和傳染的途徑,又要增強觀賞水生生物的體質,提高其體內的抗病力,才能達到預期的防病效果。

1.生物機體消毒

即使表面看起來健康的生物,亦難免帶有一些病原體,如果病原體被帶進養殖水體中,遇到適宜條件,便可能大量繁殖使觀賞水生生物發病。因此在觀賞水生生物轉池或放入水族箱時,特別是從外面購買的,必須進行消毒,以避免或減少病原傳播的機會。常用的消毒藥物有食鹽、碘製劑、氯製劑、高錳酸鉀等,一般採用浸洗法。不同的觀賞水生生物對藥液的忍耐程度不同,浸洗時間長短還與生物的種類、大小、體質強弱、水溫高低等有關。對不熟悉的觀賞水生生物(尤其是高檔生物)進行消毒時,最好能先用少量的進行試驗,以免用藥不慎,造成重大損失。

2.養殖池(箱)和工具消毒

觀賞水生生物入池或進箱前先用藥物對池或箱進行徹底消毒,常用的如,漂白粉 20 g/m³、生石灰 300 g/m³、高錳酸鉀 200 g/m³ 等。用藥後一般需要 3~5 天藥力才會消失,方可加水放養觀賞水生生物。採用定期施藥,在流行病發病季節前用藥物潑灑全池或全箱等方法,可以有效地防治水生生物疾病,特別是體表細菌性病和體外寄生蟲病。養殖工具常常是魚病傳播的媒介,在發病池(箱)使用過的工具,如不消毒處理直接在其他池(箱)使用,就可能傳播病原體引發疾病。因此,發病池(箱)使用過的工具必須在陽光下暴曬,或用 5%漂白粉水溶液或 200 g/m³ 高錳酸鉀溶液浸泡 20 min。

3.投餵藥餌

對於體內疾病主要是透過投餵藥餌來預防,飼料中拌磺胺類、抗生素類、中草藥等,對預防細菌性腸炎病、爛鰓病等有較好效果,拌敵百蟲等可預防條蟲病等。投餵藥餌時應比較慢,儘量均勻;加入藥餌的投餵量,應比平時正常投餵量略少,以保證藥餌能全部被攝食掉。

4.加強飼養管理

在觀賞水生生物養殖過程中,加強飼養管理,能夠為其生存生長創造一個良好的環境。根據養殖條件的不同確定合理的放養密度,放養規格應整齊,混養種類的生活習性應相似或互補;使用飼料營養價值要高、新鮮、乾淨、不含病原體和有毒物質,投餵要定時、適量,注意換水,保持良好的水質,根據不同觀賞水生生物對水溫、酸鹼度、硬度、溶氧等的不同要求及時調整;起捕、搬運等過程中應小心細緻、動作輕快、敏捷,避免使其受傷;加強檢疫,對來源於國外的觀賞水生生物必須作檢疫處理,以防疾病的發生和蔓延,尤其要避免帶進中國還沒有的病原體,以防造成災難性後果。

5.觀賞水產動物疾病的免疫預防

所謂免疫，簡單地說就是對病原體產生抵抗力而不受其感染致病。動物的免疫包括非特異性免疫(天然免疫)及特異性免疫(獲得性免疫)兩種。非特異性免疫是動物體先天存在的防禦體系，特異性免疫是後天感染或人工預防接種某種病原體(抗原)而使機體獲得對該種病原體的抵抗力(產生抗體)。免疫預防是根據特異性免疫原理，採用人工方法將抗原(疫苗、類毒素等)或抗體(免疫血清、丙種球蛋白等)製成各種製劑，接種於動物體，使其獲得特異性免疫能力，達到預防某些疾病的目的。

相對於人用疫苗和獸用疫苗，水產動物類疫苗的研究起步較晚。1942 年 Duff 等對養殖的硬頭鱒接種了細菌性滅活疫苗獲得免疫成功。1976 年魚類疫苗第一次在美國獲准生產，至今全球商業化的魚用疫苗已達一百多種。在挪威、日本、美國、加拿大等國家對有些魚類的病毒性和細菌性疾病的人工免疫已取得了非常好的效果。1992 年農業部批准生產應用"草魚出血病組織漿滅活疫苗"，正式開啟了中國魚用疫苗研製應用的歷史。目前中國也已經研製出多種魚用疫苗，有的已經獲得了農業部頒發的新獸藥證書。生產和試應用的有草魚出血病病毒滅活疫苗〔獸藥生字(2011)190986021〕草魚出血病弱毒疫苗等防治病毒感染的疫苗，嗜水氣單胞菌滅活疫苗〔獸藥生字(2011)190986013〕遲鈍愛德華氏菌弱毒活疫苗、鰻弧菌減毒活疫苗等防治細菌感染的疫苗。中國水產科學院珠江水產研究所還建成了生產魚用疫苗的 GMP 車間。

由於養殖物件、養殖環境條件等存在較大差異，加之對飼養水產動物免疫接種的方法不同(常用的有注射、口服、浸泡和噴霧)，水產動物疾病的免疫預防效果還不夠穩定，也不是絕對有效的。在實施免疫接種時要注意以下幾個問題：首先，要注意在適宜的水溫條件下對養殖水產動物實施免疫接種；其次，要注意接種疫苗的血清型與期望防禦的致病病原血清型的一致性；再者，要注意水產動物的免疫系統是否已經發育完備。

三 觀賞水生生物疾病的診斷

診斷觀賞水生生物疾病的過程是一個綜合判斷的過程，需要經過現場調查，認真仔細觀察其發病特徵，全面檢查，綜合分析，才可能做出正確診斷。

1.發病特徵的觀察及現場調查

觀賞水產動物發病後在體色、攝食、活動狀態等方面常表現異常，鱗片、鰭條、鰓、肛門等部位出現異常症狀。健康水產動物行動靈活自如，喜群游、覓食、求餌旺盛；患病者則常常離群獨游，游動緩慢或浮于水面，有時又游動不安，上下跳竄，食欲減退或厭食。健康的動物體表光滑，顏色豔麗而富有光澤；患病動物體色暗淡無光，且體表粗糙或黏液增多。

發現觀賞水產動物患病後應立即進行現場調查，主要瞭解下列情況。①飼養管理，包括養殖種類、苗種來源、養殖密度、清塘方法及時間、投餌種類、數量、品質和方法、水質管理情況等。②環境因素，包括水源情況、藥物、肥料施用情況、水質變化情況、發病時期天氣變化情況、池中有否病原體的中間寄主或終末寄主、水溫情況等。③發病情況、包括發病時間、同池中哪幾種生物發病、發病的水產動物行為表現、死亡時間、數量及個體大小、曾作過什麼處理、發病規律等。根據疾病發生的原因對所患疾病的種類做出初步的診斷和推測。

2.肉眼檢查

肉眼觀察是檢查觀賞水生生物疾病的主要方法之一、選擇病體時應注意：①選擇那些病徵明顯的生物進行檢查。②選擇患病但尚未死亡或剛剛死亡的觀賞水產動物、因為動物死亡時間太長病原體及病徵都將會消失而影響診斷。③同批應儘量多檢查幾個病體、以免誤診。④病體要保持濕潤、否則會影響檢查。觀賞魚檢查要點如下：

(1)體表

將病體按順序從頭部、口、眼、鰓、鱗片、鰭條等進行仔細觀察、大型病原體如水黴、嗜子宮線蟲、錨頭鰠、魚鮘等很容易被檢查確定。小型病原體則根據表現病狀來辨別、如體表有大量黏液並帶有污泥、或頭、口、鰭條等處腐爛、往往與車輪蟲、斜管蟲、三代蟲等寄生有關。鱗片豎立、鰭基部充血和蛀鰭則是赤皮病、爛鰓病、腸炎病以及其他一些細菌性魚病的症狀之一。

(2)鰓

檢查鰓部、重點是鰓絲、檢查鰓絲要看顏色是否正常、黏液是否增多、鰓絲末端是否腫大、發白和腐爛。如鰓絲腐爛發白、尖端軟骨外露、並有污泥和黏液、為爛鰓病症狀、鰓絲顏色發白並有紅色小點、可能是鰓黴病、鰓絲發白黏液多、往往與一些寄生蟲如三代蟲、指環蟲有關。

(3)內臟

檢查內臟、先剖開水產動物腹腔、觀察是否有腹水、肝臟、脾臟等的顏色是否正常、膽囊是否腫大、腸道是否充血、發炎。然後取出腸管、從前腸剪至後腸、去掉腸中的食物和糞便、進行觀察。條蟲、吸蟲、線蟲等可以直接看到、腸壁發炎、充血呈紫紅色則可能為腸炎病、腸內壁有瘤狀物或者有成片或稀散的小白點、多為球蟲病和黏孢子蟲病。

3.鏡檢

肉眼不能正確診斷或症狀不明顯的疾病、需要用顯微鏡或解剖鏡進行檢查、簡稱鏡檢。鏡檢一般先在肉眼所確定下來的病變部位進行、然後再著重檢查體表、鰓絲和腸道。其方法是先在載玻片上滴一滴水、用鑷子從魚患病部位取少量組織黏液、內含物等、蓋上蓋玻片、由低倍到高倍在顯微鏡下逐次進行檢查。通常在體表黏液中可見到小瓜蟲、斜管蟲、車輪蟲、黏孢子蟲等。在鰓上可見到鰓黴、隱鞭蟲、車輪蟲、小瓜蟲、指環蟲、三代蟲等。在腸道內可見鞭毛蟲、變形蟲、球蟲、複殖吸蟲、條蟲、線蟲等。鏡檢對於寄生蟲病的診斷效果較好、而對細菌、病毒等引起的傳染性疾病、僅用目檢和鏡檢都不夠準確、需送入實驗室進行病原體的分離、鑒定才能確診。

四 觀賞水生生物常用藥物

1.消毒、殺菌藥

(1)漂白粉

漂白粉又稱含氯石灰,是次氯酸鈣、氯化鈣和氫氧化鈣的混合物,含有效氯 25%~30%,為灰白色粉末,有氯臭,溶於水,穩定性差,在光、熱、潮濕條件下易分解失效。漂白粉為廣譜消毒劑,加入水中產生次氯酸,次氯酸放出活性氯和初生態氧,呈現殺菌作用,其殺菌作用強,但不持久,主要用於細菌性魚病的防治。

(2)優氯淨和強氯精

氯胺化合物,優氯淨化學名稱為二氯異氰尿酸鈉,含有效氯60%,具強烈的氯臭,易溶於水。強氯精化學名稱三氯異氰尿酸,含有效氯80%,微有氯臭,能溶於水。兩者均為白色粉末,穩定性好,能長期貯存,加入水中產生次氯酸而具殺菌作用,藥效強而持久,常用於防治多種細菌性魚病。

(3)二氧化氯

二氧化氯是以次氯酸鹽或氯酸鹽為原料,用氯氧化或電解氧化或酸性介質中還原製得的新型廣譜、高效、速效、低毒消毒劑。具強烈的氯臭,極易溶於水而不與水反應。氧化力較一般含氯製劑強,能釋放新生態氧及次氯酸根離子,滲透到微生物內部,使蛋白質中的氨基酸氧化分解,破壞微生物的酶系統,迅速殺滅細菌及病毒。對各種細菌的繁殖體、真菌及其孢子、芽孢、病毒、原蟲和藻類等均有顯著的殺滅作用。被世界衛生組織(WHO)和世界糧農組織(FAO)推薦為 A1 級高效安全消毒劑。當二氧化氯含量在 2%以上時,其消毒作用 不受環境水質、pH等變化的影響,可同時除臭、去味,也可氧化酚類等污染物質,易從水中驅除,不具殘留毒性等。但二氧化氯的穩定性較差,在空氣中 ClO_2 的體積濃度超過 10%或在水中濃度超過 30%會發生爆炸,使用時要注意安全。

(4)氯化鈉

氯化鈉即食鹽,白色結晶粉粒,易溶於水,具有強烈的滲透作用和脫水作用。一般用來浸洗效果較好。常用濃度為 3%~5%,在 10~15 ℃水溫時浸洗魚體 10~15 min,能消毒、防腐、殺死水生生物體內的車輪蟲、斜管蟲以及細菌、水黴等。

(5)小蘇打

小蘇打即碳酸氫鈉,白色結晶粉末,無臭,易溶於水。萬分之四的食鹽和萬分之四的小蘇打混合全缸藥浴,可防治水黴病、豎鱗病等。

(6)碘

碘是灰黑色,具有金屬光澤的片狀結晶或顆粒,有臭味,不穩定,在常溫下能變成紫色蒸氣揮發,難溶於水(1:2955),易溶於醇。具有很強的氧化能力,可以氧化病原體原漿蛋白的活動基團,並與蛋白質的氨基結合而使其變性。常見製劑有碘酊(碘酒;碘和碘化鉀、乙醇溶液的混合物)、伏碘(PVP 碘;碘和聚乙烯吡咯烷酮的絡合物)、聚維酮碘(1-乙炔基-2-吡咯烷酮均聚物與碘的絡合物)。

它們能殺滅多種革蘭氏陽性及陰性細菌、芽孢桿菌、衣原體、病毒、真菌、鞭毛蟲、小瓜蟲、孢子蟲等上百種病原體。後兩者水溶性更好、性質更穩定，氣味小、毒性低、對皮膚和黏膜刺激性小，是近年來常用於魚類、蝦類等水生生物細菌性及病毒性疾病的預防和治療藥物。可遍灑、浸洗、塗抹、口服。

(7)高錳酸鉀

高錳酸鉀為紫黑色細長結晶、具藍色金屬光澤、無臭、易溶於水。它是一種強氧化劑，與有機物相遇時即釋放出氧，將有機物氧化，因而有強的殺菌力，其本身則還原為二氧化錳。二氧化錳可與蛋白質結合成蛋白鹽類的複合物，因此低濃度時有收斂作用，而在高濃度時有刺激及腐蝕作用。高錳酸鉀還可用來防治三代蟲、指環蟲及錨頭鰠等。使用時可浸洗藥浴、塗抹，不宜遍灑。注意高錳酸鉀對觀賞魚類的鰓絲傷害很大，使用時要準確計算用量。

2.殺蟲、驅蟲藥

(1)硫酸銅和硫酸亞鐵

硫酸銅又名藍礬、膽礬，含有5個分子的結晶水，為藍色結晶或粉末，易溶於水，水溶液呈弱酸性。水解的銅離子破壞了蟲體酶的活性，進而破壞蟲體的物質代謝。它有收斂作用及較強的殺滅病原體的能力，一般對原蟲殺滅效果較好。其毒性隨水溫升高而升高，隨pH升高而降低，隨水的硬度增加而降低。硫酸亞鐵又名綠礬、鐵礬，含有7個結晶水分子，為淡綠色結晶或粉末，易溶於水，在潮濕空氣中易氧化水解，生成黃褐色不溶性的城式硫酸鐵，即無藥用價值。硫酸亞鐵為輔助用藥，有收斂作用，一般多與硫酸銅或敵百蟲合用，以提高藥物滲透能力而增強藥效。與硫酸銅配比為2:5，可浸洗(常用濃度7 g/m³)、遍灑(常用濃度0.7 g/m³)。

注意事項 銅可殘留在鰓、肌肉、肝、腎組織內，並影響水生生物的攝食及生長，故不能經常使用。另外硫酸銅的安全濃度範圍較小，使用時應準確地測量水體。溶解硫酸銅的水，溫度不要超過60℃，否則易失效。

(2)敵百蟲

敵百蟲為有機磷殺蟲劑，含有效成分 90%，為白色結晶，易溶於水。其透過對蟲體乙醯膽鹼酯酶的抑制作用，使乙醯膽鹼酯酶失去水解乙醯膽鹼的能力，乙醯膽鹼在體內大量積蓄，使神經興奮失常，引起害蟲肢體震顫、痙攣、麻痺、死亡。它具有觸殺、胃毒、薰蒸等三種作用，並表現有一定的滲透活性。常採用口服(常用濃度 10~50 g/500 g 飼料)、浸洗(常用濃度 1~2 g/m³)、遍灑(常用濃度 0.2~0.7 g/m³)的方法，主要用於殺滅體外寄生甲殼動物、單殖、吸蟲及腸內寄生的部分蠕蟲。

注意事項：不能與鹼性物質(如生石灰)混合使用；有些魚類如地圖魚、淡水白鯧、鱖魚等對此藥敏感。

(3)馬拉硫磷 馬拉硫磷即馬拉松，是一種高效、低毒、廣譜性有機磷殺蟲劑。常用劑型為50%乳油，純品為黃色油狀液體，商品製劑為淡黃色至棕色透明液體，有強烈的大蒜味。

對光穩定 在水中能緩慢分解。藥劑進入蟲體後 被氧化成毒力更高的化合物 表現出很高的殺蟲活性；其殺蟲方式主要是觸殺和胃毒 並有一定的薰蒸作用。注意藥效與溫度有關 低溫時藥效 稍差。

(4)阿維菌素

阿維菌素是新型放線菌(*Streptomyces avermitilis*)產生的大環內酯類抗生素 白色或微 黃結晶粉末 無味 不溶於水 易溶於乙酸乙酯 丙酮 三氯甲烷。對線蟲和節肢動物有良好的驅殺作用 但對條蟲 吸蟲 原生動物無效。同類產品還有伊維菌素等。

(5)咪唑類

咪唑類包括甲苯咪唑 左旋咪唑 丙硫咪唑等 其作用機理主要是透過擬膽鹼的作用，刺激蟲體神經節 使之麻痺 然後排出體外。用於治療水生生物胃腸道內寄生的蠕蟲類時做成藥餌口服 而防治三代蟲 指環蟲時則使用藥浴或遍灑的方法。

3.內服 注射藥

(1)磺胺嘧啶

磺胺嘧啶簡稱 SD 白色或微黃色的結晶粉末 無味 難溶於水 在空氣中穩定 遇日光 顏色可逐漸變深 應盛於避光容器內密封保存。機體對其吸收完全 排泄較慢 有效濃度可維持較長時間 副作用和毒性均小。在水生生物疾病防治上用以治療腸炎病效果顯著。磺胺類常用藥物還有磺胺二甲嘧啶等。

(2)青黴素

青黴素又叫盤尼西林 是傳統抗生素 常用的是青黴素鈉或鉀鹽 淡黃色粉末 易溶於水 極不穩定。抗菌譜不如磺胺類廣泛 對細菌作用有嚴格的選擇性 主要對革蘭氏陽性菌和革蘭氏陰性菌有抗菌效果；在低濃度時有抑菌作用 高濃度時有殺菌作用。在觀賞水生生物病防治中 主要用在魚 蝦運輸時潑灑到水中 以防止運輸中水質變壞。對個體較大的魚類 龜類採用肌肉注射 可防治細菌性感染。其他常見抗生素還有阿莫西林 克拉黴素、新黴素 金黴素 慶大黴素等。

注意事項 由於青黴素性質極不穩定 加熱 光照或加酸鹼等均能迅速分解 故應注意有效期。

4.中草藥

在觀賞水生生物養殖中採用中草藥進行疾病防治 有著重要的生態效益 社會效益和經濟效益。首先 中草藥是一類"綠色藥物" 既不會對水質造成污染 一般也不會像化學藥品那樣給病體帶來殘毒等副作用 ;其次 許多中草藥既是治病的藥物 又是養殖物件的飼料或肥料 "藥餌同源"相當於人類的"食療" 可以發揮治病與營養雙重效應 ;再者 中草藥的藥源廣 成本低 使用簡便 易為生產者掌握。

(1)檳榔

檳榔為棕櫚科植物檳榔的成熟種子,有效成分為檳榔鹼等生物鹼,對條蟲等寄生蟲有較強的麻痺、驅除、殺滅作用。可口服、浸洗和遍灑。

(2)大蒜

大蒜藥用部分為鱗莖,有效成分為大蒜素,具有止痢、殺菌、驅蟲作用,防治腸炎病有特效,對水體中的細菌、寄生蟲等有一定的殺滅作用。可口服、浸洗和遍灑。

(3)苦參

苦參藥用部分是根,有效成分是多種生物鹼;具有殺蟲、抗細菌和真菌的作用,可防治豎鱗病、腐皮病、水黴病等。可浸洗、遍灑。

(4)大黃

大黃藥用部分為根及根莖,有效成分是蒽醌衍生物;具有抗菌、收斂等作用,防治爛鰓和腸炎病等。可口服、浸洗。

(5)黃柏

黃柏藥用部分為乾燥樹皮,有效成分有小檗鹼、藥根鹼等;具有抗菌、降壓等作用,防治出血病、赤皮病等。可口服、浸洗。

(6)黃芩

黃芩藥用部分為乾燥根,有效成分有黃芩苷元、黃芩苷等;具有消炎、降壓、抗菌、清熱等作用,防治出血病、爛鰓病等。可口服、浸洗。

(7)板藍根

板藍根藥用部分為乾燥根,有效成分有靛苷、靛紅等,具有清熱解毒、抗菌抗病毒等作用,防治病毒性病和細菌性疾病。可口服。

(8)五倍子

五倍子藥用部分為倍蚜科昆蟲角倍蚜或蛋倍蚜寄生在漆樹科植物鹽膚木等樹上形成的乾燥蟲癭,有效成分為沒食子酸、黃酮等。對革蘭氏陽性和陰性菌均有較強的抑制和殺滅作用,具有抗菌解毒、收斂止血、斂肺降火、祛腐生新、澀腸止瀉等作用,用於防治病毒性病和細菌性疾病。可口服、浸洗。

在觀賞水生生物養殖中,原來有一些療效比較顯著的藥物,如硝酸亞汞、呋喃唑酮、孔雀石綠、氯黴素等,因其殘毒對人類、環境等有較大危害,被國家禁止在食用動物養殖中使用。觀賞漁藥有許多是用的商品名稱(圖 9-1),有的療效也很顯著,在選用時要注意其主要藥效成分,對症治療。

圖9-1　各種觀賞漁藥

五　觀賞水生生物的施藥方法

在觀賞水生生物疾病防治過程中，給藥方法不同，吸收的速度就不一樣，體內濃度也有區別，藥物發揮作用的方式也不一樣。一般常用的給藥方法有遍灑法、浸洗法、塗抹法、口服法、注射法等。具體採用哪種給藥方法，應根據疾病的類型、藥物的特性、養殖方式及特點做出合理的選擇。

1.遍灑法

全池(箱)遍灑藥液，使池(箱)水達到一定藥物濃度，殺滅水生生物體表及水體中的病原體。藥液的濃度較低，一般用 ppm 表示，1 ppm 為百萬分之一的含量，相當於 $1m^3$ 水中溶有 1 g 藥物(也表示為 g/m^3)。

這種方法可使藥物在水體中的留存時間長，能較徹底地殺死病原體，簡便易行，適用於預防和治療。對那些療效好但對觀賞水生生物有一定毒副作用的藥物不宜運用，特別適用於有效濃度低而安全濃度較高的藥物。此法用藥量較大，成本較高。

2.浸洗法

將觀賞水生生物集中在較小容器、較高濃度藥液中進行短期強迫藥浴，以殺滅體外的病原體。一般先按比例配好一定濃度的藥液，然後將觀賞水生生物放入藥液中浸洗，根據不同的水溫，靈活增減浸洗時間，水溫高，縮短浸洗時間，反之亦然。浸洗過程中要用充氧泵增氧，隨時觀察動物活動情況，如發現呼吸困難、躁動不安等異常情況，應立即把動物撈出或直接放回池(箱)中。氣溫較低的季節浸洗熱帶魚時一定要注意讓藥液和池水的溫度保持一致，以免魚感冒。浸洗法用藥量少且用量準確，同時藥液濃度較大，殺滅病原體效果較好，而且不影響水體中水草等的生長，但不能殺滅水中病原體，並且大面積池塘需專門拉網，既麻煩又易損傷動物身體，所以此法常作為水族箱養殖、轉池及運輸前後消毒用。

3.塗抹法

主要用於外傷和局部炎症的防治。通常採用高濃度的藥物塗抹傷口處或病灶部位。塗抹時用棉球或毛筆蘸取藥液塗抹，需注意將病魚頭部朝上，尾部朝下，從前向後塗抹藥物，這樣就可以避免藥液淌到魚鰓上去。有些外傷和局部病灶往往需要塗抹藥液多次，通常每天只塗抹一次，第二次塗藥，中間間隔一天為宜。塗藥後應立即將魚放入清水中，洗掉多餘的藥液，再移到水族箱中去飼養。

4.口服法

將藥物拌入飼料製成適口的藥餌投餵，殺滅觀賞水產動物體內的病原體。口服給藥應在動物攝食能力未停止之前進行，適於疾病的預防和早期治療。一般按動物的總體重計算給藥的劑量，要把池(箱)中能攝食同一餌料的各種水產動物考慮在內。口服法可以不把動物捕起而給藥，但病重時停止攝食或很少攝食，則達不到療效或無效。對於個體適中的水產動物(如觀賞龜類等)因病停止主動攝食時，也可以採取灌服的方法給藥。

5.注射法

魚類常用的注射法有腹腔注射和肌肉注射，腹腔注射將針頭沿腹鰭內側基部斜向胸鰭方向呈30°~45°角進針，深度以觀賞水產動物的大小而定；肌肉注射在背鰭下方肌肉豐滿處，用針順著鱗片呈30°~40°角向前進針1cm左右。龜類一般取後腿基部(根部)肌肉注射，入針深度視龜大小決定，以不觸碰到骨頭為適宜，進針角度20°~30°。注射法較口服法進入動物體內的藥量更準確，且吸收快，療效好，用藥量少，但太麻煩，費工費時，且小型觀賞水產動物無法操作，所以一般只在治療大型觀賞魚名貴品種，觀賞龜等或注射疫苗時使用。

第二節　傳染性疾病

一　錦鯉皰疹病毒病

[病原體] 錦鯉皰疹病毒(Koi Herpesvirus，簡稱 KHV)，又稱鯉皰疹病毒3型(Cyprinid Herpesvirus-3，簡稱 CyHV-3)(圖9-2A)，病毒顆粒近球形，為有囊膜的DNA病毒，可生存於5~28 ℃。

[流行情況] 水溫18~28 ℃為此病的高發條件，目前的流行病學研究表明，該病毒僅感染鯉和錦鯉及其雜交品種，魚種、成魚均可患病，死亡率高達100%。當水溫升高或降低時，死亡現象下降或停止。列為二類動物疫病，世界動物衛生組織(OIE)列為必須申報的疾病。

[症狀及診斷] 游動遲緩失衡，皮膚上出現蒼白的塊狀斑與水泡，鰓出血並產生大量黏液或組織壞死，鱗片上有血絲，魚眼凹陷，鰭條、尾鰭、口腔、腹部充血和出血，病魚1~2d內死亡(圖9-2B)。目前主要採用聚合酶鏈式反應(PCR)進行技術診斷。

[防治方法] 目前無有效的治療方法，應加強預防措施和落實檢疫，防疫工作。發現染

疫或病魚必須銷毀，對養殖設施應進行徹底消毒。①中國組織漿疫苗和弱毒疫苗都在研發中，以色列、美國等已有鯉皰疹病毒活疫苗商品。②抗病育種方面的研究工作正積極開展，有望在不久的將來選育出抗病力強的品種。③強化秋季培育，經常投餵水蚤、水蚯蚓、搖蚊幼蟲(血蟲)等動物性鮮活餌料，使魚在越冬前有一定肥滿度，增強抗低溫和抗病能力。④調控好水質和底質，如定期用微生態製劑全池潑灑，疾病高發期用二氧化氯等藥物對水體消毒等。

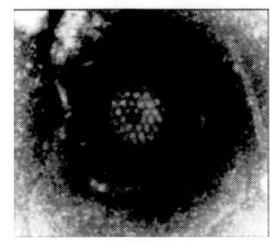

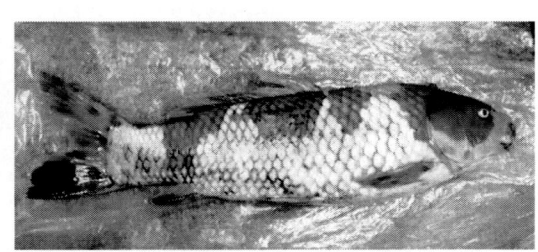

A: 病毒形態　　　　　　B: 症狀
圖 9-2　錦鯉皰疹病毒病

二 鯉春病毒血症

[別名] 急性傳染性腹水病、鯉鰾炎症、鯉春病毒病。

[病原體] 鯉春病毒血症病毒(Spring Viraemia of Carp Virus，簡稱 SVCV)，暫列為彈狀病毒科水泡病毒屬(圖9-3A)；病毒粒子呈彈狀，為有囊膜的RNA病毒。

[流行情況] 在歐洲廣泛流行，死亡率高達 90%，只流行於春季水溫 13~20 ℃環境，超過 22 ℃不發病，但幼魚有時在 22~23 ℃仍有感染。國家品質監督檢驗檢疫總局將其作為近年水生動物疾病監測的重點對象，世界動物衛生組織列為必須申報的疾病。

[症狀及診斷] 魚體發黑、呼吸緩慢、失去平衡、皮膚及鰓上有瘀斑性出血，鰓的顏色變淺、眼球突出、腹部膨大、腹腔中有積水、肛門紅腫、消化道、心、腎、鰾、肌肉等出血及有出血炎症，最常見的是鰾內壁出血(圖 9-3B)。根據症狀及流行情況可作初步診斷，採用聚合酶鏈式反應進行技術診斷。

[防治方法] 目前無有效的治療方法，應加強預防措施和落實檢疫、防疫工作。發現染疫或病魚必須銷毀，對養殖設施應進行徹底消毒。①中國人工免疫疫苗(如鯉春病毒血症病毒基因工程疫苗)正在研發中，捷克已經有鯉春病毒滅活疫苗商品。②將水溫提高到 22 ℃以上。③採用聚乙烯氮戊環酮碘劑(PVP)和中草藥拌料投餵，外用聚維酮碘、含氯消毒劑，可降低死亡率。

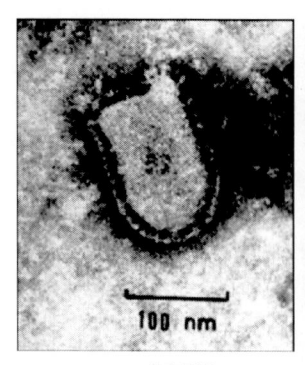

A: 病毒形態 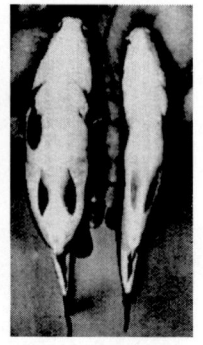　　　　　B: 症狀
圖9-3　鯉春病毒血症

三　細菌性爛鰓病

[病原體] 柱狀嗜纖維菌（*Cytophaga columnaris*）.菌體細長,柔韌彎曲,大小 0.3μm×(2~24)μm。革蘭氏染色陰性,無鞭毛,生長適溫 28 ℃。

[流行情況] 春夏季水溫 20~30 ℃為流行季節,流行地區很廣。該病的傳染源是帶菌魚,直接接觸感染,魚的鰓部受傷後易感染。金魚、錦鯉、神仙魚、地圖魚等均可感染此病。

[症狀及診斷] 病魚反應遲鈍,常離群獨游,體色發黑,尤其是頭部,故名"烏頭瘟";食慾降低,身體消瘦,呼吸困難,打開鰓蓋可見鰓絲顏色變淡,腐爛殘缺,帶有污泥,佈滿黏液;鰓蓋內表皮發炎,甚至被腐蝕成一個圓形不規則透明社區,俗稱"開天窗"(圖9-4)。鏡檢可見鰓絲和黏液上有細長,滑行的桿菌,有條件的可採用免疫學方法進一步確診。

[防治方法] ①利用病原菌耐鹽能力較差的弱點,用濃度為 10~20 g/L 食鹽水浴洗病魚 5~15 min。②可選用卡那黴素、慶大黴素、青黴素、鏈黴素、金黴素中的任何一種抗生素溶於池(缸)中,用藥量為每 50 kg 水中投卡那黴素 100 萬~150 萬單位,或慶大黴素 16 萬單位；或青黴素 80 萬~120 萬單位,或鏈黴素 1 g,或金黴素 3~5 g。③用二氧化氯(含量>20%)0.3~ 0.4

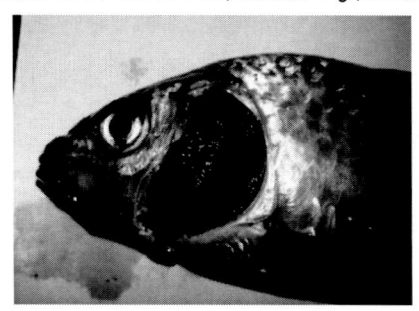

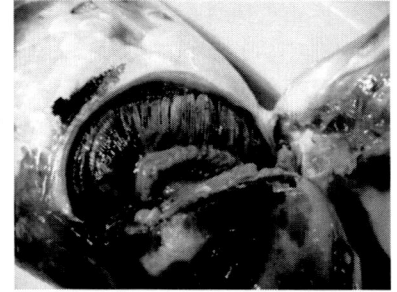

圖9-4 細菌性爛鰓病

[案例] 某養殖戶錦鯉魚塘的魚種發生死亡，已用硫酸銅+硫酸亞鐵（5:2）合劑遍灑，但不見好轉，反而一天比一天嚴重，死亡量不斷增加。撈取離群獨游到魚池角落，把嘴伸出水面，鰓蓋頻繁開合的病魚。檢查發現其鰓呈黃白色且帶有污泥，鰓絲潰爛軟骨外露，鰓蓋內側表面充血，中央表皮已被腐蝕成一個圓形透明的小洞，鏡檢未發現寄生蟲。

魚醫生診斷：該病例具有細菌性爛鰓病的典型症狀，發病後死亡比較緩慢，且鏡檢無寄生蟲，可初步確診為細菌性爛鰓病。鑒於已經用過硫酸銅和硫酸亞鐵，治療上採用二氧化氯 0.5 g/m³ 全池潑灑，第二天換 1/3~1/2 新水，第三天用 0.5 g/m³ 二氧化氯全池潑灑，一周後再用 0.3 g/m³ 二氧化氯鞏固一次。

四、赤皮病

[病原體] 螢光假單胞菌（*Pseudomonas fluorescens*）（螢光極毛桿菌），革蘭氏陰性菌，短杆狀，有鞭毛，無芽孢，生長適溫 25~30℃，40℃尚能生長。

[流行情況] 對多種淡水魚類有危害，無明顯流行季節，終年可見。觀賞魚中金魚、曼龍魚、珍珠馬甲魚、花鼠魚、清道夫魚等易得此病。螢光假單胞菌是條件致病菌，只有當捕撈、運輸、受凍、寄生蟲侵襲等導致魚體受傷後，才會感染致病。流行水溫為 25~30℃，病原體透過水體、工具、病體接觸而感染。

[症狀及診斷] 病魚體表兩側及腹部出血，發炎，紅腫，鱗片脫落，鰭的基部或整個鰭充血，鰭梢腐爛呈掃帚狀。常與爛鰓病、腸炎病形成併發症，使魚的上下頜及鰓蓋充血發炎，鰓蓋"開天窗"等，病傷處也常繼發水黴感染（圖9-5）。根據症狀及流行情況進行初步診斷，確診須分離、鑒定病原菌。

[防治方法] 儘量避免魚體受傷，治療同細菌性爛鰓病②~④。

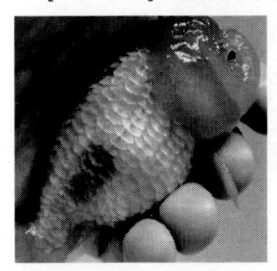

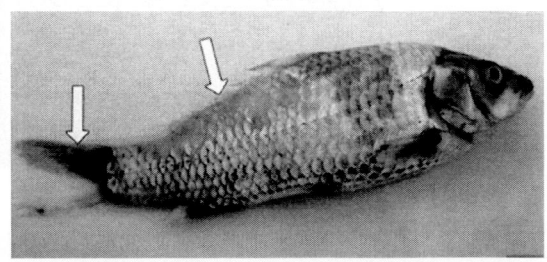

圖9-5 赤皮病

[案例] 某觀賞魚養殖場初春併塘轉池後，發現部分金魚行動緩慢，反應遲鈍，離群獨游於水面，有零星死亡。檢查病魚身體兩側鱗片脫落，體表出血發炎，鰭、上下頜部、鰓蓋部分充血，尾部爛掉，形成蛀鰭，死魚體表鱗片脫離和鰭條腐爛處，有水黴寄生。

魚醫生診斷：從發病季節和誘因上分析，主要是捕撈後受傷沒有及時處理，導致繼發感染細菌甚至真菌（水黴菌），呈現典型的赤皮病症狀，初步確診為赤皮病。治療措施 ①全池潑灑聚維酮碘溶液，使水體中有效碘濃度為 4.5~7.5 mg/m³ ②內服磺胺二甲嘧啶，其方法是每 100 kg 魚第 1 天用藥 10 g，第 2 至第 6 天減半，用適量的麵糊作黏合劑，拌入餌料中，做成藥餌投餵。

五、豎鱗病

[病原體] 初步認為是水型點狀假單胞菌（*Pseudomonas punctata* f. *ascitae*），短桿狀，近圓形有動力，無芽孢，革蘭氏染色陰性。

[流行情況] 該菌在水中常有，為條件致病菌，當水質污濁，魚體受傷時經皮膚感染。一般流行於春季，水溫 17~22 ℃。在水溫低，短時間內水溫多變時易患此病。金魚、錦鯉、虎皮魚、紅箭魚、神仙魚、藍玉鳳凰等有鱗觀賞魚常得此病。

[症狀及診斷] 病魚離群獨游、行動緩慢、反應遲鈍、呼吸困難；魚體粗糙、全身或部分鱗片豎立、鱗片基部鱗囊水腫充血、輕壓鱗片患處有淡黃色液體噴出；眼球突出、腹腔積水而膨大，部分病魚伴有爛鰭、鰭條基部出血等（圖 9-6）。根據症狀及鏡檢鱗囊內滲出液，見有大量短桿菌時即可做出診斷。

[防治方法] ①3%食鹽水浸洗病魚 10~15 min，或用 2%的食鹽溶液與 3%的小蘇打溶液混合後浸洗病魚 10 min，每天 2 次。多次用藥療效好。②將病魚用 5mg/L 濃度的四環素溶液浸洗，每天 2 次，每次 1 h。③用磺胺嘧啶 0.1 g/kg 魚製成藥餌投餵 1 週。④用碘酊塗患處。

圖 9-6　豎鱗病

六、棉口病

[別名] 爛嘴病、白嘴病。

[病原體] 為黏球菌的一種，但尚不十分明確，革蘭氏染色陰性、無鞭毛、生長適溫 25 ℃。

[流行情況] 流行於 5~7 月，是一種暴發性魚病，發病快、來勢猛、死亡率高。傳染源為帶菌魚及魚蟲，水質不良時病原體大量滋生。觀賞魚中具有舔食習性的魚易患此病，如瑪麗魚、紅箭魚、月光魚等。缸壁和池壁粗糙尖銳給動物造成機械外傷也易導致本病。

[症狀及診斷]病魚口唇角質增厚腫脹 顏色變白 皮膚潰爛 長出白色如棉花的絨狀物 不能自由張閉 因呼吸困難而死亡(圖9-7)。根據症狀及流行情況即可初步診斷 確診須鏡檢。

[防治方法]①發現此病 及時進行水體及飼養器具的消毒 一般用 15%的甲醛溶液浸 洗盛過病魚的缸和撈過病魚的漁網 水體用 0.1%的甲醛溶液。②將病魚浸泡於十萬分之 一的土黴素溶液中 直到病癒。用土黴素拌入餌料中投餵 用量為每 1 kg 飼料用 15 萬單位 均勻混合後投餵。③在缸中 每 4 kg 水加入 5 萬~10 萬單位水溶性青黴素。亦可用金黴素治療。

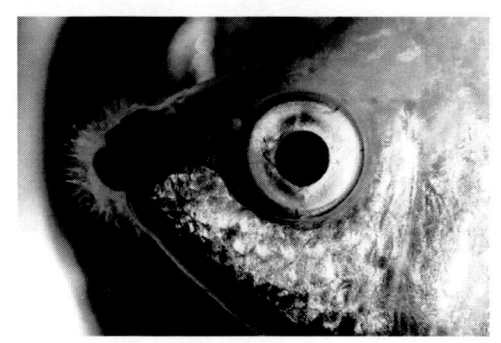

圖9-7 棉口病

七 細菌性腸炎病

[病原體]腸型點狀氣單胞菌(*Aeromonas punctata* f. *intestinalis*)。短杆狀 大小為(1.0~1.3)μm×(0.4~0.5)μm 革蘭氏染色陰性 單鞭毛 生長適宜溫度為 25 ℃。

[流行情況]流行水溫在 18 ℃以上 25~30 ℃是發病高峰。金魚 錦鯉 熱帶魚流行此病 特別是吃得過飽或吃了過多未煮熟的含大量澱粉的食物時易發此病。

[症狀及診斷]病魚離群獨游 行動及反應遲緩 肛門後拖一條黃色或白色糞便;食慾減退至停食 輕壓腹部有膿血自肛門流出;腸壁充血發炎 彈性 韌性變差 呈紅色或紫紅色。根據症狀及流行情況即可初步診斷 確診須鏡檢。

龜類細菌性腸炎病主要是因為食用了不潔的食物 或消化系統由寄生蟲寄生而受損引發點狀氣單胞菌感染引起(圖 9-8)。感染初期病龜食慾減退 繼而不食 向淺水區 岸邊靠近 消化道充血腫脹 有很多淡黃色的黏液 最終會死亡。

[防治方法]主要從消炎 止瀉 補液三方面結合水體消毒進行防治。①每千克魚(龜)每天可用 2.5 g 大蒜(每千克飼料加 40 g 鹽)或大蒜素(含量 20%)0.05~0.1 g 連餵 1 週。②每 10 kg 魚(龜)每天可用磺胺-2 6-二甲氧嘧啶 0.2~1 g 拌飼投餵 連餵一周。③對病情嚴重者採取肌肉注射治療 同時補充維生素 B。④用 0.3 g/m³ 優氯淨或強氯精全池遍灑。

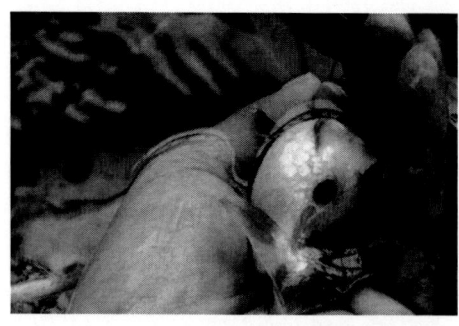

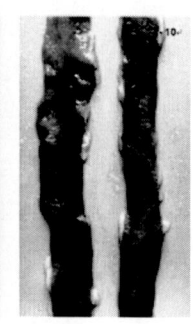

圖9-8 細菌性腸炎病

[案例]某魚友從網上買回的水泡眼金魚,在暫養缸內加三黃粉浸泡過水,正常餵飼料,想等沒問題了再進大缸。過了 2 天,發現魚雖能正常游動,但有時躺在缸底急促呼吸,開始拉白色和透明黃色的糞便,檢查飼料沒問題,也不缺氧。

魚醫生診斷:首先是魚種帶有病原菌,其次是可能存在水溫度差過大,魚受到驚嚇等應激反應,以及魚吃得過飽等。防治方法 ①缸內溫度,儘量和購買時水溫保持一致(溫差小於±2~5℃)。②停食,剛買回來的魚不要急於餵食,需要3~5 d的水土過渡期。③不要對魚造成驚嚇。④繼續用三黃粉或食鹽等消毒劑浸泡。

[案例]魚友養了半年的金波子(荷蘭鳳凰)和阿凡達(寶蓮鳳凰)都拉白便,肛門紅腫,輕壓腹部有膿血流出;食慾減退幾乎停食。

魚醫生診斷:從症狀看是典型的細菌性腸炎病。治療方法 ①內服大蒜素,連餵1週。使用方法是用少量水把大蒜素溶解開,調成泥狀,拌到顆粒狀的魚糧中,晾乾後投餵,每天餵 1~2 次,爭取讓每條魚都吃到。②用 0.3 g/m³ 強氯精遍灑消毒。

八、腐皮病

[別名]列印病。

[病原體]魚類為點狀氣單胞菌點狀亞種(*Aeromonas punctata* subsp. *punctata*),短杆狀,大小為(0.6~0.7)μm×(0.7~1.7)μm,革蘭氏染色陰性,單鞭毛,生長適溫 28℃左右。龜類為嗜水氣單胞菌、溫和氣單胞菌等。

[流行情況]該菌為條件致病菌,只有當魚體受傷後,才會透過接觸而感染發病。本病終年可見,尤以夏秋兩季最為常見。一些大中型觀賞魚如長薄鰍、金鳳梨魚和錦鯉等易患此病。觀賞龜常因互相撕咬或在池(缸)壁上擦傷等,病菌侵入傷口,引起發病。

[症狀及診斷]魚體病灶主要發生在後部及腹部兩側,這與背鰭以後的軀幹部分易於受傷有關(圖 9-9A)。發病初期龜的四肢、頸部、尾部及甲殼邊緣部的皮膚糜爛、變白或變黃,組織壞死,嚴重時頸部肌肉及骨骼和四肢的骨骼外露,爪脫落,最後死亡(圖 9-9B)。患病部位出現圓形、橢圓形的紅斑,嚴重時表皮腐爛,露出白色真皮,皮膚充血發炎,形成潰

瘍。根據症狀及流行情況即可初步診斷，確診須鏡檢。

[防治方法] 魚類同爛鰓病。龜類先清除患處的病灶，用金黴素眼膏塗抹，每天1次。若龜自己吃食，可在餌料中按1g/kg體重的用量添加土黴素或氨苄西林，若龜已停食可灌服，然後將病龜隔離餵養。

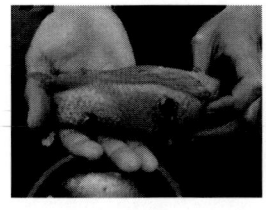

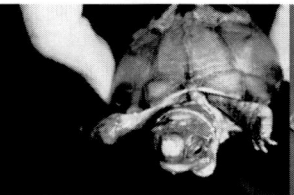

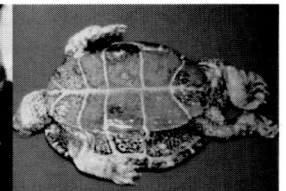

A: 病魚　　　　　　　　　　　　　　B: 病龜

圖9-9　腐皮病

九　爛尾蛀鰭病

[病原體] 溫和氣單胞菌(Aeromonas sobria)，革蘭氏陰性短桿菌，分散排列，極端生單鞭毛。有人認為不止一種菌。

[流行情況] 春夏季水溫 15~25℃易發病。條件致病菌，黏膜損傷為主要條件，養殖、運輸過程中因水質惡化常會引起此病。金魚、神仙魚、瑪麗魚等易患此病。

[症狀及診斷] 病魚的尾柄部鱗片脫落、發炎，肌肉壞死腐爛，背鰭和尾鰭破損、爛邊，嚴重時魚鰭殘缺如掃帚狀，不能舒展(圖9-10)。

[防治方法] 同赤皮病。①3%食鹽水和 10 g/m³土黴素浸洗 15~20 min，每天 1 次，運輸時放 1 g/m³土黴素。②聚維酮碘溶液浸洗 3~5 min，使水體中有效碘濃度為 5~10mg/m³。③直接用紫藥水塗抹患處，每天一次，連續 3~5 天。

圖9-10　爛尾蛀鰭病

十　細菌性敗血症

[病原體] 由嗜水氣單胞菌(*Aeromonas hydrophila*)溫和氣單胞菌(*Aeromonas sobria*)聯合致病，這兩種細菌產生的外毒素具有溶血性、腸毒性及細胞毒性。有人認為還有更多種類的細菌。

[流行情況] 危害幾乎所有觀賞水產動物(魚類和龜類)，從幼年到成年均有發病，幾乎全年均可流行，其中以春、夏、秋多發，水溫 9~36 ℃均可形成嚴重的流行病，死亡率可超過95%。病原體可透過接觸、傷口、食物、其他病原體等傳播感染。

[症狀及診斷] 感染早期及急性感染時口腔、上下頜、鰓蓋、眼睛、鰭基及魚體兩側輕度充血，腸道仍有少量食物。嚴重感染時會出現體表嚴重充血、眼眶周圍也充血、眼球突出；肛門紅腫、腹部膨大，腹腔積水，積水呈淡黃色、紅色、混濁狀，鰓、肝、腎可見到顏色變淡，或呈花斑狀。有的肝、脾、腎腫大，脾呈紫黑色，膽囊腫大，腸系膜、腹膜及腸壁充血，腸內無食物，而富含黏液；有的腸內有積水或有水；有的病魚鱗片豎起；有的還會出現肌肉充血，鰾壁充血，還有的鰓絲末端腐爛等(圖9-11)。病魚有厭食、呆滯、陣發性亂游、擦身等情況，最後衰竭而死。病龜皮膚有出血的斑點，嚴重者皮膚潰爛、化膿。解剖會發現肝臟腫大、脾臟瘀血、腸黏膜充血、腸內容物烏黑、肺部充血。

根據症狀及流行情況可做初步診斷，確診須鏡檢。目前已生產出嗜水氣單胞菌毒素檢測試劑盒，可用於免疫學快速診斷。

[防治方法] 第1天殺滅魚體外的寄生蟲，用藥前有條件的應作鏡檢，瞭解應殺哪些寄生蟲，若無條件鏡檢，可先用硫酸銅與硫酸亞鐵合劑(5:2)全池潑灑，殺死車輪蟲等原生動物，用量為 0.7 g/m³，幾小時後再用敵百蟲全池潑灑，殺死大型寄生蟲，用量為 90%晶體敵百蟲 0.3 g/m³。第2~6天連續投餵滅菌的藥餌。如每千克飼料用 1~2 g 氟康(含氟苯尼考6%)，拌飼投餵，連餵 3~6 d。第 3~5 天潑灑含有效氯藥物(或溴製劑、碘製劑)殺滅水體及體表病原菌。第10天左右用生石灰調節水質，用量為 25 kg/畝左右，使 pH 升高 0.5~1.0。病情好轉後可適量添加部分新水，隔幾天後再用1次上述內服藥及外潑藥，以鞏固療效，防止復發。

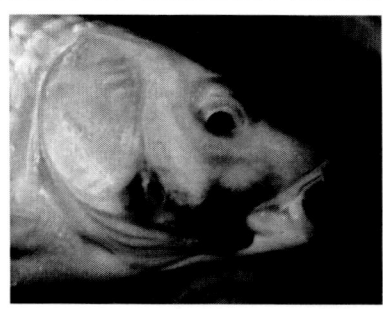

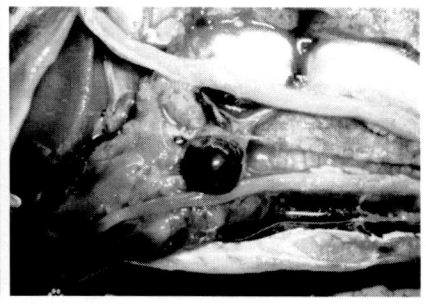

圖9-11　細菌性敗血症

[案例] 某養殖池塘水面15畝，水深平均 2m，主養錦鯉，混養部分鰱、鱅、鯽以及細鱗斜頜鲴。2016年7月22日起每天有少量死魚，發病初期病死魚以鯽魚為主，並有少量錦鯉、鰱和鱅病死魚。

魚醫生診斷，池塘水色呈淡綠色，透明度約20 cm，水溫27 ℃，pH7.8，氨氮0.2 mg/L，亞硝酸鹽0.05 mg/L。檢查發病魚體，輕者上下頜、鰓蓋、鰭基充血，解剖發現腸內有少量食物，肝臟、腎、膽正常，無腹水。重者魚體嚴重充血，眼球突出，肛門紅腫，腹部膨脹，腹腔內有紅色腹水，肝、腎顏色變淡，腫脹，有紅色斑點，腸壁充血，腸內無食物。鏡檢體表黏液和鰓絲壓片，未發現寄生蟲寄生。綜合所有資訊及魚體症狀初步判斷為細菌性敗血症。治療方法：首日下午外潑二氧化氯，隔日一用，連潑兩次，並且拌飼氟苯尼考連續投餵5 d。其間鰱、鱅和錦鯉病死魚明顯減少，直至投藥第3日，鰱、鱅和鯉沒有死亡，但鯽死亡未見明顯減少，且新增加細鱗斜頜鲴病死魚，二者累計日死亡百餘尾。中期全池潑灑戊二醛苯紮溴銨溶液，三日後死魚量有所減少，但每天仍有20餘尾鯽和細鱗斜頜鲴死亡，直至停藥後一週左右，鯽魚和細鱗斜頜鲴死亡數量再次增加。後期改用複方戊二醛和苯紮溴銨溶液拌土潑灑，隔天一用，連用2次，然後潑灑片劑底福安改良底質，經過一週的治療，基本無病死魚。

十一、龜白眼病

[別名] 龜眼部發炎充血病、龜紅眼病。

[病原體] 主要由葡萄球菌等多種革蘭氏陰性菌混合感染。

[流行情況] 春、秋和冬季為主要發病季節，越冬後的春季為流行盛期。主要危害巴西彩龜、烏龜、眼斑水龜、錦龜等，且以幼龜發病率較高可達60%。

[症狀及診斷] 病龜眼部發炎、充血，眼睛有一圈白色的覆蓋物，嚴重者眼睛腫大甚至雙目失明(圖9-12)。同時病龜鼻黏膜發炎、糜爛，呼吸受阻，無食欲，最後死亡。

[防治方法] 改善龜的生活環境，加強營養增強龜體質及抗病能力。①遍灑漂白粉或二氧化氯等，對養殖水體殺菌消毒。②將病龜隔離水體，用鹽水清洗眼部，然後塗抹青黴素鈉、硫酸卡那黴素等殺菌類眼藥水，每天5次以上，連續處理5～7天。

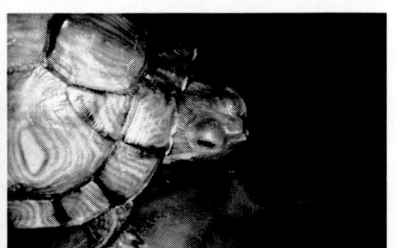

圖9-12 龜白眼病

十二、水黴病

[病原體] 為水黴屬(*Saprolegnia*)和綿黴屬(*Achlya*)的真菌，由細長的內外菌絲組成，在中國已發現有9種。

[流行情況] 為水中常見真菌，對溫度適應性很廣，一年四季均可發生，越冬後或早春

水溫 13~18 ℃更為嚴重。水黴是腐生性的,是一種繼發性感染。其感染主要是以孢子在水中游動接觸受傷的機體或不健康魚卵進行的。各種觀賞魚或受精卵、觀賞龜受傷後都易感染水黴。

[症狀及診斷] 內菌絲從傷口進入肌肉或卵膜內,外菌絲向外生長似灰白棉毛狀,俗稱"生毛"(圖9-13A)。患病動物焦躁不安、運動失常、食慾減退、身體負擔過重、最後瘦弱而死。被寄生受精卵外菌絲呈放射狀白色絨球(圖9-13B),造成受精卵大批死亡。

[防治方法] 保持水質的清潔、水溫適宜和魚體健壯、不造成外傷是預防的關鍵。治療,可選用鹽水或高錳酸鉀溶液浸泡病魚或局部塗抹。①每立方米水中用 4g 小蘇打(碳酸氫鈉)加 4 g 食鹽,浸泡 1 d 後換水。② 0.7~1.5 g/m³水黴淨(含苦參)浸洗魚體及魚卵,時間為 10~15 min。③0.2~0.3 g/m³菌毒克(含 8%戊二醛)全池(缸)遍灑。④提高養殖水溫可以抑制水黴的生長,同時可用紫外線燈每日照射數小時,可有效地抑制和消滅水黴菌。觀賞龜,患水黴病時,除採用上述方法治療外,適當乾養並且多曬曬太陽,治療效果的顯著提高。

注意事項,觀賞水產動物患此類病時,不要使用抗生素類藥物,因為抗生素的使用,會使黴菌更加氾濫。

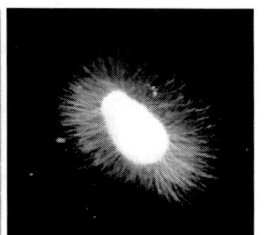

A:長水黴的魚　　　　　　　　　　　　　　B:長水黴的卵

圖9-13　水黴病

十三、鰓黴病

[病原體] 鰓黴(*Branchiomyces* spp.) 該類真菌內菌絲很發達而外菌絲略差。

[流行情況] 發病季節為夏秋季節,尤以5~7月為甚。當水質惡化,特別是有機質含量高時,鰓黴侵入鰓組織,容易暴發此病。病魚及魚蟲是其傳染源。金魚、錦鯉、地圖魚、曼龍魚、神仙魚常患此病。

[症狀及診斷] 病魚失去食慾、呼吸困難、游動遲緩、鰓絲顏色灰白色或青灰色、鰓上可見黑絲、出現血斑、貧血斑和瘀血斑(圖 9-14)。鰓黴病可分為急性型、亞急性型和慢性型三種。"急性型"鰓絲蒼白、有充血和瘀血現象、鏡檢有棉毛狀菌絲、發病後3~5 d大量死亡,死亡率高達 100%;"亞急性型"鰓由外向內蔓延壞死、病程較長,有的可延續一年;"慢性型" 鰓瓣有小部分壞死、局部呈蒼白色、鰓瓣末端浮腫。根據症狀及流行情況可初步診斷,鏡檢發現真菌絲或孢子可確診。

[防治方法] 同水黴病。還可以用生石灰 30 g/m³ 左右 溶水全池潑灑 注意適時加注新水 保持水質清新。

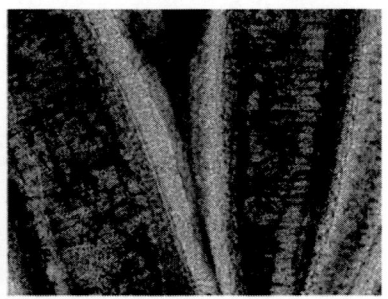

圖 9-14 鰓黴病

第三節 寄生性疾病

一 黏孢子蟲病

[病原體] 為黏孢子蟲(*Myxosporidia* spp.) 種類很多 屬於原生動物。生活史中無一例外地都要產生孢子 每一孢子有 2~7 塊幾丁質殼 1~7 個極囊 內藏極絲 活的孢子蟲在受到刺激時會放出極絲。對觀賞水產動物危害較大的如餅形碘孢蟲 野鯉碘孢蟲等。

[流行情況] 一年四季均可發生 且地理分佈廣 從熱帶到寒帶 從淡水到海水。主要寄生在魚類 兩栖類 爬行類等動物的各種器官組織中 常見的寄生部位有體表 鰭 鰓 鼻腔 眼 肌肉 消化道 腹腔 肝 腎 鰾 膽囊 神經系統等 有些種類大量寄生時可導致大批死亡。

[症狀及診斷] 在病灶部位出現許多肉眼可見白色或淡黃色的瘤狀胞囊 逐漸由小變大(圖 9-15)。一旦胞囊破裂 會有更多的孢子蟲進入水體 侵入其他健康的魚體內 導致患病 造成觀賞魚的成批死亡。取胞囊壓片鏡檢可看到大量孢子蟲體 即可診斷。

[防治方法] 此病目前是世界難題之一 無理想治療方法。防治手段主要是不到有孢子蟲的地區引種 死魚深埋和加強飼養管理。預防方法 :①用 10 kg 水摻入 150 g 氨水或溶 如 0.5 g 晶體敵百蟲 讓魚洗浴 10 min 左右 需多次使用。②在池(缸)水內投入適量老楓楊 樹皮或倒入適量煎煮後的楓楊樹皮汁 讓魚洗浴 10 min 左右更換清水 數次使用可見 效。③每千克魚用碘酊 1.2 mL 拌飼料投餵。

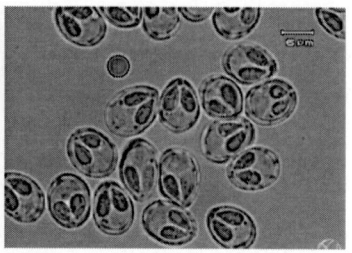

圖9-15　黏孢子蟲病

二　斜管蟲病

[病原體] 為鯉斜管蟲(*Chilodonella cyprini*)，屬於原生動物纖毛蟲類。蟲體近卵圓形，活體大小為(40~60)μm×(25~47)μm，顯微鏡下可見腹面有一喇叭形胞口(圖 9-16)。

[流行情況] 可危害各種觀賞水產動物，寄生於體表及鰓，透過接觸感染。病原體的繁殖水溫為 12~20℃，蟲體離開寄主後可在水中生活 24~48 h，環境不適時能形成胞囊。成魚一般不易致死，但可造成魚種大批死亡。

[症狀及診斷] 鯉斜管蟲寄生於魚的皮膚和鰓，使局部分泌物增多，形成白色霧膜，嚴重時遍及全身。病魚消瘦，鰭萎縮不能充分舒展，呼吸困難。病魚有集團現象，有的與其他物體摩擦，鏡檢黏液可見到大量蟲體。

[防治方法] ①用硫酸銅+硫酸亞鐵合劑(5:2)0.7 g/m³ 藥浴 10~30 min，或單用 8 mg/kg 硫酸銅溶液浸洗病魚 30 min 效果較好。②用 3%的食鹽水浸洗病魚 5 min；③用濃度為 20 g/m³ 的高錳酸鉀溶液浸泡病魚 10~30 min。

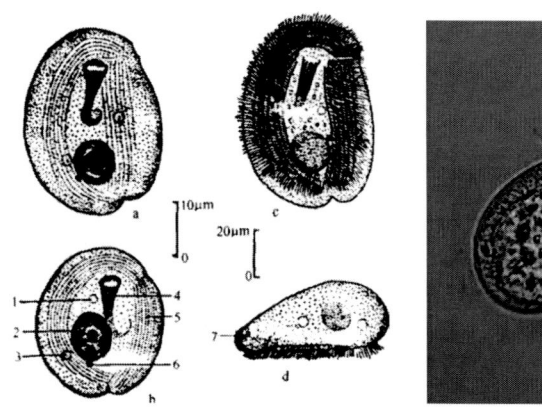

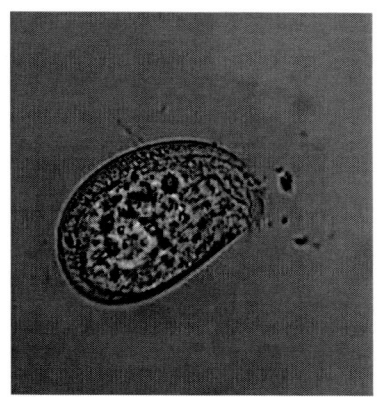

a b c 腹面觀 d.側面觀　a b 固定和染色標本　c d 活體
1.伸縮泡 2.大核 3.伸縮泡 ;4.　口管 ;5.纖毛線 ;6.小核 ;7.剛毛
圖9-16　鯉斜管蟲

三 車輪蟲病

[病原體] 為車輪蟲(*Trichodina* spp.)和小輪蟲(*Trichodinella* spp.),屬原生動物。大小為20~100μm,側面觀如帽子,反口面觀為圓盤狀,運動時如車輪般旋轉(圖9-17)。中國已發現14~15種。

[流行情況] 全國性流行,每年5~8月流行季節。蟲體可在水中自由生活1~2d,遇上寄主直接感染。主要危害各種觀賞魚苗種,因蟲體大量寄生,使當年魚苗大批死亡。

[症狀及診斷] 寄生於魚體表皮膚及鰓組織,導致黏液增多,身體瘦弱無光,體外有白膜,游動緩慢,呼吸困難,最後因體內營養和氧氣不足而大批死亡。鏡檢黏液可見到大量蟲體。

[防治方法] ①用硫酸銅+硫酸亞鐵合劑(5:2)藥浴,濃度為 7 g/m³。②30 mL/m³ 甲醛溶液藥浴 1 h。③15~20 g/m³ 高錳酸鉀浸洗 15~30 min。④2%~4%的食鹽水浸洗5~10 min。

注意 水草缸不宜使用硫酸銅,藥浴後把全箱的水倒掉,換新水,效果更好。

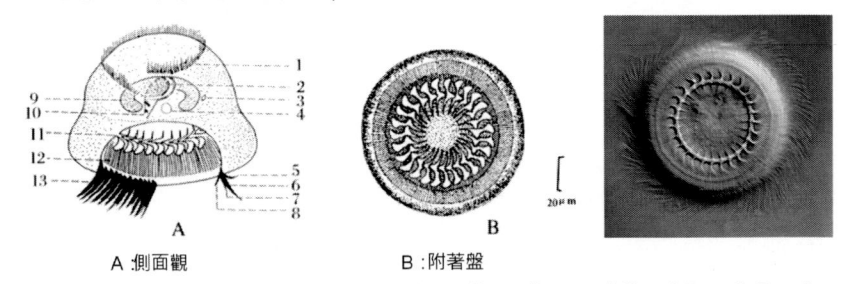

A:側面觀　　B:附著盤

1.口溝 2.胞口 3.小核 4.伸縮泡 5.上緣纖毛 6.後纖毛帶 7.下緣纖毛 8.緣膜 9.大核 10.胞咽 11.齒環 12.輻線 13.後纖毛帶。

圖9-17　車輪蟲

[案例] 某觀賞魚養殖場一口面積 7.6 畝池塘,平均水深 2.3m,底泥平均厚度約 25 cm;主養錦鯉 1800 kg/畝以上,規格為 12 尾/kg;養殖池水體透明度低,水色濃,水面有綠色浮沫。部分病魚離群靠池邊緩慢游動,身體暗黑,消瘦,有的病魚鰓部已經輕微腐爛,不吃食,而大部分魚則搶食積極。從2016年8月15日開始,該養殖戶發現死魚情況後,及時撈取幾條病魚進行鏡檢,確認死魚主要由車輪蟲,還有少量指環蟲引起,連續潑灑了幾次不同的殺蟲劑,有的還是中藥,但基本沒有多少療效,從8月16日~9月30日,每天的死魚都在60kg以上,養殖戶很是無奈。

魚醫生診斷,鏡檢病魚發現每個視野內車輪蟲多的有 20~25 個,少的也有 12~15 個,指環蟲有2~4個,沒有發現別的寄生蟲;解剖病魚,基本沒有發現異常,只是鰓部有些腐爛,初步確診死魚由車輪蟲引起。而水質情況也不容樂觀,經過簡易分析,氨氮 2.0 mg/L 以上,亞硝酸鹽 0.4 mg/L 以上,水質富營養化嚴重。綜合分析該養殖池發病原因與放養密度過大、消毒不徹底、水質調控不好、疾病預防等重視不夠有關。治療方法 ①立即採取邊抽取地下水邊加入機井水的方式對養殖池進行換水，換水一天後停止；②次日向水體潑灑 20 g/m³的沸石粉和3 g/m³的過氧化鈣，第3、4日向水體分別潑灑濃度均為0.35 g/m³的硫酸銅+硫酸亞鐵合劑（5:2），同時開動增氧機，第5日潑灑0.3 g/m³的敵百蟲對指環蟲進行治療，第6日潑灑了適量濃度的二溴海因，在治療的過程中，死魚數明顯減少，2週後停止死魚，養殖魚吃食普遍正常。

四、小瓜蟲病

[別名] 白點病。

[病原體] 淡水中為多子小瓜蟲（*Ichthyophthirius multifiliis*）（圖9-18），海水中的是鹹水小瓜蟲（*I. marinus*），屬於原生動物。卵圓形，大小為（0.3~0.8）mm×（0.35~0.5）mm，全身密佈短而均勻的纖毛，有一根粗長的尾毛，體中部有一馬蹄形大核和球形小核。

[流行情況] 全國各地均有流行，可危害各種觀賞魚類，從魚苗到成魚均可感染，可導致成批死亡，死亡率甚至達100%。蟲體寄生部位是體表、鰭、鰓、口腔等處，感染方式為幼蟲直接感染。流行水溫為15~25 ℃。

[症狀及診斷] 病魚體表、鰭、鰓等處會形成很多直徑1mm的白色點狀囊泡，嚴重的白點密佈；病魚游泳遲鈍，體色發黑，消瘦；魚體不斷和其他物體摩擦，最後因呼吸困難而死亡。鏡檢白點可見到一個白點內有一個至數十個蟲體，若無顯微鏡用普通放大鏡也可看到，若用針取幾個白點放於白瓷板或玻璃上，在明亮光線下，用針壓破白點，肉眼可見到有蟲體流出。

診斷時注意：①與打粉病的區別，打粉病是由於水質呈酸性狀態，被嗜酸性甲藻寄生，魚體逐漸蒙上一層霧直至整體都在霧中。②與水黴病的區別，水黴的內菌絲從傷口進入肌膜內，外菌絲向外生長似灰白棉毛狀，俗稱"生毛"。

[防治方法] 可利用小瓜蟲不耐高溫的特點，提高水溫在28~30 ℃，加速其生長速度，促使在魚體表面的孢子快速成熟，使它們自魚體表面脫落。市面上所謂治療白點病的特效藥，其有效成分是硝酸亞汞，它有致癌毒性，不管是對人還是對魚、蝦和水草都有影響，掌握不好就容易造成生物汞中毒，國家已經明令禁用。治療方法：①0.7 mL/m³殺蟲靈2號（含檳榔）浸泡 3 d後換水。②用濃度15~25 g/m³福馬林浸泡 3 d後換水。③淡水觀賞魚類用0.3%~0.5%食鹽水浸泡，海水觀賞魚類用0.1%~0.2%食鹽水浸泡，數小時後換水。

[案例] 某魚友從網店購買一批小精靈魚，個別魚體上有幾個小白點，別的魚都很健康，故沒有太在意。暫養2 d後入缸，缸裡還有水草、蝦、各種螺、多種魚，其中瑪麗魚們正在生寶寶。3 d後發現一條小精靈身上好多米黃色的點點，再仔細看看，發現紅綠燈魚、瑪麗魚還有紅管燈魚身上都有星星點點的白點。此後立即投放了10 mL博龍的魚寶萬能藥，又單獨給小精靈藥浴一會，同時逐步升溫（之前溫度維持在23~24 ℃）到28 ℃，還清洗了濾材等缸內設備，又加了硝化菌乾粉，結果除個別魚死亡外，最嚴重的小精靈魚都能歡快地覓食了。

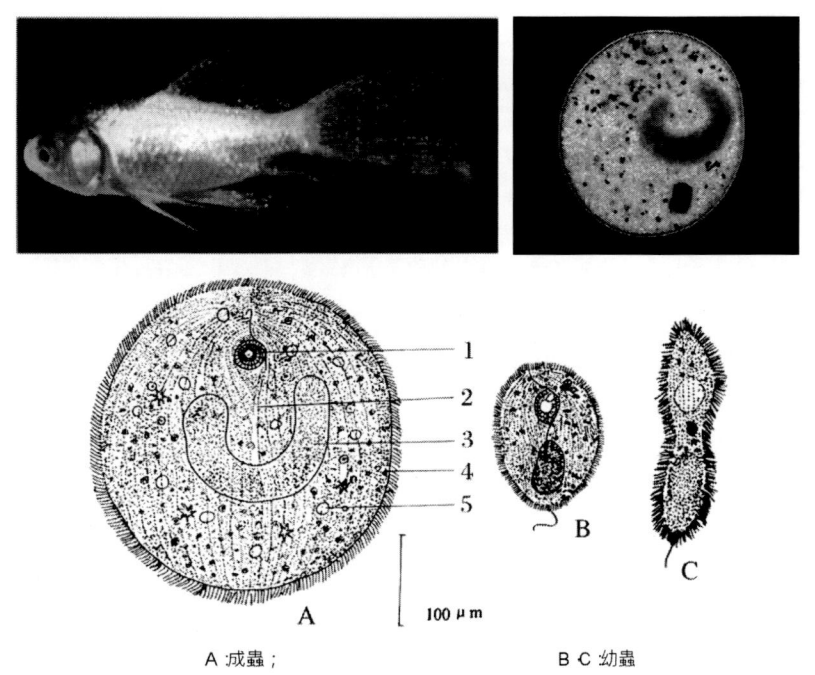

A 成蟲 ；　　　　　　　　　　　B、C 幼蟲
1.胞口 2.纖毛線 3.大核 4.食物粒 5.伸縮泡
圖9-18　多子小瓜蟲

　　魚醫生診斷 這是一個典型的白點病(小瓜蟲病)。感染來自最普遍的外源性病原體，就是新買的魚和草或任何取自水族店展示缸裡的沉木或石頭、野採的小魚等，其中攜帶了小瓜蟲的成蟲、幼蟲或孢子。如果在未經任何檢疫的情況下就入缸，寄生蟲自然也會被一同帶入缸中，造成此病暴發。此案採用了正確的處理治療方案，醫治效果明顯。

　　[案例] 某魚友以前單靠升溫治療好過很多起白點病(小瓜蟲病)，這次新買了些觀賞魚帶了白點病進魚缸，由於是夏天，魚缸內的水溫都一直在28℃以上就沒有刻意去管，但是之後一個星期內不管是新買的還是已經在魚缸裡面養了很久的魚都在陸續死亡，檢查發現許多魚體上有白點出現，經升溫和藥物治療後才阻止了此病的蔓延。

　　魚醫生診斷 由於小瓜蟲有不耐高溫的特點，所以升溫在一定程度上可以減緩小瓜蟲對魚體的影響。該病應重在預防。①嚴格檢疫：新魚下缸(池)前過水期間，用 1%甲基藍水溶液浸浴，新草用 20 g/m³ 高錳酸鉀溶液，其他物品(沉木、石、底砂、鮮活食餌)可以用 0.5%的食鹽水溶液浸泡消毒，之後用清水沖洗乾淨後下缸(池)。②加強飼養管理：保持水質清潔、水溫穩定、溶氧充足，儘量避免"超養"。③升溫建議：每天升溫1~2℃，慢慢地達到28℃，一般不超過30℃，以減少對虛弱的病魚和缸中的其他生物如水草、蝦、螺等的影響，同時注意保持水中的溶氧量。

五 指環蟲病

[病原體] 為指環蟲(*Dactylogyrus* spp.)，屬扁形動物。蟲體扁平，長 0.2~0.6 mm，頭器 2 對，4個黑色眼點，後固著器上有1對中央大鉤(大錨鉤)和7對邊緣小鉤(小錨鉤)。雌雄同體。中國已知有 100 多種，對觀賞水產動物危害較大的有壞鰓指環蟲(*Dactylogyrus vastator*)(圖9-19)和弧形指環蟲等多種。

[流行情況] 夏秋兩季流行，水溫 20~25 ℃為指環蟲最適宜繁殖的水溫，幼蟲直接感染。全國各地都可以流行，對魚苗及幼魚為害最嚴重，可引起大批苗種死亡，也可引起成魚死亡。

[症狀及診斷] 指環蟲用大、小錨鉤鉤住魚鰓來回爬行，損傷鰓絲，鰓分泌大量黏液，鰓絲腫脹、蒼白、呈花鰓狀，鰓功能嚴重障礙。病魚游動緩慢、不食、消瘦，終因呼吸困難而死亡。鏡檢有大量蟲體。

[防治方法] ①用 5 g/m³ 晶體敵百蟲+麵鹼合劑(1:0.6)藥浴 15~30 min。②15~20 g/m³ 高錳酸鉀藥浴 15~30 min。③指環淨(含阿苯達唑)藥浴 15~30 min，濃度為 0.07 g/m³。

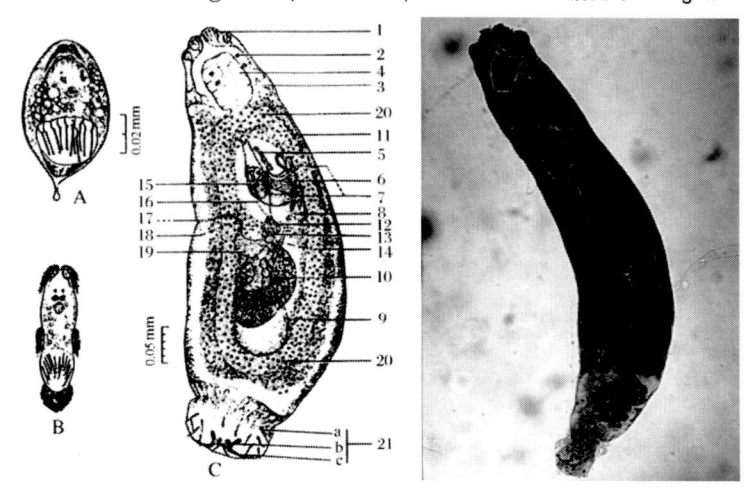

A.卵；B.纖毛幼蟲；C.成蟲

1.頭器；2.眼點；3.頭腺；4.咽；5.交配器；6.儲精器；7.前列腺；8.輸精管；9.精巢；10.卵巢；11.卵黃腺；12.卵殼腺；13.卵膜；14.輸卵管；15.在子宮內成熟的卵；16.子宮；17.陰道孔；18.陰道管；19.受精囊；20.腸；21.固著器；a.邊緣小溝；b.連接棒；c.錨溝

圖9-19　壞鰓指環蟲

六 三代蟲病

[病原體] 為三代蟲(*Gyrodactylus* spp.)，屬扁形動物。形態大小與指環蟲相似，但頭器 1 對，無眼點，後固著器有 8 對邊緣小鉤，身體中部有一橢圓形的胎兒，胎兒體內又孕育著下

一代的胎兒,故稱三代蟲。常見種類為秀麗三代蟲(*Gyrodactylus elegans*)(圖 9-20)。

[流行情況] 全國各地流行,水溫 20℃時為適宜繁殖水溫,直接接觸感染。對魚苗及當年魚種危害嚴重,可引起苗種大批死亡。

[症狀及診斷] 蟲體主要寄生在體表和鰭,有時也寄生在鰓和口腔,大小錨鉤鉤住體表和鰓作蠕動,造成創傷。大量寄生時,病魚皮膚上有一層白色的黏液,魚體瘦弱失去光澤,游動不正常,食欲減退,呼吸困難,終至死亡。用一般的放大鏡檢查體表即可看到大量的蟲體。常伴有併發症如赤皮病、細菌性敗血症等。

[防治方法] 同指環蟲病。

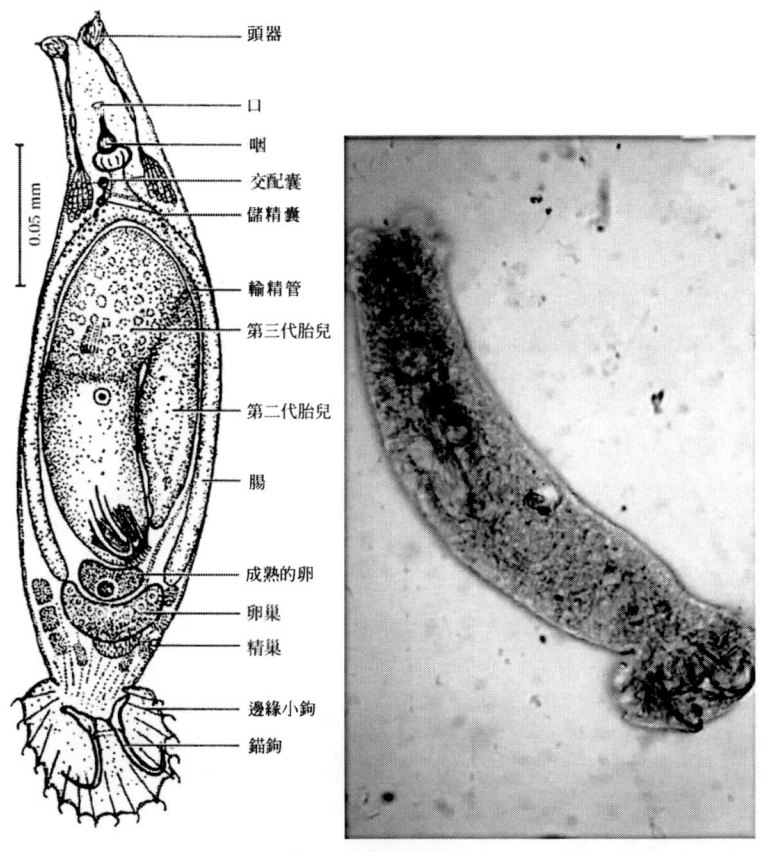

圖9-20 秀麗三代蟲

七 頭槽條蟲病

[病原體] 九江頭槽條蟲(*Bothriocephalus gowkongensis*)屬扁形動物。蟲體扁平、帶狀、乳白色，長 20~230 mm，頭節心臟形，身體由許多節片組成，每一節片內有一套雌雄生殖器官。發育經卵、鉤球蚴、原尾蚴、裂頭蚴、成蟲五個階段。劍水蚤為其中間宿主，吞食原尾蚴，魚吞食劍水蚤後，原尾蚴就在魚的腸中發育為裂頭蚴，再發育為成蟲。

[流行情況] 全國均有發生，危害大，死亡率可達 90%。對觀賞水產動物危害的還有裂頭條蟲等。

[症狀及診斷] 寄生在魚的腸中，奪取魚的營養，堵塞腸管，引起腸炎等。游動緩慢，腹部膨脹，無食欲，魚體消瘦無光澤，嚴重貧血，最終導致死亡。解剖消化道肉眼可見蟲體(圖9-21)，裂頭條蟲病鏡檢內臟及肌肉病灶部位可見裂頭蚴。

[防治方法] ①用 0.3 g/m³ 晶體敵百蟲全池潑灑，殺滅中間寄主。②蟲立淨(含 1%阿維菌素)全池潑灑，使水體濃度為 0.02~0.03 g/m³，殺滅中間寄主和幼蟲。③用 90%晶體敵百蟲 50 g 與麵粉 500 g 混合制成藥餌投餵，連餵 3~6 d。④每千克魚日糧中加丙硫咪唑 0.15 g 或按飼料 0.5%添加藥物，分 2~3 次投餵，只餵 1 d。⑤每千克魚日用檳榔 2.5 g 和南瓜子 5 g，磨成粉後混合製成藥餌投餵。

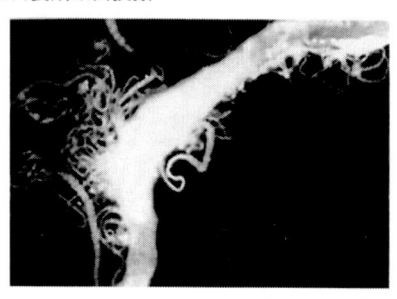

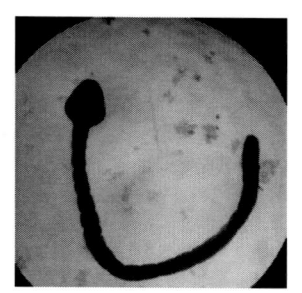

圖 9-21 頭槽條蟲病

八 錨頭鰠病

[病原體] 錨頭鰠，屬甲殼動物。只有雌性成蟲才營永久性寄生生活。蟲體分頭、胸、腹三部，全長 6~12 mm。雌蟲寄生到魚體上後，體形發生巨大變化，身體拉長成筒狀，扭轉後使頭胸部癒合並長出頭角，似鐵錨狀，故名錨頭鰠(圖9-22)。常見有4種。

[流行情況] 全國流行，其中廣東、廣西最為嚴重，危害多種淡水魚，一般不引起成魚致死，但可引起多種併發症。

[症狀及診斷] 寄生在魚體表，其頭部和部分胸部紮入魚肌肉中，部分胸部和腹部露在外面，露在外的蟲體常有藻類等附著，所以也稱"蓑衣病"。病魚焦躁不安、食欲減退，傷口紅腫、發炎、出血成紅斑。病魚體表可見到大量寄生的錨頭鰠即可確診。

[防治方法] ①撥出蟲體,擦消炎藥膏。②0.3~0.5 g/m³ 晶體敵百蟲遍灑,以殺滅劍水蚤。③20 g/m³ 高錳酸鉀浸洗 20~30 min。④阿維菌素或伊維菌素溶液 0.05~0.2 g/m³ 全池(缸)遍灑。

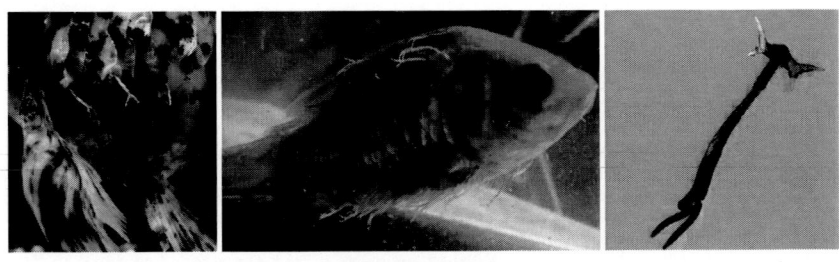

圖9-22　錨頭鰠病

九　魚鮋病

[病原體] 魚鮋,屬甲殼動物。全長 4.4~8.3 mm,頭部兩側向後延伸形成馬蹄形的背甲(圖9-23);口前刺用以刺入魚皮膚並注入毒液。常見有4種,它們分別寄生於不同魚的體表。

[流行情況] 全國流行,危害各種觀賞水產動物,各年齡段均可感染,其中對幼小動物危害較大,嚴重感染時可致死亡,一般春秋兩季是其發病高峰期。

[症狀及診斷] 寄生在魚的體表、鰓甚至口腔中,刺激損傷魚體,引起黏液增多,發炎,魚焦躁不安,急劇狂游,在其物體上摩擦身體,魚體消瘦。表肉眼見到大量蟲體即可診斷。

[防治方法] 同錨頭鰠病。

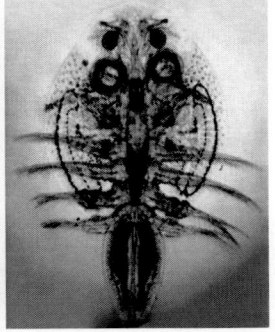

圖9-23　魚鮋病

第四節　其他疾病

一、感冒

[病因] 水溫短時間變化過大，降低或升高都會刺激魚的神經末梢，引起觀賞水產動物神經系統及內部器官功能失調所致。

[症狀及危害] 魚類感冒初期時，游泳身體搖搖晃晃，皮膚失去原有光澤，繼而身體變黑，並有大量黏液分泌，嚴重時病魚棲在水族箱角落一動不動，出現休克，甚至死亡。龜類感冒時，輕者鼻塞，在放大鏡下可清晰看見鼻孔有異物、泡沫、皮腐等；嚴重時病龜伸長脖子張嘴呼吸，耷拉著頭。觀賞魚類和龜類都易發生此病，尤其是在春秋季節換水或轉箱(池)的時候。常併發寄生蟲及細菌性病。

[防治方法] 魚在捕撈轉運過程中，儘量減少溫差，對熱帶魚應在溫度降低前移入溫室，在冬季、初春、深秋浸泡治療魚病時，若時間較長，注意加溫保暖。當長途運輸等溫差過大時，可採取逐步換水調節或將尼龍袋放入水中待內外水溫一致時，再將魚放入池(箱)中。龜類感冒(肺炎)治療方法 500 g 以上的龜注射 0.14~0.2 mL 獸用硫酸卡那黴素+0.2 mL 黃芪多糖+0.2 mL 複合維生素 B，連續 5~7 d。100~500 g 的龜用藥量減半。注意保溫護理。

二、窒息

[病因] 不同種類、年齡、大小的魚、蝦對氧的需求不同，當水中溶氧量不能滿足魚、蝦類生理上最低需要量時，輕者到水面呼吸空氣即"浮頭"，重者會引起窒息死亡。造成水體缺氧的原因很多，如放養密度過大、水質惡化、陰雨連綿光照不足、天氣悶熱、氣壓降低、投餌施肥過多、浮游動物大量繁殖等。總之當水中的氧過少(一般 1 mg/L 左右)或各種因素導致氧的消耗增加時，就可能引起水中缺氧，使魚窒息。

[症狀及危害] 缺氧情況發生以後，魚蝦會逐漸游向水面，用口呼吸空氣，這便是浮頭。一般浮頭的規律是：不耐低氧的魚和水生動物先浮頭(如龍魚、水晶蝦)，浮游動物同時浮於水面，同種魚小魚先浮頭；發生窒息時，不耐低氧的魚、大型浮游動物、大魚及餵食過飽的魚先死，小魚和饑餓的魚後死，浮頭嚴重的魚及剛因窒息死亡的魚鰓絲蒼白，體色變淡，長期浮頭魚的下頜會增長。

[防治方法] 防止魚類窒息的基本方法是保證水中溶氧充足，應掌握放養密度，及時清除殘餌，注意調節水質，適度換水。氣候異常時，減少投餌，加注新水或開動增氧泵。發現魚浮頭後要及時採取加注清水(或換水)、打開增氧設備或施放增氧劑(過氧化鈣、過碳酸鈉、過氧化氫)等應急救魚措施。

三 氣泡病

[病因] 當烈日暴曬，水中浮游植物量過大，光合作用旺盛，引起水中氧過飽和；水質過肥，糞便、殘餌發酵過程中產生氮氣過飽和，以及細小的甲烷、硫化氫氣泡等，都會使魚患氣泡病。魚患氣泡病的方式，其一是魚誤將小氣泡當浮游生物吞食，氣泡在腸中集結，使魚浮力增大，浮於水面而不能下沉；其二是魚呼吸進行氣體交換時，由於水中的氧氣過飽和，使魚體血液中氧氣達到過飽和，在血液中形成氣泡，氣泡首先隨血液流到皮膚最薄，壓力最輕的地方，如尾鰭、胸鰭、鰓蓋等，當氣泡流經心臟形成栓塞可使魚死亡；其三，密集的氣泡黏附於魚體表及鰭上，魚浮在水面而不能下沉致使尾鰭充血、爛邊和陽光過強出現燙傷。金魚身體橢圓形，尾鰭大，游動緩慢，更易患氣泡病（圖9-24）。熱帶魚中通常是幼魚易患此病。

[症狀及危害] 主要危害魚苗及小規格魚種，尾鰭較大的金魚和大魚也有危害，可造成成批死亡。致死原因主要有：①魚苗因氣泡的浮力而上浮水面被直射陽光曬死。②腸道阻塞造成腸梗阻致死。③因尾部上浮水面，溫差變化太大造成燙尾並感染細菌而死。④由於體力消耗，體質下降，患其他病而死。

[防治方法] 主要針對上述發病原因，防止水中氣體過飽和。應經常保持水質清新，掌握好投餌飼量，及時除去糞便殘餌，避免水泡過肥，控制浮游植物不要繁殖過多等。發現魚患氣泡病後，應立即加注清水，同時排出部分池水，也可將患病的魚移入清水，減輕病情，恢復健康。

圖9-24 氣泡病

四 爛葉病

[病因] 主要是觀賞水草在運輸途中，因溫度過高，促使細菌滋生而感染。將感病的植株混雜在健康植株中種植，極易傳染開來。

[症狀及危害] 水草葉片上起初出現水漬狀褐斑，後漸發黃，乃至全株葉片呈纖維狀溶於水中。

[防治方法] ①要及時剪除患病的葉或莖。若是叢生型水草 去掉病葉後 隔開放在另一容器裡 並觀察其發病的進展 一旦發現有新的症狀 立即用 0.2~0.5 g/m³ 的硫酸銅浸泡 來殺死病原細菌 ②將水箱的水溫降至20℃以下 控制病原細菌的繁殖。

水草爛葉原因還有很多 需要瞭解到是哪種原因才能對症下藥 下面的是一些常見的原因和處理方法介紹 ①水質不好 觀賞水族一週左右可以換一次水 每次換 1/4~1/3 如果期間蒸發快的話 可以適當地進行補水。②CO_2不足 草缸裡需要不斷供給CO_2 如果只是每天某個固定的時段供給或時間過短 就會導致水草吸收 CO_2 不足。③光照不足 照明時間和光的強度不夠的話 水草比較容易爛葉 這種情況是很多的。④肥料不當 草缸中肥料太多或太少都會引起爛葉導致死亡 而且太多還容易引起爆藻。⑤水溫高 有些水草要求的溫度會相對而言比較低 要針對養的品種來注意選擇適宜的溫度。⑥魚蝦類過多 草缸內魚蝦過多 餵食也多 自然排泄物就多 就會打破缸內的平衡。

五、藻害

[病因] 水體中磷酸鹽 硝酸鹽含量過高 部分藻類過度繁殖 造成水族箱壁及水草上附生了過多藻類 致使水草不能正常生存。水族箱常見藻害有絲狀綠藻 斑點狀綠藻 刷狀紅藻 鬚狀紅藻 微囊藻 魚腥藻等。

[症狀及危害] 藻害是水草的大敵 它主要黏附在水草葉面 水箱壁以及過濾設備上 嚴重地影響水草的光合作用 抑制水草的呼吸 繼發細菌感染等 藻體死亡分解釋放有毒有害物質 造成水箱內環境惡化甚至觀賞水產動植物中毒 影響觀賞效果。①綠藻類的種類和形態很多 如絲狀綠藻 斑點狀綠藻等。絲狀藻類一般附著水草(如鹿角苔)而生 斑點狀藻卻附在玻璃壁或水榕類等水草葉面上 很難除淨。②紅藻類(包括刷狀藻和鬚狀藻等)對水草的破壞性較大。其喜於明亮場所滋生 所以玻璃壁和沙礫上都附生著紅藻類 嚴重時有礙於觀賞。鬚狀藻為害水草時 則呈捲曲狀附著於葉的尖端 而刷狀藻在水草葉面 莖及根上長出厚密的刷狀物 類似於陸地上的草坪。③藍藻(包括微囊藻 魚腥藻等)危害性也很大 很容易在初設的水箱內滋生。其特點就是繁殖快 生長迅速。附生在水草上時 形成一層脂膜而抑制水草的呼吸作用。④褐藻類多在初用的水箱裡或硝酸鹽含量高時滋生 一般呈茶褐色的薄膜狀附生於葉面或玻璃壁上 用手指輕輕一擦 立即脫落。發生的原因主要是光線不足 水草的光合作用也不佳 以及水中含氧量過低等因素 導致此藻為害。當水草生長旺盛 環境趨於穩定時 此藻也隨之消盡。

[防治方法] ①定期換水 控制磷酸鹽 硝酸鹽過量 ②放養以藻為食的魚類 螺類或蝦類。

六、水草營養不良

[病因] 水草需要的營養很多 其中必需的礦物質元素有碳 氫 氧 氮 硫 磷 鉀 鈣、鈉 鎂 鋅 鐵 銅 錳 硼 氯16種。這些元素或直接參與水草的組織構成 或參與水草體內

的代謝反應。一旦缺乏，葉綠素無法合成，光合作用被抑制，便會造成糖類、蛋白質合成受阻，生長發育不良，生理機能紊亂，導致葉面、葉脈、植株逐漸黃化、發白、變黑、變紫，葉、莖、芽捲曲變形，最後整株植物枯萎、死亡。

[症狀及危害] 一般養魚的水草缸不會缺氫、氮、磷，反而容易過量。①氫過量時葉尖、葉緣捲曲焦灼、葉子變黃脫落。②氮過量容易抑制鈣、鉀、鎂、銅、硼的吸收，導致葉片暗綠、葉大茂盛、莖長而少，植物體脆弱，易感染病菌，缺氮時葉片(老葉更明顯)黃化。③磷過量時葉肥厚色濃，節間變短，並會導致銅和鋅的缺乏，容易滋生藻類，缺磷時葉面呈濃綠色，帶紫的青銅色甚至紅紫色。

在水草水族箱中最容易發生缺鐵問題，通常水草黃化的問題大多是缺鐵造成的，有時其他元素缺乏也會導致此病。①缺鐵時先是葉尖枯萎黃化，再延至葉面、葉脈及整株植物，且葉片呈透明光滑的玻璃狀，直至死亡，鐵過多時葉面和葉脈呈褐色或黑色，並存有白色葉斑，嚴重時整株水草組織崩解致死。②缺錳與鐵缺乏症狀相似，區別在於其葉脈仍保持綠色，葉面有褐色斑點，錳過量會抑制鐵、鈣的吸收，葉綠素分佈不均勻。③缺硫時老葉先枯萎發黃，逐漸蔓及新葉，莖部，最後全株變成黃白色，硫過量會限制鈣的吸收，葉小而畸形。④缺鉀時老葉葉片出現紅紫色或紅褐色斑點，葉片中央區域呈暗綠色，涇渭分明。⑤缺鎂時葉尖、葉緣呈淺綠或淺黃色，間雜著灰白色斑點，老葉葉脈黃化，植物脆弱易壞死，過量的鎂會導致幼葉捲曲。⑥缺硼時頂芽、側芽枯死，葉片變厚捲曲容易因細菌感染而腐爛。⑦缺鋅時葉緣捲曲、葉子變厚、葉柄變短、節間矮化、葉間有壞死斑。⑧缺銅時幼芽頂端變黑，葉尖至全葉壞死，葉被出現紫紅色斑。⑨缺鉬時幼葉葉緣捲曲焦灼，葉脈綠色間有不規則雜色斑點，老葉易脫落。⑩缺鈣時影響生長發育，頂芽變形，整株植物由頂芽向下逐漸枯死，鈣過量會干擾鐵、錳、鎂、鋅的吸收。

[防治方法] ①適時換水，稀釋過量的營養元素；②補充肥料，尤其是所缺乏的營養元素。

研究性學習專題

① 分析不同類型的觀賞水生生物主要疾病的確診方法，探討對觀賞水生生物危害嚴重的疾病的有效防控措施。
② 歸納觀賞水生生物治病用藥的原則，分析目前藥物使用中存在的問題，探討改進觀賞水生生物藥物劑型和給藥方式的有效途徑。
③ 分析觀賞魚類發生爛鰓症狀的病因，比較引起爛鰓病的幾種病原體及其病徵的差異性，提出合理的預防措施和治療方案。
④ 分析病原體感染觀賞水生生物導致其患病的原因，探討如何從養殖管理入手，避免病原體成為優勢種群，從而有效預防疾病，減少損失。

實驗指導書

實驗一 金魚的主要品種及形態特徵

一、目的要求

透過本實驗,瞭解和掌握金魚品種的分類依據及命名方法,基本掌握常見金魚的代表種類及主要形態特徵。

二、實驗材料和儀器設備

1. 實驗材料

文魚、帽子、獅頭、珍珠、絨球、龍睛、蝶尾、蛋魚、虎頭、水泡眼、朝天龍、翻鰓等品種。

2. 儀器設備及易耗品

多媒體教學設施、水族箱及配套設施、充氧泵、1000 mL 燒杯、撈魚網、解剖盤、大鑷子、光頭鑷子、分規、直尺等。

三、實驗內容

(一)魚體外形各部分的測量

全長:從吻端至尾鰭末端的距離;
體長:從吻端至尾鰭基部的距離;
體高:身體的最大高度;

頭長:從吻端至鰓蓋骨後緣的距離;
吻長:從吻端至眼眶前緣的距離;

眼徑:從眼眶前緣到後緣的距離；
眼後頭長:眼眶後緣到鰓蓋骨後緣的直線長度；
眼間距:兩眼眶背緣的最小距離；
尾柄長:從臀鰭基部後端至尾鰭基部垂直線的距離；
尾柄高:尾柄部分的最低高度；
背鰭長:背鰭起點至背鰭末端最長鰭條的直線長度；
胸鰭長:胸鰭起點至胸鰭末端最長鰭條的直線長度；
腹鰭長:腹鰭起點至腹鰭末端最長鰭條的直線長度；
臀鰭長:臀鰭起點至臀鰭末端最長鰭條的直線長度；
尾鰭長:尾鰭起點至尾鰭末端最長鰭條的直線長度。

(二)觀察常見金魚的變異性狀及形態特徵,確定其品種及名稱

1. 文魚:體短圓凸,頭尖呈三角形,各鰭發達。常見品種如紅文魚、紅白文魚、五花琉金等。

2. 高頭(帽子):體短而圓,頭寬;頭頂上長有厚實的肉瘤,各鰭很長。常見品種如紅高頭(帽子)、鶴頂紅、紅白高頭等。

4. 獅頭:頭部肉瘤發達,從頭頂下延至兩側頰顎部。常見品種如紅獅頭、黃獅頭、鐵包金獅頭等。

4. 珍珠:體為梭形,兩頭尖,腹部滾圓,鱗片成珍珠狀,有大尾和短尾之分。常見品種如紅白珍珠、五花珍珠、紅珍珠等。

5. 絨球:吻端具有絨球,有單絨球、雙絨球、三絨球、四絨球之分,各鰭發達。常見品種如紅絨球、紅白花絨球、鐵包金絨球等。

6. 龍睛:體短,頭平而寬,眼為龍睛(眼球過分膨大,突出眼眶),各鰭發達。常見品種如紅龍睛、墨龍睛、紅白龍睛等。

7. 蝶尾:體短、肥胖,兩眼外凸,蝶尾,尾鰭邊緣硬括,略向前勾曲,尾鰭寬大薄似蟬翼。常見品種如墨蝶尾、紅蝶尾、五花大蝶尾等。

8. 蛋魚:無背鰭,體短而肥,呈卵圓形。一類鰭短小(稱蛋魚)、一類鰭較長(稱丹鳳)。常見品種如三色蛋魚、五花蛋魚、紅丹鳳等。

9. 虎頭:無背鰭,體圓凸且短,有短尾或長尾。常見品種如紅虎頭、黑虎頭、紅白虎頭等。

10. 水泡眼:眼睛旁具有半透明的大小水泡,體短而胖,頭平而肥寬,各鰭較長,無背鰭或有背鰭。常見品種如黃水泡、紅水泡、五花水泡等。

11. 朝天龍:眼為朝天眼,眼球大,周圍有金色圓圈環繞,多數無背鰭,少數有背鰭,尾大。常見品種如紅朝天龍、紅白朝天龍等。

12. 翻鰓:頭部鰓蓋往外翻轉,鰓絲裸露。常見品種如紅文魚翻鰓、黃高頭翻鰓等。

四 作業

1. 依據金魚的外形圖 配合觀察標本 熟悉各品種金魚變異性狀及主要形態特徵。
2. 描述文魚 龍睛 蛋魚的鑒別特徵 記錄其外形各部分測量資料。

實驗二　錦鯉的主要品種及形態特徵

一 目的要求

透過本實驗 瞭解和掌握錦鯉品種的分類依據及命名方法 基本掌握常見錦鯉代表品種的主要形態特徵。

二 實驗材料和儀器設備

1. 實驗材料
紅白錦鯉 大正三色錦鯉 昭和三色錦鯉 白寫錦鯉 緋寫錦鯉 淺黃錦鯉 秋翠錦鯉 黃金錦鯉 白金錦鯉 金松葉錦鯉 丹頂紅白錦鯉 九紋龍錦鯉 茶鯉 龍鳳錦鯉等。
2. 儀器設備及易耗品 多媒體教學設施 水族箱及配套設施 充氧泵 水槽 撈魚網、光頭鑷子等。

三 實驗內容

觀察各種錦鯉的色彩 斑紋等形態特徵及變異性狀 確定其品種及名稱。
1.紅白錦鯉 底色雪白 上鑲嵌有變幻多端的豔紅色斑紋。體前半部尤其頭部有較大斑紋 後半部則為小塊花紋。
2.大正三色錦鯉 白底上有緋紅 烏黑兩色斑紋。墨斑不進入頭部 且在身上的白色部位上出現為佳。
3.昭和三色錦鯉 以大塊墨色為底色 白色斑紋和紅色斑紋勻稱分佈在黑斑之間。
4.白寫錦鯉 體色只有黑白二色 以黑色為基底 上面有三角形等多種形態的白斑紋。
5.緋寫錦鯉 全身緋紅色 身體尤其是頭頂有多種形態的黑斑。
6.淺黃錦鯉 背部呈深藍色或淺藍色 一片一片的魚鱗外緣呈白色 左右頰顎 腹部和各鰭基部呈紅色。
7.秋翠錦鯉 背上有一行排列緊密的大鱗片 背部呈鈷藍色 腹部有紅色斑紋。
8.黃金錦鯉 體色呈純金黃色 渾身發出如黃金般的璀璨晶光。
9.白金錦鯉 全身潔白無瑕 通體發出白金般燦爛的光澤。
10.金松葉錦鯉 全身金黃色 軀體上一片片魚鱗井然有序排列形成松葉狀的斑紋。

11. 丹頂紅白錦鯉：通體銀白無雜色，僅頭頂有一塊鮮豔的圓形紅斑。
12. 九紋龍錦鯉：白底黑斑。白斑雪白似閃電紋，墨紋邊緣鮮明，如暗雲洶湧。
13. 茶鯉：魚體呈茶色，顏色變化豐富多彩。
14. 龍鳳錦鯉：魚的鼻頭開花，四條鬚長似龍鬚，尾部寬且散長，尾鰭似鳳凰尾。稱為龍頭鳳尾。

四、作業

1. 瞭解錦鯉的觀賞方法，基本掌握錦鯉常見品種的形態特徵及變異性狀。
2. 描述紅白錦鯉、大正三色錦鯉的鑒別特徵。

實驗三　熱帶魚(I)的主要種類及形態特徵

一、目的要求

透過本實驗，基本掌握熱帶魚類花鱂科、脂鯉科、鯉科中常見代表種類及主要形態特徵。

二、實驗材料和儀器設備

1. 實驗材料

花鱂科(Poeciliidae)：孔雀魚、金瑪麗魚、月光魚、劍尾魚等。

脂鯉科(Characidae)：紅綠燈魚、黑裙魚、頭尾燈魚、檸檬燈魚、紅十字燈魚、紅鼻剪刀魚、玫瑰扯旗魚、紅尾玻璃魚、黑白企鵝魚等。鯉科(Cyprinidae)：斑馬魚、虎皮魚、白雲金絲魚、玫瑰鯽、正三角燈魚、銀鯊、彩虹鯊等。

2. 儀器設備及易耗品

多媒體教學設施、水族箱及配套設施、充氧泵、加熱管、1000 mL燒杯、撈魚網等。

三、實驗內容

觀察各種熱帶魚的形態特徵及變異性狀，識別其種類及掌握同一種類不同品種的主要形態特徵。實驗過程中注意保持適宜的水溫。

1. 花鱂科(Poeciliidae)：小型魚類，卵胎生，雄魚的臀鰭演化成輸精器。一般雄性小一些，體態特色更具觀賞價值。

(1) 孔雀魚(*Poecilia reticulata*)：體長可達7 cm。雄魚小，尾鰭寬而長占全長的二分之一以上，尾部有多種形態，尾鰭上有如孔雀尾屏上的彩色斑點，體色豔麗，色澤諸多。雌魚體長約為雄魚的2倍,各鰭均較雄魚的短,體為暗橄欖色,背鰭,尾鰭的顏色較差。

(2)金瑪麗魚(*Mollienisia velifera*):體長可達10 cm。雄魚較雌魚背鰭寬大,展開豎立如帆,體金黃色,全身佈滿金紅色的小點,從鰓蓋後端至尾柄基部有10條縱向小點組成的條紋。

(3)月光魚(*Xiphophorus maculatus*),體長可達6 cm。雄魚臀鰭尖形,雌魚臀鰭圓形,雌雄魚體色差別不大,體色多種,原種為褐色,體側有少數藍色斑點,尾柄上有半月形黑斑紋。

(4)劍尾魚(*Xiphophorus helleri*),體長可達12 cm。雄魚尾鰭下葉延長成劍尾,體色淺藍,兩側從眼睛到劍尾尖端有一條紅色條紋,背鰭上有紅點,雌魚無劍尾,背鰭沒有紅點,身體比雄魚粗壯。

2.脂鯉科(Characidae) 背鰭後有一小脂鰭,多為小型魚類,卵生,卵黏性。

(1)紅綠燈魚(*Paracheirodon innesi*),體長可達4 cm。各鰭透明,脂鰭在尾柄上;身體上半部有一條明亮的銀藍色縱帶,在光線折射下既綠又藍,身體下半部從腹部至尾部有一條紅色條紋。

(2)黑裙魚(*Gymnocorymbus ternetzi*),體長可達8 cm,體卵圓形。背鰭之前呈銀色,有垂直黑長斑,後半身黑色,脂鰭小,臀鰭寬大,游動如裙。

(3)頭尾燈魚(*Hemigrammus ocellifer*),體長可達5 cm。體銀青色,半透明,體側有1深藍色條紋,眼緣處和尾末端各有一塊金色斑。

(4)檸檬燈魚(*Hyphessobrycon pulchripinnis*),體長可達8 cm。全身檸檬色,背鰭透明,前端為鮮亮的檸檬黃色,邊緣有黑色的密條紋,臀鰭亦透明,邊緣深黑色,其中前面的幾根鰭條組成一小片明顯的檸檬黃色線條,與背鰭前上方色彩遙遙相對。

(5)紅十字燈魚(*Hyphessobrycon anisitsi*),體長可達8 cm。體銀白色,各鰭紅色,尾柄末端有一黑色斑塊,正好嵌入紅色尾鰭中間,宛如一個紅線和黑線組成的十字條紋。

(6)紅鼻剪刀魚(*Hemigrammus rhodostomus*):體長可達6 cm。頭部鮮紅色,軀幹銀白色,近似透明,尾鰭上有與剪刀魚相似的黑白條紋。

(7)玫瑰扯旗魚(*Hyphessobrycon rosaceus*),體長可達5 cm。魚體半透明,可見其骨骼和內臟,鰓蓋後緣體上有一塊長菱形黑斑,腹鰭,臀鰭及尾鰭為紅色,背鰭為白邊黑色,高高豎起。

(8)紅尾玻璃魚(*Prionobrama filigera*):體長可達6 cm。魚體呈透明狀,骨骼及內臟均可以清楚看到;尾鰭為鮮紅色,其餘各鰭與魚體一樣呈透明狀。

(9)黑白企鵝魚(*Thayeria boehlkei*),體長可達6 cm。體側中央有一條黑色縱紋,從鰓蓋後緣至尾基部拐向尾鰭下葉末端,游動時頭部稍微向上斜揚。

3.鯉科(Cyprinidae) 體紡錘形,無脂鰭,卵生,卵黏性,受精卵和初孵仔魚附在水草等附著物(魚巢)上發育,親魚有吞卵的習性。

(1)斑馬魚(*Brachycanio rerio*),體長可達6 cm,長橢圓形。全身黃色,背部橄欖色,體側從頭至尾有數條銀藍色縱條紋。

（2）虎皮魚(*Puntius tetrazona*)．體長可達 6 cm．卵圓形。體黃色．體側從頭至尾有 4 條垂直的黑色條紋．似虎皮。

（3）白雲金絲魚(*Tanichthys albonubes*)．體長可達 4 cm．紡錘形．稍側扁。從吻端向後沿側線位置有一條金黃色帶紋．直至尾柄末端．此外還有一金色斑點．背鰭和尾鰭鮮紅色。

（4）玫瑰鯽(*Puntius conchonius*)．體長可達 6 cm．紡錘形．稍側扁。背部為銀白色．其餘部分均為紅、黃、綠相間色．尾柄基部前有一塊黑斑。

（5）正三角燈魚(*Trigonostigma heteromorpha*)．體長可達 5 cm．紡錘形．稍側扁．尾鰭叉形。背鰭、臀鰭、尾鰭均為紅色帶白色邊緣．胸鰭和腹鰭無色透明．身體中部自腹鰭至尾鰭基部有一塊黑色的三角形圖案。

（6）銀鯊(*Balantiocheilos melanopterus*)．體長可達 40 cm．亞紡錘形．尾鰭呈深叉形。體色銀白．各鰭微泛黃．外緣均有黑色寬邊．黑邊內側為淡灰色寬頻。

（7）彩虹鯊(*Epalzeorhynchus frenatus*)．體長可達 12 cm．長紡錘形．背鰭高且呈三角形．尾鰭呈叉狀。魚體呈灰褐色或淺紅色．各鰭為橘紅色。

四 作業

1. 瞭解花鱂科、脂鯉科、鯉科的分類依據．基本掌握這 3 個科常見種類的形態特徵及變異性狀。
2. 描述孔雀魚、紅綠燈魚、斑馬魚的鑒別特徵。

實驗四　熱帶魚(Ⅱ)的主要種類及形態特徵

一 目的要求

透過本實驗．基本掌握熱帶魚類麗魚科、絲足鱸科等各科常見代表種類及主要形態特征。

二 實驗材料和儀器設備

1. 實驗材料

麗魚科(Cichlidae)：神仙魚、地圖魚、金鳳梨魚、荷蘭鳳凰魚、七彩神仙魚、血鸚鵡魚等。絲足鱸科(Osphronemidae)：暹羅鬥魚、麗麗魚、珍珠馬甲魚、藍星魚、古代戰船魚等。其他科：接吻魚、寶貝鼠魚、琵琶魚、玻璃拉拉魚、藍色巴丁魚、七星刀魚、銀龍魚等。

2. 儀器設備及易耗品

多媒體教學設施、水族箱及配套設施、充氧泵、加熱管、1000 mL 燒杯、撈魚網等。

三、實驗內容

觀察各種熱帶魚的形態特徵及變異性狀,識別種類及掌握同一種類不同品種的主要形態特徵。實驗過程中注意保持適宜的水溫。

1. 麗魚科(Cichlidae):體高而短,被櫛鱗,側線近體背緣中斷為二。多數種類有自擇配偶,有爭奪領地和關懷保護後代的習性,一般雄魚挖坑或用卵石、陶片等築巢,雌魚在其中產卵。

(1)神仙魚(*Pterophyllum scalare*):體長可達 20 cm,體菱形,背鰭、臀鰭很長大,張開挺拔如帆,上下對稱;腹鰭呈長絲狀,尾柄短,上下端延長。體色基調銀白帶黃,兩側各有 4 條間距相等、黑色明顯的分隔號紋。

(2)地圖魚(*Astronotus ocellatus*):體長可達 30 cm,體高而側扁,略呈橢圓形,頭大、嘴大;尾鰭扇形,背鰭基部長,鰭條前部有鋸齒狀短硬棘。魚體黑褐色,體側有不規則的橙黃色斑塊和紅色條紋,尾鰭基部有一個金色邊緣的大黑點。

(3)金鳳梨魚(*Cichlasoma severum*):體長可達 25 cm,體厚側扁形,側面觀橢圓形,口小、眼大,金紅色。魚體淡金黃色,從黃銅色演變到橄欖綠色而來。

(4)荷蘭鳳凰魚(*Papiliochromis ramirezi*):體長可達 8 cm,長橢圓形,側扁。背鰭前方有 4 條黑色的棘刺。體藍灰色,佈滿藍色斑點,雄魚的鰭上有漂亮的紅邊;眼睛紅色,鰓蓋上透過眼睛有一長條黑色斑塊,前半身有1到3個黑斑。

(5)七彩神仙魚(*Symphysodon aequifasciata*):體長可達 20 cm,側扁近圓形,尾柄極短,背、臀鰭對稱。體呈豔藍色、深綠色或褐色等,從鰓蓋到尾柄,分佈著8條間距相等的棕紅色橫條紋。體色受光照影響產生變換,光暗時體色深暗;光線明亮,則色彩豔麗豐富,條紋滿身。

(6)血鸚鵡魚(*Vieja synspila* ♀ ×*Amphilophus citrinellus* ♂):人工雜交魚。體長可達 25 cm,橢圓形,體幅寬厚臃腫;尾柄短,眼大,嘴小呈心形,常無法閉合。幼魚期體色為灰黑色,成年魚體黃色,加餵增色餌料後呈血紅色。

2. 絲足鱸科(Osphronemidae):鰓內部上方具有輔助呼吸器官,能納入空氣進行呼吸。產浮性卵,繁殖期間親魚體披婚姻色,雄魚有吐泡營巢和護幼的特性。

(1)暹羅鬥魚(*Betta splendens*):體長可達 8 cm,長紡錘形,稍側扁。色彩豔麗,主要有鮮紅、紫紅、藍紫、豔藍、綠色、黑色、乳白色及雜色等,背鰭、臀鰭、尾鰭寬大,游動如彩旗飄舞,尾鰭扇形。

(2)麗麗魚(*Trichogaster lalius*):體長可達 6 cm,體卵圓形,腹鰭長絲狀,胸位,尾鰭扇形。雄魚體色豔麗,呈紅、橙、藍三色,相間有藍色、紅色條紋斜向體側,各鰭上有紅藍色斑點。雌魚體色較暗呈銀灰色,以黃藍斜向條紋相間為主。

(3)珍珠馬甲魚(*Trichogaster leeri*):體長可達 14 cm,呈長橢圓形。腹鰭演化成為一對細細長長、金黃色的絲狀觸鬚,臀鰭長而寬,占到體長的 2/3。體為銀灰色,全身和各鰭均布滿珍珠型斑點,體長有一條由圓斑點組成的黑色縱向條紋。

(4)藍星魚(*Trichogaster trichopterus*)：體長可達 14 cm，卵圓形，側扁。腹鰭胸位，長絲狀。體為藍色，在鰓蓋後、軀幹中部和尾柄處有3塊大黑斑，各鰭淡黃色，有小點。

(5)古代戰船魚(*Osphronemus goramy*)：體長可達 30 cm，橢圓形。腹鰭長絲狀，胸鰭寬大，背鰭前部較低，後部挺拔，臀鰭由後腹部一直延伸到尾柄。各鰭金黃色。體色灰褐或金黃色，身上有深色直條紋。

沼口魚科(Helostomatidae)：

接吻魚(*helostoma temmincki*)：體長 10~15 cm，長圓形或圓形。口唇發達能伸縮，口唇上有鋸齒。體色為乳白色，微透粉紅，各鰭均透明，吻端淺肉紅色。

美鯰科(Callichthyidae)：

寶貝鼠魚(*Corydoras polystictus*)：體長可達 8 cm。魚體呈圓筒形，披骨板，背高，胸腹部平直，胸鰭與背鰭的第一鰭條為硬棘，嘴巴旁邊長著兩撮可愛的小"鬍鬚"。體為灰白色，全身佈滿黑色小斑點，背鰭前部有一塊黑色斑塊。

甲鯰科(Loricariidae)：

琵琶魚(清道夫)(*Hypostomus plecostomus*)：體長可達 30 cm。魚體呈半圓筒形，頭、胸、腹部扁平，尾部稍側扁；口下位，口唇發達如吸盤，可吸附在石塊、玻璃等上；全身披盾鱗，魚體呈灰褐色，佈滿黑色斑紋和小點。

雙邊魚科(Ambassidae)：

玻璃拉拉魚(*Chanda ranga*)，體長可達4 cm。全身透明如水晶，能清晰地看到內臟、骨骼和血脈。第一背鰭三角形，第二背鰭一直延伸到尾柄末，臀鰭鰭基長、寬大而長，尾鰭呈叉形。雄魚體呈淺黃色，各鰭均透明，臀鰭和背鰭邊緣有藍色鑲邊。雌魚的色澤更暗淡，近似銀白色，通身發出金屬光澤，各鰭透明，臀鰭和背鰭沒有藍色鑲邊。

魚芒科(Pangasiidae)：

藍色巴丁魚(*Pangasianodon hypophthalmus*)，體長可達 100 cm。體呈長梭形，前部較扁平，後部稍側扁，背鰭尖形，鰭基短，臀鰭大。體色青藍色，光照下閃閃發光。幼魚體側有三條藍黑色縱條紋，條紋間呈綠色。

駝背魚科(Notopteridae)：

七星刀魚(*Notopterus chitala*)，體長可達 100 cm。體呈長刀形，頭部尖小，前半身體幅寬，至尾鰭呈尖刀形，臀鰭很長，與尾鰭連在一起，形成一個薄邊如刀刃。魚體銀灰色，體側臀鰭上方有 3~10 個鑲白邊的橢圓形黑色斑點，從腹部開始排列至尾部。

骨舌魚科(Osteoglossidae)：

銀龍魚(*Osteoglossum bicirrohomus*)，體長可達 100 cm。體呈長寬頻形，側扁，口上位，口裂大而下斜，下顎比上顎突出，長有一對短而粗的鬚；背鰭和臀鰭長，呈帶狀，沿背鰭部向後延長至尾柄基部。全身銀白色，體側排列著五排大鱗片，至尾部為較小的鱗片。

四、作業

1. 基本掌握麗魚科、絲足鱸科等熱帶魚常見種類的形態特徵及變異性狀。
2. 描述神仙魚、暹羅鬥魚、琵琶魚的鑒別特徵。

實驗五　熱帶觀賞水草的分類和主要種類識別

一、目的要求

透過本實驗，使能瞭解和掌握常見觀賞水草的代表種類及主要形態特徵。

二、實驗材料和儀器設備

1. 實驗材料

叢生水草：皇冠草、象耳草、紅蛋皇冠、辣椒草、小水榕、波浪草、大水蘭、小谷精、黑木蕨等相近種類。

有莖水草：細葉水芹、綠菊花草、大寶塔草、太陽草、紅絲青葉、中柳、寬葉血心蘭、紅蝴蝶、虎耳草、羅貝力、小竹節、日本簀藻等相近種類。

塊莖類水草：青荷根、紅三角芋等相近種類。

匍匐性水草：矮珍珠、牛毛氈等相近種類。

附著性水草：莫絲、鹿角苔、鐵皇冠等相近種類。

2. 儀器設備及易耗品

多媒體教學設施、水族箱及配套設施、水槽、解剖盤、水草夾、光頭鑷子等。

三、實驗內容

認識熱帶水草的分類依據，觀察識別各種熱帶水草的主要形態特徵。實驗過程中注意保持適宜的水溫。

1. 叢生水草

（1）皇冠草（*Echinodorus amazonicus*）：屬於澤瀉科（Alismataceae）；葉基生，呈蓮座狀排列，葉柄粗壯，葉子呈寬大的橢圓狀披針形，葉片多，綠色；以壓條和分株繁殖。

（2）象耳草（*Echinodorus cordifolius*）：屬於澤瀉科（Alismataceae）；葉子呈鈍頭心形如大象耳朵，是所有皇冠草類中葉長最短而葉幅最大的品種；植物體呈深綠色至綠色；以壓條和分株繁殖。

（3）紅蛋皇冠（*Echinodorus osiris*）：屬於澤瀉科（Alismataceae）；葉長橢圓形、線形或橢圓形，葉脈縱橫明顯，葉緣有皺褶，新葉綠色，帶紅暈，成熟的葉片略帶紅色；以葉柄分出的子株或者根部發出的新芽來繁殖。

（4）辣椒草(*Cryptocoryne wendtii*)：屬於天南星科(Araceae)；莖梗粗壯 葉片稀疏似辣椒葉片 葉面寬闊呈橢圓形 頂部稍尖。有紅椒草和青椒草兩種 葉綠色或茶紅色 以側芽繁殖。

（5）小水榕(*Anubias nana*)：屬於天南星科(Araceae)；葉片形狀為倒卵形 與榕樹葉子相似 葉面上葉脈很明顯 葉顏色深綠 葉形佛焰苞呈綠色 以莖節分生出小株繁殖。

（6）大波浪草(*Aponogeton natans*)：屬於水蕹科 葉片狹長 有波皺 葉端呈大波浪狀 前 端呈螺旋形 看起來有點像海帶 葉面上有明顯的葉脈 葉綠色至棕色；主要用側芽或自體分枝來繁殖。

（7）大水蘭(*Vallisneria gigantea*)：屬於水鱉科(Hydrocharitaceae)；具有短莖 並由此長出蓮座生線型的葉 葉型狹長 末端呈圓鈍形 葉緣有鋸齒 沒有葉柄 葉多肉 翠綠色 雌雄異株 用葡萄莖繁殖。

（8）小穀精(*Eriocaulon cinereum*)：屬於穀精草科(Eriocaulaceae)；整株形狀呈蓮座狀 無明顯的地上莖 葉基生 線狀披針形 葉片上有縱橫脈構成的透明小方格 葉翠綠色 以側莖繁殖。

（9）黑木蕨(*Bolbitis heudelotii*)：屬於實蕨科(Bolbitiaceae)；莖較細 葉互生 葉面不平整 葉齒較少 較圓潤 羽狀全裂 光照強時葉片會直立生長 植株暗綠色 新長出的水中葉為半透明的黃綠色 以插枝或側莖繁殖。

2.有莖水草

（1）細葉水芹(*Ceratopteris thalictroides*)：屬於水蕨科(Parkeriaceae)；葉具有深裂或全裂的互生羽狀葉 葉片黃綠色到青綠色 以側枝繁殖。

（2）綠菊花草(*Cabomba caroliniana*)：屬於菊科(Asteraceae)；葉形似菊花葉 葉面羽狀深裂 掌狀葉對生 植株高大 葉黃綠色 以插枝繁殖。

（3）大寶塔草(*Limnophila aquatica*)：屬於玄參科(Scrophulariaceae)；葉羽狀 從主幹輻射而出 輪生 有分層現象 上小下大似寶塔形 植株挺立 淺黃至翠綠色 以插枝和側芽進行繁殖。

（4）太陽草(*Tonina fluviatilis*)：屬於穀精草科(Eriocaulaceae)；有細長的莖部 葉端常橫臥於水面 輪生 葉片的基部以包覆的方式著生在莖上 葉片翠綠細長 以插枝繁殖。

（5）紅絲青葉(*Hygrophila polysperma*)：屬於爵床科(Acanthaceae)；葉披針形 十字對生 有明顯白色的葉脈 葉淡綠色 有強光時植株頂部葉展現粉紅的顏色 以插枝或側芽繁殖。

（6）中柳(*Hygrophila stricta*)：屬於爵床科(Acanthaceae)；葉型呈長披針形 較為硬挺 葉色翠綠 以插枝或側芽繁殖。

（7）綠血心蘭(*Alternanthera ocipus*)屬於莧科(Alternantaceae)；葉披針形 十字對生；葉面多為綠褐色 葉背面呈深紅色 以插枝和側枝繁殖。

（8）紅蝴蝶(*Rotala macrandra*)：屬於千屈菜科(Lythraceae)；葉對生 沒有葉柄 披針形；

葉片顏色隨光照條件的不同,由綠變紅;以插枝或側芽繁殖。

(9)虎耳草(*Bacopa caroliniana*):屬於虎耳草科(Saxifragaceae);葉厚重呈卵圓形,十字對生,基生葉具長柄,莖被長腺毛,葉綠黃色;以插枝繁殖。

(10)羅貝力(*Lobelia cardinalis*):屬於桔梗科(Lobeliaceae);葉卵圓形,互生;水上葉暗綠帶有紫色,水中葉則為亮綠色;以插枝繁殖。

(11)小竹節(*Najas guadalupensis*):屬於茨藻科(Najadaceae);直線形葉片,葉緣有稀疏的鋸齒,有細長的莖部,葉綠色;以插枝或側芽繁殖。

(12)日本簀藻(*Blyxa japonica*):屬於水鱉科(Hydrocharitaceae);從莖上長出叢生狀的互生葉,葉片為線形,沒有葉柄,葉色多樣,有透明的淺綠色、褐色,甚至還有稍帶青銅色的綠色。以插枝繁殖。

3.塊莖類水草

(1)青荷根(*Nuphar luteum*):屬於睡蓮科(Nymphaeaceae);葉呈放射狀長出,呈略長的橢圓形,葉常向內蜷曲,有柄,鮮綠色;以根狀莖之側枝方式進行繁殖。

(2)紅三角芋(*Nymphaea stellata*):屬於睡蓮科(Nymphaeaceae);葉呈放射狀生長,寬大呈三角箭頭形,有長葉柄,從塊莖延伸出來的接續莖抽長出葉子,葉面呈紅茶色,有暗紅斑點,會形成浮葉;以匍匐莖方式繁殖。

4.匍匐性水草

(1)矮珍珠(*Glossostigma elatinoides*):屬於玄參科(Scrophulariaceae);葉對生,卵圓形,尖端較鈍,稍呈鋸齒狀,葉柄幾乎與葉片等長,葉片翠綠;以側枝繁殖。

(2)牛毛氈(*Eleocharis parvula*):屬於莎草科(Cyperaceae);匍匐根狀莖非常細,稈細長,多如毫髮,密集叢生如牛毛,葉鱗片狀,植株黃綠色;用參莖繁殖。

5.附著性水草

(1)莫絲(*Vesicularia dubyana*):屬於葡苔科(Hypnaceae);大多有莖呈線狀,無真實的根,莖子濃密細長略呈三角形,互相糾纏群生,葉深綠色;以側芽和壓條繁殖。

(2)鹿角苔(*Riccia fluitans*):屬於錢苔科(Ricciaceae);浮漂性水草,沒有根部;葉片很小,呈Y字形密集交叉,葉端會冒出一個個的氣泡,葉片翠綠;以分葉的方式繁殖。

(3)鐵皇冠(*Microsorium pteropus*):屬於水龍骨科(Polypodiaceae);具有匍匐根狀莖,下方長著不定根,上方長著長橢圓狀披針形葉的葉狀體,多單葉基生,叢生;植株直立,深綠色;以分株、播孢等方式繁殖。

四 作業

1. 基本掌握叢生水草、有莖水草、塊莖類水草、附著性水草、匍匐性水草的分類特徵。
2. 描述皇冠草、綠菊花草、莫絲、矮珍珠的鑑別特徵。

實驗六　觀賞魚鱗片色素細胞觀察

一、目的要求

透過本實驗，瞭解觀賞魚體色形成的原理，基本掌握觀賞魚鱗片色素細胞的類型及特徵。

二、實驗材料和儀器設備

1. 實驗材料

活錦鯉、金魚或熱帶魚。

2. 儀器設備及易耗品：多媒體顯微互動實驗室全套設施設備（中控台、電腦、顯微鏡等）、載玻片、蓋玻片、培養皿、小燒杯、吸管、鑷子、紗布、吸水紙、蒸餾水、乙醇等。

三、實驗內容

(一)鱗片的製作方法

採用鮮活、體健無傷、不同體色、色彩鮮豔的錦鯉、金魚或熱帶魚，取背鰭基部到側線之間的鱗片放在培養皿中，用清水漂洗乾淨備用。從浸泡液(乙醇含量75%)中取載玻片和蓋玻片用軟布擦淨，用膠頭滴管滴適量蒸餾水於擦淨的載玻片上；用小鑷子夾取清洗後的鱗片，置於滴有適量蒸餾水的載玻片上；用鑷子夾取一片擦淨的蓋玻片，先以蓋玻片的一邊傾斜與小水滴接觸，再慢慢放下蓋玻片。

(二)顯微鏡下觀察鱗片色素細胞

先置鱗片於顯微鏡低倍鏡下觀察，然後在高倍鏡下觀察。觀賞魚鱗片色素細胞有4種，即黑色素細胞、黃色素細胞、紅色素細胞和虹彩細胞。

(1)黑色素細胞：細胞隨體色的變化呈圓形至多突起的星形，直徑100~300 μm，細胞核一個，圓形或卵圓形，細胞內含黑色素顆粒。黑色素細胞收縮時為圓形黑點，則體色變淡；擴張時呈多分枝的星狀，則體色變深。

(2)黃色素細胞：細胞呈圓形或不規則的樹突狀，直徑50~100μm，卵圓形細胞核一個，細胞內含黃色素顆粒。

(3)紅色素細胞：細胞呈圓形或不規則的樹突狀，直徑50~100 μm，卵圓形細胞核一個，細胞內含紅色或紅黃色色素顆粒。

(4)虹彩細胞：細胞呈卵圓形或多邊形，內含結晶鳥糞素，為一種色淡或銀白的反光物質，呈大的不能動的晶體，各具藍、紫、黃、紅色螢光，需在高倍鏡下觀察。

五 作業

1. 拍攝觀賞魚鱗片黑色素細胞、黃色素細胞、紅色素細胞和虹彩細胞的顯微照片。
2. 描述觀賞魚鱗片黑色素細胞、黃色素細胞、紅色素細胞和虹彩細胞的特徵。

實驗七　金魚的人工繁殖

一、目的要求

透過本實驗，使學生能夠進行雌雄金魚的鑒別與選擇，瞭解金魚的繁殖習性，掌握金魚的自產或催產繁殖技術，熟悉其魚卵孵化的管理方法。

二、實驗材料和儀器設備

1. 實驗材料

性成熟、發育良好的雌雄金魚。

2. 儀器設備及易耗品

魚池(缸)、瓷盆、浮游生物網、魚苗舀子、魚巢、1 mL注射器、紗布、鑷子、培養皿、LRH-A注射液(濃度2~3μg/mL，用生理鹽水臨時配製)、魚病防治用藥(高錳酸鉀、食鹽)等。

三、實驗內容

(一)雌雄金魚的鑒別與選擇

把金魚親魚腹部向上翻，用毛巾蓋住眼睛，肉眼檢查雌性親魚的腹部膨脹情況，在繁殖季節親魚性腺發育較好時，可根據下列標準判斷：

(1)雄魚　鰓蓋和胸鰭硬鰭條上有白色小顆粒狀突起(追星)出現，用手撫摸肛門附近的腹部感覺較硬；用手指沿腹部兩側從胸部往肛門方向用力擠壓，如果有白色精液流出且在水中能快速分散，則為成熟雄魚，如果沒有精液流出或者流出極少，且在水中不易擴散，則雄魚成熟度不足。

(2)雌魚　鰓蓋和胸鰭硬鰭條上無追星，用手撫摸肛門附近的腹部感覺較軟，泄殖孔略圓且大、微向外凸、色顯透明，輕輕擠壓肛門附近有淡黃色卵粒流出，也可用取卵器從雌性親魚的生殖孔插入腹部兩側取出一小點卵子放在酒精中檢查，如果卵子呈圓形並用取卵器攪動後就散開，則卵子成熟度高，如果用取卵器攪動後卵子不分開，則卵子成熟度不夠。

(二)人工魚巢的製作

魚巢製作材料可用金魚藻和蕨類等，也可以用棕絲、編織袋絲或捆紮繩絲等。金魚藻等使用前，為避免帶有寄生蟲或病菌，應先將其放入2%的鹽水中浸泡30 min，然後放入魚池(缸)中浮於水面。當用棕絲等做魚巢時，首次使用的棕絲等須在熱水中浸泡至無黃色汁水後，再用高錳酸鉀溶液消毒，然後用繩子紮緊棕絲下部，使棕絲等的上部呈扇狀，再放入魚池(缸)中使用。魚巢的放置要儘量散開，使其浮於水層的2/5處。當魚產卵時，卵就不會散失過多。

(三)自產

選擇和培育後的親魚，在3～4月份，水溫18℃左右，性腺已充分成熟，這時已具備了繁殖條件。將親魚按1:1的雌雄比例搭配好放在產卵池中飼養，當雄魚追逐雌魚的現象頻繁時，及時往產卵池內放置魚巢。在水溫升高、添加新水和異性刺激下瀕於產卵的親魚，一般在設置魚巢後的第二天即行產卵繁殖。通常多在清晨4時至中午12時產卵，雌魚產卵時，雄魚同時排精，精子與卵子在水中相遇而受精。受精卵黏在魚巢上，待魚巢表面普遍著卵後，及時將魚巢從產卵池中取出，放入孵化池中孵化。對產後親魚要精心餵養，以恢復體質。

(四)催產

用1mL注射器6號左右針頭，在金魚胸鰭內側基部無鱗片凹處注射配好的激素LRH-A。進針深度0.5 cm左右，針頭與魚體表45°～60°。徐徐注入催產激素，注射劑量雌魚為2～3 μg/100 g魚體重，雄魚劑量減半。注射後立即將魚放入內有魚巢的池(缸)中，讓其自然產卵。也可以用乾法或濕法進行人工授精，然後將著卵後的魚巢取出放入池中孵化。

(五)孵化管理

一般2m³的池內可放著卵魚巢6把左右，不要過密，不可使孵化密度太大，因孵出的仔魚至幼魚前這一階段，要在該池內生活20～30 d。孵化期間在管理上要注意水溫適宜，變幅不可太大，水中溶氧應豐富，注意防止水質敗壞，以及水黴病和敵害生物對魚卵的危害。

金魚卵徑為0.1～0.12 cm，受精卵呈米黃色半透明狀態，沒有受精的魚卵是不透明的，4～5 h後呈乳白色。雌魚產卵後24 h左右，如發現魚巢上有乳白色的卵出現即是死卵，應及時用鑷子輕輕摘去，以免腐爛而敗壞水質或發生水黴菌感染危及全池。金魚受精卵孵化的適宜溫度是15～25℃，其孵化期為2～6 d；最適水溫19～22℃，在適溫範圍內溫度越高孵化時間越短。如橙黃色受精卵在水溫15～16℃的條件下，孵化2～3 d，從外表看受精卵透明度漸減，並漸漸出現一個小黑點，這便是最先形成的幼魚頭部，稱為眼點；再過2～3 d，此黑點周圍漸漸形成一個肉色的圓團，這便是金魚的身體，這時在放大鏡下觀察，可見仔魚胚胎的尾部在卵粒中不斷地擺動，時斷時續，由弱到強，最後便破卵而出。

四 作業

1. 簡述雌雄金魚的鑒別方法，描述金魚人工繁殖的方法及過程。
2. 測算本次金魚繁殖的受精率、孵化率、畸形率等。

實驗八　觀賞魚養殖企業考察

一、目的要求

　　透過考察一個觀賞魚養殖企業，使學生瞭解其觀賞魚養殖場的設計建造特點，掌握觀賞魚養殖生產過程及主要技術措施，識別養殖場飼養的主要觀賞魚種類，培養學生分析解決問題和綜合運用所學知識的能力。

二、實驗材料和儀器設備

　　1. 實驗材料
　　所考察觀賞魚養殖企業的主要觀賞魚種類。
　　2. 儀器設備及易耗品 所考察觀賞魚養殖企業的設施設備，去養殖場的交通工具等。

三、實驗內容

　　瞭解所考察觀賞魚養殖企業的養殖特色及優勢，認識養殖場的魚池、溫室及附屬設施規劃佈局的特點，瞭解常見觀賞魚飼養管理的主要技術措施，識別養殖場飼養的主要觀賞魚種類。

　　(一)觀賞魚養殖場的設計建造

　　(1)場址的選擇：瞭解觀賞魚養殖場對地形和環境、水源、飼料源、電力和熱源、交通和通信等方面的要求。

　　(2)觀賞魚養殖場的總體規劃和佈局：認識觀賞魚養殖場對魚池、溫室及附屬設施規劃和佈局的原理及特色。

　　(3)觀賞魚池的建造：瞭解建造觀賞魚池的類型、大小、規格、供排水系統等的基本要求。

　　(4)溫室設計與建造：瞭解觀賞魚養殖溫室的類型及特點，瞭解溫室設計的原理，了解溫室建造中的養殖池(箱)、供熱加溫方式、供水系統、排水系統、供電系統、控溫控濕系統等。

　　(二)觀賞魚生產性養殖的主要技術措施

　　(1)認識觀賞魚養殖所要求的水質條件，瞭解觀賞魚養殖場生產上常用的設備及裝置。

　　(2)認識觀賞魚類品種搭配混養的原理及方式，瞭解觀賞魚養殖場所飼養各種觀賞魚的一般放養密度，認識其觀賞魚日常飼養管理的主要技術措施。

　　(3)認識觀賞魚類的營養需求，瞭解觀賞魚養殖場所使用的飼料類型及來源，瞭解天然餌料在觀賞魚養殖中的意義以及輪蟲、枝角類、水蚯蚓等的培養方法。

(4) 認識觀賞魚類的繁殖習性，瞭解觀賞魚養殖場所繁殖觀賞魚的種類及特色，瞭解其觀賞魚苗培育和魚苗篩選的基本方法。

(5) 認識觀賞魚疾病發生的主要原因及預防措施，瞭解觀賞魚養殖場在觀賞魚養殖中常用的藥物和治療方法。

(三) 主要觀賞魚種類的識別

(1) 認識金魚、錦鯉、熱帶魚等的養殖意義及特點，瞭解觀賞魚養殖場的觀賞魚類別及主要養殖品種。

(2) 認識觀賞魚養殖場的優勢觀賞魚品種，瞭解其養殖特色、產量、銷售等。

四 作業

1. 認真聆聽觀賞魚養殖企業管理人員、技術骨幹的情況介紹，交流瞭解觀賞魚養殖場的概況、養殖特色及優勢等，拍攝相關照片，記錄整理考察的有關資訊。

2. 撰寫一篇調查報告，包含背景、調查物件、資料收集、資料分析和討論五部分內容；概略介紹觀賞魚養殖企業的基本資訊，分析觀賞魚養殖場的設計建造特點，總結觀賞魚生產性養殖的主要技術措施，說明觀賞魚的主要養殖品種及特色等；要求報告內容安排恰當，圖表合理，照片清晰 2000 字以上。